数学·统计学系列

不定方程及其应用

Indefinite Equation and Its Application (Volume II)

● 南秀全　杜雯　编著

（中）

U0247929

哈尔滨工业大学出版社

HARBIN INSTITUTE OF TECHOLOGY PRESS

内 容 简 介

本书为《不定方程及其应用》的中册.详细介绍了非线性不定方程(组)及其解法,其中包括因式分解法、配方法、奇偶分析法、判别式法等,还包括利用完全平方数的性质、二项式定理、费马小定理求解非线性不定方程(组).内容详细,叙述全面.

本书适合高等院校理工科师生及数学爱好者参考阅读.

图书在版编目(CIP)数据

不定方程及其应用. 中/南秀全,杜雯编著. —哈尔滨:
哈尔滨工业大学出版社,2019.1
ISBN 978-7-5603-7537-3

Ⅰ.①不… Ⅱ.①南… ②杜… Ⅲ.①不定方程
Ⅳ.①O122.2

中国版本图书馆 CIP 数据核字(2018)第 166611 号

策划编辑　刘培杰　张永芹
责任编辑　张永芹　陈雅君
封面设计　孙茵艾
出版发行　哈尔滨工业大学出版社
社　　址　哈尔滨市南岗区复华四道街 10 号　邮编 150006
传　　真　0451-86414749
网　　址　http://hitpress.hit.edu.cn
印　　刷　哈尔滨市石桥印务有限公司
开　　本　787mm×1092mm　1/16　印张 23.75　字数 479 千字
版　　次　2019 年 1 月第 1 版　2019 年 1 月第 1 次印刷
书　　号　ISBN 978-7-5603-7537-3
定　　价　78.00 元

我们知道,当一个方程中未知数的个数多于一个时,称这个方程为不定方程.一般来说,它的解往往是不确定的.例如,方程 $x+2y=3$,它的解就是不确定的.这类方程或方程组称为不定方程或不定方程组,一个不定方程总有无数组解.如果只讨论求整数系数的不定方程的整数解,那么它可能仍有无数组解,也可能有有限多组解,也可能无解.

古今中外的数学家们长期进行研究和完善的不定方程(组)是数论中最古老的一个分支.我国古代数学家们对不定方程的研究已延续数千年,成绩卓著.古代流传至今的,如韩信点兵、物不知其数、百鸡问题、余米推数等问题和解法都是十分有趣的,并曾经誉满全球,被世界各国研究不定方程者列为先声,从中汲取难以估量的营养.由于不定方程(组)的内容极其丰富,在科学技术和现实生活中应用很广,直到1600多年后的今天,对不定方程的研究仍是人们非常感兴趣的重要课题.

正因为不定方程与代数数论、代数几何、组合数学等有密切的联系,近几十年来,这个领域又有了很多重要的进展.同时,简单的或特殊的不定方程可以培养学生的思维能力和创新能力,因此,它又是近几十年以来,中外各级各类数学竞赛命题的重要内容之一.解国内外数学竞赛试题中的不定方程问题,没有固定的方法和模式,也没有普遍的方法可以遵循,只能根据具体问题进行具体分析,选择合适的方法去求解.因此,本书选择了近几十年来国内外数学竞赛中的经典试题,进行了分类讲解,供数学爱好者参考.

由于作者水平有限,书中一定会有许多不足之处,敬请广大读者批评指正.

南秀全
2018.11

非线性不定方程(组)及其解法

上册我们研究了一次不定方程(组)的解法及其应用. 在本册里,我们来讨论非线性不定方程(组)的解法. 非线性不定方程(组)的求解方法灵活多变,下面总结归纳几种主要的求解方法.

7.1 因式分解法

这是求非线性不定方程(组)的解的最常用的方法之一. 一般地,将所求解的方程的右边化为常数,再作质因数分解;将方程左边的代数式进行因式分解. 这样,再对比方程两边,考察因式的每种取值情况,就将原方程分离成几个更简单的方程(组),或进行求解,或证明它无解.

例1 求方程 $xy - 10(x + y) = 1$ 的整数解.

解 将原方程整理,得

$$xy - 10x - 10y = 1$$

即

$$xy - 10x - 10y + 100 = 101$$

亦即

$$(x - 10)(y - 10) = 101$$

由于整数 $x - 10$ 与 $y - 10$ 均为 101 的约数,所以

$$\begin{cases} x - 10 = 101 \\ y - 10 = 1 \end{cases}, \begin{cases} x - 10 = 1 \\ y - 10 = 101 \end{cases}$$

$$\begin{cases} x - 10 = -101 \\ y - 10 = -1 \end{cases}, \begin{cases} x - 10 = -1 \\ y - 10 = -101 \end{cases}$$

解得

$$\begin{cases} x = 111 \\ y = 11 \end{cases}, \begin{cases} x = 11 \\ y = 111 \end{cases}, \begin{cases} x = -91 \\ y = 9 \end{cases}, \begin{cases} x = 9 \\ y = -91 \end{cases}$$

第 七 章

即原方程 $xy - 10(x + y) = 1$ 有上述 4 组整数解.

例 2 (2007 年克罗地亚数学竞赛)求方程 $x^3 + 11^3 = y^3$ 的全部整数解.

解 由观察显然有 $y > x$,即 $y - x > 0$. 则原方程等价于
$$11^3 = y^3 - x^3 = (y - x)(y^2 + xy + x^2)$$
由于 11 为素数,故 $y - x$ 只能为 $1, 11, 11^2$ 或 11^3.

若 $y - x = 1$,则
$$x^2 + xy + y^2 = 11^3 = 3x^2 + 3x + 1$$
此时方程无整数解.

若 $y - x = 11$,则
$$11^2 = x^2 + xy + y^2 = 3x^2 + 3 \cdot 11x + 11^2$$
解得 $x = 0, y = 11$ 或 $x = -11, y = 0$.

若 $y - x = 11^2$,则
$$11 = x^2 + xy + y^2 = 3x^2 + 3 \cdot 11^2 x + 11^4$$
因为上式左边被 11 整除,所以,$3x^2$ 必须能被 11 整除,从而必须有 $11 \mid x$. 令 $x = 11k(k \in \mathbf{Z})$,则
$$1 = 3 \cdot 11k^2 + 3 \cdot 11^2 k + 11^3$$
上式右边能被 11 整除,而左边不能,矛盾. 故此时方程无整数解.

若 $y - x = 11^3$,则
$$1 = x^2 + xy + y^2 = 3x^2 + 3 \cdot 11^3 x + 11^6$$
此时,$\Delta < 0$,故方程无实数解.

综上所述,原方程的所有整数解为
$$\begin{cases} x = 0 \\ y = 11 \end{cases}, \begin{cases} x = -11 \\ y = 0 \end{cases}$$

例 3 (1983 年第 46 届莫斯科数学奥林匹克)试求出满足下述等式 $x^2 = y^2 + 2y + 13$ 的所有整数对 (x, y).

解 已知方程可化为
$$x^2 - (y + 1)^2 = 12$$
即
$$(x + y + 1)(x - y - 1) = 12$$
因为 $x + y + 1$ 与 $x - y - 1$ 有相同的奇偶性,而 12 是偶数,则有
$$\begin{cases} x + y + 1 = 2 \\ x - y - 1 = 6 \end{cases}, \begin{cases} x + y + 1 = 6 \\ x - y - 1 = 2 \end{cases}$$
$$\begin{cases} x + y + 1 = -2 \\ x - y - 1 = -6 \end{cases}, \begin{cases} x + y + 1 = -6 \\ x - y - 1 = -2 \end{cases}$$

由以上可得 4 组整数解

$$(x,y) = (4,-3),(4,1),(-4,1),(-4,-3)$$

例4 (1989 年第 30 届国际数学奥林匹克候选题)求方程

$$4x^3 + 4x^2y - 15xy^2 - 18y^3 - 12x^2 + 6xy + 36y^2 + 5x - 10y = 0$$

的所有正整数解.

解 已知方程可化为

$$4x^3 + 4x^2y - 15xy^2 - 18y^3 - 12x^2 + 6xy + 36y^2 + 5x - 10y$$
$$= (x - 2y)(4x^2 + 12xy + 9y^2 - 12x - 18y + 5)$$
$$= (x - 2y)(2x + 3y - 5)(2x + 3y - 1)$$
$$= 0$$

则 $x - 2y = 0$ 或 $2x + 3y - 5 = 0$ 或 $2x + 3y - 1 = 0$.

方程

$$x - 2y = 0$$

的正整数解为 $(x,y) = (2y,y), y \in \mathbf{N}.$

方程

$$2x + 3y - 5 = 0$$

仅有一组正整数解 $(x,y) = (1,1)$.

方程

$$2x + 3y - 1 = 0$$

没有正整数解.

于是,方程的全部正整数解为

$$\{(x,y)\} = \{(1,1)\} \cup \{(2y,y), y \in \mathbf{N}\}$$

例5 (1988 年加拿大数学奥林匹克训练题)是否存在整数 x,y,z 满足条件

$$x^4 + y^4 + z^4 = 2x^2y^2 + 2y^2z^2 + 2z^2x^2 + 24$$

解 若存在整数 x,y,z 满足条件,则

$$-24 = 2x^2y^2 + 2y^2z^2 + 2z^2x^2 - (x^4 + y^4 + z^4)$$
$$= -(x^2 + y^2)^2 + 2(x^2 + y^2)z^2 - z^4 + 4x^2y^2$$
$$= -(x^2 + y^2 - z^2)^2 + 4x^2y^2$$
$$= (2xy + x^2 + y^2 - z^2)(2xy - x^2 - y^2 + z^2)$$
$$= [(x + y)^2 - z^2][z^2 - (x - y)^2]$$
$$= (x + y + z)(x + y - z)(z + x - y)(y + z - x)$$

这要求 -24 能表示成 4 个整数 $x + y + z, x + y - z, z + x - y, y + z - x$ 的乘积的形式,而这 4 个数中任意两个数之差都为偶数,故这 4 个数具有相同的奇偶

性,由 -24 为偶数,知它们都是偶数,但这要求 $2^4 | 24$,矛盾.

所以,不存在符合要求的整数.

例 6 (2005 年瑞典数学奥林匹克)求方程

$$(x+y^2)(x^2+y) = (x+y)^3$$

的所有整数解.

解 原方程化为

$$x^3 + x^2 y^2 + xy + y^3 = x^3 + 3x^2 y + 3xy^2 + y^3$$

$$x^2 y^2 + xy = 3xy(x+y)$$

即

$$xy(xy - 3x - 3y + 1) = 0$$

当 $xy = 0$ 时,有 $x = 0$ 或 $y = 0$,则原方程的解为

$$\begin{cases} x = 0 \\ y = k \end{cases} \text{或} \begin{cases} x = k \\ y = 0 \end{cases} \quad (k \in \mathbf{Z})$$

当 $xy - 3(x+y) + 1 = 0$ 时,有

$$(x-3)(y-3) = 8$$

则有方程组

$$\begin{cases} x-3 = 1 \\ y-3 = 8 \end{cases}, \begin{cases} x-3 = 2 \\ y-3 = 4 \end{cases}, \begin{cases} x-3 = 4 \\ y-3 = 2 \end{cases}, \begin{cases} x-3 = 8 \\ y-3 = 1 \end{cases}$$

$$\begin{cases} x-3 = -1 \\ y-3 = -8 \end{cases}, \begin{cases} x-3 = -2 \\ y-3 = -4 \end{cases}, \begin{cases} x-3 = -4 \\ y-3 = -2 \end{cases}, \begin{cases} x-3 = -8 \\ y-3 = -1 \end{cases}$$

相应的解为 $(x,y) = (4,11),(5,7),(7,5),(11,4),(2,-5),(1,-1),(-1,1),(-5,2)$.

于是方程的整数解为 $(0,k),(k,0)(k \in \mathbf{Z})$ 和上述 8 组解.

例 7 求不定方程 $2x^2 + 5xy - 3xz - 5y + 3z = 5$ 的全部正整数解 (x,y,z).

解 将方程左边看作 x,y 的二次式,用十字相乘法,原方程可变为

$$(x-1)(2x + 5y - 3z + 2) = 3$$

因为 $x > 0$,所以

$$\begin{cases} x-1 = 1 \\ 2x + 5y - 3z + 2 = 3 \end{cases} \qquad ①$$

或

$$\begin{cases} x-1 = 3 \\ 2x + 5y - 3z + 2 = 1 \end{cases} \qquad ②$$

先解方程组①,显然,$x = 2$,所以 $3z - 5y = 3$.

故其通解为

$$y = 3 + 3t, z = 6 + 5t \quad (t \text{ 为任意整数})$$

这样,①的全部正整数解是

$$x = 2, y = 3 + 3t, z = 6 + 5t \quad (t \text{ 为非负整数}) \qquad ③$$

同样可求得方程组②的全部正整数解是

$$x = 4, y = 3 + 3t, z = 8 + 5t \quad (t \text{ 为非负整数}) \qquad ④$$

原方程的全部正整数解由③④给出.

可分解方程不同于一次方程(组),它没有完整的理论与固定的解法可循,我们难以断定一个方程能否分解. 即使能够分解,有时不知怎样分解,有时因为分解方式较多而难以选择. 这里有很多初等的技巧,解法因题而异.

例 8 (2009 年日本数学奥林匹克预赛)求满足方程 $ab + c = 13, a + bc = 23$ 的所有三元正整数组 (a, b, c).

解 将两个方程分别相加、相减,得

$$\begin{cases} (ab + c) + (a + bc) = (b + 1)(a + c) = 36 \\ (a + bc) - (ab + c) = (b - 1)(c - a) = 10 \end{cases}$$

因为 $b + 1$ 和 $b - 1$ 分别是 36 和 10 的因数,所以,$b = 2, 3$ 或 11.

若 $b = 2$,由 $a + c = 12, c - a = 10$,得 $a = 1, c = 11$;

若 $b = 3$,由 $a + c = 9, c - a = 5$,得 $a = 2, c = 7$;

若 $b = 11$,由 $a + c = 3, c - a = 1$,得 $a = 1, c = 2$.

综上,$(a, b, c) = (1, 2, 11), (1, 11, 2), (2, 3, 7)$.

例 9 (1991 年第 25 届全苏数学奥林匹克)求方程组 $\begin{cases} xz - 2yt = 3 \\ xt + yz = 1 \end{cases}$ 的整数解.

解 由原方程组可得

$$(xz - 2yt)^2 + 2(xt + yz)^2 = 11$$

即

$$(x^2 + 2y^2)(z^2 + 2t^2) = 11$$

因为 11 是素数,则有

$$\begin{cases} x^2 + 2y^2 = 1 \\ z^2 + 2t^2 = 11 \end{cases} \qquad ①$$

$$\begin{cases} x^2 + 2y^2 = 11 \\ z^2 + 2t^2 = 1 \end{cases} \qquad ②$$

由①②可得方程的 4 组整数解

$$\begin{cases} x=1 \\ y=0 \\ z=3 \\ t=1 \end{cases}, \begin{cases} x=-1 \\ y=0 \\ z=-3 \\ t=-1 \end{cases}, \begin{cases} x=3 \\ y=1 \\ z=1 \\ t=0 \end{cases}, \begin{cases} x=-3 \\ y=-1 \\ z=-1 \\ t=0 \end{cases}$$

例 10 （1993 年第 11 届美国数学邀请赛）有多少个整数的有序四元数组 (a,b,c,d) 满足

$$0<a<b<c<d<500, a+d=b+c, bc-ad=93$$

解 由 $a+d=b+c$ 及 $0<a<b<c<d$ 可知，存在 $\delta\in\mathbb{N}$，使得

$$\begin{cases} b=a+\delta & \text{①} \\ c=d-\delta & \text{②} \end{cases}$$

将①②代入 $bc-ad=93$，得

$$(a+\delta)(d-\delta)-ad=93$$
$$\delta(d-a-\delta)=1\times93=3\times31$$

由此可得到 4 个方程组

$$\text{I.}\begin{cases} \delta=1 \\ d-a-\delta=93 \end{cases}, \text{II.}\begin{cases} \delta=3 \\ d-a-\delta=31 \end{cases}$$

$$\text{III.}\begin{cases} \delta=93 \\ d-a-\delta=1 \end{cases}, \text{IV.}\begin{cases} \delta=31 \\ d-a-\delta=3 \end{cases}$$

由①②及方程组 I，得

$$\begin{cases} b=a+1 \\ c=d-1=93+a+1-1=93+a \\ d=c+1=94+a \end{cases}$$

因为

$$a+94<500$$

所以

$$0<a<406$$

于是有 405 组 (a,b,c,d).

由①②及方程组 II，得

$$\begin{cases} b=a+3 \\ c=d-3=a+31 \\ d=c+3=a+34 \end{cases}$$

因为

$$a+34<500$$

所以

$$0 < a < 466$$

于是有 465 组 (a,b,c,d).

由①②及方程组Ⅲ,得

$$\begin{cases} b = a + 93 \\ c = a + 1 \\ d = a + 94 \end{cases}$$

不满足 $a < b < c < d$.

由①②及方程组Ⅳ,得

$$\begin{cases} b = a + 31 \\ c = a + 31 \\ d = a + 62 \end{cases}$$

不满足 $a < b < c < d$.

因此共有 $405 + 465 = 870$ 组 (a,b,c,d).

例 11 求出所有边长为整数,且面积(的数值)等于周长的直角三角形.

解 设这个直角三角形的三边之长分别为正整数 $x,y,z(x \leqslant y < z)$. 依题意,得方程组

$$\begin{cases} x^2 + y^2 = z^2 \\ x + y + z = \dfrac{1}{2}xy \end{cases}$$

消去 z,有

$$x^2 + y^2 = \left(\frac{1}{2}xy - x - y\right)^2$$

即

$$(x-4)(y-4) = 8$$

于是

$$(x-4)\,|\,8, \quad (y-4)\,|\,8$$

当 $x < 4$ 时,只能有 $x = 2$ 或 $x = 3$,相应的 $y = 0$ 或 $y = -4$,均不可能,从而 $x - 4 > 0$. 又 $x - 4 \leqslant y - 4$,这样 $x - 4$ 只能为 1 或 2,求得 $x = 5$ 或 $x = 6$,相应的 $y = 12$ 或 $y = 8$,于是全部解是 $(x,y,z) = (5,12,13),(6,8,10)$.

例 12 求不定方程组

$$\begin{cases} x + y + z = 3 \\ x^3 + y^3 + z^3 = 3 \end{cases}$$

的全部整数解.

解 从方程组消去 z,得到

$$8 - 9x - 9y + 3x^2 + 6xy + 3y^2 - x^2y - xy^2 = 0$$

变形为

$$8 - 3x(3-x) - 3y(3-x) + xy(3-x) + y^2(3-x) = 0$$

即

$$(3-x)(3x + 3y - xy - y^2) = 8$$

由此得出 $(3-x) \mid 8$,从而

$$3 - x = \pm 1, \pm 2, \pm 4, \pm 8$$

即 $x = -5, -1, 1, 2, 4, 5, 7, 11$(如果有解,那么必有其中),再一一代入原方程检验,不难得出全部整数解是 $(x, y, z) = (1, 1, 1), (-5, 4, 4), (4, -5, 4), (4, 4, -5)$.

通过分解确定解的取值范围($a \mid b$ 就意味着 $|a| \leqslant |b|$),然后逐一验证,这也是常用方法之一.

例 13 (1999 年保加利亚数学奥林匹克)求所有的正整数组 (x, y, z),使得 y 是素数,$y \nmid z$,$3 \nmid z$,且 $x^3 - y^3 = z^2$.

解 由题意,得

$$(x - y)[(x-y)^2 + 3xy] = z^2 \qquad ①$$

因为 y 是素数,且 $y \nmid z$,$3 \nmid z$,所以,综合式①知

$$(x, y) = 1, (x - y, 3) = 1$$

则

$$(x^2 + xy + y^2, x - y) = (3xy, x - y) = 1 \qquad ②$$

由式①②得

$$x - y = m^2, x^2 + xy + y^2 = n^2, z = mn \quad (m, n \in \mathbf{N}_+)$$

故

$$3y^2 = 4n^2 - (2x + y)^2 = (2n + 2x + y)(2n - 2x - y)$$

又 y 是素数,且 $2n - 2x - y < 2n + 2x + y$,因此,有以下三种情形:

(1)$2n - 2x - y = y$,$2n + 2x + y = 3y$. 解得 $x = 0$,舍去.

(2)$2n - 2x - y = 3$,$2n + 2x + y = y^2$. 则

$$y^2 - 3 = 4x + 2y = 4(m^2 + y) + 2y = 4m^2 + 6y$$

即

$$(y - 3)^2 - 4m^2 = 12$$

解得 $y = 7$,$m = 1$. 所以,$x = 8$,$y = 7$,$z = 13$.

(3)$2n - 2x - y = 1$,$2n + 2x + y = 3y^2$. 则

$$3y^2 - 1 = 4x + 2y = 4(m^2 + y) + 2y = 2(2m^2 + 3y)$$

即

$$3y^2 - 6y - 3m^2 = m^2 + 1$$

故 $m^2 + 1 \equiv 0 \pmod 3$ 与 $m^2 \equiv 0,1 \pmod 3$ 矛盾.

综上,满足条件的正整数组是唯一的,即 $(x,y,z) = (8,7,13)$.

例 14　设整数 x,y 都大于 1,求方程

$$x^y = 2^z - 1$$

的全部正整数解 (x,y,z).

解　显然 x^y 是奇数,从而 x 也是奇数,将方程写成

$$x^y + 1 = 2^z \qquad ①$$

这时有两种情况:

当 y 是奇数时,上式可分解为

$$(x+1)(x^{y-1} - x^{y-2} + \cdots - x + 1) = 2^z \qquad ②$$

式②左端第二个因式是奇数(y)个奇数的和,故是奇数. 但它是 2^z 的因数,所以只能是 1. 于是式②成为

$$x + 1 = 2^z$$

从而 $y = 1$,与题设矛盾. 这就证明了当 y 为奇数时,方程无解.

当 y 为偶数时,设 $y = 2k, k \geq 1, x^k = 2l + 1$. 这样

$$x^y + 1 = (x^k)^2 + 1 = (2l+1)^2 + 1 = 4l(l+1) + 2$$

它能被 2 整除,但不能被 4 整除,由①知,z 必须为 1(否则,若 $z \geq 2$,则式①的右边被 4 整除). 这就推出 $x = 1$,与题设矛盾,故此时方程也无解.

例 15　求出方程

$$x^y = 2^z + 1$$

的全部正整数解,其中 $y > 1$.

解　求解方法和上例中所用过的方法相似,分为两种情况:

当 y 是奇数时,将方程分解成

$$(x-1)(x^{y-1} + x^{y-2} + \cdots + x + 1) = 2^z$$

因为 x 是奇数,$y > 1$,所以 $x^{y-1} + x^{y-2} + \cdots + x + 1 > 1$ 是奇数,与上例一样,此时方程无解.

当 y 是偶数时,设 $y = 2k(k \geq 1)$. 因 x^k 是奇数,设它为 $2l + 1(l \geq 1)$,则原方程化为

$$(x^k)^2 - 1 = 2^z$$

即

$$4l(l+1) = 2^z \qquad ①$$

如果 $l > 1$,那么 $l, l+1$ 这两个连续整数中必有一个是大于 1 的奇数,故有奇素数 p 整除 $l(l+1)$,但 p 能整除式①的右端,所以,$l > 1$ 时方程无解. 而当 $l = 1$

时, $x=3,y=2$ 及 $z=3$, 于是所求的解为 $(x,y,z)=(3,2,3)$.

例 14 及本例都是著名的卡塔兰(Catalan)猜想的特殊情况.

卡塔兰猜想 除了 $8=2^3,9=3^2$ 之外,没有两个连续的正整数都是完全方幂,即不定方程

$$x^m - y^n = 1 \quad (m>1,n>1)$$

仅有一组正整数解

$$x=3,y=2,m=2,n=3$$

例 16 (2011 年斯堪文尼亚数学奥林匹克)求所有的整数 x,使得 $9x^2-40x+39$ 为素数的幂.

解 设 $9x^2-40x+39=p^n(p$ 为素数,$n\in\mathbf{N})$,则

$$p^n = 9x^2 - 40x + 39 = (9x-13)(x-3)$$

所以

$$\begin{cases} 9x-13=p^k \\ x-3=p^l \end{cases}$$

或

$$\begin{cases} 9x-13=-p^k \\ x-3=-p^l \end{cases}$$

其中 $k,l\in\mathbf{N},0\leq l<k,n=k+l$.

(1) 若 $\begin{cases} 9x-13=p^k \\ x-3=p^l \end{cases}$,则

$$9(p^l+3)-13=p^k$$

即

$$14=p^k-9p^l=p^l(p^{k-l}-9)$$

当 $l=0$ 时,有 $p^k=23$,所以 $p=23,k=1$,从而 $x=4$.

当 $l\geq 1$ 时,有 $p^l|14$. 则

$$9(3-p^l)-13=-p^k$$

所以

$$14=9p^l-p^k=p^l(9-p^{k-l})$$

因为 $9-p^{k-l}\leq 7$,所以,$p^l\geq 2,p^l|14$. 因此

$$\begin{cases} p^l=2 \\ 9-p^{k-l}=7 \end{cases}$$

故 $p=2,l=1,k=2$,从而 $x=1$. 或者

$$\begin{cases} p^l=7 \\ 9-p^{k-l}=2 \end{cases}$$

故 $p = 7, l = 1, k = 2$,从而 $x = -4$.

因此 $x = -4, 1, 4, 5$ 为满足题意的解.

例 17 (2005 年捷克－波兰－斯洛伐克数学竞赛)求满足方程

$$y(x + y) = x^3 - 7x^2 + 11x - 3$$

的所有整数对 (x, y).

解 原方程等价于

$$(2y + x)^2 = 4x^3 - 27x^2 + 44x - 12$$
$$= (x - 2)(4x^2 - 19x + 6)$$
$$= (x - 2)[(x - 2)(4x - 11) - 16]$$

当 $x = 2$ 时,$y = -1$ 满足原方程.

若 $x \neq 2$,由于 $(2y + x)^2$ 是完全平方数,令 $x - 2 = ks^2$,其中 $k \in \{-2, -1, 1, 2\}$,s 为正整数. 实际上,若存在质数 p 和非负整数 m,使得 p^{2m+1} 整除 $x - 2$,p^{2m+2} 不能整除 $x - 2$,于是,p 能整除 $(x - 2)(4x - 11) - 16$,则有 $p | 16$,即 $p = 2$.

若 $k = \pm 2$,则 $4x^2 - 19x + 6 = \pm 2n^2$,其中 n 为正整数,即

$$(8x - 19)^2 - 265 = \pm 32n^2$$

由于 $\pm 32n^2 \equiv 0, \pm 2 \pmod 5$,因此

$$(8x - 19)^2 \equiv 0, \pm 1 \pmod 5$$

且 $25 \nmid 265$,矛盾.

若 $k = 1$,则 $4x^2 - 19x + 6 = n^2$,其中 n 为正整数,即

$$265 = (8x - 19)^2 - 16n^2$$
$$= (8x - 19 - 4n)(8x - 19 + 4n)$$

分别对

$$265 = 1 \times 265 = 5 \times 53$$
$$= (-265) \times (-1) = (-53) \times (-5)$$

四种情况讨论得到相应的 x, n,使得 $x - 2 = s^2$ 是完全平方数.

只有 $x = 6$ 满足条件,于是 $y = 3$ 或 $y = -9$.

若 $k = -1$,则 $4x^2 - 19x + 6 = -n^2$,其中 n 为正整数,即

$$265 = (8x - 19)^2 + 16n^2$$

由 $16n^2 \leqslant 265$,得 $n \leqslant 4$.

当 $n = 1, 2$ 时,$4x^2 - 19x + 6 = -n^2$ 无整数解;

当 $n = 3$ 时,得整数解 $x = 1$,于是,$y = 1$ 或 $y = -2$;

当 $n = 4$ 时,得整数解 $x = 2$,矛盾.

综上所述,满足条件的 (x, y) 为

$$\{(6, 3), (6, -9), (1, 1), (1, -2), (2, -1)\}$$

习 题 7.1

1. (2006 年太原市初中数学竞赛) 求方程 $2x^2 + 5xy + 2y^2 = 2\,006$ 的所有正整数解.

解 方程两边分别分解因式,得

$$(2x+y)(x+2y) = 2 \times 17 \times 59$$

不妨先设 $x \geqslant y \geqslant 1$,则有

$$2x + y \geqslant x + 2y > x + y + 1 \qquad\qquad ①$$

由此,只有三种情况

$$\begin{cases} 2x+y=59 & ② \\ x+2y=34 & ③ \end{cases}$$

或

$$\begin{cases} 2x+y=118 & ④ \\ x+2y=17 & ⑤ \end{cases}$$

或

$$\begin{cases} 2x+y=1\,003 & ⑥ \\ x+2y=2 & ⑦ \end{cases}$$

由式②③得 $x + y = 31$.

再由

$$\begin{cases} x+y=31 \\ 2x+y=59 \end{cases}$$

解得

$$\begin{cases} x=28 \\ y=3 \end{cases}$$

由式④⑤得 $x + y = 45$,与式①矛盾;

由式⑥⑦得 $x + y = 335$,与式①矛盾.

故原方程的正整数解为

$$\begin{cases} x=28 \\ y=3 \end{cases}, \begin{cases} x=3 \\ y=28 \end{cases}$$

2. (2013 年第 30 届希腊数学奥林匹克) 求 $y = 2x^2 + 5xy + 3y^2$ 的所有整数解.

解 原方程等价于

不定方程及其应用(中)

$$(x+y-1)(2x+3y+2)=-2$$

故 $(x+y-1,2x+3y+2)=(-1,2),(1,-2),(2,-1),(-2,1)$. 则 $(x,y)=$ $(0,0),(10,-8),(12,-9),(-2,1)$.

3. (1987 年第 5 届美国数学邀请赛)已知 x,y 是满足方程 $y^2+3x^2y^2=$ $30x^2+517$ 的整数. 求 $3x^2y^2$ 的值.

解 由 $y^2+3x^2y^2=30x^2+517$,得

$$y^2+3x^2y^2-30x^2-10=507$$

$$(y^2-10)(3x^2-1)=3\times169=3\times13^2$$

由于 x,y 是整数,所以

$$y^2-10=1,3,13,39,169,507$$

所以

$$y^2=11,13,23,49,179,517$$

其中只有 49 为完全平方数,所以 $y^2=49$. 故

$$y^2-10=39$$

又

$$3x^2+1=13,x^2=4$$

所以

$$3x^2y^2=3\times4\times49=588$$

4. (1995 年圣彼得堡数学奥林匹克)试求方程 $19x-yz=1\,995$ 的所有质数解组 (x,y,z).

解 由 $yz=19x-1\,995=19(x-105)$,且 y 和 z 都是质数,所以,y 和 z 其中之一为 19,另一个为 $x-105$. 设 $y=19,z=x-105$. 于是,x 和 z 中有一个为偶数. 又由于它们都是质数,所以,$x=107,z=2$. 对于 $z=19,y=x-105$ 的情形可做类似讨论.

综合上述,知原方程的所有质数解组 (x,y,z) 有 2 个:$(107,19,2),(107,2,19)$.

5. (2004 年第 48 届斯洛文尼亚数学奥林匹克)求能使等式 $\frac{3}{m}+\frac{5}{n}=1$ 成立的所有正整数 m,n.

解 原方程可以写成

$$5m+3n=mn$$

即

$$(m-3)(n-5)=15$$

由于 $15=1\times15=3\times5$,而 $m-3,n-5$ 都是整数,故数对 $(m-3,n-5)$ 可能的

值为 $(-1,-15)$，$(-3,-5)$，$(-5,-3)$，$(-15,-1)$，$(1,15)$，$(3,5)$，$(5,3)$，$(15,1)$.

对于前四种情形，相应的 m,n 不全是正整数，对于后四种情形，可得到
$$(m,n)=(4,20),(6,10),(8,8),(18,6)$$

6. 正整数 a,b,c,d 满足：$1<a<b<c<d<1\,000$，且 $a+d=b+c$，$bc-ad=2\,004$. 求所有这样的正整数 (a,b,c,d) 的组数.

解 设 $b=a+x$，$c=a+y$，则 $x<y$，且 $d=a+x+y$（这由 $a+d=b+c$ 得

$$bc-ad=(a+x)(a+y)-a(a+x+y)=xy$$

即
$$xy=2\,004$$

结合
$$a+x+y<1\,000 \text{ 及 } 2\,004=2^2\times3\times167$$

可知
$$(x,y)=(3,668),(4,501),(6,334),(12,167)$$

对应地，$1<a<329$，$1<a<495$，$1<a<660$，$1<a<821$. 依此可求得符合要求的数组共有 $327+493+658+819=2\,297$（组）.

7. （1993 年第 19 届全俄数学奥林匹克）试求如下方程的所有自然数解
$$19x+93y=4xy$$

解 设 x,y 为满足方程的自然数，d 为它们的最大公约数. 则有 $x=ad$，$y=bd$，其中 a 与 b 为互质的自然数. 将 x 和 y 代入方程，并消去 d，即得
$$19a+93b=4dab \qquad ①$$

由此可知，$a\mid93b$，$b\mid19a$. 因此，b 只有两种可能：$b=1$ 或 $b=19$；而 a 只有四种可能：$a=1$，$a=3$，$a=31$ 或 $a=93$. 由于 $4\mid(19a+93b)$，因此当 $b=1$ 时，有 $a=1$ 或 $a=93$；当 $b=19$ 时，有 $a=3$ 或 $a=31$. 相应于这四种情况，d 的值分别为 $28,5,8$ 和 1. 因此，$(28,28)$，$(465,5)$，$(24,152)$ 和 $(31,19)$ 是满足原方程的所有自然数对.

下面给出方程的另一解法，由这一解法容易给出原方程的所有整数解 (x,y).

原方程等价于
$$(4y-19)(4x-93)=19\times93 \qquad ②$$

对 19×93 作质因数分解，知 $4y-19$ 仅可取如下 16 个不同值：±1，±3，±19，±31，$\pm3\times19$，$\pm3\times31$，$\pm19\times31$，$\pm3\times19\times31$. 并且，因式 $4y-19$ 的值唯一地决定了另一因式 $4x-93$ 的值. 因此，只要一一列举各种可能值，即可求得原

方程的所有整数解. 但因原题只要求求出原方程的自然数解, 所以列举起来更为简单, 将原方程改写为

$$93y = (4y - 19)x$$

即可看出, 当 $y \le 4$ 时, 方程没有自然数解. 当 $y \ge 5$ 时, 式②中的因式 $4y - 19$ 为自然数. 因此, $4y - 19$ 可能为如下 8 个值之一: $1, 3, 19, 31, 3 \times 19, 3 \times 31,$ $19 \times 31, 3 \times 19 \times 31$. 通过验算, 知仅有 $1, 3 \times 19, 3 \times 31, 19 \times 31$ 满足要求, 因为只有在这四种情况中相应的 x 值也为自然数.

8. (1949 年波兰数学竞赛) 求方程 $y^3 - x^3 = 91$ 的整数解.

解 原方程可化为

$$(y - x)(y^2 + xy + x^2) = 13 \times 7$$

因为对一切非零实数 x 和 y, 有

$$y^2 + xy + x^2 > 0$$

所以

$$y > x$$

又因为 13 和 7 是素数, 所以已知方程有如下几种情形

$$\text{I}. \begin{cases} y - x = 91 \\ y^2 + xy + x^2 = 1 \end{cases}, \quad \text{II}. \begin{cases} y - x = 1 \\ y^2 + xy + x^2 = 91 \end{cases}$$

$$\text{III}. \begin{cases} y - x = 13 \\ y^2 + xy + x^2 = 7 \end{cases}, \quad \text{IV}. \begin{cases} y - x = 7 \\ y^2 + xy + x^2 = 13 \end{cases}$$

方程组 I 和 III 无实数解, 进而无整数解.

解方程组 II 和 IV 共得 4 组解为

$$\begin{cases} x = 5 \\ y = 6 \end{cases}, \begin{cases} x = -6 \\ y = -5 \end{cases}, \begin{cases} x = -3 \\ y = 4 \end{cases}, \begin{cases} x = -4 \\ y = 3 \end{cases}$$

9. (1972 年第 4 届加拿大数学竞赛) 证明: 方程 $x^3 + 11^3 = y^3$ 没有正整数解.

证明 已知方程可化为

$$11^3 = y^3 - x^3 = (y - x)(y^2 + xy + x^2)$$

因为 11 是素数, 所以有

$$\text{I}. \begin{cases} y - x = 1 \\ y^2 + xy + x^2 = 11^3 \end{cases}, \quad \text{II}. \begin{cases} y - x = 11 \\ y^2 + xy + x^2 = 11^2 \end{cases}$$

$$\text{III}. \begin{cases} y - x = 11^2 \\ y^2 + xy + x^2 = 11 \end{cases}, \quad \text{IV}. \begin{cases} y - x = 11^3 \\ y^2 + xy + x^2 = 1 \end{cases}$$

对于方程组 I, 把 $y = x + 1$ 代入第二个方程, 得

15

$$(x+1)^2 + x(x+1) + x^2 = 11^3$$
$$3x^2 + 3x = 1\ 330$$

由于 1 330 不能被 3 整除,所以方程组 I 没有整数解.

对于方程组 II,III,IV,由于 $y > 11$,所以有

$$y^2 + xy + x^2 > 11^2$$

因此方程组 II,III,IV 没有正整数解.

于是已知方程没有正整数解.

10. (1980 年第 14 届全苏数学奥林匹克)关于 x,y,z 的方程 $x^2 + y^3 = z^4$ 有素数解吗!

解 假设素数 x,y,z 是方程 $x^2 + y^3 = z^4$ 的一组解.则

$$y^3 = z^4 - x^2 = (z^2 + x)(z^2 - x)$$

因为 $z^2 - x < z^2 + x$,并且 y 是素数,所以

$$\text{I}. \begin{cases} z^2 - x = 1 \\ z^2 + x = y^3 \end{cases}, \qquad \text{II}. \begin{cases} z^2 - x = y \\ z^2 + x = y^2 \end{cases}$$

对于方程组 I,由于 z^2 与 x 的差为 1(奇数),所以 z 与 x 中一个为奇素数,一个为偶素数.

若 $z = 2$,则 $x = 3$,此时 $y^3 = z^2 + x = 7$ 不可能.

若 $x = 2$,则 $z^2 = 3$ 不可能.

所以方程组 I 没有素数解.

对于方程组 II,由 $z^2 - x = y$ 可知,x,y 和 z 中必有一个偶素数 2.

若 $x = 2$,则有

$$\begin{cases} z^2 - y = 2 \\ y^2 - z^2 = 2 \end{cases}$$

即 $y^2 - y - 4 = 0$ 没有素数解.

若 $y = 2$,则有

$$\begin{cases} z^2 - x = 2 \\ z^2 + x = 4 \end{cases}$$

此时 $x = 1$ 不是素数.

若 $z = 2$,则有

$$\begin{cases} x + y = 4 \\ y^2 - x = 4 \end{cases}$$

即 $y^2 + y - 8 = 0$ 也没有素数解.

因此方程组 II 也没有素数解.

于是已知方程没有素数解.

11. 求最小的正整数 c,使得不定方程 $xy^2 - y^2 - x + y = c$ 恰有三组正整数解.

解 对方程左边因式分解,得

$$(y-1)(xy+x-y) = c$$

注意到,对任意正整数 c,有解

$$(x,y) = (1, c+1)$$

而 c 为素数时,至多有另外一组正整数解,鉴于此,为使方程恰有三组正整数解,要取 c 为合数.

直接试算,可知 c 最小取 10 时恰有三组正整数解,它们是

$$(x,y) = (4,2), (2,3), (1,11)$$

所求最小正整数 $c = 10$.

12. (1978 年全国高中数学联赛) 求方程组

$$\begin{cases} x + y + z = 0 & ① \\ x^3 + y^3 + z^3 = -18 & ② \end{cases}$$

的整数解.

解 由①得

$$z = -(x+y) \qquad ③$$

将③代入②,得

$$x^3 + y^3 - (x+y)^3 = -18$$

化简得

$$xy(x+y) = 6$$

再由③得

$$xyz = -6 \qquad ④$$

由④知,x, y, z 是 6 的约数,且要满足方程①和②,所以 x, y, z 中有且只有一个为负数,而且这个负数的绝对值应该最大.

令 $x = -3$,则得

$$\begin{cases} y = 1 \\ z = 2 \end{cases} 或 \begin{cases} y = 2 \\ z = 1 \end{cases}$$

同理可令 $y = -3, z = -3$,分别求出另外 4 组解.

于是方程组共有 6 组解,它们是

$$\begin{cases} x = -3 \\ y = 1 \\ z = 2 \end{cases}, \begin{cases} x = -3 \\ y = 2 \\ z = 1 \end{cases}, \begin{cases} x = 1 \\ y = -3 \\ z = 2 \end{cases}, \begin{cases} x = 2 \\ y = -3 \\ z = 1 \end{cases}, \begin{cases} x = 1 \\ y = 2 \\ z = -3 \end{cases}, \begin{cases} x = 2 \\ y = 1 \\ z = -3 \end{cases}$$

17

13. 求所有的正整数对(m,n),使得

$$n^5 + n^4 = 7^m - 1 \qquad ①$$

解 将式①移项后作因式分解,得

$$
\begin{aligned}
7^m &= n^5 + n^4 + 1 = n^5 + n^4 + n^3 - (n^3 - 1) \\
&= n^3(n^2 + n + 1) - (n - 1)(n^2 + n + 1) \\
&= (n^3 - n + 1)(n^2 + n + 1) \qquad ②
\end{aligned}
$$

由①知$n > 1$,而$n = 2$时,可得$m = 2$.

下面考虑$n > 2$的情形,我们先看式②右边两个式子的最大公因数,有

$$(n^3 - n + 1, n^2 + n + 1) = (n^2 + n + 1)(n - 1), n^2 + n + 1)$$

$$
\begin{aligned}
&= (-n + 2, n^2 + n + 1) \\
&= (-n + 2, n^2 + n + 1 + (-n + 2)(n + 3)) \\
&= (-n + 2, 7)
\end{aligned}
$$

故$(n^3 - n + 1, n^2 + n + 1) \mid 7$.

结合式②可知$n^3 - n + 1$与$n^2 + n + 1$都是7的幂次,而它们在$n \geqslant 3$时,都大于7,这导致$7^2 \mid (n^3 - n + 1, n^2 + n + 1)$,与前面所得矛盾.

综上可知,只有$(m, n) = (2, 2)$符合要求.

14. 已知向量$\boldsymbol{a} = (x - y + 1, x - y)$,$\boldsymbol{b} = (x - y + 1, 10^x)$. 求满足$\boldsymbol{a} \cdot \boldsymbol{b} = 2\,012$的所有整数对$(x, y)$的个数.

解 由题设得

$$(x - y + 1)^2 + 10^x(x - y) = 2\,012$$

$$\Rightarrow (x - y)(x - y + 2 + 10^x) = 2\,011$$

显然,$x \neq 0$,否则,$y(y - 3) = 2\,011$,此方程无整数解.

若$x < 0$,方程可化为

$$(x - y)[(x - y + 2)10^{-x} + 1] = 2\,011 \times 10^{-x}$$

因为$x, y \in \mathbf{Z}$,所以$(x - y + 2)10^{-x} + 1$模10的值为1,得以下两个方程组

$$
\begin{cases}
(x - y + 2)10^{-x} + 1 = 1 \\
x - y = 2\,011 \times 10^{-x}
\end{cases}
$$

$$
\begin{cases}
(x - y + 2)10^{-x} + 1 = 2\,011 \\
x - y = 10^{-x}
\end{cases}
$$

计算知均无整数解.

若$x > 0$,则10^x为正整数. 于是$x - y + 2 + 10^x > x - y$. 故得以下两个方程组

$$
\begin{cases}
x - y + 2 + 10^x = 2\,011 \\
x - y = 1
\end{cases}
$$

$$
\begin{cases}
x - y + 2 + 10^x = -1 \\
x - y = -2\,011
\end{cases}
$$

计算知均无整数解.

综上,所求整数对(x,y)的个数是0.

15. (2002年中国西部数学奥林匹克)求所有正整数n,使得
$$n^4 - 4n^3 + 22n^2 - 36n + 18$$
是一个完全平方数.

解 当$n=1$时
$$n^4 - 4n^3 + 22n^2 - 36n + 18 = 1 = 1^2$$
所以$n=1$是所求解中的一个.

假设$n^4 - 4n^3 + 22n^2 - 36n + 18$是一个完全平方数$m^2(m \in \mathbf{N}_+)$,即
$$n^4 - 4n^3 + 22n^2 - 36n + 18 = m^2$$
$$(n^2 - 2n + 9)^2 - 63 = m^2$$
$$(n^2 - 2n + 9)^2 - m^2 = 63$$
$$(n^2 - 2n + 9 - m)(n^2 - 2n + 9 + m) = 63$$
所以有
$$\begin{cases} n^2 - 2n + 9 - m = 1 \\ n^2 - 2n + 9 + m = 63 \end{cases}$$
$$\begin{cases} n^2 - 2n + 9 - m = 3 \\ n^2 - 2n + 9 + m = 21 \end{cases}$$
$$\begin{cases} n^2 - 2n + 9 - m = 7 \\ n^2 - 2n + 9 + m = 9 \end{cases}$$
由此得
$$n^2 - 2n + 9 = 32$$
$$n^2 - 2n + 9 = 12$$
$$n^2 - 2n + 9 = 8$$
其中的正整数解为$n=1$或$n=3$.

16. (2003年山东省高中数学联赛预赛)设集合$M = \{n \in \mathbf{Z} \mid 0 \leqslant n \leqslant 1\}$,集合$F = \{(a,b,c,d) \mid a,b,c,d \in M\}$,映射$f: F \to \mathbf{Z}$,使得$(a,b,c,d)$与$ab - cd$对应.若$(u,v,x,y)$与39对应,$(u,y,x,v)$与66对应,求$u,v,x,y$的值.

解 根据题意,得
$$\begin{cases} uv - xy = 39 & ① \\ uy - xv = 66 & ② \end{cases}$$
②+①并整理,得
$$(u - x)(v + y) = 105 = 3 \times 5 \times 7 \qquad ③$$

②－①并整理,得

$$(u+x)(y-v)=27=3^3 \qquad ④$$

又因为 $x,y,u,v \in M$,所以

$$v+y \geqslant 0, u+x \geqslant 0$$
$$0 < u-x \leqslant 11, 0 < y-v \leqslant 11$$

且

$$v+y = \frac{105}{u-x} \geqslant \frac{105}{11} = 9\frac{6}{11}$$

$$u+x = \frac{27}{y-v} \geqslant \frac{27}{11} = 2\frac{6}{11}$$

从而

$$10 \leqslant v+y \leqslant 22, 3 \leqslant u+x \leqslant 22$$

由③得

$$\begin{cases} u-x=7 \\ v+y=15 \end{cases} \text{或} \begin{cases} u-x=5 \\ v+y=21 \end{cases}$$

由④得

$$\begin{cases} u+x=3 \\ y-v=9 \end{cases} \text{或} \begin{cases} u+x=9 \\ y-v=3 \end{cases}$$

但 $u+x \geqslant u-x$,故 $u+x \neq 3$,所以

$$\begin{cases} u-x=7 \\ v+y=15 \\ u+x=9 \\ y-v=3 \end{cases} \text{或} \begin{cases} u-x=5 \\ v+y=21 \\ u+x=9 \\ y-v=3 \end{cases}$$

解以上两组方程得 $x=1,y=9,u=8,v=6$ 或 $x=2,y=12,u=7,v=9$.

因为 $y=12 \notin M$,所以 $x=2,y=12,u=7,v=9$ 不合题意.

因此,$x=1,y=9,u=8,v=6$.

17. (2013 年德国数学奥林匹克)求所有正整数 n,使得 n^2+2^n 为完全平方数.

解 设 $n^2+2^n=t^2$,则 $t^2-n^2=2^n$,即

$$(t-n)(t+n)=2^n$$

亦即

$$\begin{cases} t-n=2^a \\ t+n=2^{n-a} \end{cases} \Rightarrow n=\frac{1}{2}(2^{n-a}-2^a)$$

又因为 $n>0$,则 $a<n-a$,所以 $a<\dfrac{n}{2}$. 故

$$2^{n-a} - 2^a = 2^a(2^{n-2a} - 1) \geqslant 2^a \cdot 2^{n-2a-1} = 2^{n-a-1} > 2^{\frac{n}{2}-1}$$

于是

$$n > 2^{\frac{n}{2}-2} \Rightarrow \frac{n}{2} > 2^{\frac{n}{2}-3}$$

所以

$$\frac{n}{2} > 6 \Rightarrow n < 12$$

逐一验证,当且仅当 $n=6$ 时, $6^2 + 2^6 = 10^2$.

18. 过年时,祖母给三个孙子压岁钱,总额 400 元. 共有 50 元、20 元、10 元三种面额的纸币各若干张,供三个孙子选择,但每人只能拿同一种面额的钱,其中一人所拿钱的张数恰好等于另两人所拿钱的张数之积. 问:有多少种选择面额及张数的方式?

解 设三人所拿钱的张数分别为 xy,x,y,面额分别为 a 元、b 元、c 元,$x \geqslant 1,y \geqslant 1$. 则 $axy + bx + cy = 400$.

(1)当 $a = b = c$,即三人所选面额相同时,则

$$xy + x + y = \frac{400}{a}$$

即

$$(x+1)(y+1) = \frac{400}{a} + 1$$

①若 $a = 50$,则

$$(x+1)(y+1) = 9 = 3 \times 3$$

解得 $x = 2, y = 2$.

所以,三人中,每人选 50 元面额的张数分别为 2,2,4. 此时,有一种选择方式.

②若 $a = 20$,则

$$(x+1)(y+1) = 21 = 3 \times 7$$

解得 $x = 2, y = 6$.

所以,三人选择 20 元有一种选择方式.

③若 $a = 10$,则

$$(x+1)(y+1) = 41$$

此时,x,y 无正整数解.

(2)当 a,b,c 中有两个值相等时,根据选择无顺序性,可分为 $a = b \neq c, b = c \neq a$ 两种情形.

当 $a = b \neq c$ 时

$$axy + ax + cy = 400$$

即

$$(ax + c)(y + 1) = 400 + c \quad (y + 1 \geqslant 2)$$

①若 $a = 50, c = 50$, 则

$$(50x + 20)(y + 1) = 420$$

即

$$(5x + 2)(y + 1) = 42 = 7 \times 6$$

解得 $x = 1, y = 5$. 此时, 有一种选择方式.

②若 $a = 50, c = 10$, 则

$$(50x + 10)(y + 1) = 410$$

即

$$(5x + 1)(y + 1) = 41(质数)$$

上式无正整数解.

③若 $a = 20, c = 50$, 则

$$(20x + 50)(y + 1) = 450$$

即

$$(2x + 5)(y + 1) = 45 = 9 \times 5 = 15 \times 3$$

解得 $x = 2, y = 4$ 或 $x = 5, y = 2$. 所以, 有两种选择面额及张数的方式.

同理可得:

④若 $a = 20, c = 10$, 无正整数解.

⑤若 $a = 10, c = 50$, 有两种选择面额及张数的方式.

⑥若 $a = 10, c = 20$, 有五种选择面额及张数的方式.

(3) 当 a, b, c 两两不相等时, 同理可得:

①若 $a = 10, b = 20, c = 50$, 有一种选择面额及张数的方式.

②若 $a = 20, b = 10, c = 50$, 有一种选择面额及张数的方式.

③若 $a = 50, b = 10, c = 20$, 无正整数解.

综上, 选择面额及张数的方式共有 14 种.

7.2 配 方 法

这种方法就是将方程的一边变形成完全平方或平方和的形式,另一边是一个常数(通常为零),从而通过分析求得方程的整数解.

例 1 （1989 年第 30 届 IMO 预选题）求方程

$$y^4 + 4y^2x - 11y^2 + 4xy - 8y + 8x^2 - 40x + 52 = 0$$

的所有整数解.

解 原方程可化为

$$(y^4 + 4x^2 + 36 + 2y^2 \cdot 2x - 2y^2 \cdot 6 - 2 \cdot 2x \cdot 6) +$$
$$(4x^2 + y^2 + z^2 + 2 \cdot 2x \cdot y - 2 \cdot 2x \cdot 4 - 2y \cdot 4) = 0$$

即

$$(y^2 + 2x + 6)^2 + (2x + y - 4)^2 = 0$$

所以

$$\begin{cases} y^2 + 2x + 6 = 0 \\ 2x + y - 4 = 0 \end{cases}$$

解得

$$\begin{cases} x_1 = 1 \\ y_1 = 2 \end{cases}, \begin{cases} x_2 = \dfrac{5}{2} \\ y_2 = -1 \end{cases}$$

故原方程的所有整数解为 $x = 1, y = 2$.

例 2 求方程 $3x^2 - 4xy + 3y^2 = 35$ 的整数解.

分析 设法将方程左边配成完全平方,但首项系数为 3,不是完全平方数,故将方程两边同乘以 3 后再配方.

解 将方程两边同乘以 3,得

$$9x^2 - 12xy + 9y^2 = 105$$

即

$$(9x^2 - 12xy + 4y^2) + 5y^2 = 105$$

即

$$(3x - 2y)^2 + 5y^2 = 105$$

因为 $(3x - 2y)^2 \geqslant 0$,所以 $5y^2 \leqslant 105, y^2 \leqslant 21, |y| \leqslant \sqrt{21}$. 因为 $y \in \mathbf{Z}$,所以 y 可取 $-4, -3, -2, -1, 0, 1, 2, 3, 4$.

当 $y = 0$ 时, $3x^2 = 105, x$ 非整数值.

当 $y = 1$ 时, $(3x - 2)^2 + 5 = 105$, $(3x - 2)^2 = 100$, 所以 $3x - 2 = \pm 10$. 当 $3x - 2 = 10$ 时, $x = 4$; 当 $3x - 2 = -10$ 时, x 非整数值.

当 $y = -1$ 时, $(3x + 2)^2 + 5 = 105$, $(3x + 2)^2 = 100$, 所以 $3x + 2 = \pm 10$. 当 $3x + 2 = 10$ 时, x 非整数值; 当 $3x + 2 = -10$ 时, $x = -4$.

当 $y = \pm 2$ 时, $(3x - 2y)^2 = 85$, x 非整数值.

当 $y = \pm 3$ 时, $(3x - 2y)^2 = 60$, x 非整数值.

当 $y = \pm 4$ 时, $(3x - 2y)^2 = 25$, $3x - 2y = \pm 5$, 可分别求得 $x = \pm 1$.

综上所述, 方程 $9x^2 - 4xy + 4y^2 = 5$ 的整数解为

$$(x, y) = (4, 1), (1, 4), (-4, -1), (-1, -4)$$

例 3　求不定方程 $9x^2 - 6x - 4y^4 + 12y^3 - 12y^2 + 5y + 3 = 0$ 的整数解.

解　将原方程移项、局部配方, 得

$$(3x - 1)^2 = (2y^2 - 3y)^2 + 3y^2 - 5y - 2$$

及

$$(3x - 1)^2 = (2y^2 - 3y + 1)^2 - (y^2 - y + 3)$$

若整数 $y \neq 0, 1, 2$, 则必有

$$2y^2 - 3y, \ 2y^2 - 3y + 1, \ 3y^2 - 5y - 2, \ y^2 - y + 3$$

同为正整数.

从而, 完全平方数 $(3y - 1)^2$ 必位于两个从小到大相邻的完全平方数之间, 矛盾.

因此, 仅需检验 $y = 0, 1, 2$ 即可.

当 $y = 0$ 时, $(3x - 1)^2 = -2$, 无解;

当 $y = 1$ 时, $(3x - 1)^2 = -3$, 无解;

当 $y = 2$ 时, $(3x - 1)^2 = 4$, 解得 $x = 1$, 满足要求.

综上, 原不定方程的解为 $x = 1, y = 2$.

例 4　已知整数 x, y, z 满足

$$\begin{cases} x^2 + y^2 + z^2 = 2(yz + 1) \\ x + y + z = 4\,018 \end{cases}$$

试求出符合条件的所有 x, y, z 的值.

解　将第一个等式整理, 得

$$x^2 + (y - z)^2 = 2$$

因为所有的平方数都是非负的, 且只有 0 和 1 小于 2, 所以只有当

$$x^2 = 1, \ (y - z)^2 = 1$$

时, 满足条件.

所以, $x = 1$ 或 $x = -1$, $y - z = 1$ 或 $y - z = -1$.

下面对以上四种情形分别进行讨论.

当 $x = 1, y - z = 1$ 时,得到

$$\begin{cases} x = 1 \\ y - z = 1 \\ x + y + z = 4\ 018 \end{cases}$$

解得

$$x = 1, y = 2\ 009, z = 2\ 008$$

同理,当 $x = 1, y - z = -1$ 时,解得 $x = 1, y = 2\ 008, z = 2\ 009$.

当 $x = -1, y - z = 1$ 时,解得 $x = -1, y = 2\ 010, z = 2\ 009$.

当 $x = -1, y - z = -1$ 时,解得 $x = -1, y = 2\ 009, z = 2\ 010$.

综上,符合条件的所有 x, y, z 的值为 $(x, y, z) = (1, 2\ 009, 2\ 008)$, $(1, 2\ 008, 2\ 009), (-1, 2\ 010, 2\ 009), (-1, 2\ 009, 2\ 010)$.

例5 (1993年第34届国际数学奥林匹克预选题)设 a, b, c 都是整数, $a > 0, ac - b^2 = p = p_1 p_2 \cdots p_n$,其中 $p_1, p_2, \cdots, p_n$ 是互异的素数,设 $M(n)$ 表示满足方程 $ax^2 + 2bxy + cy^2 = n$ 的整数解的组数. 求证: $M(n)$ 为有限数,且对每个非负整数 k,都有 $M(p^k n) = M(n)$.

证明 设整数对 (x, y) 满足方程

$$ax^2 + 2bxy + cy^2 = p^k n \qquad ①$$

将式①两边乘以 a,并注意 $ac - b^2 = p$,得到

$$(ax + by)^2 + py^2 = ap^k n \qquad ②$$

类似地,将式①两边乘以 c,又可得到

$$(bx + cy)^2 + px^2 = cp^k n \qquad ③$$

由式②和式③知, $M(n)$ 为有限数,且 $(ax + by)^2$ 与 $(bx + cy)^2$ 都能被 p 整除. 因为 $p = p_1 p_1 \cdots p_n$,所以 $ax + by$ 与 $bx + cy$ 都能被 p 整除. 从而存在整数 X 和 Y,使得

$$\begin{cases} ax + by = -pY \\ bx + cy = pX \end{cases} \qquad ④$$

由于 $ac - b^2 = p \neq 0$,则④有唯一解

$$\begin{cases} x = -bX - cY \\ y = aX + bY \end{cases} \qquad ⑤$$

将⑤代入①,化简后可得

$$aX^2 + 2bXY + cY^2 = p^{k-1} n$$

这表明,当整数对 (x, y) 是 $①_k$ 的解时,由④给出的整数对 (X, Y) 是 $①_{k-1}$ 的解,反之亦然. 于是,我们就在 $①_k$ 与 $①_{k-1}$ 之间建立了一个双射,所以二者的整数解

的组数相等,即有 $M(p^k n) = M(p^{k-1} n)$,由此类推可得 $M(p^k n) = M(n)$.

例6 (2004 年澳大利亚数学奥林匹克)求使 $(a^3 + b)(a + b^3) = (a + b)^4$ 成立的所有整数对 (a, b).

解 注意到

$$(a^3 + b)(a + b^3) = (a + b)^4$$

$$\Leftrightarrow a^4 + a^3 b^3 + ab + b^4 = a^4 + 4a^3 b + 6a^2 b^2 + 4ab^3 + b^4$$

$$\Leftrightarrow a^3 b^3 + 2a^2 b^2 + ab = 4a^3 b + 8a^2 b^2 + 4ab^3$$

$$\Leftrightarrow ab[(ab + 1)^2 - 4ab(a + b)^2]$$

$$\Leftrightarrow ab[(ab + 1)^2 - 4(a + b)^2] = 0$$

成立. 因此,$(a, 0)$ 和 $(0, b)$ 是给定方程的解,$a, b \in \mathbf{Z}$.

另外的解必须使得

$$(ab + 1)^2 - 4(a + b)^2 = 0$$

成立.

因为 $(ab + 1)^2 - 4(a + b)^2 = 0$,即

$$ab + 1 = \pm 2(a + b)$$

分两种情形讨论.

若 $ab + 1 = 2(a + b)$,则有

$$(a - 2)(b - 2) = 3$$

于是,有

$$\begin{cases} a - 2 = 3 \\ b - 2 = 1 \end{cases}$$

或

$$\begin{cases} a - 2 = 1 \\ b - 2 = 3 \end{cases}$$

或

$$\begin{cases} a - 2 = -3 \\ b - 2 = -1 \end{cases}$$

或

$$\begin{cases} a - 2 = -1 \\ b - 2 = -3 \end{cases}$$

分别解得

$$a = 5, b = 3; a = 3, b = 5$$

$$a = -1, b = 1; a = 1, b = -1$$

若 $ab + 1 = -2(a + b)$,则有

$$(a + 2)(b + 2) = 3$$

类似地,解得

$$a = 1, b = -1; a = -1, b = 1$$
$$a = -5, b = -3; a = -3, b = -5$$

综上所述,给定方程所有可能解的集合为 $\{(a, 0) | a \in \mathbf{Z}\} \cup \{(0, b) | b \in \mathbf{Z}\} \cup \{(-5, -3), (-3, -5), (-1, 1), (1, -1), (3, 5), (5, 3)\}$.

习 题 7.2

1. (2013 年全国初中数学竞赛)已知正整数 a,b,c 满足
$$a + b^2 - 2c - 2 = 0, 3a^2 - 8b + c = 0$$
求 abc 的最大值.

解 题设两个方程化简并整理,得
$$(b-8)^2 + 6a^2 + a = 66$$

由 a 为正整数及 $6a^2 + a \leqslant 66$,得 $1 \leqslant a \leqslant 3$.

若 $a = 1$,则 $(b-8)^2 = 59$,无正整数解;

若 $a = 2$,则 $(b-8)^2 = 40$,无正整数解;

若 $a = 3$,则 $(b-8)^2 = 9$,解得 $b = 11$ 或 $b = 5$.

(1)若 $b = 11$,则 $c = 61$,从而
$$abc = 3 \times 11 \times 61 = 2\ 013$$

(2)若 $b = 5$,则 $c = 13$,从而
$$abc = 3 \times 5 \times 13 = 195$$

综上,abc 的最大值为 2 013.

2. (1993 年第 19 届全俄数学奥林匹克)证明:如下的方程无整数解
$$x^3 - y^3 = 1\ 993$$

证明 设 x,y 是满足原方程的整数. 则有 $x^3 > y^3$,因而 $x > y$. 于是,由等式
$$(x - y)(x^2 + xy + y^2) = 1\ 993$$

以及 1 993 为质数可知,仅有如下两种可能情况
$$x - y = 1, x^2 + xy + y^2 = 1\ 993$$

或
$$x - y = 1\ 993, x^2 + xy + y^2 = 1$$

在第一种情况下,由 $x^2 + xy + y^2 = (x - y)^2 + 3xy$,可知 $xy = 664$,因此有 $(x+y)^2 = 2\ 657$,但因 $51^2 < 2\ 657 < 52^2$,知为不可能. 在第二种情况下,可类似地得到 $(x+y)^2 = 1 + \frac{1}{3}(1 - 1\ 993^2) < 0$,知亦为不可能. 所以原方程无整数解.

3. 求方程 $x^2 + x = y^4 + y^3 + y^2 + y$ 的整数解.

解 对方程两边同乘以 4,并对左边进行配方,得
$$(2x + 1)^2 = 4(y^4 + y^3 + y^2 + y) + 1 \qquad ①$$

下面对式①右端进行估计. 由于

$$4(y^4 + y^3 + y^2 + y) + 1$$
$$= (2y^2 + y + 1)^2 - y^2 + 2y$$
$$= (2y^2 + y)^2 + 3y^2 + 4y + 1$$

从而,当 $y > 2$ 或 $y < -1$ 时,有

$$(2y^2 + y)^2 < (2x + 1)^2 < (2y^2 + y + 1)^2$$

由于 $2y^2 + y$ 与 $2y^2 + y + 1$ 是两个连续的整数,它们的平方之间不会含有完全平方数,故上式不成立.

因此只需考虑当 $-1 \leqslant y \leqslant 2$ 时方程的解,这是平凡的,容易得到原方程的全部整数解是 $(x, y) = (0, -1), (-1, -1), (0, 0), (-1, 0), (-6, 2), (5, 2)$.

4. (2009 年意大利国家队选拔考试)求所有整数对 (x, y),使得 $y^3 = 8x^6 + 2x^3 y - y^2$.

解 由 $y^3 = 8x^6 + 2x^3 y - y^2$,得

$$8y^3 = 64x^6 + 16x^3 y - 8y^2 \Rightarrow y^2(8y + 9) = (8x^3 + y)^2$$

$$\Rightarrow 8y + 9 = \left(\frac{8x^3}{y} + 1\right)^2$$

由式①,知 $y \mid 8x^3$,且 $\dfrac{8x^3}{y}$ 为偶数. 故

$$\begin{cases} 8x^3 = 8ky \\ 8y + 9 = (2k + 1)^2 \end{cases} \quad (k \in \mathbf{Z})$$

则

$$\begin{cases} y = \dfrac{k^2 + k - 2}{2} \\ (2x)^3 = k^3 + k^2 - 2k \end{cases}$$

当 $k < -2$ 或 $k > 2$ 时,有 $k^3 < k^3 + k^2 - 2k < (k + 1)^3$. 故式②无整数解. 从而,$k \in \{-2, -1, 0, 1, 2\}$. 逐个代入检验,知:

当 $k = -2, 1$ 时,$(x, y) = (0, 0)$;

当 $k = -1$ 时,式②无整数解;

当 $k = 0$ 时,$(x, y) = (0, -1)$;

当 $k = 2$ 时,$(x, y) = (1, 2)$.

综上,所求整数对为 $(x, y) = (0, 0), (0, -1), (1, 2)$.

5. 求所有的整数 x, y,使得 $x^2 + xy + y^2 = 1$.

解 两边乘以 4,再配方,得

$$(2x + y)^2 + 3y^2 = 4$$

故 $4-3y^2$ 为完全平方数,要求 $y^2=0$ 或 1,对应的 $(2x+y)^2=4$ 或 1. 分别求解得

$$(x,y)=(\pm1,0),(0,\pm1),(1,-1),(-1,1)$$

6. 求所有的正整数 $n\geqslant2$,使得不定方程组

$$\begin{cases} x_1^2+x_2^2+50=16x_1+12x_2 \\ x_2^2+x_3^2+50=16x_2+12x_3 \\ \quad\quad\quad\vdots \\ x_{n-1}^2+x_n^2+50=16x_{n-1}+12x_n \\ x_n^2+x_1^2+50=16x_n+12x_1 \end{cases}$$

有整数解.

解 移项后配方,方程组变形为

$$\begin{cases} (x_1-8)^2+(x_2-6)^2=50 \\ (x_2-8)^2+(x_3-6)^2=50 \\ \quad\quad\quad\vdots \\ (x_{n-1}-8)^2+(x_n-6)^2=50 \\ (x_n-8)^2+(x_1-6)^2=50 \end{cases}$$

由于 50 表示为两个正整数的平方和的形式只有两种:$50=1^2+7^2=5^2+5^2$,所以,由 $(x_1-8)^2+(x_2-6)^2=50$,知 $|x_2-6|=1,5$ 或 7,而由 $(x_2-8)^2+(x_3-6)^2=50$,知 $|x_2-8|=1,5$ 或 7,从而 $x_2=1,7$ 或 13.

进一步,可知对每个 $1\leqslant i\leqslant n$,都有 $x_i=1,7$ 或 13,依 $x_1=1,7,13$,分三种情况讨论.

若 $x_1=1$,则由 $(x_1-8)^2+(x_2-6)=50$,知 $x_2=7$,再由 $(x_2-8)^2+(x_3-6)^2=50$,知 $x_3=13$,依次往下递推,可知当 $k\equiv1(\bmod 3)$ 时,$x_k=1$;当 $k\equiv2(\bmod 3)$ 时,$x_k=7$;当 $k\equiv0(\bmod 3)$ 时,$x_k=13$. 所以,由 $(x_n-8)^2+(x_1-6)^2=50$,知当且仅当 $n+1\equiv1(\bmod 3)$ 时,原方程组有整数解,即当且仅当 $3\mid n$ 时,n 符合要求.

对另外两种情况 $x_1=7$ 和 $x_1=13$ 同样讨论,得到的条件是一样的.

综上可知,满足条件的 n 是所有 3 的倍数.

说明 进一步讨论可知,当 $3\mid n$ 时,方程组恰有三组整数解.

7.3 奇偶分析法

这种方法就是通过对未知数、方程的结构形式或方程两边的奇偶性进行分析,或用 $2n$ 或 $2n+1$($n\in\mathbf{Z}$)代入方程,使方程变形为更加便于讨论的等价形式.这也是解二次不定方程的重要方法之一.

例1 求方程 $x^2+y^2=328$ 的整数解.

解 显然,$x\neq y$,不妨设 $x>y>0$.

因为 328 是偶数,所以 x,y 的奇偶性相同.从而 $x\pm y$ 是偶数.

令 $x+y=2u_1,x-y=2v_1,u_1,v_1\in\mathbf{Z}$,且 $u_1,v_1>0$,所以

$$x=u_1+v_1,y=u_1-v_1$$

代入原方程中,得

$$u_1^2+v_1^2=164$$

同理,令 $u_1+v_1=2u_2,u_1-v_1=2v_2$($u_2,v_2\in\mathbf{Z}$ 且 $u_2>v_2>0$),于是,有

$$u_2^2+v_2^2=82$$

再令 $u_2+v_2=2u_3,u_2-v_2=2v_3$,得

$$u_3^2+v_3^2=41$$

此时,u_3,v_3 必为一奇一偶,且 $0<v_3<u_3\leqslant[\sqrt{41}]=6$.取 $v_3=1,2,3,4,5$,相应得 $u_3^2=40,37,32,25,16$.从而只有 $u_3=5,v_3=4$.故有 $x=18,y=2$.

结合方程的对称性,知方程有两组解

$$(x,y)=(18,2),(2,18)$$

例2 求方程 $x^2=y^2+1\,986$ 的整数解.

分析 本题当然可以将原方程化为

$$x^2-y^2=1\,986$$

即

$$(x+y)(x-y)=1\,986$$

因为 $1\,986=1\times1\,986=2\times3\times331$,所以

$$\begin{cases}x+y=1\,986\\x-y=1\end{cases},\begin{cases}x+y=993\\x-y=2\end{cases},\begin{cases}x+y=662\\x-y=3\end{cases},\begin{cases}x+y=331\\x-y=6\end{cases}$$

$$\begin{cases}x+y=1\\x-y=1\,986\end{cases},\begin{cases}x+y=2\\x-y=993\end{cases},\begin{cases}x+y=3\\x-y=662\end{cases},\begin{cases}x+y=6\\x-y=331\end{cases}$$

$$\begin{cases}x+y=-1\,986\\x-y=-1\end{cases},\begin{cases}x+y=-993\\x-y=-2\end{cases},\begin{cases}x+y=-662\\x-y=-3\end{cases},\begin{cases}x+y=-331\\x-y=-6\end{cases}$$

$$\begin{cases} x+y=-1 \\ x-y=-1\,986 \end{cases}, \begin{cases} x+y=-2 \\ x-y=-993 \end{cases}, \begin{cases} x+y=-3 \\ x-y=-662 \end{cases}, \begin{cases} x+y=-6 \\ x-y=-331 \end{cases}$$

这样就需要解 16 个二元一次方程组.

由 1 986 是偶数,而奇数的平方仍为奇数,偶数的平方仍为偶数,以及 $x^2 = y^2 + 1\,986$ 可知,x, y 的奇偶性相同. 因此只需研究原方程有无奇数解或有无偶数解.

解 由 $x^2 = y^2 + 1\,986$,x, y 必同奇或同偶. 当 x, y 同为奇数时,可设 $x = 2m+1$, $y = 2n+1$,因为 $1\,986 = 4 \times 496 + 2$,所以原方程化为

$$(2m+1)^2 = (2n+1)^2 + 4 \times 496 + 2$$

即

$$4m^2 + 4m + 1 = 4n^2 + 4n + 1 + 4 \times 496 + 2$$

这时方程左边为 $4k+1$ 的形式,而右边为 $4s+3$ 的形式,左、右两边不可能相等. 所以原方程无奇数解.

当 x, y 同为偶数时,可设 $x = 2m$, $y = 2n$. 所以原方程化为

$$(2m)^2 = (2n)^2 + 4 \times 496 + 2$$

这时方程左边为 $4k$ 的形式,右边为 $4s+2$ 的形式,左、右两边不可能相等. 所以原方程无偶数解.

综上所述 $x^2 = y^2 + 1\,986$ 无整数解.

实际上,上述所列的 16 个二元一次方程都没有整数解.

例 3 (2011 年江西省高中数学竞赛预赛)求满足 $x^2 + 7y^2 = 2\,011$ 的一组正整数解 $(x, y) = $ _____.

解 由于 2 011 是 $4N+3$ 形式的数,所以 y 必为奇数,而 x 为偶数,设 $x = 2m$, $y = 2n+1$,代入得

$$4m^2 + 28n(n+1) = 2\,004$$

即

$$m^2 + 7n(n+1) = 501 \qquad \qquad ①$$

而 $n(n+1)$ 为偶数,则 m^2 为奇数,设 $m = 2k+1$,则

$$m^2 = 4k(k+1) + 1$$

由①得

$$k(k+1) + 7 \cdot \frac{n(n+1)}{4} = 125 \qquad \qquad ②$$

则 $\frac{n(n+1)}{4}$ 为奇数,且 $n, n+1$ 中恰有一个是 4 的倍数,当 $n = 4r$ 时,为使

$7 \cdot \frac{n(n+1)}{4} = 7r(4r+1)$ 为奇数,且 $7r(4r+1) < 125$,只有 $r = 1$,式②变成

$$k(k+1)+35=125$$

即 $k(k+1)=90$,于是 $n=4,k=9,x=38,y=9$.

若 $n+1=4r$,为使 $7\cdot\dfrac{n(n+1)}{4}=7r(4r-1)$ 为奇数,且 $7r(4r-1)<125$,只有 $r=1$,式②变成

$$k(k+1)+21=125$$

即 $k(k+1)=104$,无整数解.

于是 $(x,y)=(38,9)$ 是唯一解,即 $38^2+7\times9^2=2\,011$.

(另外,也可由 x 为偶数出发,使

$$2\,011-x^2=2\,009-(x^2-2)=7\times287-(x^2-2)$$

为 7 的倍数,那么 x^2-2 是 7 的倍数,故 x 是 $7k\pm3$ 形式的偶数,依次取 $k=1$,3,5,检验相应的 6 个数即可.)

例 4 (2011 年北京市初二年级数学竞赛)关于 m,n 的方程

$$5m^2-6mn+7n^2=2\,011$$

是否存在整数解?若存在,请写出一组解;若不存在,请说明理由.

解 不存在.

(1)若 m,n 的奇偶性相同,则所给方程左边为偶数,不可能等于 2 011.

(2)若 m,n 的奇偶性不同,则 $m+n$ 与 $m-n$ 都是奇数.

将方程改写为

$$4(m-n)^2+(m+n)^2+2n^2=2\,011 \qquad ①$$

下面分两种情形讨论.

(ⅰ)若 n 为偶数,则式①左边被 4 除余 1. 但 2 011 被 4 除余 3,故方程无整数解.

(ⅱ)若 n 为奇数,记

$$n=2k+1$$
$$m-n=2l+1$$
$$m+n=2p+1$$

则由式①得

$$4(2l+1)^2+(2p+1)^2+2(2k+1)^2=2\,011$$

即

$$16(l^2+l)+4+4p(p+1)+1+8k(k+1)+2=2\,011$$

因 $p(p+1)$ 为偶数,所以,上式可改写为

$$8T+7=2\,011$$

但 2 011 被 8 除余 3,故方程无整数解.

综上,方程 $5m^2 - 6mn + 7n^2 = 2\,011$ 不存在整数解.

例5 （2015 年新疆维吾尔自治区高中数学竞赛预选赛）已知正整数 a 满足 $a \equiv 3(\mathrm{mod}\,4)$,求证:$x^2 + y^2 = a$ 无整数解.

证明 设 x 和 y 为任意两个整数,根据 x 和 y 的奇偶性来分情况讨论.

（1）当 x,y 都为奇数,即 $x = 2k_1 + 1, y = 2k_2 + 1$ 时

$$
\begin{aligned}
x^2 + y^2 &= (2k_1 + 1)^2 + (2k_2 + 1)^2 \\
&= 4(k_1^2 + k_2^2 + k_1 + k_2) + 2 \\
&\equiv 2(\mathrm{mod}\,4)
\end{aligned}
$$

从而 $x^2 + y^2 \neq a$.

（2）当 x 为奇数,y 为偶数,即 $x = 2k_1 + 1, y = 2k_2$ 时

$$
x^2 + y^2 = (2k_1 + 1)^2 + (2k_2)^2
$$
$$
4(k_1^2 + k_2^2 + k_1) + 1 \equiv 1(\mathrm{mod}\,4)
$$

从而 $x^2 + y^2 \neq a$.

（3）当 x 为偶数,y 为奇数,即 $x = 2k_1, y = 2k_2 + 1$ 时,同(2)有 $x^2 + y^2 \neq a$.

（4）当 x 为偶数,y 为偶数,即 $x = 2k_1, y = 2k_2$ 时

$$
x^2 + y^2 = (2k_1)^2 + (2k_2)^2 = 4(k_1^2 + k_2^2) \equiv 0(\mathrm{mod}\,4)
$$

从而 $x^2 + y^2 \neq a$.

综上所述,对任意整数 x,y 都有 $x^2 + y^2 \neq a$,即 $x^2 + y^2 = a$ 无整数解.

例6 （2013 年白俄罗斯数学奥林匹克·D 类）已知素数 $p,q,r(p+q < 111)$ 满足 $\dfrac{p+q}{r} = p - q + r$. 求 pqr 的最大值.

解 由已知得

$$
\frac{p+q}{r} = p - q + r \Leftrightarrow q(r+1) - p(r-1) = r^2 \qquad \text{①}
$$

若素数 $r > 2$,则 r 必为奇数. 此时,式①右边为偶数,左边为奇数,矛盾. 故 $r = 2$.

将 $r = 2$ 代入式①中,得 $p = 3q - 4$.

显然,上式中的 p 随着 q 的增大而增大. 所以,当且仅当 q 取得最大值时,$pqr = (3q - 4)q \cdot 2$ 取得最大值.

又由条件知 $p + q < 111$,有

$$
3q - 4 + q = 4q - 4 < 111 \Rightarrow q < 29
$$

因为 q 为素数,所以,q 仅可能取到 $23,19,17,\cdots,2$.

当 $q = 23$ 时,$p = 3q - 4 = 65$ 为合数,不符合题意.

当 $q = 19$ 时,$p = 3q - 4 = 53$ 为素数,符合题意.

故 pqr 的最大值为 $53 \times 19 \times 2 = 2\,014$.

例7 （1980年卢森堡等五国国际数学竞赛）确定不定方程

$$x^3 + x^2 y + xy^2 + y^3 = 8(x^2 + xy + y^2 + 1)$$

的所有整数解.

解 已知方程可化为

$$(x^2 + y^2)(x + y - 8) = 8xy + 8 \qquad\qquad ①$$

若 x 和 y 中一为奇数,一为偶数,则式①的左边为奇数,右边为偶数,这是不可能的.

因此 x 和 y 有相同的奇偶性. 于是 $x + y - 8$ 为偶数.

(1)若 $x + y - 8 \geq 6$,则

$$x^2 + y^2 \geq \frac{(x+y)^2}{2} \geq \frac{14^2}{2} > 4$$

$$(x^2 + y^2)(x + y - 8) \geq 6(x^2 + y^2)$$
$$\geq 2(x^2 + y^2) + 8xy$$
$$> 8 + 8xy$$

此时式①不成立,方程无整数解.

(2)若 $x + y - 8 \leq -4$,则

$$(x^2 + y^2)(x + y - 8) \leq -4(x^2 + y^2) \leq 8xy < 8xy + 8$$

同样式①不成立,方程无整数解.

(3)若 $x + y - 8 = 4$,则由①得

$$(x - y)^2 = 2$$

方程无整数解.

(4)若 $x + y - 8 = 2$,则由①得

$$x^2 + y^2 = 4xy + 4$$

从而解得

$$\begin{cases} x = 8 \\ y = 2 \end{cases}, \begin{cases} x = 2 \\ y = 8 \end{cases}$$

(5)若 $x + y - 8 = 0$,则有

$$8xy + 8 = 0$$

显然无整数解.

(6)若 $x + y - 8 = -2$,则由式①得

$$x^2 + y^2 + 4xy + 4 = 0$$

从而得

$$x + y = 6, xy = -20$$

仍无整数解.

因此已知方程只有两组整数解

$$(x,y) = (8,2) \text{ 或} (2,8)$$

例8 (1989 年第 6 届巴尔干数学竞赛)设 $d_1, d_2, \cdots, d_k$ 为正整数 n 的全部因子,$1 = d_1 < d_2 < \cdots < d_k = n$. 求出使 $k \geqslant 4$ 且满足 $d_1^2 + d_2^2 + d_3^2 + d_4^2 = n$ 的所有 n.

解 若 n 为偶数,则 $d_1, d_2, \cdots, d_n$ 都是奇数,但四个奇数的平方和为偶数,不可能等于 n. 矛盾. 于是,n 为偶数,$d_1 = 2$.

若 n 是 4 的倍数,则 $4 \in \{d_3, d_4\}$,前 4 个因数的平方中,已有 2 个(2^2 与 4^2)为 4 的倍数,1 个为 1. 另一个因数为奇数时,则它的平方除以 4 时余 1;为偶数时,它的平方被 4 整除. 因此,这 4 个因数的平方和不是 4 的倍数,矛盾.

所以,$n = 2m, m$ 为奇数. d_3 是 m 的最小质数.

由于 $1^2 + 2^2 + d_3^2 + d_4^2 = n$ 为偶数,所以 d_4 为偶数,从而 $d_4 = 2d_3$. 因此,$n = 1^2 + 2^2 + d_3^2 + 4d_3^2$,故 5 是 n 的因数.

由于 $d_4 \neq 4$,所以 $d_4 \geqslant 6$. 从而 $d_3 = 5, d_4 = 10$. 故 $n = 1^2 + 2^2 + 5^2 + 10^2 = 130$.

例9 (2008 年意大利数学奥林匹克)求所有的三元正整数 (a,b,c),使得 $a^2 + 2^{b+1} = 3^c$.

解 由已知方程,知 a 为奇数,可设 $a = 2a_1 + 1$,则

$$2^{b+1} = 3^c - a^2 = 3^c - 1 + 4a_1(a_1 + 1)$$

因为 $4 | 2^{b+1}$,所以 $4 | (3^c - 1) = 2(3^{c-1} + 3^{c-2} + \cdots + 3 + 1)$.

要使 c 个奇数的和为偶数,c 一定是偶数. 设 $c = 2c_1$,于是

$$2^{b+1} = (3^{c_1} + a)(3^{c_1} - a)$$

设 $3^{c_1} + a = 2^y, 3^{c_1} - a = 2^x$,则 $x + y = b + 1$,且 $x > y$.

由于 $3^{c_1} = 2^{x-1} + 2^{y-1}$,因此,$2^{y-1}$ 一定为奇数. 从而 $y = 1, x = b, 3^{c_1} = 2^{b-1} + 1$.

当 $b = 1$ 时,无解.

当 $b = 2$ 时,$c_1 = 1$. 于是,$c = 2, a = 1$,即 $(1,2,2)$ 满足条件.

当 $b \geqslant 3$ 时,$4 | (3^{c_1} - 1)$,由前面的结论,知 c_1 为偶数(设 $c_1 = 2c_2$),则 $2^{b-1} = (3^{c_2} + 1)(3^{c_2} - 1)$. 只可能为 $c_2 = 1, b = 4, c = 4, a = 7$.

综上,满足条件的正整数组为 $(a,b,c) = (1,2,2), (7,4,4)$.

例10 (2006 年第 47 届 IMO 预选题)求所有的整数对 (x,y),使得 $1 + 2^x + 2^{2x+1} = y^2$.

解 若 (x,y) 是方程的解,则 $x \geqslant 0, (x, -y)$ 也是方程的解.

当 $x=0$ 时,方程有解 $(x,y)=(0,2),(0,-2)$.

设 (x,y) 是方程的解,设 $x>0$. 不失一般性,设 $y>0$,于是原方程等价于

$$2^x(1+2^{x+1})=(y-1)(y+1)$$

从而, $y-1,y+1$ 为偶数,其中恰有一个被 4 整除.

因此, $x\geqslant 3$,有一个因式被 2^{x-1} 整除,不被 2^x 整除.

所以, $y=2^{x-1}m+\varepsilon$ (m 为奇数, $\varepsilon=\pm 1$),代入原方程,有

$$2^x(1+2^{x+1})=(2^{x-1}m+\varepsilon)^2-1=2^{2x-2}m^2+2^xm\varepsilon$$

即

$$1+2^{x+1}=2^{x-2}m^2+m\varepsilon$$

从而

$$1-\varepsilon m=2^{x-2}(m^2-8)$$

当 $\varepsilon=1$ 时,有 $m^2-8\leqslant 0$,即 $m=1$,上式不成立.

当 $\varepsilon=-1$ 时,有 $1+m=2^{x-2}(m^2-8)\geqslant 2(m^2-8)$. 所以, $2m^2-m-17\leqslant 0$,因此, $m\leqslant 3$.

此外, $m\neq 1$,由于 m 是奇数,故 $m=3$. 从而, $x=4,y=23$.

因此,所有解为 $(x,y)=(0,2),(0,-2),(4,23),(4,-23)$.

例 11 (2009 年中欧数学奥林匹克)求方程 $2^x+2\,009=3^y\cdot 5^z$ 的所有非负整数解.

解 显然, y,z 不同时为 0. 否则,右边 $=1<2\,009+2^x$. 矛盾. 若 $y>0$,则 $(-1)^x-1\equiv 0(\bmod 3)$. 因此, $2\mid x$. 若 $z>0$,则 $2^x-1\equiv 0(\bmod 5)$. 而 $2^x\equiv 2,-1,-2,1(\bmod 5)$,故 $4\mid x$. 总之, x 是偶数. 若 $x=0$,则 $3^y\cdot 5^z=2^x+2\,009=2\,010=2\cdot 3\cdot 5\cdot 67$,这不可能. 若 $x=2$,则 $3^y\cdot 5^z=2^x+2\,009=2\,013=3\cdot 11\cdot 61$,这不可能. 而当 $x\geqslant 4$ 时, $3^y\cdot 5^z\equiv 1(\bmod 8)$. 由于 $3^y\equiv 3,1(\bmod 8),5^z\equiv 5,1(\bmod 8)$,仅当 $3^y\equiv 1(\bmod 8)$ 且 $5^z\equiv 1(\bmod 8)$ 时,有 $3^y\cdot 5^z\equiv 1(\bmod 8)$. 故 y,z 都是偶数. 设 $x=2x_1,y=2y_1,z=2z_1$. 则

$$(3^{y_1}\cdot 5^{z_1}+2^{x_1})(3^{y_1}\cdot 5^{z_1}-2^{x_1})=7^2\cdot 41$$

因为 $3^{y_1}\cdot 5^{z_1}+2^{x_1}>3^{y_1}\cdot 5^{z_1}-2^{x_1}$,所以

$$\begin{cases}3^{y_1}\cdot 5^{z_1}+2^{x_1}=49\\3^{y_1}\cdot 5^{z_1}-2^{x_1}=41\end{cases}$$

$$\begin{cases}3^{y_1}\cdot 5^{z_1}+2^{x_1}=7\cdot 41\\3^{y_1}\cdot 5^{z_1}-2^{x_1}=7\end{cases}$$

$$\begin{cases}3^{y_1}\cdot 5^{z_1}+2^{x_1}=7^2\cdot 41\\3^{y_1}\cdot 5^{z_1}-2^{x_1}=1\end{cases}$$

两式相减得 $2^{x_1+1}=8,280,2\,008$. 但仅有 $2^{x_1+1}=8$ 有解 $x_1=2$, 故 $x=4$. 从而,$3^{y_1}\cdot5^{z_1}=45=3^2\cdot5$. 因此,$y_1=2,z_1=1$. 故 $y=4,z=2$.

综上,$(x,y,z)=(4,4,2)$.

例 12 (2004 年斯洛文尼亚 IMO 国家队选拔测试)求所有的正整数 n,使得 $2^{n-1}n+1$ 是完全平方数.

解 设 $2^{n-1}n+1=m^2(m\in\mathbf{N}_+)$. 则 $2^{n-1}n=(m+1)(m-1)$. 而当 $n=1,2,3,4$ 时,$2^{n-1}n+1$ 均不是完全平方数. 故 $n\geqslant5,16\mid(m+1)(m-1)$. 而 $m+1$, ……1 奇偶性相同,故……1,……1 都是偶数,……是奇数,设……$2k-1(k\in\mathbf{N}_+)$,则 $2^{n-1}n=2k(2k-2)$. 从而,$2^{n-3}n=k(k-1)$. 而 k 与 $k-1$ 具有不同的奇偶性,故 2^{n-3} 只能是其中之一的约数. 又 $2^{n-3}n=k(k-1)\neq0$, 因此,$2^{n-3}\leqslant k$. 进而,$n\geqslant k-1$. 故 $2^{n-3}\leqslant k\leqslant n+1$.

由函数性质或数学归纳法知,当 $n\geqslant6$ 时,$2^{n-3}>n+1$. 因此,$n\leqslant5$. 而 $n\geqslant5$, 故 $n=5$. 此时,$2^{n-1}n+1=81$ 是完全平方数,满足要求.

综上,所求所有的正整数 $n=5$.

例 13 (2014 年第 52 届荷兰国家队选拔考试)求使得 $p^{q+1}+q^{p+1}$ 为完全平方数的所有素数数对 (p,q).

解 先假设 p,q 均为奇数. 则 $p^{q+1}+q^{p+1}$ 中的指数均为偶数. 故
$$p^{q+1}\equiv q^{p+1}\equiv1\,(\mathrm{mod}\ 4)\Rightarrow p^{q+1}+q^{p+1}\equiv2\,(\mathrm{mod}\ 4)$$
与题设矛盾.

再假设 p,q 均为偶数. 则
$$p=q=2\Rightarrow p^{q+1}+q^{p+1}=2^3+2^3=4^2$$
满足题中条件.

最后,设 p 为偶数,q 为奇数. 则
$$p=2,2^{q+1}+q^3=a^2\quad(a\in\mathbf{Z}_+)$$
设 $q+1=2b(b\in\mathbf{Z}_+)$. 故
$$2^{2b}+q^3=a^2\Rightarrow q^3=a^2-2^{2b}=(a-2^b)(a+2^b)$$
不妨设 $a-2^b=q^k,a+2^b=q^l(l>k\geqslant0)$. 由于上两式均为 q^k 的倍数,则其差 $2\cdot2^b$ 也为 q^k 的倍数,即 $q^k\mid2^{b+1}$. 因为 q 为奇素数,所以,只能 $k=0$.

从而,$a-2^b=1,a+2^b=q^3$. 两式相减得出矛盾.

综上,$(p,q)=(2,2)$ 为满足条件的唯一解.

例 14 (2014 年罗马尼亚数学奥林匹克)已知 n 是给定的自然数. 求整数 x,y,z,使得
$$x^2+y^2+z^2=2^n(x+y+z)\qquad\qquad①$$

解 当 $n=0$ 时,由 $x^2 \geqslant x$,知对一切整数 x 式①均成立.取等号的条件是 $x \in \{0,1\}$.于是,$x,y,z \in \{0,1\}$.

当 $n \geqslant 1$ 时,由 $2 \mid (x^2+y^2+z^2)$,知 x,y,z 三数中,要么恰有一个为偶数,要么三个均为偶数.

(1)当 x,y,z 恰有一个为偶数时,不妨设 $x=2x_1+1,y=2y_1+1,z=2z_1$,其中 $x_1,y_1,z_1 \in \mathbf{Z}$.故

$$4(x_1^2+x_1+y_1^2+y_1+z_1^2)+2=2^{n+1}(x_1+y_1+z_1+1)$$

矛盾.

(2)当 x,y,z 均为偶数时,设 $x=2x_1,y=2y_1,z=2z_1$,其中 $x_1,y_1,z_1 \in \mathbf{Z}$,故

$$x_1^2+y_1^2+z_1^2=2^{n-1}(x_1+y_1+z_1)$$

若 $n=1$,则 $x_1,y_1,z_1 \in \{0,1\}$,$x,y,z \in \{0,2\}$.

若 $n>1$,同上面的讨论,可设 $x=2^n x_n,y=2^n y_n,z=2^n z_n$,其中 $x_n,y_n,z_n \in \mathbf{Z}$.故

$$x_n^2+y_n^2+z_n^2=x_n+y_n+z_n$$

于是 $x_n,y_n,z_n \in \{0,1\}$,$x,y,z \in \{0,2^n\}$.

例 15 (1976 年第 5 届美国数学奥林匹克)确定(并加以证明)方程 $a^2+b^2+c^2=a^2b^2$ 所有的整数解.

解 我们可以只考虑非负整数的情形.

(1)若 $c=0$,则方程化为

$$a^2+b^2=a^2b^2$$

于是 a 是 b 的倍数,b 也是 a 的倍数,因而有 $a=b$.

这样有

$$a^2+a^2=a^4$$

解得

$$a=0 \text{ 或 } a=\pm\sqrt{2}$$

由题设要求只能有 $a=0$,从而 $b=0$.

此时 $a=0,b=0,c=0$,经验证这是方程的一组整数解.

(2)若 $c \neq 0$,此时必有 $a \neq 0$ 且 $b \neq 0$.否则,若 $a=0$,则有

$$b^2+c^2=0$$

从而

$$b=0,c=0$$

同样,若 $b=0$,也可得

$$a=0,c=0$$

这都与 $c \neq 0$ 矛盾.

下面对 c 分为奇数和偶数进行分析.

(i)如果 c 是正奇数,那么 a,b 不可能都是偶数. 否则,若 a,b 都是偶数,则

$$a^2 + b^2 + c^2 \equiv 1 \pmod 4$$

而

$$a^2 b^2 \equiv 0 \pmod 4$$

这是不可能的.

因而 a,b 或同为奇数,或一为奇数一为偶数.

若 a,b 同为奇数,则由 a,b,c 同为奇数,有

$$a^2 + b^2 + c^2 \equiv 3 \pmod 4$$

而

$$a^2 b^2 \equiv 1 \pmod 4$$

这也是不可能的.

若 a,b 一为奇数一为偶数,则由 a,b,c 为两个奇数一个偶数,可得

$$a^2 + b^2 + c^2 \equiv 2 \pmod 4$$

而

$$a^2 b^2 \equiv 0 \pmod 4$$

这也是不可能的.

所以 c 为正奇数时,方程没有整数解.

(ii)如果 c 是正偶数,那么 a,b 必定都是偶数. 否则,若 a,b 同为奇数,则由 a,b,c 为两个奇数一个偶数,可得

$$a^2 + b^2 + c^2 \equiv 2 \pmod 4$$

而

$$a^2 b^2 \equiv 1 \pmod 4$$

这是不可能的.

若 a,b 一为奇数,一为偶数,则由 a,b,c 为两个偶数一个奇数,可得

$$a^2 + b^2 + c^2 \equiv 1 \pmod 4$$

而

$$a^2 b^2 \equiv 0 \pmod 4$$

这也是不可能的.

于是 a,b,c 同为偶数.

设

$$a = 2^k a_0, \ b = 2^m b_0, \ c = 2^n c_0$$

其中 a_0,b_0,c_0 为奇数, k,m,n 为正整数,于是

$$2^{2k}a_0^2 + 2^{2m}b_0^2 + 2^{2n}c_0^2 = 2^{2k+2m}a_0^2 b_0^2$$

显然,不可能有 $m=n=k$,所以 m,n,k 中必有一个最小的. 但不管哪一个最小,则两边的式子约去因式 $2^{\min(2k,2m,2n)}$ 之后,左边必有一项是奇数,从而左边不是 4 的倍数,而右边是 4 的倍数,这是不可能的.

所以 c 是正偶数时,方程没有整数解.

综上所述,方程只有一组整数解: $a=b=c=0$.

例 16 (1992 年加拿大数学奥林匹克训练题)求出所有使得 $C_m^2 - 1 = p^n$ 成立的正整数 m,n 和素数 p.

解 已知方程可化为

$$\frac{m(m-1)}{2} - 1 = p^n$$

$$\frac{(m+1)(m-2)}{2} = p^n$$

(1)若 m 为奇数. 由 p 是素数,则对某个整数 $t(0 \le t \le n)$,有

$$\begin{cases} \dfrac{m+1}{2} = p^t & ① \\ m-2 = p^{n-t} & ② \end{cases}$$

从①②中消去 m,得

$$p^{n-t} + 3 = 2p^t \qquad ③$$

当 $t=0$ 时,有

$$p^n + 3 = 2$$

此时显然无解. 所以 $t > 0$.

当 $n-t > 0$ 时,由③知,素数 p 是 3 的约数,因此 $p=3$. 这时式③化为

$$3^{n-t-1} + 1 = 2 \cdot 3^{t-1} \qquad ④$$

若 $t-1 > 0$,则式④右边是 3 的倍数,左边不能被 3 整除,这不可能.

若 $t-1=0$,则有

$$3^{n-t-1} + 1 = 2$$

从而

$$n-t-1 = 0$$

由此可得

$$t=1, n=2, m=p^{n-t}+2=5$$

当 $n-t=0$ 时,式③化为

$$1 + 3 = 2p^t$$

从而
$$p=2,n=t=1,m=3$$

(2)若 m 为偶数,由 p 是素数,则对于某个整数 $t(0 \leqslant t \leqslant n)$,有

$$\begin{cases} m+1=p^t & ⑤ \\ \dfrac{m-2}{2}=p^{n-t} & ⑥ \end{cases}$$

从⑤⑥中消去 m,得

$$p^t-3=2p^{n-t} \qquad ⑦$$

显然 $t>0$,否则等式左边为负数,右边为正数,式⑦不可能成立.

若 $n-t>0$,于是由式⑦知,p 是 3 的约数,又 p 是素数,所以 $p=3$. 此时式⑦化为

$$3^{t-1}-1=2 \cdot 3^{n-t-1}$$

从而有 $n-t-1=0,t-1=1$,即

$$t=2,n=3,m=8$$

若 $n-t=0$,则式⑦化为

$$p^t-3=2$$

从而有

$$p^t=5$$

此时

$$t=1,n=t=1,m=4$$

由以上,此方程仅有 4 组解

$$\begin{cases} m=3 \\ n=1 \\ p=2 \end{cases}, \begin{cases} m=5 \\ n=2 \\ p=3 \end{cases}, \begin{cases} m=8 \\ n=3 \\ p=3 \end{cases}, \begin{cases} m=4 \\ n=1 \\ p=5 \end{cases}$$

例 17 (1994 年中国国家队集训测试)求方程 $x^r-1=p^n$ 的满足以下两个条件的所有正整数解 (x,r,p,n):

(1)p 是素数;

(2)$r \geqslant 2,n \geqslant 2$.

(卡塔兰猜想的特例)

解 如果 $x=2,2^r-1$ 为奇数 $(r \geqslant 2)$,于是 p 为奇数.

若 n 为偶数,则 $p^n+1 \equiv 2(\bmod 4)$,从而 $2^r \equiv 2(\bmod 4)$,$r=1$,无解.

若 n 为奇数,则

$$2^r=p^n+1=(p+1)(p^{n-1}-p^{n-2}+\cdots-p+1)$$

故可设 $p+1=2^t(t \in \mathbf{N})$. 那么

$$p^n + 1 = (2^t - 1)^n + 1 = \sum_{i=0}^{n-1} (-1)^i C_n^i \cdot (2^t)^{n-i} = n \cdot 2^t + 2^{2t} M$$

这里 M 为整数. 那么 $p^n + 1$ 能被 2^t 整除, 但不能被 2^{t+1} 整除, 而且 $p^n + 1 = 2^r$, 于是 $r = t, p^{n-1} - p^{n-2} + \cdots - p + 1 = 1$, 又 $n \geq 2, n$ 为奇数, 这等式不可能成立. 于是 $x = 2$ 时, 原方程无解.

如果 $x \geq 3$ 时, 那么

$$p^n = (x - 1)(x^{r-1} + x^{r-2} + \cdots + x + 1)$$

于是 $x - 1$ 为 p 的幂, 又 $x - 1 \geq 2$, 故可设 $x - 1 = p^m (m \in \mathbf{N})$. 因而 $x \equiv 1 (\bmod p)$, $r \equiv x^{r-1} + x^{r-2} + \cdots + x + 1 \equiv 0 (\bmod p)$.

如果 $p = 2, r$ 为偶数, 记 $r = 2r_1 (r_1 \in \mathbf{N})$. 于是

$$2^n = x^r - 1 = (x^{r_1} - 1)(x^{r_1} + 1)$$

而 $x^{r_1} + 1, x^{r_1} - 1$ 的差为 2, $x^{r_1} + 1, x^{r_1} - 1$ 又都是 2 的幂次, 所以必有 $x^{r_1} = 3$, 即 $x = 3, r_1 = 1$, 从而有解 $x = 3, r = 2, p = 2, n = 3$.

如果 $p \geq 3$, 这里

$$x^r - 1 = (1 + p^m)^r - 1 = rp^m + \sum_{i=2}^{r} C_r^i (p^m)^i$$

和式中的每一项 $C_r^i (p^m)^i = C_{r-1}^{i-1} rp^m \cdot \dfrac{(p^m)^{i-1}}{i}$. 因为 $2 < (p^m)^{2-1}$, 如果设 $k < (p^m)^{k-1}$, 这里正整数 $k \geq 2$, 则

$$k + 1 < 2k < 2(p^m)^{k-1} (p^m)^k$$

上述归纳法证明了对任意正整数 $i \geq 2$, 有 $i < (p^m)^{i-1}$. 又 C_{r-1}^{i-1} 为整数, 因此 $C_r^i (p^m)^i$ 中所含的 p 的幂次高于 rp^m 中所含的 p 的幂次 $\alpha (\alpha \geq m)$. 从而 $x^r - 1$ 能被 p^α 整除, 但不能被 $p^{\alpha+1}$ 整除, 而 $x^r - 1 = p^n$, 导出矛盾.

习 题 7.3

1. (2008 年《数学周报》杯全国初中数学竞赛)关于 x,y 的方程
$$x^2 + y^2 = 208(x - y)$$
的所有正整数解为_____.

解 因为 208 是 4 的倍数, 偶数的平方数被 4 除余 0, 奇数的平方数被 4 除余 1, 所以, x,y 都是偶数.

设 $x = 2a, y = 2b$. 则
$$a^2 + b^2 = 104(a - b)$$
同上, a,b 都是偶数.

设 $a = 2c, b = 2d$. 则
$$c^2 + d^2 = 52(c - d)$$
所以, c,d 都是偶数.

设 $c = 2s, d = 2t$. 则
$$s^2 + t^2 = 26(s - t)$$
于是
$$(s - 13)^2 + (t + 13)^2 = 2 \times 13^2$$
其中, s,t 都是偶数. 故
$$(s - 13)^2 = 2 \times 13^2 - (t + 13)^2 \leqslant 2 \times 13^2 - 15^2 < 11^2$$
所以, $|s - 13|$ 可能为 $1,3,5,7,9$. 进而, $(t + 13)^2$ 为 $337, 329, 313, 289, 257$. 故只能是 $(t + 13)^2 = 289$. 从而, $|s - 13| = 7$. 于是
$$\begin{cases} s = 6 \\ t = 4 \end{cases}, \begin{cases} s = 20 \\ t = 4 \end{cases}$$
因此
$$\begin{cases} x = 48 \\ y = 32 \end{cases}, \begin{cases} x = 160 \\ y = 32 \end{cases}$$

2. (1966 年基辅数学奥林匹克)求满足方程 $x^2 - 2y^2 = 1$ 的所有素数 x 和 y.

解 由 $x^2 = 2y^2 + 1$ 可知 x^2 是奇数, 因而 x 是奇数.

设 $x = 2n + 1 (n \in \mathbf{N})$. 则原方程化为
$$(2n + 1)^2 = 2y^2 + 1$$
$$y^2 = 2(n^2 + n)$$

于是 y^2 是偶数,因为 y 是偶数.

又因为 y 是素数,则 $y=2$. 将 $y=2$ 代入原方程,得 $x=3$.

因此,原方程只有唯一的素数解 $x=2,y=3$.

3. (2011 年上海市初中数学竞赛)(1)证明:存在整数 x,y 满足
$$x^2+4xy+y^2=2\,022$$

(2)问:是否存在整数 x,y 满足
$$x^2+4xy+y^2=2\,011$$

证明你的结论.

解 (1) $(x,y)=(43,1)$ 满足方程
$$x^2+4xy+y^2=2\,022$$

(2)答案是否定的.

若存在整数 x,y 满足
$$x^2+4xy+y^2=2\,011$$

则
$$(x+y)^2+2xy=2\,011 \qquad ①$$

从而,$(x+y)^2$ 是奇数,进而,$x+y$ 是奇数. 于是,x,y 为一奇一偶. 故 $4\nmid 2xy$.

由于奇数的平方除以 4 余 1,于是,式①的左边除以 4 余 1,而右边除以 4 余 3. 矛盾.

所以,不存在整数 x,y 满足 $x^2+4xy+y^2=2\,011$.

4. (2007 年俄罗斯数学奥林匹克)对于正整数 $n(n>3)$,我们用"$n!$"表示所有小于 n 的质数的乘积. 试解方程
$$n!=2n+16$$

解 题设方程化为
$$n!-32=2(n-8) \qquad ①$$
由于 $n!$ 不能被 4 整除,由式①知,$n-8$ 为奇数.

设 $n>9$,则 $n-8$ 具有奇质数 p. 又由于 $p<n$,则 p 能整除 $n!$,从而由式①知,32 能被奇质数 p 整除,这是不可能的. 所以 $n\leqslant 9$,且 n 为奇数.

当 $n=9$ 时,$n!=2\times 3\times 5\times 7=210>2\times 9+16$.

当 $n=7$ 时,$n!=2\times 3\times 5=30$,而 $2n+16=2\times 7+16=30$. 所以 $n=7$ 是方程的根.

当 $n=5$ 时,$n!=2\times 3=6$,而 $2n+16>6$.

所以 $n=7$ 是方程唯一的正整数根.

5. (2008 年第 9 届中国北方数学奥林匹克)设 n 是正整数,整数 a 是方程 $x^4+3ax^2+2ax-2\cdot 3^n=0$ 的根. 求所有的满足条件的数对 (x,a).

解 由于 a 是方程的根,则
$$a^4 + 3a^3 + 2a^2 = 2 \cdot 3^n$$
即
$$a^2(a+2)(a+1) = 2 \cdot 3^n$$
由此得 $a \neq 0, -1, -2$.

若 a 是偶数时,则上式左边是 4 的倍数,而右边不是,矛盾. 所以,a 是奇数.

当 a 是奇数时,a 与 $a+2$ 只有一个是 3 的倍数.

若 a 是 3 的倍数,则
$$|a+2| = 1 \Rightarrow a = -1(舍去), a = -3$$
当 $a = -3$ 时,$n = 2$.

若 $a+2$ 是 3 的倍数,则
$$|a| = 1 \Rightarrow a = -1(舍去), a = 1$$
当 $a = 1$ 时,$n = 1$.

所以,满足条件的数对
$$(n, a) = (2, -3), (1, 1)$$

6.(1987 年第 2 届中国东北三省数学邀请赛)求出所有的正整数 m, n,使得 $(m+n)^m = n^m + 1\,413$.

解 当正整数 m, n 满足 $(m+n)^m = n^m + 1\,413$ 时,由于不等式
$$(m+n)^m \geqslant m^m + n^m$$
所以必有
$$m^m \leqslant 1\,413$$
由于
$$4^4 = 256, 5^5 = 3\,125 > 1\,413$$
所以 $m \leqslant 4$.

当 m 为偶数时,若 n 是奇数,则 $(m+n)^m$ 是奇数,$n^m + 1\,413$ 是偶数,这不可能.

若 n 是偶数,则 $(m+n)^m$ 是偶数,$n^m + 1\,413$ 是奇数也不可能.

于是 m 必为奇数.

当 $m = 1$ 时,对任何正整数 n,不可能有
$$(m+n)^m = n + 1 = n^m + 1\,413 = n + 1\,413$$
当 $m = 3$ 时,则由 $(3+n)^3 = n^3 + 1\,413$ 解得
$$n^2 + 3n - 154 = 0$$
$$n = 11, n = -14(不合题意)$$

于是,所求的所有正整数 m,n 为
$$m=3,n=11$$

7. (1974 年基辅数学奥林匹克)求方程 $2^n-1=x^m$ 的所有整数解,其中 m 和 n 为自然数.

解 (1)当 $n=1$ 时,方程化为 $x^m=1$.

当 m 是偶数时
$$x=\pm 1$$

当 m 是奇数时
$$x=1$$

(2)当 $m=1$ 时,有
$$x=2^n-1$$

(3)我们证明当 $n>1,m>1$ 时,方程
$$2^n-1=x^m \qquad \qquad ①$$

没有整数解.

显然, x^m 为奇数,从而 x 为奇数.

当 x 为奇数, m 为偶数时
$$x^m+1\equiv 2(\bmod 4)$$
$$2^n\equiv 0(\bmod 4)$$

所以①无整数解.

当 m 为奇数时,若 $x\neq \pm 1$,则
$$x^m+1=(x+1)(x^{m-1}-x^{m-2}+\cdots-x+1)$$

上式右边的第二个因式为奇数,因此 x^m+1 有奇因数,于是 x^m+1 不可能等于 2^n,即①无整数解.

若 $x=1$,则 $x^m+1=2,n=1$.

若 $x=-1$,则 $x^m+1=0$,此时①无整数解.

由以上可得, $n=1$,m 为偶数时, $x=\pm 1$; $n=1$,m 为奇数时, $x=1$; $m=1$ 时, $x=2^n-1$.

8. (2007 年中国西部数学奥林匹克)求所有正整数 n,使得存在非零整数 $x_1,x_2,\cdots,x_n,y$,满足
$$\begin{cases} x_1+x_2+\cdots+x_n=0 \\ x_1^2+x_2^2+\cdots+x_n^2=ny^2 \end{cases}$$

解 显然 $n\neq 1$.

当 $n=2k$ 为偶数时,令
$$x_{2i-1}=1,x_{2i}=-1(i=1,2,\cdots,k),y=1$$

则满足条件.

当 $n = 3$ 时,若存在非零整数 x_1, x_2, x_3,使得

$$\begin{cases} x_1 + x_2 + x_3 = 0 \\ x_1^2 + x_2^2 + x_3^2 = 3y^2 \end{cases}$$

不妨令 $(x_1, x_2) = 1$,则 x_1, x_2 或者都是奇数,或者一为奇数,一为偶数. 从而

$$x_1^2 + x_2^2 + (x_1 + x_2)^2 = 2(x_1^2 + x_2^2 + x_1 x_2) = 3y^2$$

的左边为

$$2(x_1^2 + x_2^2 + x_1 x_2) \equiv 2 \pmod 4$$

而右边 $3y^2$ 为偶数,从而

$$3y^2 \equiv 0 \pmod 4$$

出现矛盾.

当 $n = 3 + 2k (k \in \mathbf{N}_+)$ 时,令

$$x_1 = 4, x_2 = x_3 = x_4 = x_5 = -1$$

$$x_{2i} = 2, x_{2i+1} = -2 (i = 3, 4, \cdots, k+1), y = 2$$

则满足条件.

于是满足条件的正整数 n 为除了 1 和 3 之外的所有正整数.

9. (1993 年中国国家集训队选拔试题) 试求方程 $2x^4 + 1 = y^2$ 的一切整数解.

解 (1) 当 $y = 0$ 时,方程无整数解.

(2) 当 $x = 0$ 时,$y = \pm 1$,因此方程有解

$$x = 0, y = 1$$

$$x = 0, y = -1$$

(3) 若 (x_0, y_0) 是方程的解,则 $(x_0, \pm y_0)$ 以及 $(-x_0, \pm y_0)$ 也是方程的解,因此只需考虑方程的自然数解.

我们证明方程

$$2x^4 + 1 = y^2 \qquad \text{①}$$

无自然数解.

若①有自然数解 (x, y),则 y 是奇数,设 $y = 2z + 1$,于是①化为

$$x^4 = 2z(z + 1)$$

因此 x 为偶数,记作 $x = 2u$. 从而有

$$8u^4 = z(z + 1)$$

由 $(z, z + 1) = 1$,可有

$$\text{Ⅰ.} \begin{cases} z = 8v^4 \\ z + 1 = w^4, (v, w) = 1 \\ vw = u \end{cases}$$

$$\text{Ⅱ.} \begin{cases} z = v^4 \\ z + 1 = 8w^4, (v, w) = 1 \\ vw = u \end{cases}$$

对于情形Ⅱ,有方程

$$8w^4 = v^4 + 1$$

由于

$$v^4 \equiv 0, 1 (\bmod 8)$$

$$8w^4 \equiv 0 (\bmod 8)$$

于是情形Ⅱ无解.

对于情形Ⅰ,有

$$w^4 = 8v^4 + 1$$

从而 w 是奇数,设 $w = 2q + 1$,则

$$(2q + 1)^4 = 8v^4 + 1$$

$$v^4 = 2q^4 + 4q^3 + 3q^2 + q$$

$$= q(q + 1)(2q^2 + 2q + 1)$$

显然

$$(q, q + 1, 2q^2 + 2q + 1) = 1$$

所以应有

$$\begin{cases} q = \alpha^4 \\ q + 1 = \beta^4 \end{cases}$$

即

$$\beta^4 - \alpha^4 = 1$$

此方程无自然数解,于是①无自然数解.

综合(1)(2)(3),可知方程的所有整数解 $(x, y) = (0, 1), (0, -1)$.

10.(2003 年第 21 届美国数学邀请赛)正整数 a, b 之差为 60,$\sqrt{a} + \sqrt{b}$ 等于非完全平方数 c 的平方根. 求 $a + b$ 的最大值.

解法 1   设 $x = \min\{a, b\}$. 则

$$\sqrt{x} + \sqrt{x + 60} = \sqrt{c}$$

于是

$$x + x + 60 + 2\sqrt{x(x + 60)} = c$$

因此,存在某个正整数 z,使得
$$x(x+60)=z^2 \Rightarrow x^2+60x+900=z^2+900$$
$$\Rightarrow (x+30)^2-z^2=900$$
$$\Rightarrow (x+30+z)(x+30-z)=900$$

注意到,$x+30+z>x+30-z$,且两式奇偶性相同.则
$$(x+30+z,x+30-z)=(450,2),(150,6),(90,10),(50,18)$$

解得 $x=196,48,20,4$.

检验知,当 $x=196$ 或 4 时,$\sqrt{x}+\sqrt{x+60}$ 均为整数.

当 $x=48$ 时,得 $\sqrt{48}+\sqrt{108}=\sqrt{300}$;

当 $x=20$ 时,得 $\sqrt{20}+\sqrt{80}=\sqrt{180}$.

故所求 $a+b$ 的最大值为 $48+108=156$.

解法 2 同解法 1,得到 $x(x+60)=z^2$.

设 $(x,x+60)=d$. 则
$$x=dm,x+60=dn \quad (m,n\in \mathbf{Z}_+)$$

因为 $dm\cdot dn=z^2$,所以,存在正整数 p,q,使得 $m=p^2,n=q^2$. 于是
$$d(q^2-p^2)=60$$

注意到,p,q 不能同为奇数,否则 $8\mid(q^2-p^2)$.

显然,p,q 也不能同为偶数.

因此,p,q 的奇偶性不同,q^2-p^2 为奇数. 故
$$q^2-p^2=1,3,5 \text{ 或 } 15$$

但 $q^2-p^2\neq 1$,且 $q^2-p^2\neq 15$(否则,$d=4$,x 与 $x+60$ 将为完全平方数). 从而,$q^2-p^2=3$ 或 5. 故
$$(q+p,q-p)=(3,1)\text{ 或}(5,1)$$
$$\Rightarrow (p,q)=(2,1)\text{ 或}(3,2)$$
$$\Rightarrow (x+60,x)=(2^2\times 20,1^2\times 20)=(80,20)\text{ 或}$$
$$(x+60,x)=(3^2\times 12,2^2\times 12)=(108,48)$$

于是,所求最大值为 $108+48=156$.

解法 3 不妨设 $a>b$,则
$$\sqrt{a}-\sqrt{b}=\frac{60}{\sqrt{c}} \qquad\qquad ①$$

由题设,知
$$\sqrt{a}+\sqrt{b}=\sqrt{c} \qquad\qquad ②$$

①+②得

$$2\sqrt{a}=\sqrt{c}+\frac{60}{\sqrt{c}}\Rightarrow 2\sqrt{ac}=c+60$$

因此,$\sqrt{ac}$为整数,c为偶数.则ac也为偶数,进而,$\sqrt{ac}$为偶数.又c是4的倍数,则存在一个非平方数d,使得$c=4d$.于是

$$a=\frac{(c+60)^2}{4c}=\frac{(4d+60)^2}{16d}=\frac{(d+15)^2}{d}=d+\frac{225}{d}+30$$

故d的可能值为$3,5,15,45,75$.

当$d=3$或75时,a取得最大值

$$3+75+30=108$$

所以,b的最大值为$108-60=48$.

因此,$a+b$的最大值为$48+108=156$.

11. (2009年第41届加拿大数学奥林匹克)求所有的有序整数组(a,b),使得3^a+7^b为完全平方数.

解 显然,a,b均为非负整数.设$3^a+7^b=n^2$(n为正整数),首先两边模4,得

$$n^2=3^a+7^b\equiv(-1)^a+(-1)^b(\bmod 4)$$

注意到$n^2\not\equiv 2(\bmod 4)$,则a,b必为一奇一偶.下面分别讨论:

情形1:a为奇数,b为偶数.设$b=2c$,则

$$3^a=n^2-7^b=(n+7^c)(n-7^c)$$

注意到$n+7^c-(n-7^c)=2\cdot 7^c$不为3的倍数,则$n+7^c$和$n-7^c$不可能均为3的倍数,故必有$n-7^c=1$,从而$3^a=2\cdot 7^c+1$.

若$c=0$,则$a=1$,从而$(a,b)=(1,0)$为一组解.

若$c\geq 1$,则$3^a\equiv 1(\bmod 7)$,易知使得$3^a\equiv 1(\bmod 7)$的最小正整数$a=6$,从而满足上式的a均为6的倍数,这与a为奇数矛盾.

情形2:a为偶数,b为奇数.设$a=2c$,则

$$7^b=n^2-3^a=(n+3^c)(n-3^c)$$

注意到$n+3^c-(n-3^c)=2\cdot 3^c$不为7的倍数,则$n+3^c$和$n-3^c$不可能均为7的倍数,故必有$n-3^c=1$,从而$7^b=2\cdot 3^c+1$.

若$c=1$,则$b=1$,从而$(a,b)=(2,1)$为一组解.

若$c>1$,则$7^b\equiv 1(\bmod 9)$.易知使得$7^b\equiv 1(\bmod 9)$的最小正整数$b=3$,从而满足上式的b均为3的倍数.设$b=3d$,注意到d为大于或等于1的奇数,并记$y=7^d$,则$y^3-1=2\cdot 3^c$,从而

$$2\cdot 3^c=(y-1)(y^2+y+1)$$

注意到y^2+y+1为奇数,则

$$y - 1 = 2 \cdot 3^u$$
$$y^2 + y + 1 = 3^v$$

其中 u, v 为正整数,且 $v \geqslant 2$. 又由

$$3y = (y^2 + y + 1) - (y - 1)^2$$

知 $9 \mid 3y$,从而 $3 \mid y$,这与 $3 \mid y - 1$ 矛盾.

综上可知,$(a, b) = (1, 0)$ 或 $(2, 1)$.

12. (1992 年中国台北第一届数学奥林匹克)每个正整数都可以表示成一个或者多个连续正整数的和. 试对每个正整数 n,求 n 有多少种不同的方法表示成这样的和.

解 设 n 可以表示成 m 个连续正整数的和. 令

$$n = k + (k + 1) + \cdots + [k + (m - 1)] \qquad \text{①}$$

则

$$n = mk + \frac{m(m - 1)}{2}$$

$$= m\left(\frac{2k + (m - 1)}{2}\right) \qquad \text{②}$$

(1)若 m 为奇数,则 $m - 1$ 为偶数,从而由式②知 $m \mid n$,且

$$\frac{m(m - 1)}{2} < n$$

解得

$$m < \frac{1 + \sqrt{1 + 8n}}{2} \qquad \text{③}$$

反过来,由上述推理可见,对 n 的每个满足式③的奇因数 m,相应有 n 的一个表达式①.

(2)若 m 为偶数,把式②改写成

$$2n = m(2k + m - 1)$$

由于 $2k + m - 1$ 是奇数,所以,m 是 $2n$ 的偶因数,且满足条件:若 $2^{p_0} \parallel n$,则 $2^{p_0 + 1} \parallel m$. 这里符合 $2^{p_0} \parallel n$ 的含义是:$2^{p_0} \mid n$,但 $2^{p_0 + 1} \nmid n$. 此外,与(1)相同,m 还应满足式③.

反过来,对于每个满足上述条件的 m,相应有 n 的一个表达式①.

综上讨论,若对每个 $n \in \mathbf{N}$,记所求的表示为和的方法总数为 $f(n)$,则

$$f(n) = f_1(n) + f_2(n)$$

这里 $f_1(n)$ 是 n 的满足不等式③的因数的个数;$f_2(n)$ 是 n 的满足式③且满足条件:若 $2^{p_0} \parallel n$,则 $2^{p_0 + 1} \parallel m$ 的偶因数 m 的个数.

13. 求满足 $a^2 + 2b^2 + 3c^2 = 2\,008$ 的正整数对 (a, b, c) 的所有值.

解 因为 $a^2 + 2b^2 + 3c^2 = 2\,008$, 其中, $2b^2$, $2\,008$ 均为偶数, 所以, $a^2 + 3c^2$ 为偶数, 更有 $a^2 + c^2$ 为偶数. 故 a 与 c 的奇偶性相同.

若 a, c 同为奇数, 不妨令 $a = 2m - 1$, $c = 2n - 1$（m, n 均为正整数）. 则

$$(2m - 1)^2 + 2b^2 + 3(2n - 1)^2 = 2\,008$$

$$\Rightarrow 4m(m - 1) + 2b^2 + 12n(n - 1) = 2\,004$$

因为 $4 \mid 2\,004$, 所以, $4 \mid 2b^2 \Rightarrow 2 \mid b^2$, 即 b 为偶数. 令 $b = 2k$（k 为正整数）. 则

$$4m(m - 1) + 8k^2 + 12n(n - 1) = 2\,004 \qquad ①$$

由 $2 \mid m(m - 1)$, $2 \mid n(n - 1)$, 得 $8 \mid 4m(m - 1)$, $8 \mid 12n(n - 1)$. 故 8 能整除式 ① 的左边, 但不能整除式 ① 的右边, 矛盾.

从而, a, c 不能同为奇数, 即 a, c 同为偶数.

令 $a = 2a_1$, $c = 2c_1$（a_1, c_1 为正整数）. 则

$$4a_1^2 + 2b^2 + 12c_1^2 = 2\,008$$

即

$$2a_1^2 + b^2 + 6c_1^2 = 1\,004$$

故 b^2 为偶数, 即 b 为偶数.

令 $b = 2b_1$（b_1 为正整数）. 则

$$a_1^2 + 2b_1^2 + 3c_1^2 = 502 \qquad ②$$

同理, a_1 与 c_1 同奇或同偶.

(1) 当 a_1 与 c_1 同为奇数时, 有

$$1^2 + 2 \times 1^2 + 3c_1^2 \leqslant 502$$

解得

$$c_1^2 \leqslant 166\frac{1}{2} < 169$$

故 $c_1 < 13$, 即 $c_1 = 1, 3, 5, 7, 9, 11$.

把 c_1 的值逐个代入式 ②, 可求得

$$(a_1, b_1, c_1) = (7, 15, 1), (5, 15, 3), (11, 3, 11)$$

故

$$(a, b, c) = (14, 30, 2), (10, 30, 6), (22, 6, 22)$$

(2) 当 a_1 与 c_1 同为偶数时, 令 $a_1 = 2a_2$, $c_1 = 2c_2$（a_2, c_2 为正整数）. 则

$$4a_2^2 + 2b_1^2 + 12c_2^2 = 502$$

即

$$2a_2^2 + b_1^2 + 6c_2^2 = 251 \qquad ③$$

易知 b_1 为奇数. 故

$$2 \times 1^2 + 1^2 + 6c_2^2 \leqslant 251$$

解得

$$c_2^2 \leqslant \frac{124}{3} < 49$$

故 $c_2 < 7$，即 $c_2 = 1,2,3,4,5,6$.

把 c_2 的值逐个代入式③，得

$$(a_2, b_1, c_2) = (1, 15, 2)$$

故 $(a, b, c) = (4, 30, 8)$.

综上，正整数对 (a, b, c) 有 4 个值为

$$(a, b, c) = (14, 30, 2), (10, 30, 6), (22, 6, 22), (4, 30, 8)$$

7.4 判 别 式 法

这种方法就是将已知的不定方程整理成关于某个未知数的二次方程,再利用方程有实数根的充分必要条件求出未知数的范围,先求出其中一个未知数的可能整数值,再利用分类讨论的思想逐一验证或直接对判别式进行分析求解.

例 1 (1988 年上海市高二数学竞赛)求满足方程 $x^2 + 2xy + 3y^2 - 2x + y + 1 = 0$ 的所有有序整数对 (x,y).

解 把已知方程化为关于 x 的二次方程

$$x^2 + 2(y-1)x + (3y^2 + y + 1) = 0$$

若方程有整数解,则其必要条件是

$$\Delta = 4[(y-1)^2 - (3y^2 + y + 1)] \geqslant 0$$

由此解得

$$-\frac{3}{2} \leqslant y \leqslant 0$$

由于 y 是整数,则

$$y = 0, -1$$

当 $y = 0$ 时

$$x^2 - 2x + 1 = 0$$
$$x = 1$$

当 $y = -1$ 时

$$x^2 - 4x + 3 = 0$$
$$x = 1, x = 3$$

所以,满足已知方程的所有有序整数对为

$$(x,y) = (1,0), (1,-1), (3,-1)$$

例 2 (2009 年中国东南地区数学奥林匹克)试求满足方程 $x^2 - 2xy + 126y^2 = 2\,009$ 的所有整数对 (x,y).

解 设整数对 (x,y) 满足方程

$$x^2 - 2xy + 126y^2 - 2\,009 = 0 \qquad\qquad ①$$

把①看作关于 x 的一元二次方程

$$\Delta = 500(4^2 - y^2) + 36$$

Δ 应为一个完全平方数.

若 $y^2 > 4^2$,则 $\Delta < 0$.

若 $y^2 < 4^2$，则 $y^2 = 0, 1^2, 2^2, 3^2$．相应的 Δ 值分别是 8 036,7 536,6 036, 3 536,它们都不是完全平方数.

因此 $y^2 = 4^2, \Delta = 36$ 为完全平方数．此时式①化为

$$x^2 - 8x + 7 = 0$$
$$x^2 + 8x + 7 = 0$$

解得 $x = 1, 7, -1, -7$．所以满足方程的整数对为

$$(x, y) = (1, 4), (7, 4), (-1, -4), (-7, -4)$$

例9 (1991 年第 7 届苏联中学数学奥林匹克)试求方程 $x + y = x^2 - xy + y^2$ 的整数解.

解法 1 已知方程可化为

$$x^2 - (y + 1)x + y^2 - y = 0$$

若方程有整数解,则其判别式

$$\Delta = (y + 1)^2 - 4(y^2 - y) \geqslant 0$$
$$3y^2 - 6y - 1 \leqslant 0$$
$$\frac{6 - 4\sqrt{3}}{6} \leqslant y \leqslant \frac{6 + 4\sqrt{3}}{6}$$
$$1 - \frac{2}{3}\sqrt{3} \leqslant y \leqslant 1 + \frac{2}{3}\sqrt{3}$$

由于 y 是整数,所以

$$y = 0, 1, 2$$

当 $y = 0$ 时,已知方程化为

$$x = x^2$$

解得

$$x = 0 \text{ 或 } x = 1$$

当 $y = 1$ 时,已知方程化为

$$x^2 - 2x = 0$$

解得

$$x = 0 \text{ 或 } x = 2$$

当 $y = 2$ 时,已知方程化为

$$x^2 - 3x + 2 = 0$$

解得

$$x = 1 \text{ 或 } x = 2$$

于是求得 6 组整数解

$$(x, y) = (0, 0), (1, 0), (0, 1), (2, 1), (1, 2), (2, 2)$$

解法2 已知方程可化为

$$(x-1)^2 + (y-1)^2 + (x-y)^2 = 2$$

的形式. 于是可得下面的方程组

$$\begin{cases} (x-1)^2 = 1 \\ (y-1)^2 = 1 \\ (x-y)^2 = 0 \end{cases} \begin{cases} (x-1)^2 = 1 \\ (y-1)^2 = 0 \\ (x-y)^2 = 1 \end{cases} \begin{cases} (x-1)^2 = 0 \\ (y-1)^2 = 1 \\ (x-y)^2 = 1 \end{cases}$$

由以上可解得

$$(x,y) = (0,0),(1,0),(0,1),(2,1),(1,2),(2,2)$$

例4 （1986 年第 12 届全俄数学竞赛）求方程 $\dfrac{x+y}{x^2-xy+y^2} = \dfrac{3}{7}$ 的所有整数解.

解法1 原方程可化为

$$3x^2 - (3y+7)x + 3y^2 - 7y = 0$$

因为 x 为整数,所以原方程有实数根. 从而

$$\Delta = (3y+7)^2 - 4 \times 3(3y^2 - 7y) \geqslant 0$$

解之,得

$$\frac{21 - 14\sqrt{3}}{9} \leqslant y \leqslant \frac{21 + 14\sqrt{3}}{9}$$

由于 y 是整数,因此,$y = 0,1,2,3,4,5$.

逐一代入原方程中进行验证,知仅当 $y = 4,5$ 时,方程有整数解

$$(x,y) = (5,4) \text{ 或 } (4,5)$$

解法2 由原方程得

$$7(x+y) = 3(x^2 - xy + y^2) \qquad\qquad ①$$

设 $x+y = p, x-y = q$,则

$$x = \frac{p+q}{2}, y = \frac{p-q}{2}, xy = \frac{p^2-q^2}{4}$$

代入式①可得

$$28p = 3(p^2 + 3q^2) \qquad\qquad ②$$

于是 $p \geqslant 0$,且 p 是 3 的倍数.

设 $p = 3k(k \in \overline{\mathbf{Z}_-})$,代入式②得

$$28k = 3(3k^2 + q^2) \qquad\qquad ③$$

于是 $k \geqslant 0$,且 k 是 3 的倍数.

设 $k = 3m(m \in \overline{\mathbf{Z}_-})$,代入式③得

$$28m = 27m^2 + q^2$$

$$m(28 - 27m) = q^2 \geq 0$$

于是 $28 - 27m > 0$,得

$$0 \leq m < \frac{28}{27}$$

即 $m = 0$ 或 1.

当 $m = 0$ 时,$k = 0$,$p = 0$,$q = 0$,于是 $x = y = 0$,但 $x = 0$,$y = 0$ 不满足方程.

当 $m = 1$ 时,$k = 3$,$p = 9$,$q = \pm 1$,从而方程有两组解

$$\begin{cases} x = ? \\ y = 4 \end{cases}, \begin{cases} x = ? \\ y = 5 \end{cases}$$

例 5 (2013 年吉林省高中数学竞赛预选赛) 求方程 $x^3 + y^3 - x^2 y^2 - (x + y)^2 z = 0$ 的所有非负整数解.

解 (1) 当 $x = 0$ 时,方程变为 $y^3 - y^2 z = 0$,即 $y^2(y - z) = 0$,所以 $y = 0$ 或 $y = z$. 因此 $(0, 0, m)$,$(0, m, m)$ 为满足题意的解(其中 m 为任意的非负整数).

(2) 当 $y = 0$ 时,同理可得 $(0, 0, m)$,$(m, 0, m)$ 为满足题意的解(其中 m 为任意的非负整数).

(3) 当 $x, y \in \mathbf{N}_+$ 时,令 $a = x + y$,$b = xy$,则原方程变为

$$b^2 + 3ab - a^2(a - z) = 0$$

考虑到 a, b, z 均为整数,从而判别式

$$\Delta = 9a^2 + 4a^2(a - z) = a^2(4a + 9 - 4z)$$

为完全平方数.

又 $4a + 9 - 4z$ 为奇数,所以可设 $4a + 9 - 4z = (2t + 1)^2$(其中 $t \geq 0$),于是

$$a = t^2 + t + z - 2$$

$$b = \frac{-3a + \sqrt{\Delta}}{2} = a(t - 1)$$

又 $a, b \in \mathbf{N}_+$,所以 $t \geq 2$.

下面考虑平方数

$$(x - y)^2 = (x + y)^2 - 4xy = a^2 - 4b = a^2 - 4a(t - 1)$$

显然

$$[a - 2(t - 1) - 2]^2 \leq a^2 - 4a(t - 1) < [a - 2(t - 1)]^2$$

且

$$a^2 - 4a(t - 1) \neq [a - 2(t - 1) - 1]^2$$

故

$$a^2 - 4a(t - 1) = [a - 2(t - 1) - 2]^2$$

即 $a = t^2$,故 $t + z = 2$,所以 $t = 2$,$z = 0$. 从而 $a = b = 4$,$x = y = 2$,即此时方程的解

为 $(2,2,0)$.

综上,方程的所有非负整数解为: $(2,2,0)$, $(0,0,m)$, $(0,m,m)$, $(m,0,m)$ (其中 m 为任意的非负整数).

例 6 (2007 年中国国家集训队培训试题)试求所有正整数组 (x,y,z) ,使

满足: $\begin{cases} x+y=z \\ x^2y=z^2+1 \end{cases}$.

解 由 $\begin{cases} x+y=z \\ x^2y=z^2+1 \end{cases}$ 消去 y ,得

$$x^2(z-x)=z^2+1$$

即

$$z^2-x^2z+x^3+1=0 \qquad\qquad ①$$

这是一个关于 z 的二次方程,则判别式

$$\Delta=x^4-4x^3-4$$

当 $x=1,2,3,4$ 时, $\Delta<0$,①无解.

当 $x \geqslant 5$ 时,如果①有等根,那么

$$z_1=z_2=\frac{x^2}{2}$$

则 x 为偶数.

①化为

$$\frac{x^4}{4}=x^3+1$$

由于 x 为偶数,则 $\frac{x^4}{4}\equiv 0 (\bmod 4)$, $x^3+1\equiv 1(\bmod 4)$. 矛盾.

所以 $z_1 \neq z_2$,设 $z_1>z_2$. 则

$$z_1>\frac{x^2}{2}, z_1 \geqslant \frac{x^2+1}{2}$$

故得

$$z_2=\frac{x^3+1}{z_1}\leqslant \frac{2(x^3+1)}{x^2+1}<2x$$

$$z_2 \leqslant 2x-1$$

此时

$$z_1=x^2-z_2 \geqslant x^2-2x+1=(x-1)^2$$

再求 z_1 的上界.

如果 $z_1 \geqslant (x-1)^2+3$,那么

$$x^3+1=z_1z_2 \geqslant \left[(x-1)^2+3\right]z_2=(x^2-2x+4)z_2$$

因为
$$(x+2)(x^2-2x+4)=x^3+8>x^3+1$$
所以
$$z_2 \leqslant x+1$$
而
$$z_1z_2=(x^2-z_2)z_2=-z_2^2+x^2z_2$$
当 $n \geqslant 5$ 时,$x+1 < \dfrac{x^2}{3}$,故在 $z_2 \leqslant x+1$ 时,关于 z_2 的函数
$$-z_2^2+x^2z_2$$
严格单调递增,所以
$$z_1z_2=(x^2-z_2)z_2 \leqslant (x^2-x-1)(x+1)=x^3-2x-1<x^3+1$$
矛盾.

因此 $z_1 \leqslant (x-1)^2+2$,即
$$(x-1)^2 \leqslant z_1 \leqslant (x-1)^2+2$$
所以 z_1 只能取 $(x-1)^2,(x-1)^2+1,(x-1)^2+2$.

于是,$z_2=x^2-z_1$ 只能在 $2x-1,2x-2,2x-3$ 中取值.

将 z_1,z_2 的取值代入①,只有在 $z_2=2x-3$ 时,求得整数 $x=5$. 于是 $x=5$,$z_2=7,z_1=x^2-z_2=18,y_1=z_1-x=13,y_2=z_2-x=2$.

故满足 $\begin{cases} x+y=z \\ x^2y=z^2+1 \end{cases}$ 的整数解为 $(x,y,z)=(5,2,7)$ 和 $(5,13,8)$.

例 7 (2013 年白俄罗斯数学奥林匹克·B 类)求所有的整数对 (a,b),满足
$$[b^2+7(a-b)]^2=a^3b$$

解 注意到
$$[b^2+7(a-b)]^2=a^3b$$
$$\Leftrightarrow b^4+14b^2(a-b)+49(a-b)^2=a^3b$$
$$\Leftrightarrow a^3b-b^4-14b^2(a-b)-49(a-b)^2=0$$
$$\Leftrightarrow b(a^3-b^3)-14b^2(a-b)-49(a-b)^2=0$$
$$\Leftrightarrow (a-b)[ba^2+ab^2+b^3-14b^2-49(a-b)]=0 \qquad ①$$
若 $a=b$,则式①显然成立. 故当 $a=b=t(t \in \mathbf{Z})$ 时,方程恒成立.

当 $a \neq b$ 时,由式①有
$$ba^2+ab^2+b^3-14b^2-49(a-b)=0 \qquad ②$$
若 $b=0$,则由式②得 $a=0$,即 $a=b=0$,矛盾. 因此,$b \neq 0$.

将式②看成关于 a 的一元二次方程,得
$$ba^2 + (b^2 - 49)a + b^3 - 14b^2 + 49b = 0 \qquad ③$$
其判别式记为 $D(b)$,得
$$D(b) = (b^2 - 49)^2 - 4b(b^3 - 14b^2 + 49b)$$
$$= (b-7)^2 \left[(b+7)^2 - 4b^2 \right]$$
$$= -(b-7)^3(3b+7)$$

方程③有实根,当且仅当 $D(b) \geqslant 0$,解得 $b \in \left[-\dfrac{7}{3}, 7 \right]$,其中,包含的整数有 $-2, -1, 0, 1, 2, 3, 4, 5, 6, 7$.

因为 $b \neq 0$,且 $a_{1,2} = \dfrac{49 - b^2 \pm \sqrt{D(b)}}{2b}$,所以,为了使方程③有整数解,$D(b)$ 需为完全平方数,b 只能取 $-2, 3, 6, 7$.

(1)若 $b = -2$,则 $D(b) = 27^2$. 故 $a_1 = -\dfrac{9}{2}, a_2 = -18$.

因此,$(a,b) = (-18, -2)$ 为满足要求的一组解.

(2)若 $b = 3$,则 $D(b) = 2^{10}$. 故 $a_1 = \dfrac{4}{3}, a_2 = 12$.

因此,$(a,b) = (12,3)$ 为满足要求的一组解.

(3)若 $b = 6$,则 $D(b) = 5^2$. 故 $a_1 = \dfrac{3}{2}, a_2 = \dfrac{2}{3}$.

此时,没有满足要求的解.

(4)若 $b = 7$,则 $D(b) = 0$. 故 $a_1 = a_2 = 0$.

因此,$(a,b) = (0,7)$ 为满足要求的一组解.

综上,满足题目要求的解为
$$a = b = t \quad (t \in \mathbf{Z})$$
及
$$(a,b) = (-18, -2), (0,7), (12,3)$$

例 8 (2012 年斯洛文尼亚国家队选拔考试)求所有的正整数对 (m,n),满足

$$(2m^2 + n^2) \mid (3mn + 3m)$$

解 由题意设
$$3mn + 3m = k(2m^2 + n^2) \quad (k \in \mathbf{N}_+)$$
则
$$3m(n+1) = k(2m^2 + n^2) \geqslant 2\sqrt{2}kmn$$
所以

$$k \leqslant \frac{3(n+1)}{2\sqrt{2}\,n} = \frac{3}{2\sqrt{2}}\left(1 + \frac{1}{n}\right) \leqslant \frac{3}{\sqrt{2}}$$

由此得 $k \leqslant 2$.

将 $3mn + 3m = k(2m^2 + n^2)$ 视为关于 n 的二次方程

$$kn^2 - 3mn + 2km^2 - 3m = 0 \qquad\qquad\qquad ①$$

判别式

$$\Delta = 9m^2 - 8k^2m^2 + 12km$$

若 $k = 2$，则 $\Delta = -24m^2 - 24m < 0$，由 $\Delta \geqslant 0$，得 $m = 1$，又 $k = 1$，此时 $n = 1$.

若 $k = 1$，则判别式是一个非负整数 t 的平方，即

$$t^2 = \Delta = m^2 + 12m = (m+6)^2 - 36$$

于是

$$36 = (m + 6 + t)(m + 6 - t)$$

因为 $t \geqslant 0$，$m > 0$，所以，$m + 6 + t > 0$. 因此，$m + 6 - t > 0$.

显然，$m + 6 + t$ 与 $m + 6 - t$ 具有相同的奇偶性. 于是

$$m + 6 + t = m + 6 - t = 6$$

或

$$m + 6 + t = 18, \; m + 6 - t = 2$$

在第一种情形下，得 $m = 0$，不满足 m 是正整数.

在第二种情形下，得 $m = 4$，$t = 8$.

故方程①有解 $n = 2$ 或 $n = 10$.

综上，满足题目要求的正整数对为

$$(m, n) = (1, 1), (4, 2), (4, 10)$$

习 题 7.4

1.(2005 年克罗地亚数学竞赛)求所有使等式

$$7a + 14b = 5a^2 + 5ab + 5b^2$$

成立的整数对(a,b).

解 原方程可看作是关于b的一元二次方程

$$5b^2 + (5a - 14)b + 5a^2 - 7a = 0$$

其解为

$$b_{1,2} = \frac{14 - 5a \pm \sqrt{(5a - 14)^2 - 20(5a^2 - 7a)}}{10}$$

$$= \frac{14 - 5a \pm \sqrt{196 - 75a^2}}{10}$$ ①

仅当$196 - 75a^2 \geq 0$,即$a^2 \leq \frac{196}{75}$时其解为实数. 因此

$$-\frac{14\sqrt{3}}{15} \leq a \leq \frac{14\sqrt{3}}{15}$$

因为a必须是整数,所以,$a \in \{-1,0,1\}$.

将$a = -1$代入式①中,得$b_1 = 3, b_2 \notin \mathbf{Z}$.

同理,$a = 0$时,$b_1 \notin \mathbf{Z}, b_2 = 0$;$a = 1$时,$b_1 = 2, b_2 \notin \mathbf{Z}$.

因此,所给方程的解为$(a,b) \in \{(-1,3),(0,0),(1,2)\}$.

2.(2014 年爱沙尼亚数学奥林匹克)求所有的正整数对(x,y)满足

$$x(x + 1) = y(y + 1)(y^2 + 1)$$

解 首先,将题目等式看成一个关于x的二次方程,则其判别式

$$\Delta = 1 + 4y(y + 1)(y^2 + 1)$$
$$= 4y^4 + 4y^3 + 4y^2 + 4y + 1$$

若该方程关于x的解为整数,则Δ必为完全平方数. 而$(2y^2 + y)^2 = 4y^4 + 4y^3 + y^2 < \Delta$,则

$$4y^4 + 4y^3 + 4y^2 + 4y + 1 = \Delta \geq (2y^2 + y + 1)^2$$

即

$$y^2 - 2y \leq 0$$

由于y为正整数,则$y = 1$或 2. 而$y = 1$,没有关于x的整数解.

因此,满足要求的解仅有

$$(x,y) = (5,2)$$

3. (1995 年江苏省初中数学竞赛)求满足方程 $y^4 + 2x^4 + 1 = 4x^2y$ 的所有整数对 (x,y).

解 将原方程变形为

$$2x^4 - 4yx^2 + (y^4 + 1) = 0$$

则有

$$\Delta = (-4y)^2 - 8(y^4 + 1)$$
$$= 0 (y^2 - 1)^2 \geq 0$$
$$(y^2 - 1)^2 \leq 0$$

故 $y^2 - 1 = 0$,即 $y = 1, -1$.

当 $y = -1$ 时,原方程无解.

当 $y = 1$ 时,$(x^2 - 1)^2 = 0$,$x = 1$ 或 -1.

所以,满足原方程的所有整数对是 $(1,1)$,$(-1,1)$.

4. (2007 年全国初中数学竞赛)已知 a 为正整数,如果关于 x 的方程

$$x^3 + (a + 17)x^2 + (38 - a)x - 56 = 0$$

的根都是整数,求 a 的值及方程的整数根.

解 观察易知,$x = 1$ 是方程的一个整数根. 方程可化为

$$(x - 1)[x^2 + (a + 18)x + 56] = 0$$

因为 a 是正整数,所以方程

$$x^2 + (a + 18)x + 56 = 0 \qquad ①$$

的判别式

$$\Delta = (a + 18)^2 - 224 \geq 19^2 - 224 > 0$$

所以方程①一定有两个不相等的实数根. 又

$$\Delta = (a + 18)^2 - 224$$

必须为完全平方数. 设

$$(a + 18)^2 - 224 = k^2 \quad (k \in \mathbf{N})$$

于是

$$(a + 18 + k)(a + 18 - k) = 224$$

由于 $a + 18 + k$ 与 $a + 18 - k$ 有相同的奇偶性,以及 $a + 18 + k > 18$,则 224 可分解为 112×2,56×4 或 28×8,故

$$\begin{cases} a + 18 + k = 112 \\ a + 18 - k = 2 \end{cases}$$

$$\begin{cases} a + 18 + k = 56 \\ a + 18 - k = 4 \end{cases}$$

$$\begin{cases} a + 18 + k = 28 \\ a + 18 - k = 8 \end{cases}$$

解得$(a,k) = (39,55),(12,26),(0,10)$. 由 $a \in \mathbf{N}_+$,则 $a = 0, b = 10$ 舍掉.

当$(a,k) = (39,55)$时,解得方程的根为 $1, -1, -56$.

当$(a,k) = (12,26)$时,解得方程的根为 $1, -2, -28$.

5. 求使得不定方程

$$n = x^3 - x^2 y + y^2 + x - y$$

没有正整数解的最小正整数 n.

解 记 $F(x,y) = x^3 - x^2 y + y^2 + x - y$,则 $F(1,1) = 1, F(1,2) = 2$. 因此,$n = 1, 2$ 时,方程有正整数解.

下证:$F(x,y) = 3$ 时没有正整数解.

视方程 $F(x,y) = 3$ 为关于 y 的一元二次方程

$$y^2 - (x^2 + 1)y + x^3 + x - 3 = 0$$

如果存在正整数解,那么

$$\Delta = (x^2 + 1)^2 - 4(x^3 + x - 3) = x^4 - 4x^3 + 2x^2 - 4x + 13$$

是一个完全平方数.

注意到,当 $x \geq 2$ 时,有 $\Delta < (x^2 - 2x - 1)^2$,而 $x \geq 6$ 时,有 $\Delta > (x^2 - 2x - 2)^2$,故 $x \geq 6$ 时,Δ 不是完全平方数. 而当 $x = 1, 2, 3, 4, 5$ 时,对应的 $\Delta = 8, -3, -8, 29, 168$ 都不是完全平方数,故 $n = 3$ 时无正整数解.

综上可知,所求的最小正整数 $n = 3$.

6. (1986 年苏州市高中数学竞赛)求使 $y = \dfrac{x^2 - 2x + 4}{x^2 - 3x + 3}$ 为整数的一切整数 x.

解 由题可知

$$y = 1 + \frac{x + 1}{x^2 - 3x + 3}$$

令 $\dfrac{x + 1}{x^2 - 3x + 3} = k$,即

$$kx^2 - (3k + 1)x + 3k - 1 = 0$$

x 为整数,则 $\Delta \geq 0$,即

$$(3k + 1)^2 - 4k(3k - 1) \geq 0$$

即

$$3k^2 - 10k - 1 \leq 0$$

解得

$$\frac{5 - \sqrt{28}}{3} \leq k \leq \frac{5 + \sqrt{28}}{3}$$

因为 y 为整数,故 k 也为整数. 所以, $k=0,1,2,3$.

将 $k=0,1,2,3$ 分别代入,验证得:$k=0$ 时,$x_1=-1$;$k=2$ 时,$x_2=1$;$k=3$ 时,$x_3=2$.

故使 y 为整数的一切整数 $x=-1,1,2$.

7. (2006 年保加利亚数学奥林匹轮回赛)求整数 a 的值,使得方程 $x^4+2x^3+(a^2-a-9)x^2-4x+4=0$ 至少有一个实数根.

解 设 $u=x-\dfrac{2}{x}$,则原方程可变成

$$u^2+2u+a^2-a-5=0 \qquad \text{①}$$

因为方程 $x^2-ux-2=0$ 对任意实数 u 都有实数根,所以,只需找到 a 的一个整数值,使得方程①有一个实数根即可. 事实上,判别式

$$\Delta=-a^2+a+6\geqslant 0 \Leftrightarrow (a-3)(a+2)\leqslant 0$$
$$\Leftrightarrow a\in[-2,3]$$

所以,$a=-2,-1,0,1,2,3$.

8. (2004 年保加利亚国家数学奥林匹克轮回赛)求方程 $x^3+10x-1=y^3+6y^2$ 的整数解.

解 很明显,x,y 有不同的奇偶性,所以,$k=x-y$ 是奇数,且方程 $(3k-6)y^2+(3k^2+10)y+k^3+10k-1=0$ 的判别式

$$\Delta=-3k^4+24k^3-60k^2+252k+76$$

必须是完全平方数.

因为 $\Delta=-k^2(3k^2-24k+60)+252k+76$,对于 $k\leqslant -1$,有 $\Delta<0$.

又因为 $\Delta=3k^3(8-k)+2(38-k^2)+2k(126-29k)$. 当对于 $k\geqslant 8$ 时,$\Delta<0$. 对于 $k=7$ 时,$\Delta=-71<0$.

余下只需验证 $k=1,3,5$ 的情况. 分别有

$$\Delta=289=17^2,\Delta=697,\Delta=961=31^2$$

因此,给出的解为 $x=6,y=5$ 和 $x=2,y=-3$.

9. (2012 年第 62 届白俄罗斯数学奥林匹克)(1)已知正整数 $a,b,n(a>b)$ 满足 $n^2+1=ab$. 证明:

$$a-b\geqslant\sqrt{4n-3} \qquad \text{①}$$

(2)确定所有的正整数 n,使得式①中的等号成立.

解 (1)设 $t=a-b\Rightarrow a=b+t$. 于是,$n^2+1=(b+t)b$. 整理得

$$b^2+tb-(n^2+1)=0$$

用 x 替换 b,得关于 x 的二次方程

$$x^2+tx-(n^2+1)=0 \qquad \text{①}$$

其中,方程①的系数均为整数,且有整数根 $x = b$.

因此,其判别式

$$\Delta = t^2 + 4(n^2 + 1)$$

是一个完全平方数.

因为 $t^2 + 4(n^2 + 1) > (2n)^2$,所以

$$\Delta \geq (2n + 1)^2$$

故

$$t^2 + 4(n^2 + 1) \geq (2n + 1)^2$$

即

$$t^2 \geq 4n - 3$$

(2)由题意知

$$a - b = \sqrt{4n - 3} \Leftrightarrow t^2 = 4n - 3$$

即

$$n = \frac{t^2 + 3}{4}$$

显然,t 是一个奇数.令 $t = 2k - 1(k \in \mathbf{Z}_+)$,则 $n = k^2 - k + 1$.

10.(2007 年第 58 届白俄罗斯数学奥林匹克)求方程 $x^4 + 4x^3 + 3x^2 + 2x - 1 = 7 \cdot 3^y$ 的全体整数解 (x, y).

解 原方程等价于

$$(x^2 + 3x - 1)(x^2 + x + 1) = 7 \cdot 3^y \qquad ①$$

若 $y < 0$,则式①右边不是整数,而左边为整数,矛盾.故 $y \geq 0$.

又 $(7, 3^y) = 1$,故只有两种情况能使式①成立:

$$(1)\begin{cases} x^2 + x + 1 = 3^a, a \geq 0 \\ x^2 + 3x - 1 = 7 \cdot 3^b, b \geq 0; \\ a + b = y \end{cases}$$

$$(2)\begin{cases} x^2 + x + 1 = 7 \cdot 3^m, m \geq 0 \\ x^2 + 3x - 1 = 3^n, n \geq 0 \\ m + n = y \end{cases}.$$

考虑 $x^2 + x + 1 = 3^a$.

若该方程有整数解,则它的判别式

$$\Delta_1 = 1 - 4 + 4 \cdot 3^a = 4 \cdot 3^a - 3$$

应为完全平方数.注意到当 $a \geq 2$ 时,$3 \mid \Delta_1$,但 $9 \nmid \Delta_1$,矛盾.故 $a < 2$.

若 $a = 0$,则 $x = -1$ 或 0.但代入 $x^2 + 3x - 1 = 7 \cdot 3^b$ 后,均得到矛盾.

若 $a = 1$,则 $x = -2$ 或 1.同样,代入 $x^2 + 3x - 1 = 7 \cdot 3^b$ 后,均得到矛盾.

综上，方程组(1)无整数解.

考虑 $x^2 + x + 1 = 7 \cdot 3^m$.

若该方程有整数解，则它的判别式

$$\Delta_2 = 1 - 4 + 4 \cdot 7 \cdot 3^m = 28 \cdot 3^m - 3$$

应为一个完全平方数. 注意到当 $m \geq 2$ 时，$3 \mid \Delta_2$，但 $9 \nmid \Delta_2$，矛盾. 故 $m < 2$.

若 $m = 0$，则 $x = -3$ 或 2. 将它们分别代入 $x^2 + 3x - 1 = 3^n$，则只有当 $x = 2$ 时，得到一组整数解 $n = 2, y = 2$.

若 $m = 1$，则 $x = -5$ 或 4. 将它们代入 $x^2 + 3x - 1 = 3^n$，得到另外两组解 $n = 3$, $y = 3; n = 3, y = 4$.

综上，本题共有三组整数解

$$(x, y) = (2, 2), (-5, 3), (4, 4)$$

7.5 变量代换法

这种方法就是利用求解不定方程的未知数之间的关系(如常见的倍数关系、和差关系等),通过代换消去未知数或倍数,使所求解的方程进行简化,从而达到求解的目的.

例1 试求方程 $x^2 - 23xy^2 + 1\,989y^2 = 0$ 的整数解.

解 显然,$x = y = 0$ 是方程的一个解,且若一个未知数取值为 0,则另一个未知数的取值也为 0. 设 $x \neq 0$,且 $y \neq 0$. 显然 $y^2 \mid x^2$,故可令 $x = ty(t \in \mathbf{Z})$,代入方程得

$$t^2 - 23yt + 1\,989 = 0$$

由韦达(Wieta)定理,得

$$t_1 + t_2 = 23y, t_1 t_2 = 1\,989 = 3^2 \times 13 \times 17$$

解得

$$\begin{cases} t_1 = 9 \\ t_2 = 221 \end{cases}, \begin{cases} t_1 = 221 \\ t_2 = 9 \end{cases}, \begin{cases} t_1 = -9 \\ t_2 = -221 \end{cases}, \begin{cases} t_1 = -221 \\ t_2 = -9 \end{cases}$$

从而,$y = \pm 10$. 因此,所求整数解为

$$(x, y) = (90, 10), (2\,210, 10), (90, -10), (2\,210, -10)$$

例2 (2015 年美国数学奥林匹克)求一切整数 x, y,满足

$$x^2 + xy + y^2 = \left(\frac{x+y}{3} + 1\right)^3$$

解 设 $a = x + y, b = x - y$,则 a, b 同奇偶. 原方程化为

$$\frac{1}{4}\left[(a+b)^2 + (a+b)(a-b) + (a-b)^2\right] = \left(\frac{a}{3} + 1\right)^3$$

此即

$$3a^2 + b^2 = 4\left(\frac{a}{3} + 1\right)^3 \qquad ①$$

由 a, b 同奇偶知 $4 \mid 3a^2 + b^2$,故 $\left(\frac{a}{3} + 1\right)^3$ 为整数,因此 $\frac{a}{3} + 1$ 为整数,所以 $3 \mid a$.

设 $a = 3c, c \in \mathbf{Z}$,则式①化为

$$b^2 = (c - 2)^2(4c + 1)$$

故 $4c + 1 = (2n + 1)^2, n \in \mathbf{Z}$,由此解得

$$x = n^3 + 3n^2 - 1, y = -n^3 + 3n + 1$$

或

$$x = -n^3 + 3n + 1, y = n^3 + 3n^2 - 1$$

经检验,满足原方程.

例3 (1962 年基辅数学奥林匹克)证明:不存在不同时为零,且满足方程 $x^2 + y^2 = 3z^2$ 的整数 x, y, z.

证明 首先证明,若方程

$$x^2 + y^2 = 3z^2 \tag{①}$$

有整数解 $(x, y, z) \neq (0, 0, 0)$,则可以证明 x 和 y 互素的解.

假设 (x, y, z) 是式①的整数解,且 x 和 y 不互素,并设 $(x, y) = d$,则

$$x = dx_1, y = dy_1$$

且 $(x_1, y_1) = 1$,这时式①化为

$$(dx_1)^2 + (dy_1)^2 = 3z^2$$
$$d^2(x_1^2 + y_1^2) = 3z^2$$

由此得 $3z^2$ 能被 d^2 整除,又由于 3 是素数,可得 z^2 能被 d^2 整除,所以 z 能被 d 整除. 设 $z = dz_1$,于是

$$d^2(x_1^2 + y_1^2) = 3d^2z_1^2$$
$$x_1^2 + y_1^2 = 3z_1^2$$

因此 (x_1, y_1, z_1) 也是方程①的整数解,且 x_1 和 y_1 互素.

因此,只要证明方程①没有 x 和 y 互素的整数解即可.

若 x 和 y 互素,则 x 和 y 不能同时被 3 整除.

若 x 和 y 都不能被 3 整除,则

$$x^2 + y^2 \equiv 2(\bmod 3)$$

此时方程①没有整数解.

若 x 和 y 一个能被 3 整除,一个不能被 3 整除,则

$$x^2 + y^2 \equiv 1(\bmod 3)$$

此时,方程①也没有整数解.

于是,已知方程没有不同时为零的整数解.

例4 (1995 年第 36 届 IMO 预选题)试确定所有满足方程 $x + y^2 + z^3 = xyz$ 的正整数 x, y,其中 z 是 x, y 的最大公约数.

解 令 $x = zc, y = zb$,其中 c, b 是互素的整数. 则所给的丢番图方程可化为

$$c + zb^2 + z^2 = z^2cb$$

因而,存在某个整数 a,使 $c = za$. 于是可得

$$a + b^2 + z = z^2ab$$

即
$$a = \frac{b^2 + z}{z^2 b - 1}$$

如果 $z = 1$,那么
$$a = \frac{b^2 + 1}{b - 1} = b + 1 + \frac{2}{b - 1}$$

由此可知 $b = 2$ 或 $b = 3$. 于是,$(x, y) = (5, 2)$ 或 $(x, y) = (5, 3)$.

如果 $z = 2$,那么
$$16a = \frac{16b^2 + 32}{4b - 1} = 4b + 1 + \frac{33}{4b - 1}$$

由此可导出 $b = 1$ 或 $b = 3$,相应的解为 $(x, y) = (4, 2)$ 或 $(x, y) = (4, 6)$.

一般地
$$z^2 a = \frac{z^2 b^2 + z^3}{z^2 b - 1} = b + \frac{b + z^3}{z^2 b - 1}$$

作为正整数,应有 $\frac{b + z^3}{z^2 b - 1} \geqslant 1$,即
$$b \leqslant \frac{z^2 - z + 1}{z - 1}$$

当 $z \geqslant 3$ 时,有
$$\frac{z^2 - z + 1}{z - 1} < z + 1$$

因而,$b < z$. 由此可得
$$a \leqslant \frac{z^2 + z}{z^2 - 1} < 2$$

故 $a = 1$. 这样,b 就是方程 $\omega^2 - z^2 \omega + z + 1 = 0$ 的整数解. 这表明判别式 $\Delta = z^4 - 4z - 4$ 是个完全平方数. 但是,它又严格地界于 $(z^2 - 1)^2$ 与 $(z^2)^2$ 之间,矛盾. 所以,对于 (x, y),只有 $(4, 2)$,$(4, 6)$,$(5, 2)$ 与 $(5, 3)$ 这 4 组解.

例 5 设 k, x, y 均为正整数,且 k 被 x^2, y^2 整除所得的商分别为 $n, n + 148$.

(1)若 $(x, y) = 1$,证明:$x^2 - y^2$ 与 x^2, y^2 均互素;

(2)若 $(x, y) = 1$,求 k 的值;

(3)若 $(x, y) = 4$,求 k 的值.

解 (1)设 $(x^2 - y^2, x^2) = t$. 则
$$x^2 - y^2 = tp, x^2 = tq \quad (p, q \in \mathbf{N}_+)$$

于是,$y^2 = t(q - p) \Rightarrow t \mid y^2$.

因为 $(x, y) = 1$,所以,$(x^2, y^2) = 1$. 因此,$t = 1$. 故 $x^2 - y^2$ 与 x^2 互素.

同理, $x^2 - y^2$ 与 y^2 也互素.

(2)依题设,有
$$k = nx^2 = (n + 148)y^2 \quad (x > y)$$
$$\Rightarrow n(x^2 - y^2) = 148y^2$$
$$\Rightarrow (x^2 - y^2) \mid 148y^2$$

由(1)知, $(x^2 - y^2) \mid 148$,即
$$(x + y)(x - y) \mid 148$$

而 $148 = 2^2 \cdot 37$, 且 $x + y$ 与 $x - y$ 具有相同的奇偶性,且 $x + y > x - y > 0$,则有
$$\begin{cases} x + y = 37 \\ x - y = 1 \end{cases} \text{或} \begin{cases} x + y = 2 \times 37 \\ x - y = 2 \end{cases}$$
$$\Rightarrow \begin{cases} x = 19 \\ y = 18 \end{cases} \text{或} \begin{cases} x = 38 \\ y = 36 \end{cases} (\text{舍去})$$
$$\Rightarrow n = \frac{148y^2}{x^2 - y^2} = 2^2 \times 18^2 = 2^4 \times 3^4$$
$$\Rightarrow k = 2^4 \times 3^4 \times 19^2$$

(3)若 x, y 的最大公约数为 4,设 $x = 4x_1, y = 4y_1$. 则 $(x_1, y_1) = 1$.

根据(2)有
$$n(x^2 - y^2) = 148y^2$$

于是, $n(x_1^2 - y_1^2) = 148y_1^2$,且 $(x_1, y_1) = 1$.

因此, $n = 2^4 \times 3^4, x_1 = 19, y_1 = 18$.

故 $k = nx^2 = 16nx_1^2 = 2^8 \times 3^4 \times 19^2$.

例6 (2014年第55届IMO预选题)求所有的正整数对 (x, y),使得
$$\sqrt[3]{7x^2 - 13xy + 7y^2} = |x - y| + 1 \qquad ①$$

解 设 (x, y) 为任意满足方程①的正整数对. 若 $x = y$,则
$$x^{\frac{2}{3}} = 1 \Rightarrow x = 1 \Rightarrow (x, y) = (1, 1)$$

若 $x \neq y$,由对称性,可假设 $x > y$. 记 $n = x - y$. 则 n 为正整数. 于是,方程①可改写成
$$\sqrt[3]{7(y + n)^2 - 13(y + n)y + 7y^2} = n + 1$$

上式两边同时三次方,化简整理,得
$$y^2 + yn = n^3 - 4n^2 + 3n + 1$$
$$\Rightarrow (2y + n)^2 = 4n^3 - 15n^2 + 12n + 4$$
$$= (n - 2)^2(4n + 1) \qquad ②$$

当 $n = 1, 2$ 时,不存在满足方程②的正整数 y.

当 $n>2$ 时,$4n+1$ 为有理数 $\dfrac{2y+n}{n-2}$ 的平方,则其必为完全平方数.

由于 $4n+1$ 为奇数,则存在非负整数 m,使得

$$4n+1=(2m+1)^2$$
$$\Rightarrow n=m^2+m \qquad ③$$

由 $n>2$,知 $m\geqslant 2$.

将式③代入方程②,得

$$(2y+m^2+m)^2=(m^2+m-2)^2(2m+1)^2$$
$$=(2m^3+3m^2-3m-2)^2$$

又 $2m^3+3m^2-3m-2>0$,于是,$y=m^3+m^2-2m-1$.

由 $m\geqslant 2$,知

$$y=(m^3-1)+(m-2)m>0$$

且

$$x=y+n=m^3+m^2-2m-1+m^2+m$$
$$=m^3+2m^2-m-1$$

也为正整数.

综上,$(x,y)=(1,1)$ 或 $\{x,y\}=\{m^3+m^2-2m-1,m^3+2m^2-m-1\}$,其中,整数 $m\geqslant 2$.

例 7 (2005 年新西兰数学奥林匹克选拔考试)求所有正整数 x,y,使得 $(x+y)(xy+1)$ 是 2 的整数次幂.

解 设 $x+y=2^a$,$xy+1=2^b$.若 $xy+1\geqslant x+y$,则 $b\geqslant a$.于是,有 $xy+1\equiv 0(\bmod\ 2^a)$.

又因为 $x+y\equiv 0(\bmod\ 2^a)$,所以,$-x^2+1\equiv 0(\bmod\ 2^a)$,即 $2^a\mid(x+1)(x-1)$.

由于 $x+1$ 与 $x-1$ 只能均为偶数,且 $(x+1,x-1)=2$,从而,其中一定有一个能被 2^{a-1} 整除.

由于 $1\leqslant x\leqslant 2^a-1$,所以,$x=1,2^{a-1}-1,2^{a-1}+1$ 或 2^a-1.

相应地,$y=2^a-1,2^{a-1}+1,2^{a-1}-1$ 或 1 满足条件

若 $x+y>xy+1$,则有 $(x-1)(y-1)<0$,矛盾.

综上所述,所有的正整数 x,y 为

$$\begin{cases}x=1\\y=2^a-1\end{cases},\begin{cases}x=2^b-1\\y=2^b+1\end{cases},\begin{cases}x=2^c+1\\y=2^c-1\end{cases},\begin{cases}x=2^d-1\\y=1\end{cases}$$

其中 a,b,c,d 为任意正整数.

例 8 (2003 年中国香港数学奥林匹克)找出满足

$$\frac{1}{2}(a+b)(b+c)(c+a)+(a+b+c)^3=1-abc$$

的全部整数 a,b,c,并做必要的证明.

解法 1 设 $s=a+b+c,p(x)=(x-a)(x-b)(x-c)=x^3-sx^2+(ab+bc+ca)x-abc.$ 则

$$(a+b)(b+c)(c+a)=p(s)=(ab+bc+ca)s-abc$$

于是,题设等式可整理为

$$(ab+bc+ca)s-abc=-2s^3+2-2abc$$

即

这表明

$$(2a+b+c)(a+2b+c)(a+b+2c)=2$$

易看出上式左边三个因式中某个因子是 2,另外两个因子是 $1,1$(或 -1, -1),或某个因子是 -2,另外两个因子是 $1,-1$(或 $-1,1$).

当某个因子是 2 时,有

$$\begin{cases}2a+b+c=2\\a+2b+c=1\\a+b+2c=1\end{cases}\text{或}\begin{cases}2a+b+c=2\\a+2b+c=-1\\a+b+2c=-1\end{cases}$$

分别解得 $a=1,b=0,c=0;a=2,b=-1,c=-1.$

当某个因子是 -2 时,相应的两个方程组可求出 $4(a+b+c)=-2$,显然,该方程组没有整数解 (a,b,c).

由于方程关于 a,b,c 是对称的,于是 (a,b,c) 的全部解为 $(a,b,c)=(1,0,0),(0,1,0),(0,0,1),(2,-1,-1),(-1,2,-1),(-1,-1,2).$

解法 2 将 $\frac{1}{2}(a+b)(b+c)(c+a)+(a+b+c)^3=1-abc$ 展开,得

$$2a^3+2b^3+2c^3+7a^2b+7a^2c+7ab^2+7b^2c+7ac^2+7bc^2+16abc=2$$

而左边的表达式可分解因式为

$$(a+b+2c)(a+2b+c)(2a+b+c)$$

以下解法同解法 1.

例 9 (2004 年中国台北数学奥林匹克)求所有正整数对 (a,b),满足

$$\sqrt{\frac{ab}{2b^2-a}}=\frac{a+2b}{4b} \qquad \text{①}$$

解 将式①两边平方并化简,得

$$a(a^2+4ab+4b^2)=2b^2(a^2-4ab+4b^2)$$

即

$$a(a+2b)^2=2b^2(a-2b)^2 \qquad \text{②}$$

因为上式右边为偶数,故可令 $a = 2t^2 (t \in \mathbf{Z}_+)$,代入式②中,并化简得

$$t^2 (2t^2 + 2b)^2 = b^2 (2t^2 - 2b)^2$$

即

$$t(t^2 + b) = b|t^2 - b| \qquad \qquad ③$$

所以

$$t = \frac{b|t^2 - b|}{t^2 + b}$$

当 $b < t^2$ 时,由式③得

$$b^2 + (t - t^2)b + t^3 = 0$$

解得

$$b = \frac{t}{2}(t - 1 \pm \sqrt{t^2 - 6t + 1})$$

设 $\sqrt{t^2 - 6t + 1} = s$,且 $s \in \mathbf{Z}_+$,两边平方并化简整理,得

$$(t + s - 3)(t - s - 3) = 8$$

由此得出唯一一组正整数解 $t = 6, s = 1$. 故 $a = 72, b = 18$ 是一组解,$a = 72, b = 12$ 也是一组解.

当 $b \geqslant t^2$ 时,类似地,可求得 $t = 0$,矛盾.

综上所述,只有两组正整数解(对)

$$(a, b) = (72, 18) \text{ 或} (72, 12)$$

例 10 (1995 年第 36 届国际数学奥林匹克预选题)试确定所有满足方程 $x + y^2 + z^3 = xyz$ 的正整数 x, y,其中 z 是 x, y 的最大公约数.

解 由于 $(x, y) = z$. 可设 $x = zc, y = zb$,其中 $(c, b) = 1$. 于是已知方程化为 $zc + z^2 b^2 + z^3 = z^3 bc$,即

$$c + zb^2 + z^2 = z^2 bc \qquad \qquad ①$$

于是 $z|c$,即存在整数 a,使 $c = za$,从而式①又化为

$$a + b^2 + z = z^2 ab \qquad \qquad ②$$

即

$$a = \frac{b^2 + z}{z^2 b - 1}$$

(1)若 $z = 1$,则

$$a = \frac{b^2 + 1}{b - 1} = b + 1 + \frac{2}{b - 1}$$

于是 $(b - 1)|2, b = 2$ 或 3. 相应地 $a = 5$,则

$$x = zc = z(za) = 5$$

所以有解$(x,y)=(5,2)$或$(5,3)$.

（2）若$z=2$,则

$$a=\frac{b^2+2}{4b-1}$$

因而

$$16a=\frac{16b^2+3^2}{4b-1}=4b+1+\frac{33}{4b-1}$$

于是$(4b-1)\mid33,b=1$或3,相应地$a=1$,则

$$x=z^2a=4,y=2b=2\text{ 或 }6$$

所以有解$(x,y)=(4,2)$或$(4,6)$.

（3）若$z^2\geqslant3$,则

$$z^2a=\frac{z^2b^2+z^3}{z^2b-1}=b+\frac{b+z^3}{z^2b-1}$$

由于$x=z^2a$为正整数,则应有

$$\frac{b+z^3}{z^2b-1}\geqslant1$$

即

$$b\leqslant\frac{z^2-z+1}{z-1}$$

由于$z\geqslant3$,则

$$\frac{z^2-z+1}{z-1}<z+1$$

从而$b<z+1$,有$b\leqslant z$.

由此可得

$$a=\frac{b^2+z}{z^2b-1}<\frac{z^2+z}{z^2-1}=1+\frac{z+1}{z^2-1}<2$$

于是$a=1$.

由式②有$1+b^2+z=bz^2$,从而b是方程$t^2-z^2t+z+1=0$的整数解,考虑判别式$\Delta=z^4-4z-4$应是完全平方数,但是

$$(z^2-1)^2<z^4-4z-4<z^2$$

即z^4-4z-4介于两个相继平方数之间,因而不是平方数.

所以,$z\geqslant3$时方程无正整数解.

综上,方程的解为

$$(x,y)=(4,2),(4,6),(5,2),(5,3)$$

例11 （2011年第42届奥地利数学奥林匹克）求满足$(a^b+b)\mid(a^{2b}+2b)$

的所有非负整数解(a,b).

解　令$n=a^b+b,m=a^{2b}+2b$.

当$b=0$时,$n=m=1,n\mid m$. 因此,$(a,b)=(a,0)$是解.

当$a=0,b>0$时,$n=b,m=2b,n\mid m$. 因此,$(0,b)$也是解.

当$a=1$时,$n=b+1,m=2b+1,(b+1)\mid(2b+1)$,则$b=0$. 因此,$(1,0)$是解.

当$a>1,b>0$时

$$(a^b+b)\mid(a^{2b}+2b)\Rightarrow(a^b+b)\mid\left[(a^b)^2-b^2+(b^2+2b)\right]$$

$$\Rightarrow(a^b+b)\mid\left[(a^b+b)(a^b-b)+b(b+2)\right]$$

$$\Rightarrow(a^b+b)\mid b(b+2) \qquad\qquad ①$$

当$a\geqslant3$时,注意到

$$3^b+b>b(b+2)\Leftrightarrow3^b>b(b+1) \qquad\qquad ②$$

当$b=1$时,式②显然成立.

假设$3^k>k(k+1)$成立. 则

$$3^{k+1}>3k(k+1)>\frac{k+2}{k}k(k+1)$$

$$=(k+1)\left[(k+1)+1\right]$$

故当$a\geqslant3$时,$n\geqslant3^b+b>b(b+2)$,此时无解.

当$a=2$时,若$b\geqslant5$,则$2^b>b(b+1)$.

当$b=1$时,式①成立;当$b=2,3,4$时,式①不成立.

所以,$(2,1),(a,0),(0,b)$均是解.

例12　(1997年第38届IMO)求所有的整数对(a,b),其中$a\geqslant1,b\geqslant1$,且满足等式$a^{b^2}=b^a$.

解　显然当a,b中有一个等于1时,$(a,b)=(1,1)$. 下设$a,b\geqslant2$.

设$t=\dfrac{b^2}{a}$,则由题中等式得$b=a^t,at=a^{2t}$,从而$t=a^{2t-1}$. 因此$t>0$. 如果$2t-1\geqslant1$,那么$t=a^{2t-1}\geqslant(1+1)^{2t-1}\geqslant1+(2t-1)=2t>t$,矛盾. 所以$2t-1<1$. 于是,有$0<t<1$.

记$k=\dfrac{1}{t}$,则$k=\dfrac{a}{b^2}>1$为有理数. 由$a=b^k$可知

$$k=b^{k-2} \qquad\qquad ①$$

如果$k\leqslant2$,那么$k=b^{k-2}\leqslant1$,与前面所证$k>1$矛盾,因此$k>2$. 设$k=\dfrac{p}{q}$,$p,q\in\mathbf{N},(p,q)=1$,则$p>2q$. 于是,由式①可得

$$\left(\frac{p}{q}\right)^q = k^q = b^{p-2q} \in \mathbf{Z}$$

这意味着 $q^q | p^q$. 但 p, q 互素, 故 $q=1$, 即 k 为一个大于 2 的自然数.

当 $b=2$ 时, 由式①得 $k = 2^{k-2}$, 所以 $k \geqslant 4$. 又因

$$k = 2^{k-2} \geqslant C_{k-2}^0 + C_{k-2}^1 + C_{k-2}^2$$

$$= 1 + (k-2) + \frac{(k-2)(k-3)}{2}$$

$$= 1 + \frac{(k-1)(k-2)}{2}$$

$$\geqslant 1 + (l-1) = k$$

等号当且仅当 $k=4$ 时成立, 所以

$$a = b^k = 2^4 = 16$$

当 $b \geqslant 3$ 时

$$k = b^{k-2} \geqslant (1+2)^{k-2} \geqslant 1 + 2(k-2)$$

$$= 2k - 3$$

从而, $k \leqslant 3$. 这意味着 $k=3$. 于是

$$b = 3, a = b^k = 3^3 = 27$$

综上所述, 满足题目等式的所有正整数对为

$$(a,b) = (1,1), (16,2), (27,3)$$

例 13 (1999 年中国台湾数学奥林匹克) 求使 $(x+1)^{y+1} + 1 = (x+2)^{z+1}$ 成立的所有正整数解.

解 设 $x+1 = a, y+1 = b, z+1 = c$. 则 $a, b, c \geqslant 2$ 且 $a, b, c \in \mathbf{N}$. 原式化为

$$a^b + 1 = (a+1)^c \qquad ①$$

对式①两边取模 $(a+1)$, 则有

$$(-1)^b + 1 \equiv 0 (\mathrm{mod}(a+1))$$

于是, b 必为奇数.

实际上, 若 b 为偶数, 则 $a=1$, 矛盾.

式①, 即

$$(a+1)(a^{b-1} - a^{b-2} + \cdots - a + 1) = (a+1)^c$$

即

$$a^{b-1} - a^{b-2} + \cdots - a + 1 = (a+1)^{c-1} \qquad ②$$

对式②两边取模 $(a+1)$, 则有

$$1 - (-1) + \cdots - (-1) + 1$$

$$= b \equiv 0 (\mathrm{mod}(a+1))$$

故 $(a+1)\mid b.$

因为 b 是奇数, 所以 a 为偶数.

由式①, 有

$$a^b = (a+1)^c - 1$$
$$= (a+1-1)\left[(a+1)^{c-1} + (a+1)^{c-2} + \cdots + (a+1) + 1\right]$$

即

$$a^{b-1} = (a+1)^{c-1} + (a+1)^{c-2} + \cdots + (a+1) + 1 \qquad ③$$

对式③两边取模 a, 有

$$0 \equiv 1 + 1 + \cdots + 1 = c \pmod{a}$$

故 $a\mid c$. 所以 c 为偶数.

设 $a = 2^k t\,(k \in \mathbf{N}, t$ 为奇数$), c = 2d\,(d \in \mathbf{N})$. 式①变为

$$2^{kb} t^b = (2^k t)^b = (2^k t + 1)^{2d} - 1$$
$$= \left[(2^k t + 1)^d + 1\right]\left[(2^k t + 1)^d - 1\right]$$

因为 $((2^k t + 1)^d + 1, (2^k t + 1)^d - 1) = 2$, 于是只有下面两种情况:

(ⅰ) $(2^k t + 1)^d + 1 = 2u^b$, $(2^k t + 1)^d - 1 = 2^{kb-1} v^b$, 其中 $2 \nmid u, 2 \nmid v$, $(u, v) = 1, uv = t$.

此时有

$$2^{kd-1} t^d + C_d^1 2^{k(d-1)-1} t^{d-1} + \cdots + C_d^{d-1} 2^{k-1} t + 1 = u^b$$

所以, $u\mid 1$, 即 $u = 1$.

于是, $(2^k t + 1)^d = 1$ 不可能.

(ⅱ) $(2^k t + 1)^d + 1 = 2^{kb-1} v^b$, $(2^k t + 1)^d - 1 = 2u^b$, 其中 u, v 满足的条件同(ⅰ).

此时有 $2^k t \mid 2u^b$, 即 $2^k uv \mid 2u^b$, 所以, $k = 1, v = 1$. 从而, $2 = 2^{b-1} - 2u^b$, 即 $u^b + 1 = 2^{b-2}$.

故 $u = 1, b = 3, a = 2, c = 2$.

综上所述, 原方程有唯一一组解

$$x = 1, y = 2, z = 1$$

例 14 (1982 年第 23 届 IMO)试证:(1)如果正整数 n 使方程

$$x^3 - 3xy^2 + y^3 = n$$

有一组整数解 (x, y), 那么这个方程至少有三组整数解.

(2)当 $n = 2\,891$ 时, 上述方程无整数解.

证法 1 (1)设 (x_0, y_0) 是方程的一组整数解, 令

$$x' = ax_0 + by_0, y' = cx_0 + dy_0$$

将 (x', y') 代入方程的左边, 得

$$x'^3 - 3x'y'^2 + y'^3$$
$$= (a^3 - 3ac^2 + c^3)x_0^3 + 3(a^2b - 2acd - bc^2 + c^2d)x_0^2y_0 +$$
$$3(ab^2 - ad^2 - 2bcd + cd^2)x_0y_0^2 + (b^3 - 3bd^2 + d^3)y_0^3$$

选择适当的 a, b, c, d 使

$$\begin{cases} a^3 - 3ac^2 + c^3 = 1 \\ a^2b - 2acd - bc^2 + c^2d = 0 \\ ab^2 - ad^2 - 2bcd + cd^2 = -1 \\ b^3 - 3bd^2 + d^3 = 1 \end{cases} \qquad ①$$

则有

$$x'^3 - 3x'y'^2 + y'^3 = x_0^3 - 3x_0y_0^2 + y_0^3 = n$$

那么 (x', y') 便也是方程的一个解.

例如取 $a = 0, b = -1, c = 1, d = -1$ 或 $a = -1, b = 1, c = -1, d = 0$ 都能使式①成立. 故若 (x_0, y_0) 是方程的一个解,则 $(-y_0, x_0 - y_0)$, $(y_0 - x_0, -x_0)$ 也是方程的解. 现在证明这三组解彼此不同. 事实上,若有:

(a) $(x_0, y_0) = (-y_0, x_0 - y_0)$,则得 $x_0 = 0, y_0 = 0$. 因 n 为正整数,故 $(0, 0)$ 不是 $x^3 - 3xy^2 + y^3 = n$ 的解.

(b) $(x_0, y_0) = (y_0 - x_0, -x_0)$,亦得 $x_0 = 0, y_0 = 0$. 这个矛盾证明了 $(x_0, y_0) \neq (y_0 - x_0, -x_0)$.

(c) $(-y_0, x_0 - y_0) = (y_0 - x_0, -x_0)$,也得到 $x_0 = 0, y_0 = 0$,同样导出矛盾.

(2)若有整数 x, y,使

$$x^3 - 3xy^2 + y^3 = 2\ 891$$

则有

$$x^3 + y^3 \equiv 2\ 891 \equiv 2 (\bmod 3)$$

这只有下列三种情形可行

$$\begin{cases} x \equiv 0 (\bmod 3) \\ y \equiv 2 (\bmod 3) \end{cases}, \begin{cases} x \equiv 2 (\bmod 3) \\ y \equiv 0 (\bmod 3) \end{cases}, \begin{cases} x \equiv 1 (\bmod 3) \\ y \equiv 1 (\bmod 3) \end{cases}$$

根据(1)所证 (x_0, y_0), $(y_0 - x_0, -x_0)$, $(-y_0, x_0 - y_0)$ 同时为方程的解,故后两种情况都可归纳为第一种情况. 令

$$x = 3u, y = 3v + 2$$

代入原方程有

$$x^3 - 3xy^2 + y^3$$
$$= 27u^3 - 9u(3v + 2)^2 + 27v^3 + 54v^2 + 36v + 8$$
$$\equiv 8 (\bmod 9)$$

而
$$2\ 891 \equiv 2 (\bmod 9)$$
这个矛盾证明了方程 $x^3 - 3xy^2 + y^3 = 2\ 891$ 没有整数解.

证法 2 （1）设 (x_0, y_0) 是方程的一个解. 令 $x_0 = y_0 + y_1$，则
$$(y_0 + y_1)^3 - 3(y_0 + y_1)y_0^2 + y_0^3 = n$$

整理得
$$y_0^3 + 3y_0^2 y_1 + 3y_0 y_1^2 + y_1^3 - 3y_0^3 - 3y_0 y_1^2 + y_0^3 = n$$

即
$$-y_0^3 - (-y_0)y_1^2 + y_1^3 = n$$

所以 $(x_1, y_1) = (-y_0, x_0 - y_0)$ 也是方程的解，且 $(x_1, y_1) \neq (x_0, y_0)$. 事实上，若 $x_1 = x_0, y_1 = y_0$，则 $-y_0 = 2y_0$，得 $y_0 = 0, x_0 = 0$，与 n 为正整数矛盾.

再令 $y_0 = x_0 + x_2$，则有
$$x_0^3 - 3x_0(x_0 + x_2)^2 + (x_0 + x_2)^3 = n$$

整理得
$$x_0^3 - 3x_0^3 - 6x_0^2 x_2 - 3x_0 x_2^2 + x_0^3 + 3x_0^2 x_2 + 3x_0 x_2^2 + x_2^3 = n$$

即
$$x_2^3 - 3x_2(-x_0)^3 + (-x_0)^3 = n$$

所以 $(x_2, y_2) = (y_0 - x_0, -x_0)$ 也是方程的一个解. 若 $(x_2, y_2) = (x_0, y_0)$，则 $y_0 = -x_0, x_0 = -2x_0$，推出 $x_0 = 0, y_0 = 0$；若 $(x_2, y_2) = (x_1, y_1)$，则 $y_0 - x_0 = -y_0$，$-x_0 = x_0 - y_0$，仍得 $x_0 = 0, y_0 = 0$，均矛盾.

故方程确有三组不同的解.

（2）若有整数 x, y，使
$$x^3 - 3xy^2 + y^3 = 2\ 891$$

则
$$(x + y)^3 = 2\ 891 + 3xy(x + 2y) \equiv 2 (\bmod 3)$$

因此
$$x + y \equiv 2 (\bmod 3)$$

若有 $x \equiv 0 (\bmod 3)$ 或 $y \equiv 0 (\bmod 3)$，则
$$(x + y)^3 \equiv 2\ 891 \equiv 2 (\bmod 9)$$

但 $(x + y)^3 \equiv 2^3 \equiv 8 (\bmod 9)$，矛盾.

若有 $y \equiv 1 (\bmod 3)$，则 $x + 2y \equiv 0 (\bmod 3)$，亦得 $(x + y)^3 \equiv 2\ 891 \equiv 2 (\bmod 9)$，仍为矛盾.

故不存在 x, y，使 $x^3 - 3xy^2 + y^3 = 2\ 891$.

例 15 （2004 年中国东南地区数学奥林匹克）试求满足下列条件的质数

三元组(a,b,c):

(1)$a < b < c < 100, a, b, c$ 为质数;

(2)$a + 1, b + 1, c + 1$ 组成等比数列.

解 由已知条件,有

$$(a + 1)(c + 1) = (b + 1)^2 \qquad \qquad ①$$

设 $a + 1 = n^2 x, c + 1 = m^2 y$,其中 x, y 不含大于 1 的平方因子,则必有 $x = y$,这是由于,据式①有

$$(mn)^2 xy = (b + 1)^2 \qquad \qquad ②$$

则 $mn \mid (b + 1)$,设 $b + 1 = mn \cdot w$,于是式②化为

$$xy = w^2 \qquad \qquad ③$$

若 $w > 1$,则有质数 $p_1 \mid w$,即 $p_1^2 \mid w^2$,因 x, y 皆不含大于 1 的平方因子,因此 $p_1 \mid x, p_1 \mid y$. 设

$$x = p_1 x_1, y = p_1 y_1, w = p_1 w_1$$

则式③化为

$$x_1 y_1 = w_1^2 \qquad \qquad ④$$

若仍有 $w_1 > 1$,则又有质数 $p_2 \mid w_1$,即 $p_2^2 \mid w_1^2$,因 x_1, y_1 皆不含大于 1 的平方因子,则 $p_2 \mid x_1, p_2 \mid y_1$. 设

$$x_1 = p_2 x_2, y_1 = p_2 y_2, w_1 = p_2 w_2$$

则式④化为

$$x_2 y_2 = w_2^2$$

如此下去,因式③中 w 的质因子个数有限,故存在 r,使 $w_r = 1$,而从 $x_r y_r = w_r^2$ 得 $x_r = y_r = 1$,从而 $x = p_1 p_2 \cdots p_r = y$,改记 $x = y = k$,则有

$$\begin{cases} a = kn^2 - 1 \\ b = kmn - 1 \\ c = km^2 - 1 \end{cases} \qquad \qquad ⑤$$

其中

$$1 \leqslant n < m, a < b < c < 100 \qquad \qquad ⑥$$

k 应不含大于 1 的平方因子,并且 $k \neq 1$,否则若 $k = 1$,则 $c = m^2 - 1$,因 c 大于第三个质数 5,即 $c = m^2 - 1 > 5, m \geqslant 3$,得

$$c = m^2 - 1 = (m - 1)(m + 1)$$

为合数,矛盾. 因此 k 或为质数,或为若干个互异质数的乘积(即 k 大于 1,且无大于 1 的平方因子). 我们将其简称为"k 具有性质 p".

(1)据⑥知,$m \geqslant 2$. 当 $m = 2, n = 1$ 时,有

$$\begin{cases} a = k - 1 \\ b = 2k - 1 \\ c = 4k - 1 \end{cases}$$

因 $c < 100$，得 $k < 25$，若 $k \equiv 1 \pmod 3$，则 $3 \mid c$ 且 $c > 3$，得 c 为合数.

若 $k \equiv 2 \pmod 3$，当 k 为偶数时，具有性质 p 的 k 值有 $2,14$，分别给出 $a = 2 - 1 = 1, b = 2 \times 14 - 1 = 27$ 不为质数；当 k 为奇数时，具有性质 p 的 k 值有 5，$11,17,23$，分别给出的 $a = k - 1$ 皆不为质数.

若 $k \equiv 0 \pmod 3$，具有性质 p 的 k 值有 $3,6,15,21$，当 $k = 3$ 时，给出解 $f_1 = (a,b,c) = (2,5,11)$；当 $k = 6$ 时，给出解 $f_2 = (a,b,c) = (5,11,23)$；当 $k = 15$，21 时，分别给出的 $a = k - 1$ 皆不为质数.

若 $m = 3$，则 $n = 2$ 或 1. 当 $m = 3, n = 2$ 时

$$\begin{cases} a = 4k - 1 \\ b = 6k - 1 \\ c = 9k - 1 \end{cases}$$

因质数 $c \leqslant 97$，得 $k \leqslant 10$，具有性质 p 的 k 值有 $2,3,5,6,7,10$，当 k 为奇数 $3,5,7$ 时，给出 $c = 9k - 1$ 皆为合数；当 $k = 6$ 时，给出 $b = 6k - 1 = 35$ 为合数；当 $k = 10$ 时，给出 $a = 4k - 1 = 39$ 为合数；当 $k = 2$ 时，给出解 $f_3 = (a,b,c) = (7,11,17)$.

当 $m = 3, n = 1$ 时

$$\begin{cases} a = k - 1 \\ b = 3k - 1 \qquad (k \leqslant 10) \\ c = 9k - 1 \end{cases}$$

具有性质 p 的 k 值有 $2,3,5,6,7,10$. 当 k 为奇数 $3,5,7$ 时，给出的 $b = 3k - 1$ 皆为合数；当 $k = 2$ 和 10 时，给出的 $a = k - 1$ 不为质数；当 $k = 6$ 时，给出解 $f_4 = (a,b,c) = (5,17,53)$.

(2) 当 $m = 4$ 时，由 $c = 16k - 1 \leqslant 97$，得 $k \leqslant 6$，具有性质 p 的 k 值有 $2,3,5,6$.

当 $k = 6$ 时，$c = 16 \times 6 - 1 = 95$ 为合数；

当 $k = 5$ 时，$\begin{cases} a = 5n^2 - 1 \\ b = 20n - 1 \end{cases}$，因 $n < m = 4$，则 n 可取 $1,2,3$，分别得到 a,b 至少有一个不为质数；

当 $k = 3$ 时，$c = 48 - 1 = 47$，$\begin{cases} a = 3n^2 - 1 \\ b = 12n - 1 \end{cases}$，因 $n < m = 4$，在 $n = 3$ 时给出的 a,b 为合数.

当 $n = 2$ 时给出解 $f_5 = (a,b,c) = (11,23,47)$.

当 $n=1$ 时给出解 $f_6=(a,b,c)=(2,11,47)$;当 $k=2$ 时,$c=16k-1=31$,

$$\begin{cases} a=2n^2-1 \\ b=8n-1 \end{cases},n<m=4,只有在 n=3 时给出解 f_7=(a,b,c)=(17,23,31).$$

（3）当 $m=5$ 时,$c=25k-1\leqslant 97$,具有性质 p 的 k 值有 $2,3$,分别给出 $c=25k-1$ 为合数.

（4）当 $m=6$ 时,$c=36k-1\leqslant 97$,具有性质 p 的 k 值只有 2,得 $c=2\times 36-1=71$,这时 $\begin{cases} a=2n^2-1 \\ b=12n-1 \end{cases},n<m=6,只有在 n=2 时给出解 f_8=(a,b,c)=(7,23,71).$

在 $n=4$ 时给出解 $f_9=(a,b,c)=(31,47,71)$.

（5）当 $m=7$ 时,$c=49k-1\leqslant 97$,具有性质 p 的 k 值只有 2,得 $c=2\times 49-1=97$,而 $n<m=7$,$\begin{cases} a=2n^2-1 \\ b=14n-1 \end{cases}$,只有在 $n=3$ 时给出解 $f_{10}=(a,b,c)=(17,41,97)$;在 $n=6$ 时给出解 $f_{11}=(a,b,c)=(71,83,97)$.

（6）当 $m\geqslant 8$ 时,$c=64k-1\leqslant 97$,具有性质 p 的 k 值不存在.

因此,满足条件的解共有 11 组,即为上述的 $f_1,f_2,\cdots,f_{11}$.

例16 （2003 年湖北省高中数学联赛预赛）求所有的正整数 n,使得 $n+36$ 是一个完全平方数,且除了 2 或 3 以外,n 没有其他的质因数.

解 设 $n+36=(x+6)^2(x\in\mathbf{N}_+)$,则 $n=x(x+12)$.

依题意,可设

$$\begin{cases} x=2^{a_1}\cdot 3^{b_1} \\ x+12=2^{a_2}\cdot 3^{b_2} \end{cases}$$

其中,a_1,a_2,b_1,b_2 均为非负整数. 于是

$$2^{a_2}\cdot 3^{b_2}-2^{a_1}\cdot 3^{b_1}=12$$

如果 $a_1=a_2=0$,则 $3^{b_2}-3^{b_1}=12$,这是不可能的. 所以 a_1,a_2 中至少有一个大于 0. 于是,x 和 $x+12$ 均为偶数. 从而,a_1,a_2 均为正整数.

若 $a_2=1$,则 $2\cdot 3^{b_2}=12+2^{a_1}\cdot 3^{b_1}$.

显然,只可能 $a_1=1$（否则左右两边被 4 除的余数不相同）,此时,$3^{b_2}=6+3^{b_1}$. 显然,只能是 $b_2=2,b_1=1$,此时

$$x=6,n=108$$

若 $a_2\geqslant 2$,则 $x+12$ 是 4 的倍数. 从而,x 也是 4 的倍数,故 $a_1\geqslant 2$. 此时

$$2^{a_2-2}\cdot 3^{b_2}-2^{a_1-2}\cdot 3^{b_1}=3 \qquad ①$$

显然,a_1-2,a_2-2 中至少有一个应为 0（否则式①左右两边奇偶性不

相同).

(1)当 $a_2 - 2 = 0$,即 $a_2 = 2$ 时

$$3^{b_2} - 2^{a_1 - 2} \cdot 3^{b_1} = 3 \qquad ②$$

此时,$a_1 - 2 > 0$(否则式②左右两边奇偶性不相同),故 $b_2 > b_1$.

若 $b_1 \geqslant 2$,则式②左边是 9 的倍数,而右边为 3,矛盾. 故只能 $b_1 = 1$. 从而,式②即 $3^{b_2 - 1} - 2^{a_1 - 2} = 1$,它只有两组解

$$\begin{cases} a_1 - 2 = 1 \\ b_2 - 1 = 1 \end{cases} 和 \begin{cases} a_1 - 2 = 3 \\ b_2 - 1 = 2 \end{cases}$$

即

$$\begin{cases} a_1 = 3 \\ b_2 = 2 \end{cases} 和 \begin{cases} a_1 = 5 \\ b_2 = 3 \end{cases}$$

此时,对应的 x 值分别为 24 和 96,相应的 n 值分别为 864 和 10 368.

(2)当 $a_1 - 2 = 0$,即 $a_1 = 2$ 时

$$2^{a_2 - 2} \cdot 3^{b_2} - 3^{b_1} = 3 \qquad ③$$

此时,$a_2 - 2 > 0$(否则式③左右两边奇偶性不相同),故 $b_2 \leqslant b_1$.

若 $b_2 \geqslant 2$,则式③左边是 9 的倍数,而右边是 3,矛盾. 故 $b_2 \leqslant 1$.

若 $b_2 = 0$,则 $2^{a_2 - 2} - 3^{b_1} = 3$,只能 $b_1 = 0$,此时,$a_2 = 4$,$x = 4$,$n = 64$.

若 $b_2 = 1$,则 $2^{a_2 - 2} - 3^{b_1 - 1} = 1$,它只有两组解

$$\begin{cases} a_2 - 2 = 1 \\ b_1 - 1 = 0 \end{cases} 和 \begin{cases} a_2 - 2 = 2 \\ b_1 - 1 = 1 \end{cases}$$

即

$$\begin{cases} a_2 = 3 \\ b_1 = 1 \end{cases} 和 \begin{cases} a_2 = 4 \\ b_1 = 2 \end{cases}$$

此时,对应的 x 值分别为 12 和 36,相应的 n 值分别为 288 和 1 728.

因此,符合条件的 n 值有 6 个,分别为 64,108,288,864,1 728,10 368.

习 题 7.5

1. (1954年第14届美国普特南数学竞赛)证明: 对于任何正整数 a, 方程 $x^2 - y^2 = a^3$ 总有整数解.

证明 由 $(x+y)(x-y) = a^2 \cdot a$, 可令

$$\begin{cases} x + y = a^2 \\ x - y = a \end{cases}$$

解得

$$\begin{cases} x = \dfrac{a^2 + a}{2} \\ y = \dfrac{a^2 - a}{2} \end{cases}$$

由于 a^2 与 a 具有相同的奇偶性, 所以 x 和 y 都是整数.

于是, 对任一正整数 a, 方程总有一整数解.

2. (1989年第30届国际数学奥林匹克候选题)求出所有满足 $s_1 - s_2 = 1\,989$ 的平方数 s_1, s_2.

解 设 $s_1 = a^2, s_2 = b^2, a > b > 0$, 则

$$(a+b)(a-b) = 1\,989 = 3^2 \cdot 13 \cdot 17$$

于是

$$\begin{cases} a + b = m \\ a - b = n \end{cases}$$

其中 $mn = 1\,989$, 并且 $m > n$.

由上述方程组得

$$\begin{cases} a = \dfrac{m+n}{2} \\ b = \dfrac{m-n}{2} \end{cases}$$

令 $(m,n) = (1\,989,1), (663,3), (221,9), (153,13), (117,17), (51,39)$, 则 $(a,b) = (995,994), (333,330), (115,106), (83,70), (67,50), (45,6)$.

因此 $(s_1, s_2) = (995^2, 994^2), (333^2, 330^2), (115^2, 106^2), (83^2, 70^2), (67^2, 50^2), (45^2, 6^2)$.

3. 求不定方程 $2x^2 + 6xy - 12xz + x - 3y + 6z - 6 = 0$ 的全部正整数解 (x,y,z).

解 令 $u = y - 2z$, 得

$$2x^2 + 6xu + x - 3u - 6 = 0$$

即

$$(2x - 1)(x + 3u + 1) = 5$$

于是,应有

$$\begin{cases} 2x - 1 = 5 \\ x + 3u + 1 = 1 \end{cases} \qquad ①$$

或

$$\begin{cases} 2x - 1 = 1 \\ x + 3u + 1 = 5 \end{cases} \qquad ②$$

解①,得

$$\begin{cases} x = 3 \\ u = -1 \end{cases}$$

即

$$x = 3, y = 2t - 1, z = t$$

解②,得

$$\begin{cases} x = 1 \\ u = 1 \end{cases}$$

即

$$x = 1, y = 2t + 1, z = t$$

其中 t 为任何正整数.

4. (2005 年保加利亚国家奥林匹克轮回赛)证明:如果 a, b 和 c 是整数,满足表达式

$$\frac{a(a - b) + b(b - c) + c(c - a)}{2}$$

是一个完全平方数,则 $a = b = c$.

证明 设 $\dfrac{a(a - b) + b(b - c) + c(c - a)}{2} = d^2$,其中 d 是整数,$x = a - b, y = b - c, z = c - a$,则有

$$x + y + z = 0, x^2 + y^2 + z^2 = 4d^2 \qquad ①$$

因为任何平方模 4 的余数都是 0 或 1,由等式①可知,整数 x, y, z 都是偶数.

设 $x = 2x_1, y = 2y_1, z = 2z_1$,则等式①变成

$$x_1 + y_1 + z_1 = 0, x_1^2 + y_1^2 + z_1^2 = d^2$$

与上面的结论相同,我们得到 x_1, y_1, z_1, d 都是偶数. 重复这个过程,我们得

到,2^n(n是正整数)整除 x,y,z. 所以 $x=y=z=0$,即 $a=b=c$.

5. (1981 年第 15 届全苏数学奥林匹克)求方程 $x^3-y^3=xy+61$ 的自然数解 x,y.

解 由已知方程可知,若 x,y 是方程的自然数解,则必有 $x>y$.

设 $x=y+d,d\geq 1,d\in \mathbf{N}$. 则已知方程化为

$$3dy^2+3d^2y+d^3=y^2+dy+61$$

即

$$(3d-1)y^2+d(3d-1)y+d^3-61=0$$

于是 $d^3<61$,即 $d=1,2,3$.

(1)若 $d=1$,则方程化为

$$2y^2+2y-60=0$$

$$y_1=5,y_2=-6(舍去)$$

于是方程有自然数解 $x=6,y=5$.

(2)若 $d=2$,则方程化为

$$5y^2+10y-53=0$$

此方程没有整数解 y,因而原方程也无自然数解.

(3)若 $d=3$,则方程化为

$$8y^2+24y-34=0$$

此方程也没有整数解 y,因而原方程也无自然数解.

于是,已知方程只有唯一一组自然数解

$$\begin{cases} x=6 \\ y=5 \end{cases}$$

6. (2014 年第 63 届立陶宛数学奥林匹克)求所有使等式

$$(n+101)(n+102)(n+103)(n+104)=(m+1)(m+2)$$

成立的整数对 (m,n).

解 记 $N=n+100$,则原方程即为

$$(N+1)(N+2)(N+3)(N+4)=(m+1)(m+2)$$

$$\Leftrightarrow (N^2+5N+4)(N^2+5N+6)=(m+1)(m+2)$$

$$\Leftrightarrow (N^2+5N+5)^2-1=\left(m+\frac{3}{2}\right)^2-\frac{1}{4}$$

$$\Leftrightarrow 4(N^2+5N+5)^2-(2m+3)^2=3 \qquad ①$$

记 $x=N^2+5N+5,y=2m+3$,则

$$式① \Leftrightarrow (2x+y)(2x-y)=3$$

所以

$$(2x + y, 2x - y) = (3,1),(1,3),(-1,-3),(-3,-1)$$

解得所有满足题意的解

$$(n,m) = (-101,-1),(-104,-1),(-101,2),(-104,-2),$$
$$(-102,-1),(-103,-1),(-102,-2),(-103,-2).$$

7. (2005 年保加利亚冬季数学竞赛)求方程 $z^2 + 1 = xy(xy + 2y - 2x - 4)$ 的整数解.

解 设 $x = u - 1, y = v + 1$,则原方程可化简为

$$z^2 + 1 = (u^2 - 1)(v^2 - 1)$$

容易看出,u,v,z 必是偶数.

如果 $|u| > 1$,那么 $u^2 - 1$ 有一个质因数 p,满足 $p \equiv 3(\bmod 4)$. 所以,$z^2 + 1 \equiv 0(\bmod p)$,这是不可能的.

如果 p 是满足 $p \equiv 3(\bmod 4)$ 的质数,且 p 整除 $x^2 + y^2$,则 p 必定整除 x,y. 因此,$u = 0.$

同理可得 $v = 0.$ 从而 $z = 0.$

所以,所求解为 $x = -1, y = 1, z = 0.$

8. 求所有的整数对 (x,y),使得

$$x^3 - x^2 y + xy^2 - y^3 = 4x^2 - 4xy + 4y^2 + 47$$

解 令 $m = x - y, n = xy.$ 代入已知等式,得

$$m(m^2 + 3n) - nm = 4m^2 + 4n + 47$$

即

$$2(m - 2)n = -m^3 + 4m^2 + 47 \qquad ①$$

当 $m = 2$ 时,式①不成立. 故 $m \neq 2$,即 $m - 2 \neq 0.$

式①两边同除以 $m - 2$,得

$$2n = -m^2 + 2m + 4 + \frac{55}{m - 2} \qquad ②$$

因为 x,y 均为整数,所以,m,n 亦为整数.

由式②中 $\frac{55}{m - 2}$ 为整数,知

$$m - 2 = \pm 1, \pm 5, \pm 11, \pm 55$$

故 $m = 3, 1, 7, -3, 13, -9, 57, -53.$

(1)当 $m = 3$ 时,由式②得 $n = 28.$ 联立解得

$$(x,y) = (7,4),(-4,-7)$$

(2)当 $m = 7$ 时,由式②得 $n = -10.$ 联立解得

$$(x,y) = (5,-2),(2,-5)$$

（3）当 $m=1,-3,13,-9,57,-53$ 时，由式②有 $m^2+4n<0$，知联立方程组无实根.

综上所述，所求的所有整数对为
$$(x,y)=(7,4),(-4,-7),(5,-2),(2,-5)$$

9. 求不定方程
$$\frac{1}{2}(x+y)(y+z)(z+x)+(x+y+z)^3=1-xyz$$
的所有整数解.

解 设 $x+y=u,y+z=v,z+x=w$. 则方程变形为
$$4uvw+(u+v+w)^3$$
$$=8-(u+v-w)(u-v+w)(-u+v+w)$$
整理得
$$4(u^2v+v^2w+w^2u+uv^2+vw^2+wu^2)+8uvw=8$$
即
$$u^2v+v^2w+w^2u+uv^2+vw^2+wu^2+2uvw=2$$

对上式左边因式分解，得
$$(u+v)(v+w)(w+u)=2$$
于是，$(u+v,v+w,w+u)=(1,1,2),(-1,-1,2),(1,-2,-1)$ 及对称的情形. 分别求解得
$$(u,v,w)=(1,0,1),(1,-2,1),(1,0,-2)$$
进而可得
$$(x,y,z)=(1,0,0),(2,-1,-1)$$

综上所述，结合对称性，可知原方程的整数解共有 6 组.

10. 设 a,b,c 为有理数，且 $a+b+c$ 与 $a^2+b^2+c^2$ 为相等的整数. 证明：存在整数 u,v，满足 $abcv^3=u^2$，其中 $(u,v)=1$.

证明 设 $a+b+c=a^2+b^2+c^2=t$. 则 $t\geqslant0$.

由柯西不等式得
$$3(a^2+b^2+c^2)\geqslant(a+b+c)^2$$
从而，$0\leqslant t\leqslant3$，即 $t\in\{0,1,2,3\}$.

（1）若 $t=0$，则 $a=b=c=0$，此时，取 $u=0,v=1$，满足 $abcv^3=u^2$，其中，$(u,v)=1$.

（2）若 $t=3$，由
$$a+b+c=3,a^2+b^2+c^2=3$$
得

$$ab + bc + ca = \frac{1}{2}\left[(a+b+c)^2 - (a^2+b^2+c^2) \right] = 3$$

从而,$a = b = c = 1$,此时,取 $u = v = 1$,满足 $abcv^3 = u^2$,其中,$(u,v) = 1$.

(3)若 $t = 1$,记 $a = \dfrac{n_1}{m_1}, b = \dfrac{n_2}{m_2}, c = \dfrac{n_3}{m_3}$,其中,$m_1, m_2, m_3 \in \mathbf{Z}_+, n_1, n_2, n_3 \in \mathbf{Z}$.

令 $m_1 m_2 m_3 = m$. 则 $m > 0, ma, mb, mc \in \mathbf{Z}$.

设 $ma = x, mb = y, mc = z$. 则 $x, y, z \in \mathbf{Z}$,且
$$x + y + z = m, x^2 + y^2 + z^2 = m^2$$
由 $(x+y+z)^2 = x^2 + y^2 + z^2$,得
$$xy + yz + zx = 0$$
于是,x, y, z 中必有负数,也必有正数,不妨设 $z < 0$.

注意到
$$(x+z)(y+z) = xy + yz + zx + z^2 = z^2$$
令 $x + z = rp^2, y + z = rq^2, z = -|r|pq$,其中,$p, q$ 为互素的正整数,r 为非零整数.
由 $0 < m = x + y + z = r(p^2+q^2) - |r|pq$,知 $r > 0$. 故
$$m = r(p^2 + q^2 - pq)$$
$$x = rp(p-q), y = rq(q-p), z = -rpq$$
则
$$abcr^3(p^2+q^2-pq)^3 = abcm^3 = xyz = r^3\left[pq(p-q) \right]^2$$
显然,$u = pq(p-q)$ 与 $v = p^2 + q^2 - pq$ 互素.

(4)若 $t = 2$,即
$$a + b + c = 2, a^2 + b^2 + c^2 = 2$$
令 $a_1 = 1 - a, b_1 = 1 - b, c_1 = 1 - c$. 则
$$a_1 + b_1 + c_1 = a_1^2 + b_1^2 + c_1^2 = 1$$

据(3)知,此时有
$$a_1 b_1 + b_1 c_1 + c_1 a_1 = 0$$
且存在互素的整数 u, v,使得 $a_1 b_1 c_1 v^3 = u^2$. 而
$$\begin{aligned} abc &= (1-a_1)(1-b_1)(1-c_1) \\ &= 1 - (a_1 + b_1 + c_1) + (a_1 b_1 + b_1 c_1 + c_1 a_1) - a_1 b_1 c_1 \\ &= -a_1 b_1 c_1 = \frac{u^2}{(-v)^3} \end{aligned}$$
$$\Rightarrow abc(-v)^3 = u^2$$

因此,结论得证.

7.6 整数(整式)分离法

例1 求方程 $3x^2 - xy + 12 = 0$ 的整数解.

分析 由 y 为整数,若 $y = 0$,则 $3x^2 + 12 \neq 0$. 故方程无 $y = 0$ 的整数解. $x = 0$ 亦不可能. 将原方程化为 $y = 3x + \dfrac{12}{x}$. 由 x, y 均为整数可知,x 只能取有限的几个整数.

解 因为 $x = 0$ 不满足方程,所以原方程化为

$$y = 3x + \frac{12}{x}$$

因为 x, y 均为整数,所以 $\dfrac{12}{x}$ 亦为整数,因此 x 只能取 ± 1,± 2,± 3,± 4,± 6,± 12 这几个值.

当 $x = \pm 1$ 时,$y = \pm 15$;

当 $x = \pm 2$ 时,$y = \pm 12$;

当 $x = \pm 3$ 时,$y = \pm 13$;

当 $x = \pm 4$ 时,$y = \pm 15$;

当 $x = \pm 6$ 时,$y = \pm 20$;

当 $x = \pm 12$ 时,$y = \pm 37$.

方程 $3x^2 - xy + 12 = 0$ 的整数解为

$$\begin{cases} x = \pm 1 \\ y = \pm 15 \end{cases}, \begin{cases} x = \pm 2 \\ y = \pm 12 \end{cases}, \begin{cases} x = \pm 3 \\ y = \pm 13 \end{cases}, \begin{cases} x = \pm 4 \\ y = \pm 15 \end{cases}, \begin{cases} x = \pm 6 \\ y = \pm 20 \end{cases}, \begin{cases} x = \pm 12 \\ y = \pm 37 \end{cases}$$

例2 求满足方程 $\dfrac{1}{x} - \dfrac{1}{y} = \dfrac{1}{12}$,且使 y 是最大的整数解 (x, y).

解 将原方程变形,解出 y,得

$$y = \frac{12x}{12 - x} = -12 + \frac{144}{12 - x}$$

由此可知,只有 $12 - x$ 是正的且最小时,y 才能取到最大值. 又 $12 - x$ 应是 144 的约数,所以,$12 - x = 1, x = 11$,此时,$y = 132$.

故原方程的正整数解为 $(x, y) = (11, 132)$.

例3 (2010年沙特阿拉伯数学奥林匹克)求所有由正整数组成的三元数组 (a, b, c),使得

$$\begin{cases} a + bc = 2\ 010 \\ b + ac = 250 \end{cases} \qquad ①$$

解 将 a,b 看作未知量，c 看成已知量，则由方程组①得

$$a = \frac{250c - 2\ 010}{c^2 - 1}, b = \frac{2\ 010c - 250}{c^2 - 1}$$

因为 a 是正整数，所以

$$(c-1) \mid (250c - 2\ 010), (c+1) \mid (250c - 2\ 010)$$

于是 $(c-1) \mid 1\ 760, (c+1) \mid 2\ 260$.

又注意到

$$1\ 760 = 11 \times 2^5 \times 5^1, 2\ 260 = 2^2 \times 5 \times 113$$

从而，$c = 3$ 或 9.

又 $a > 0$，则 $c = 9, a = 3, b = 223$.

因此，所求的三元数组为 $(a,b,c) = (3, 223, 9)$.

例 4 （2012 年第 62 届白俄罗斯数学奥林匹克）已知 x,n 为正整数，p 为素数，满足 $x^3 + 3x + 14 = 2p^n$. 求所有的三元数组 (x, n, p).

解 注意到

$$x^3 + 3x + 14 = (x+2)(x^2 - 2x + 7)$$

故原式可化为

$$(x+2)(x^2 - 2x + 7) = 2p^n \qquad ①$$

显然，对于任意的 $x \in \mathbf{Z}_+$，有 $x^2 - 2x + 7 > x + 2$.

接下来分 $x + 2 = 2p^k, x^2 - 2x + 7 = p^{n-k}$，及 $x + 2 = p^k, x^2 - 2x + 7 = 2p^{n-k}$ 两种情形讨论，两种情形均有 $n - k \geqslant k \geqslant 0$.

这表明，$(x+2) \mid 2(x^2 - 2x + 7)$，即 $\dfrac{2(x^2 - 2x + 7)}{x + 2}$ 为整数.

又 $2(x^2 - 2x + 7) = 2x(x+2) - 8(x+2) + 30$，则 $\dfrac{30}{x+2}$ 也为整数，即 $x + 2$ 为 30 的约数.

由式①知，$x + 2$ 至多有两个素因数，其中一个为 2. 因此，对于正整数 x，$x + 2$ 只能取 $3, 5, 6, 10$，即 x 只能取 $1, 3, 4, 8$.

当 $x = 1$ 时，$(x+2)(x^2 - 2x + 7) = 3 \times 6 = 2 \times 3^2$，因此，$p = 3, n = 2$；

当 $x = 3$ 时，$(x+2)(x^2 - 2x + 7) = 5 \times 10 = 2 \times 5^2$，因此，$p = 5, n = 2$；

当 $x = 4, 8$ 时，分别有

$$(x+2)(x^2 - 2x + 7) = 6 \times 15 = 2 \times 3^2 \times 5$$

$$(x+2)(x^2 - 2x + 7) = 10 \times 55 = 2 \times 5^2 \times 11$$

因此,两种均不存在满足题意的 n,p.

综上,满足要求的三元数组 $(x,n,p) = (1,2,3),(3,2,5)$.

例5 求正整数 x,y,使得 $x + y^2 + (x,y)^3 = xy(x,y)$.

分析 设 $z = (x,y),x = az,y = bz$. 则 $(a,b) = 1$. 方程转化为

$$a + b^2z + z^2 = abz^2$$

故 $z \mid a$. 设 $a = cz$,即 $x = cz^2$. 则方程变为

$$c + b^2 + z = bcz^2 \rightarrow c = \frac{b^2 + z}{bz^2 - 1}$$

下面对变量 z 进行讨论.

(1)若 $z = 1$,则 $c = \frac{b^2 + 1}{b - 1} = (b + 1) + \frac{2}{b - 1}$,正整数 b 只可能为 2 或 3,易得到两组解 $(x,y) = (5,2)$ 或 $(5,3)$.

(2)若 $z = 2$,则 $c = \frac{b^2 + 2}{4b - 1}$,即 $16c = \frac{16b^2 + 32}{4b - 1} = (4b + 1) + \frac{33}{4b - 1}$,$4b - 1$ 只可能为 3 或 11(显然不可能为 33),易得到两组解 $(x,y) = (4,2)$ 或 $(4,6)$.

(3)若 $z \geqslant 3$,则 $cz^2 = \frac{b^2z^2 + z^3}{bz^2 - 1} = b + \frac{z^3 + b}{bz^2 - 1}$. 由 $\frac{z^3 + b}{bz^2 - 1} \geqslant 1$,得

$$b \leqslant \frac{z^3 + 1}{z^2 - 1} = \frac{z^2 - z + 1}{z - 1} = z + \frac{1}{z - 1}$$

即正整数 $b \leqslant z$. 因此,$c = \frac{b^2 + z}{bz^2 - 1} \leqslant \frac{z^2 + z}{z^2 - 1} < 2$,正整数 c 只能为 1. 此时,$b^2 - bz^2 + (z + 1) = 0$. 注意到,$\Delta = z^4 - 4(z + 1) \in ((z^2 - 1)^2,z^4)$. 故方程无正整数解.

综上,$(x,y) = (5,2),(5,3),(4,2),(4,6)$.

说明 处理多变量的不定方程时,通过观察方程的特点,选择一个变量作为主变量进行研究,可以适当地减少计算量. 当 $z \geqslant 3$ 时,通过不等式估计变量的取值范围,证明方程无解.

例6 (2009 年希腊数学奥林匹克)求使得 $A = \sqrt{\dfrac{9n - 1}{n + 7}}$ 为有理数的正整数 n 的值.

解 首先证明:存在 $a,b \in \mathbf{N}_+,(a,b) = 1$,使得

$$\frac{9n - 1}{n + 7} = \frac{a^2}{b^2}$$

将上式整理,得

$$n = \frac{7a^2 + b^2}{9b^2 - a^2} = \frac{7(a^2 - 9b^2) + 64b^2}{9b^2 - a^2} = -7 + \frac{64b^2}{9b^2 - a^2}$$

由 $(a,b)=1$, 知 $(a^2,b^2)=1$, $(9b^2-a^2,b^2)=1$.

因此, n 为整数当且仅当 $(9b^2-a^2)|64$.

又因为 $a,b,n \in \mathbf{N}_+$, 易知 $9b^2-a^2 \geqslant 8$. 故

$$9b^2-a^2=(3b+a)(3b-a) \in \{8,16,32,64\} \qquad ①$$

注意到, $3b+a,3b-a$ 之和是 6 的倍数, 之差是 2 的倍数 $(3b+a>3b-a)$. 再结合式①, 得

$$(3b+a,3b-a)=(4,2) 或 (8,4) 或 (16,2)$$

即 $(a,b)=(1,1)$ 或 $(2,2)$ 或 $(7,3)$.

经检验, $(a,b)=(1,1)$ 或 $(7,3)$.

所以, $n=1$ 或 11.

例7 (2011 年克罗地亚数学竞赛)求满足方程 $x^2(y-1)+y^2(x-1)=1$ 的所有整数对 (x,y).

解 由已知方程变形, 得

$$x^2y-x^2+xy^2-y^2=1$$

即

$$xy(x+y)-(x^2+y^2)=1$$

亦即

$$xy(x+y)-[(x+y)^2-2xy]=1$$

设 $u=x+y,v=xy$, 则

$$uv-(u^2-2v)=1$$

即

$$uv+2v=u^2+1$$

从而

$$v=\frac{u^2+1}{u+2}=\frac{u^2-4+5}{u+2}=u-2+\frac{5}{u+2}$$

由上式知 $u+2$ 是 5 的一个因数. 于是, 有以下四种情形:

$(1)\ u+2=5 \Rightarrow \dfrac{5}{u+2}=1 \Rightarrow u=3 \Rightarrow v=2$;

$(2)\ u+2=1 \Rightarrow \dfrac{5}{u+2}=5 \Rightarrow u=-1 \Rightarrow v=2$;

$(3)\ u+2=-1 \Rightarrow \dfrac{5}{u+2}=-5 \Rightarrow u=-3 \Rightarrow v=-10$;

$(4)\ u+2=-5 \Rightarrow \dfrac{5}{u+2}=-1 \Rightarrow u=-7 \Rightarrow v=-10$.

由韦达定理, 知

$$z^2 - 3z + 2 = 0 \qquad ①$$
$$z^2 + z + 2 = 0 \qquad ②$$
$$z^2 + 3z - 10 = 0 \qquad ③$$
$$z^2 + 7z - 10 = 0 \qquad ④$$

方程①的解是 1,2;方程②由于判别式的值小于零,故没有实数解;方程③的解是 $-5,2$;方程④由于判别式的值为 89,不是一个完全平方数,故解是无理数.

综上,所求的解为 (x,y)：$(1,1),(3,1),(2,-3),(-5,2)$.

例8 (1995 年全国高中数学联赛)求一切实数 p,使得三次方程

$$5x^3 - 5(p+1)x^2 + (71p - 1)x + 1 = 66p$$

的三个根均为自然数.

解法 1 由于 $5 - 5(p+1) + (77p - 1) + 1 = 66p$,则 $x = 1$ 是原三次方程的一个自然数解.

由综合除法将原三次方程降为二次方程

$$5x^2 - 5px + 66p - 1 = 0 \qquad ①$$

本题变化为:求一切实数 p,使方程①有两个自然数解.

设 $u,v(u \leqslant v)$ 是方程①的两个自然数解,由韦达定理可以得出

$$\begin{cases} v + u = p & ② \\ vu = \dfrac{1}{5}(66p - 1) & ③ \end{cases}$$

从②③中消去 p,得

$$5uv = 66(u + v) - 1 \qquad ④$$

由④可知,u,v 都不能被 2,3,11 整除.由④得

$$v = \frac{66u - 1}{5u - 66} \qquad ⑤$$

因为 u,v 为自然数,所以 $u > \dfrac{66}{5}$,有 $u \geqslant 14$. 又 $2 \nmid u, 3 \nmid u$,则 $u \geqslant 17$. 再由 $v \geqslant u$,得

$$\frac{66u - 1}{5u - 66} \geqslant u$$

即

$$5u^2 - 132u + 1 \leqslant 0$$

于是有

$$u \leqslant \frac{66 + \sqrt{66^2 - 5}}{5} < \frac{132}{5}$$

故 $17 \leqslant u \leqslant 26$.

再由 $2 \nmid u, 3 \nmid u, 11 \nmid u$ 可知, u 只能取 $17,19,23,25$. 下面分别进行讨论:

当 $u = 19$ 时, 由⑤知, $v \notin \mathbf{N}$, 舍去;

当 $u = 23$ 时, 由⑤知, $v \notin \mathbf{N}$, 舍去;

当 $u = 25$ 时, 由⑤知, $v \notin \mathbf{N}$, 舍去;

而 $u = 17$ 时, 由⑤知, $v = 59$. 所以, 仅当 $p = u + v = 17 + 59 = 76$ 时, 方程①的两根均为自然数, 从而, 原方程的三根均为自然数.

解法 2 由解法 1 中式⑤得

$$v = \frac{66u - 1}{5u - 66} = 13 + \frac{u + 857}{5u - 66}$$

$$= 13 + \frac{1}{5}\left(1 + \frac{4\ 351}{5u - 66}\right)$$

$$= 13 + \frac{1}{5}\left(1 + \frac{19 \times 229}{5u - 66}\right)$$

由于 v 为整数, 则 $(5u - 66) \mid 19$ 或 $(5u - 66) \mid 229$.

由于 $19,229$ 均为素数, 则有

$$5u - 66 = 19 \text{ 或 } 5u - 66 = 229$$

当 $5u - 66 = 19$ 时, $u = 17, v = 59$.

当 $5u - 66 = 229$ 时, $u = 59, v = 17$, 与假设 $u \leqslant v$ 矛盾.

解法 3 由解法 1 知, 方程①有自然数的必要条件是 $\Delta = 25p^2 - 4 \times 5(66p - 1)$ 是完全平方数.

设 $25p^2 - 20(66p - 1) = q^2$. 则

$$(5p - 132)^2 - 17\ 404 = q^2$$

设 $5p - 132 = m$, 则

$$m^2 - q^2 = 17\ 404$$

从而, m 和 q 均为偶数. 设 $m = 2m_0, q = 2q_0$. 则

$$m_0^2 - q_0^2 = 4\ 351 = 19 \times 229$$

由 $m > q$ 得

$$\begin{cases} m_0 - q_0 = 1, 19, 229, 4\ 351 \\ m_0 + q_0 = 4\ 351, 229, 19, 1 \end{cases}$$

解得 $m_0 = \pm 2\ 176, \pm 124$. 因而 $5p - 132 = 2m_0 = \pm 4\ 352, \pm 248$.

由解法 1 中式②可知, p 为自然数, 由式③知, u, v 为奇数, 再由式②知, p 为偶数. 于是可解得 $p = 76$.

例 9 (2011 年第 60 届捷克和斯洛伐克数学奥林匹克) 求所有满足

$(p+1)(q+2)(r+3)=4pqr$ 的三元素数组 (p,q,r).

解 题设等式等价于

$$\left(1+\frac{1}{p}\right)\left(1+\frac{2}{q}\right)\left(1+\frac{3}{r}\right)=4 \qquad ①$$

由于 $3^3<4\times 2^3$,故式①左边的三个因式中至少有一个大于 $\frac{3}{2}$. 从而,$p<2$ 或 $q<4$ 或 $r<6$.

又 p,q,r 均为素数,则 $q\in\{2,3\}$ 或 $r\in\{2,3,5\}$.

不妨讨论如下.

(1) $q=2$. 则

$$(p+1)(r+3)=2pr \Rightarrow r=3+\frac{6}{p-1}$$

由于 r 为整数,易知,$p\in\{2,3,7\}$. 但对应的 $r=9,6,4$,与 r 为素数矛盾.

(2) $q=3$. 则

$$5(p+1)(r+3)=12pr \Rightarrow p=5 \text{ 或 } r=5$$

若 $p=5$,则 $r=3$,故 $(5,3,3)$ 为本题的一组解;若 $r=5$,则 $p=2$,故 $(2,3,5)$ 也为本题的一组解.

(3) $r=2$. 则

$$5(p+1)(q+2)=8pq \Rightarrow p=5 \text{ 或 } q=5$$

若 $p=5$,则无解;若 $q=5$,则有解 $(7,5,2)$.

(4) $r=3$. 则

$$(p+1)(q+2)=2pq \Rightarrow q=2+\frac{4}{p-1}$$

由于 q 为整数,故 $p\in\{2,3,5\}$,对应的 q 为 $6,4,3$. 只有 $q=3$ 满足题意. 因此,$(p,q,r)=(5,3,3)$.

(5) $r=5$. 则

$$2(p+1)(q+2)=5pq \Rightarrow p=2 \text{ 或 } q=2$$

若 $p=2$,则有解 $(2,3,5)$;若 $q=2$,则无解.

综上,所有解为 $(2,3,5)$,$(5,3,3)$,$(7,5,2)$.

例 10 (2013 年克罗地亚国家队选拔考试)求所有正整数 a,b,使得

$$(a^2+b)\mid(a^2b+a) \text{ 且 } (b^2-a)\mid(ab^2+b)$$

解 由 $(a^2+b)\mid(a^2b+a)$,知

$$\frac{a^2b+a}{a^2+b}=\frac{b(a^2+b)+a-b^2}{a^2+b}=b-\frac{b^2-a}{a^2+b}$$

为整数. 因此,$a^2+b\leqslant b^2-a$ 或 $b^2-a<0$.

由后一种情形得 $a < a^2 + b \leqslant a - b^2 < a$,矛盾. 所以,$a^2 + b \leqslant b^2 - a$.

由 $(b^2 - a) \mid (ab^2 + b)$,知

$$\frac{ab^2 + b}{b^2 - a} = \frac{a(b^2 - a) + a^2 + b}{b^2 - a} = a + \frac{a^2 + b}{b^2 - a}$$

为整数. 则 $b^2 - a \leqslant a^2 + b$. 故

$$b^2 - a = a^2 + b \Leftrightarrow (b - a)(b + a) = a + b \Leftrightarrow b = a + 1$$

经检验知 $b = a + 1$ 满足条件.

于是,$(a,b) = (n, n+1)(n \in \mathbf{Z}_+)$.

7.7 反 证 法

反证法主要是应用在证明某个不定方程无整数解的情形,或在其他方法中,局部需要利用反证法.

例1 证明:方程 $x^3 + y^3 = 1\,987$ 无正整数解.

证明 假设原方程有正整数解,不妨设 $x = m, y = n$ 是原方程的一组正整数解,则

$$1\,987 = m^3 + n^3 = (m+n)(m^2 - mn + n^2) \qquad ①$$

显然,m,n 中没有一个是 1. 若有一个是 1,则另一个的立方是 1 986,这是不可能的,因为 $1\,986 = 2 \times 3 \times 331$ 不是完全立方数.

由于 $m \geq 2, n \geq 2$,得

$$m + n \geq 4 \qquad ②$$

且有 $\dfrac{1}{m} \leq \dfrac{1}{2}, \dfrac{1}{n} \leq \dfrac{1}{2}, \dfrac{m+n}{mn} = \dfrac{1}{m} + \dfrac{1}{n} \leq 1$,即 $mn \geq m+n$.

又算术平均数不小于几何平均数,所以 $m^2 + n^2 \geq 2mn$. 故

$$m^2 - mn + n^2 \geq 2mn - mn \geq m + n \geq 4 \qquad ③$$

由①②③说明,1 987 有两个大于或等于 4 的因数,这与 1 987 是素数相矛盾.

故原方程无正整数解.

例2 (2011 年克罗地亚国家队选拔考试)求满足方程 $x^3 + x^2 + x = y^2 + y$ 的所有整数对 (x, y).

解 若 $y = 0$ 或 -1,则

$$x^3 + x^2 + x = x(x^2 + x + 1) = 0 \Rightarrow x = 0$$

故方程有两组解 $(x, y) = (0,0), (0, -1)$.

下面来证明不存在其他的解.

假设 $y \in \mathbf{Z}$ 且 $y \notin \{-1, 0\}$,则

$$y^2 + y > 0 \Rightarrow x(x^2 + x + 1) > 0 \Rightarrow x > 0$$

若 (x, y) 为已知方程的解,由于

$$y^2 + y = (-y-1)^2 + (-y-1)$$

则 $(x, -y-1)$ 也是方程的解.

换言之,若方程对于 $y > 0$ 无解,则方程也无其他解.

因此,假设 $y > 0$,方程等价于

$$x^3 = (y-x)(x+y+1) \qquad ①$$

下面证明:$(y-x,x+y+1)=1$.

否则,设 p 为 $y-x$ 与 $x+y+1$ 的公共素因子. 故由式①得 $p\mid x^3$,从而 $p\mid x$.

由 $p\mid(y-x)$,$p\mid(x+y+1)$,$p\mid x$ 得 $p\mid[(x+y+1)-(y-x)-2x]=1$,矛盾.

于是,$y-x$ 与 $x+y+1$ 互素,且其乘积为 x^3. 所以,它们中的每一个均为整数的立方. 设

$$y-x=a^3 \qquad\qquad ②$$
$$x+y+1=b^3 \qquad\qquad ③$$

注意到,由 $2a+1>0\Rightarrow y-x<x+y+1\Rightarrow a<b\Rightarrow b-a\geqslant 1$.

③ $-$ ②,得

$$2x+1=b^3-a^3$$

且由式①得

$$x=ab$$

则

$$2ab+1=b^3-a^3=(b-a)(b^2+ab+a^2)\geqslant a^2+ab+b^2\geqslant 3ab\Rightarrow ab\leqslant 1$$

但 a,b 为两个不同的正整数,因此,上式不成立.

综上,方程只有两组解 $(x,y)=(0,0)$ 和 $(0,-1)$.

例3 (2014 年中国国家队选拔考试)证明:不定方程

$$(x+1)(x+2)\cdots(x+2\,014)=(y+1)(y+2)\cdots(y+4\,028)$$

没有正整数解 (x,y).

证明 对 $n=2^k\cdot m$(k 为非负整数,m 为奇数),记 $v(n)=2^k$.

反证法:假设 (x,y) 是原方程的正整数解. 设

$$v(x+i)=\max_{1\leqslant j\leqslant 2\,014}\{v(x+j)\}$$

则当 $1\leqslant j\leqslant 2\,014$,$j\neq i$ 时

$$z^2-\frac{4\cdot 2\,014^2-1}{12}>z^2\cdot\left(\left(1-\frac{1}{4z^2}\right)\left(1-\frac{9}{4z^2}\right)\cdots\left(1-\frac{4\,027^2}{4z^2}\right)\right)^{\frac{1}{2\,014}}$$

$$>z^2-\frac{4\cdot 2\,014^2-1}{12}-\frac{4\,027^4}{8z^2}$$

$$>z^2-\frac{4\cdot 2\,014^2-1}{12}-\frac{1}{8}$$

由 $z^2-\dfrac{4\cdot 2\,014^2-1}{12}$ 为整数,故 $z^2\cdot\left(\left(1-\dfrac{1}{4z^2}\right)\left(1-\dfrac{9}{4z^2}\right)\cdots\left(1-\dfrac{4\,027^2}{4z^2}\right)\right)^{\frac{1}{2\,014}}$ 的小

数部分在 $\left(\dfrac{7}{8},1\right)$ 内,矛盾.

因此，$\prod_{j=1}^{2\,014}(x+j) = \prod_{j=1}^{4\,028}(y+j)$ 无正整数解 (x,y)，证毕.

例 4 （2004 年第 18 届韩国数学奥林匹克）证明：不存在一对正整数 x,y 满足 $3y^2 = x^4 + x$.

证明 用反证法.

如果方程 $3y^2 = (x^3+1)x$ 有一组整数解 x,y，由于 x 与 x^3+1 互质，即存在正整数 u,v，使得 $y = uv$，且
$$3u^2 = x^3 + 1, v^2 = x \text{ 或 } u^2 = x^3 + 1, 3v^2 = x$$

前一种情况显然是不可能的，现假定后一种情况成立.

注意到，这时
$$u^2 = (x+1)(x^2-x+1)$$
由于 $x \equiv 0 \pmod 3$，而 $x^2 - x + 1 = (x+1)(x-2) + 3$，又 $x+1$ 与 x^2-x+1 互质，因此，存在正整数 t 满足 $x^2 - x + 1 = t^2$.

容易看出，方程 $x^2 - x + 1 = t^2$ 只有一个正整数解 $x = 1$，但这与 $x \equiv 0 \pmod 3$ 矛盾. 因此，结论成立.

例 5 （2006 年保加利亚国家数学奥林匹克轮回赛）求最小正整数 a，使得方程组
$$\begin{cases} x+y+z = a \\ x^3 + y^3 + z^2 = a \end{cases}$$
没有正整数解.

解 当 $a = 1,2,3$ 时，方程组分别有解 $(1,0,0)$，$(1,1,0)$，$(1,1,1)$. 下面我们来证明当 $a = 4$ 时，方程组无整数解.

假若不然，有
$$4 - z^2 = x^3 + y^3 = (x+y)(x^2-xy+y^2) = (4-z)(x^2-xy+y^2) \qquad ①$$
因为 $z = 4$，不能导出一个整数解，所以 $\dfrac{4-z^2}{4-z} = 4 + z + \dfrac{12}{z-4}$ 为整数，由此可见，$z - 4$ 是 12 的因数，所以 $z - 4 = \pm 1, \pm 2, \pm 3, \pm 4, \pm 6, \pm 12$. 从而
$$z = -8, -2, 0, 1, 2, 3, 5, 6, 7, 8, 10, 16$$

利用等式①，有
$$(x+y)^2 - 3xy = \frac{4-z^2}{4-z} \Leftrightarrow 3xy = (4-z)^2 - \frac{4-z^2}{4-z}$$

得到方程组
$$\begin{cases} x + y = 4 - z \\ xy = \dfrac{(4-z)^3 + z^2 - 4}{3(4-z)} \end{cases}$$

容易验证列出的 z 值,因此上述方程组都无整数解.

例6 (1986年第27届IMO)设正整数 d 不等于 $2,5,13$,证明:集合 $\{2,5,13,d\}$ 中可找到两个不同的数 a,b,使 $ab-1$ 不是平方数.

证明 用反证法.

设有整数 x,y,z,使得

$$2d-1=x^2 \qquad ①$$
$$5d-1=y^2 \qquad ②$$
$$13d-1=z^2 \qquad ③$$

由式①可知,x 是奇数,从而

$$x^2 \equiv 1 (\bmod 4)$$

对式①模4,得

$$2d-1 \equiv 1 (\bmod 4)$$

即

$$2d \equiv 2 (\bmod 4)$$
$$d \equiv 1 (\bmod 2) \qquad ④$$

d 为奇数,所以由式②③可知 y,z 都是偶数. 设 $y=2y_1,z=2z_1$. ③－②得

$$z^2-y^2=8d$$

即

$$z_1^2-y_1^2=2d \qquad ⑤$$

但由式④⑤知不可能成立.

例6可推广如下:

命题 设正整数 d 不等于 $2,32n^2-40n+13,32n^2-24n+5$($n$ 为正整数).

证明:在集合 $\{2,32n^2-40n+13,32n^2-24n+5\}$ 中,可以找到两个不同元素 a,b,使 $ab-1$ 不是完全平方数.

为便于论述,先证明两个引理.

引理1 当且仅当 $d=2k^2-2k+1$(k 为正整数)时,$2d-1$ 是完全平方数.

证明 当 $d=2k^2-2k+1$(k 为正整数)时

$$2d-1=4k^2-4k+1=(2k-1)^2$$

故 $2d-1$ 是完全平方数.

反之,若 $2d-1$ 是完全平方数,因 $2d-1$ 是奇数,故必为某奇数的平方数. 设

$$2d-1=(2k-1)^2 \quad (k \text{ 为正整数})$$

故 $d=2k^2-2k+1$.

引理2 一个正整数 n 的平方数被4除后的余数必为0或1.

证明 当 $n=2m$ 时，$n^2=4m^2$；

当 $n=2m-1$ 时，$n^2=4(m^2-m)+1$.

引理 2 的逆否命题为：如果一个正整数被 4 除后的余数为 2 或 3，则此正整数必定不是完全平方数.

下面证明命题.

证明 事实上，因为

$$2(32n^2-40n+13)-1=(8n-5)^2$$

$$2(32n^2-24n+5)-1=(8n-3)^2$$

$$(32n^2-40n+13)(32n^2-24n+5)-1=[8(2n-1)^2]^2$$

所以，只要证明在三个正整数

$$x=2d-1$$
$$y=(32n^2-40n+13)d-1$$
$$z=(32n^2-24n+5)d-1$$

中，至少有一个不是完全平方数即可.

下面分两种情况证明.

(1) 当 $d\ne 2k^2-2k+1$（k 为正整数）时，由引理 1 知，$x=2d-1$ 不是完全平方数.

(2) 当 $d=2k^2-2k+1$（k 为正整数）时，证明 y 与 z 中至少有一个不是完全平方数. 这只要证明：如果 y 是完全平方数，那么 z 必定不是完全平方数即可.

此时

$$y=(32n^2-40n+13)(2k^2-2k+1)-1$$

$$=4\left[16n^2k^2-16n^2k+8n^2-20nk^2+20nk-10n+\frac{13k(k-1)}{2}+3\right]$$

$$=4p$$

$$z=(32n^2-24n+5)(2k^2-2k+1)-1$$

$$=\left[(32n^2-40n+13)+(16n-8)\right](2k^2-2k+1)-1$$

$$=4p+(16n-8)(2k^2-2k+1)$$

$$=4(p+8nk^2-8nk+4n-4k^2+4k-2)$$

$$=4q$$

因 $n,k,\dfrac{k(k-1)}{2}$ 均为整数，故 p,q 为正整数.

如果 y 是完全平方数，易见 p 也是完全平方数. 由引理 2 知

$$p=4m \text{ 或 } p=4m+1$$

而

$$q = 4(m + 2nk^2 - 2nk + n - k^2 + k - 1) + 2$$

或

$$q = 4(m + 2nk^2 - 2nk + n - k^2 + k - 1) + 3$$

所以 q 不是完全平方数,从而 z 也不是完全平方数. 命题证毕.

命题中令 $n = 1$ 时,即为原竞赛题.

例7 (2008 年美国国家队选拔考试)证明:不存在整数 n,使得 $n^2 + 7$ 是完全平方数.

证明 用反证法.

假设存在正整数对 (n, x),使得 $n^7 + 7 = x^2$ 成立.

将原方程写成

$$n^7 + 2^7 = x^2 + 11^2 \qquad\qquad ①$$

将式①两边模 4,得

$$n^7 + 3 \equiv x^2 \equiv 0 \text{ 或 } 1 (\bmod 4)$$

因此,n 必为奇数且 $n \equiv 1 (\bmod 4)$.

再将式①写成

$$x^2 + 11^2 = (n + 2)(n^6 - 2n^5 + 4n^4 - 8n^3 + 16n^2 - 32n + 64)$$

(1)若 $11 \nmid x$,则 $x^2 + 11^2$ 的每一个质因子 p 都是奇数.

如果 $p \equiv 3 (\bmod 4)$,设 $p = 4k + 3$. 则由 $x^2 \equiv -11^2 (\bmod p)$,得

$$x^{4k+2} \equiv -11^{4k+2} (\bmod p)$$

即 $1 \equiv x^{p-1} \equiv -11^{p-1} \equiv -1 (\bmod p)$,矛盾. 因此,$p \equiv 1 (\bmod 4)$.

但由式①知

$$x^2 + 11^2 \equiv 0 (\bmod (n + 2))$$

而 $n + 2 \equiv 3 (\bmod 4)$,则 $x^2 + 11^2$ 必有一个质因子 p 模 4 余 3. 矛盾.

(2)若 $11 | x$,设 $x = 11y$. 将式①转化为

$$121(y^2 + 1) = (n + 2)(n^6 - 2n^5 + 4n^4 - 8n^3 + 16n^2 - 32n + 64)$$

依次将 $n \equiv 0, 1, \cdots, 10 (\bmod 11)$ 代入计算,得

$$n^6 - 2n^5 + 4n^4 - 8n^3 + 16n^2 - 32n + 64 \not\equiv 0 (\bmod 11)$$

则 $121 | (n + 2)$. 故

$$y^2 + 1 = \frac{n + 2}{121}(n^6 - 2n^5 + 4n^4 - 8n^3 + 16n^2 - 32n + 64) \qquad ②$$

与前面类似可证,$y^2 + 1$ 的每个质因子都模 4 余 1. 故其所有的约数亦模 4 余 1. 但 $\frac{n+2}{11^2} \equiv 3 (\bmod 4)$,故式②不成立.

综上,$n^7 + 7$ 不是完全平方数.

例 8 (2007 年中国国家集训队培训试题)求证:当 $l \geq 2, 4 \leq k \leq n-4$ 时,方程 $C_n^k = m^l$ 没有整数解.

证明 用反证法,假设方程有整数解 (n,k),不妨设 $n \geq 2k$.

由西尔维斯特(Sylvester)定理知,存在质数 $p > k$,使 $p \mid C_n^k$. 因此

$$p^l \mid C_n^k = \frac{\prod\limits_{i=1}^{k}(n-i+1)}{k!}$$

即 $p^l \mid \prod\limits_{i=1}^{k}(n-i+1)$. 因 $p > k$,故 $n, n-1, \cdots, n- \,\, \qquad$ 仅解有一个是 p 的倍数.

设 $p^l \mid (n-i_0), i_0 \in \{0,1,2,\cdots,k-1\}$,则

$$n \geq n - i_0 \geq p^l > k^l \geq k^2 \qquad \qquad \text{①}$$

又设 $n-i = a_i m_i^l$,其中 a_i 不含 l 次方因子,$m_i \in \mathbf{N}_+, i=0,1,2,\cdots,k-1$,则 a_i 的质因子不大于 k.

首先证明:对所有 $i \neq j$,均有 $a_i \neq a_j$.

假设存在 $i \neq j$,使 $a_i = a_j$,则由于 $n-i > n-j$,故

$$m_i > m_j, m_i \geq m_j + 1$$

$$
\begin{aligned}
k > i \geq j - i &= (n-i) - (n-j) = a_j(m_i^l - m_j^l) \\
&\geq a_j[(m_j+1)^l - m_j^l] > a_j l m_j^{l-1} \geq l\sqrt{a_j m_j^l} \\
&\geq l\sqrt{n-k+1} \geq l\sqrt{\frac{n}{2}+1} > \sqrt{n}
\end{aligned}
$$

从而 $n < k^2$,与①矛盾.

所以对所有 $i \neq j$,均有 $a_i \neq a_j$.

进一步证明

$$\{a_0, a_1, \cdots, a_{k-1}\} = \{1, 2, \cdots, k\}$$

由于 $a_0, a_1, \cdots, a_{k-1}$ 互不相同,因而证明 $\prod\limits_{i=0}^{k-1} a_i \mid k!$. 将 $n-i = a_i m_i^l$ 代入原方程,可得

$$\left(\prod_{i=0}^{k-1} a_i\right)\left(\prod_{i=0}^{k-1} m_i\right)^l = k! m^l$$

两边同时约去 $\prod\limits_{i=0}^{k-1} m_i$ 与 m 的最大公约数 d,得

$$\left(\prod_{i=0}^{k-1} a_i\right) u^l = k! v^l \qquad \qquad \text{②}$$

其中

$$u = \frac{\prod\limits_{i=0}^{k-1} m_i}{d}, v = \frac{m}{d}, (u,v) = 1$$

为证 $\prod\limits_{i=0}^{k-1} a_i \mid k!$ 只需证 $v = 1$.

若 $v \neq 1$，则 v 有质因子 p_0，p_0 也是 $\prod\limits_{i=0}^{k-1} a_i$ 的一个质因子，故 $p_0 \leqslant k$.

下面我们来估计 $\prod\limits_{i=0}^{n-1} a_i$ 中含 p_0 的幂次.

对于 $i \in \mathbf{N}_+$，设 $b_1, b_2, \cdots, b_s (b_1 < b_2 < \cdots < b_s)$ 为 $n, n-1, \cdots, n-k+1$ 中 p_0^i 的倍数，
则

$$b_s = b_1 + (x-1) p_0^i$$
$$(s-1) p_0^i = b_s - b_1 \leqslant n - (n-k+1) = k-1$$

故

$$s \leqslant \left[\frac{k-1}{p_0^i}\right] + 1 \leqslant \left[\frac{k}{p_0^i}\right] + 1$$

因此，对于 $i \in \mathbf{N}_+$，p_0^i 的倍数在 $n, n-1, \cdots, n-k+1$ 中至多出现 $\left[\frac{k}{p_0^2}\right] + 1$ 次，当然在 $a_0, a_1, \cdots, a_{k-1}$ 中也是如此.

故 $\prod\limits_{i=0}^{k-1} a_i$ 中含 p_0 的幂次至多是 $\prod\limits_{i=1}^{l-1} \left(\left[\frac{k}{p_0^i}\right] + 1\right)$（注意，$a_i$ 不含 l 次因子），

而含 p_0 的幂次为 $\sum\limits_{i=1}^{\infty} \left[\frac{k}{p_0^i}\right]$.

在②中比较 p_0 的幂次，可知 v^l 中的 p_0 的幂次至多为

$$\sum\limits_{i=1}^{l-1} \left(\left[\frac{k}{p_0^i}\right] + 1\right) - \sum\limits_{i=1}^{\infty} \left[\frac{k}{p_0^i}\right] \leqslant l-1$$

矛盾. 故 v 不含质因子，即 $v = 1$.

所以 $\prod\limits_{i=0}^{k-1} a_i \mid k!$，即有 $\{a_0, a_1, \cdots, a_{k-1}\} = \{1, 2, \cdots, k\}$.

最后我们将从假定有整数解导出矛盾.

由于 $k \geqslant 4$，利用刚得到的结论，存在 i_1, i_2, i_3，使得 $a_{i_j} = 2^{j-1} (j = 1, 2, 3)$，故

$$n - i_1 = m_{i_1}^l$$
$$n - i_2 = 2 m_{i_2}^l$$
$$n - i_3 = 4 m_{i_3}^l$$

一定有 $(n-i_2)^2 \neq (n-i_1)(n-i_3)$，否则设

$$b = n-i_2, x = b-(n-i_1)$$

$$y = -b+(n-i_3), 0 < |x| < |y| < k$$

由 $(b-x)(b+y) = b^2$ 得 $b(y-x) = xy$，显然 $x \neq y$，则

$$|xy| = b|x-y| \geqslant b > n-k > (k-1)^2 \geqslant |xy|$$

矛盾.

因此，$(n-i_2)^2 \neq (n-i_1)(n-i_3)$，即 $m_{i_2}^2 \neq m_{i_1}m_{i_3}$.

不妨设 $m_{i_2}^2 > m_{i_1}m_{i_3}$，则由

$$
\begin{aligned}
2(k-1)n &> n^2-(n-k+1)^2 \\
&> (n-i_2)^2-(n-i_1)(n-i_3) \\
&= 4(m_{i_2}^l)^2 - 4(m_{i_1}m_{i_3})^l \\
&\geqslant 4(m_{i_1}m_{i_3}+1)^l - 4(m_{i_1}m_{i_3})^l \\
&\geqslant 4(m_{i_1}m_{i_3})^{l-1}
\end{aligned}
$$

若 $l=2$，则 $a_{i_3} = 4$ 有平方因子，故 $l \geqslant 3$，此时有

$$
\begin{aligned}
2(k-1)nm_{i_1}m_{i_3} &> 4l(m_{i_1}m_{i_3})^l = l(n-i_1)(n-i_2) \\
&> l(n-k+1)^2 \\
&> 3(n-\frac{n}{6})^2 > 2n^2
\end{aligned}
$$

而 $m_{i_j} \leqslant n^{\frac{1}{l}} \leqslant n^{\frac{1}{3}}, j=1,2,3$，得

$$kn^{\frac{2}{3}} \geqslant km_{i_1}m_{i_3} > (k-1)m_{i_1}m_{i_3} > n$$

于是 $k > n^{\frac{1}{3}}$ 与①的 $k^2 \leqslant n$，即 $k \leqslant n^{\frac{1}{2}}$ 矛盾.

所以，假设有整数解是不成立的，即方程没有整数解.

习 题 7.6~7.7

1. (2011 年浙江省高中数学竞赛)设 x,y,z 为整数,且 $x+y+z=3,x^3+y^3+z^3=3$,则 $x^2+y^2+z^2=$ _____.

解 将 $z=3-x-y$ 代入 $x^3+y^3+z^3=3$,得到

$$xy=3(x+y)-9+\frac{8}{x+y}$$

因为 x,y 都是整数,所以

$$\begin{cases}x+y=1\\xy=2\end{cases},\begin{cases}x+y=4\\xy=5\end{cases},\begin{cases}x+y=2\\xy=1\end{cases},\begin{cases}x+y=8\\xy=16\end{cases}$$

前两个方程组无解,后两个方程组解得 $x=y=z=1$;$x=y=4,z=-5$.

所以,$x^2+y^2+z^2=3$ 或 57.

2. (2012 年第 56 届斯洛文尼亚数学奥林匹克决赛(四年级))求满足 $a\sqrt{2}+b\sqrt{5}+c=d\sqrt{10}$ 的所有整数 a,b,c,d.

解 显然,当 $a=b=c=d=0$ 时满足题意.

接下来证明:只有这一组解.

假设还存在一组解 (a,b,c,d).

不妨设 $(a,b,c,d)=1$. 否则,可以约去其最大公约数(由于至少有一个非零,故其最大公约数存在).

由题意知

$$a\sqrt{2}+b\sqrt{5}=d\sqrt{10}-c$$

上式两边平方并整理,得

$$2a^2+5b^2-c^2-10d^2=2\sqrt{10}(-cd-ab)$$

由于 $\sqrt{10}$ 为无理数,则

$$2a^2+5b^2-c^2-10d^2=0$$

即

$$2a^2-c^2=10d^2-5b^2 \qquad ①$$

由于式①右边被 5 整除,因此,$5\mid(2a^2-c^2)$.

而一个完全平方数被 5 除余 0,1 或 4,故 a^2,c^2 均为 5 的倍数. 从而,a,c 也为 5 的倍数. 由此,知式①的左边被 25 整除,故式①右边也应被 25 整除. 于是,$5\mid(2d^2-b^2)$.

同理, b, d 也为 5 的倍数.

所以, a, b, c, d 均为 5 的倍数, 与其互素矛盾.

3. (1948 年基辅数学奥林匹克) 证明: 方程 $x^3 + 2y^3 + 4z^3 - 6xyz = 0$ 没有不全为零的整数解.

证明 首先指出, 若 (x, y, z) 是方程的一组整数解, 则对任意的整数 k, 有

$$(kx)^3 + 2(ky)^3 + 4(kz)^3 - 6(kx)(ky)(kz) = 0$$

因而 (kx, ky, kz) 也是方程的解.

因此, 只需证明方程

$$x^3 + 2y^3 + 4z^3 - 6xyz = 0 \qquad ①$$

没有互素的整数解即可.

设 (x, y, z) 是方程①的整数解, 且 x, y, z 没有大于 1 的公约数. 由①可知, x 为偶数. 设 $x = 2x_0$, 则式①化为

$$8x_0^3 + 2y^3 + 4z^3 - 12x_0yz = 0$$
$$4x_0^3 + y^3 + 2z^3 - 6x_0yz = 0 \qquad ②$$

于是 y 是偶数. 设 $y = 2y_0$, 则式②化为

$$4x_0^3 + 8y_0^3 + 2z^3 - 12x_0y_0z = 0$$
$$2x_0^3 + 4y_0^3 + z^3 - 6x_0y_0z = 0$$

于是 z 是偶数, 设 $z = 2z_0$. 这样 $x = 2x_0, y = 2y_0, z = 2z_0$ 是方程的解, 且有公约数 2, 与假设矛盾.

从而, 已知方程没有不同时为零的整数解.

4. (1986 年第 16 届美国数学奥林匹克) 求不定方程

$$(a^2 + b)(a + b^2) = (a - b)^2$$

的所有非零整数解 a, b.

解 如果 $a = b$, 那么 $b = 1$, 如果 $b = 0$, 那么 $a = 1$. 如果 $a = b$, 那么 $a^2 + b = 0$ 或 $a + b^2 = 0$, 所以 $a = b = -1$.

如果 a, b 均匀正整数, 不妨设 $a > b$, 于是

$$a^2 < (a^2 + b)(a + b^2) = (a - b)^2 < a^2$$

矛盾. 从而 a, b 一正一负. 不妨设 $a > 0 > b$, 令 $c = -b$, 那么原方程为

$$(a^2 - c)(a + c^2) = (a + c)^2 \qquad ①$$

如果 $c = 1$, 那么 $a^2 - 1 = a + 1$, 解得 $a = 2, b = -1$.

如果 $c > 1$, 且 $(a, c) = d$, 那么 $a = a_1d, c = c_1d$. 由式①知, $d^2c_1 \mid (a^2 - c) \cdot (a + c^2) - (a + c)^2$, 即 $d^2c_1 \mid (a^3 - a^2)$. 所以 $c_1 \mid a_1^2(a - 1)$. 因为 $(a_1, c_1) = 1$, 所以 $c_1 \mid (a - 1)$. 由式①得

$$(a+c)^2 > (a^2-c)(a+c)$$

得 $a+c > a^2-c$，即 $2c > a(a-1)$，$2 > \dfrac{a(a-1)}{c} = a_1 \cdot \dfrac{a-1}{c_1}$，所以 $a_1=1$，$a-1=c_1$，从而 $c=c_1d=a(a-1)$，代入式①，得

$$a[a+a^2(a-1)^2] = a^4$$

上式右边可被 a^3 整除，左边也要被 a^3 整除，从而 $a=1$，$c=0$，这与 $c>1$ 矛盾.

综上所述，原方程的解为

$$(a,b) = (0,1),(1,0),(-1,-1),(2,-1),(-1,2)$$

5.(2002 年保加利亚冬季数学竞赛)已知序列 $\{x_n\}$，$\{y_n\}$ 定义如下：$x_1=3$，$y_1=4$，$x_{n+1}=3x_n+2y_n$，$y_{n+1}=4x_n+3y_n$，$n\geq 1$. 证明：x_n，y_n 均不能表示为整数的三次幂.

证明 因为

$$2x_{n+1}^2 - y_{n+1}^2 = 2(3x_n+2y_n)^2 - (4x_n+3y_n)^2$$
$$= 2x_n^2 - y_n^2 = \cdots = 2x_1^2 - y_1^2 = 2$$

即证明方程 $2x^6-y^2=2$ 和 $2x^2-y^6=2$ 均无正整数根.

假设 $2x^6-y^2=2$ 有解，令 $y=2z$，则原方程化为

$$(x^3-1)(x^3+1) = 2z^2$$

其中 $x\geq 3$，且为奇数. 由于 x^3+1 与 x^3-1 之差为 2，则一定有一项不是 3 的倍数，不妨假设 x^3-1 不是 3 的倍数. 由于 $(x^3-1,x^3+1)=2$，利用 $(x^3-1)\cdot(x^3+1)=2z^2$，可得 $x^3-1=at^2$，其中 $a=1$ 或 $a=2$. 由于

$$(x-1)(x^2+x+1) = at^2$$

且

$$(x-1,x^2+x+1) = (x-1,(x+2)(x-1)+3) = (x-1,3) = 1$$

及 $x-1$ 是偶数，所以，无论 $a=1$ 或 $a=2$，均存在 t 的因数 t_1，使得 $x^2+x+1=t_1^2$，但是，$x^2 < x^2+x+1 < (x+1)^2$，矛盾. 假设 x^3+1 不能被 3 整除，同理可得 $x^2-x+1=t_2^2$，当 $x\geq 3$ 时，$(x-1)^2 < x^2-x+1 < x^2$，矛盾.

假设 $2x^2-y^6=2$ 有解，令 $y=2z$，则原方程化为

$$\frac{x-1}{2} \cdot \frac{x+1}{2} = (2z^2)^3$$

因为 $\left(\dfrac{x-1}{2},\dfrac{x+1}{2}\right)=1$，所以有 $\dfrac{x-1}{2}=z_1^3$，$\dfrac{x+1}{2}=z_2^3$. 于是 $z_2^3-z_1^3=1$，矛盾.

7.8 因子(因数)分析法

素因子分析法是初等数论中的基本方法之一,也是讨论不定方程的重要手段之一.

例 1 (2002 年瑞典数学奥林匹克)求所有正整数 x,y 满足方程

$$x^2 - 3xy = 2\ 002$$

解 已知方程化为

$$x(x-3y) = 2\ 002 = 2 \times 7 \times 11 \times 13$$

又 $x,y \in \mathbf{N}_+, x > x - 3y > 0$. 所以可以得到 8 个方程组

x	$2 \times 7 \times 11 \times 13$	$7 \times 11 \times 13$	$2 \times 11 \times 13$	$2 \times 7 \times 13$
$x-3y$	1	2	7	11

x	$2 \times 7 \times 11$	11×13	7×13	7×11
$x-3y$	13	2×7	2×11	2×13

由此可得到方程的正整数解为

x	2 002	1 001	286	182	154	143	91	77
y	667	333	93	57	47	43	23	17

例 2 (2012 年爱沙尼亚数学奥林匹克决赛(十二年级))求所有满足 $\dfrac{1}{x^2} + \dfrac{249}{xy} + \dfrac{1}{y^2} = \dfrac{1}{2\ 012}$ 的正整数对 (x,y).

解 设 $(x,y) = d, x = ad, y = bd$. 故原方程可写为

$$\frac{a^2 + 249ab + b^2}{a^2 b^2 d^2} = \frac{1}{2\ 012}$$

即

$$a^2 b^2 d^2 = 2\ 012(a^2 + 249ab + b^2) \qquad \text{①}$$

因为 a 与 b 互素,所以,a^2, b^2 均与 $a^2 + 249ab + b^2$ 互素. 从而,a^2, b^2 均为 2 012 的因子.

又 $2\ 012 = 2^2 \times 503$,且 503 是素数,故可能的情形只有 $(a,b) = (1,1)$, $(1,2),(2,1)$.

若将 $(a,b) = (1,1)$ 代入式①,得 $d^2 = 2\ 012 \times 251$. 解得 d 不为整数.

后两种情形得 $4d^2 = 2\ 012 \times 503$. 解得 $d = 503$.

故 $(x, y) = (503, 1\ 006), (1\ 006, 503)$.

例 3 （2007 年四川省初中数学联赛）已知关于 x, y 的方程组

$$\begin{cases} x^2 - y^2 = p \\ 3xy + p(x - y) = p^2 \end{cases}$$

有整数解 (x, y)，求满足条件的质数 p.

解 由 $p = x^2 - y^2 = (x - y)(x + y)$ 及 p 为质数，有

$$\begin{cases} x + y = p \\ x - y = 1 \end{cases} 或 \begin{cases} x + y = -p \\ x - y = -1 \end{cases} 或 \begin{cases} x + y = 1 \\ x - y = p \end{cases} 或 \begin{cases} x + y = -1 \\ x - y = -p \end{cases}$$

(1) 当 $\begin{cases} x + y = p \\ x - y = 1 \end{cases}$ 时

$$\begin{cases} x = \dfrac{p + 1}{2} \\ y = \dfrac{p - 1}{2} \end{cases}$$

将其代入 $3xy + p(x - y)$ 中，得

$$\frac{3}{4}(p^2 - 1) + p = p^2$$

即

$$p^2 - 4p + 3 = 0$$

解得 $p = 3$ 或 $p = 1$（舍去）.

(2) 当 $\begin{cases} x + y = -p \\ x - y = -1 \end{cases}$ 或 $\begin{cases} x + y = 1 \\ x - y = p \end{cases}$ 或 $\begin{cases} x + y = -1 \\ x - y = -p \end{cases}$ 时，经计算可知，没有符合条件的质数 p.

所以，符合条件的质数为 $p = 3$.

例 4 （2003 年第 17 届北欧数学竞赛）求所有的三元整数组 (x, y, z)，使得 $x^3 + y^3 + z^3 - 3xyz = 2\ 003$.

解 注意到

$$(x + y + z)\left[(x - y)^2 + (y - z)^2 + (z - x)^2 \right] = 2 \times 2\ 003$$

且

$$(x - y)^2 + (y - z)^2 + (z - x)^2 \equiv 0 (\bmod 2)$$

故

$$\begin{cases} x + y + z = 1 \\ (x - y)^2 + (y - z)^2 + (z - x)^2 = 4\ 006 \end{cases}$$ ①

或

113

$$\begin{cases} x + y + z = 2\,003 \\ (x-y)^2 + (y-z)^2 + (z-x)^2 = 2 \end{cases} \qquad ②$$

由方程组①得

$$(x-y)^2 + (x+2y-1)^2 + (2x+y-1)^2 = 4\,006$$

即

$$6x^2 + 6y^2 + 6xy - 6x - 6y + 2 = 4\,006$$

但 $4\,006 \equiv 4 \pmod 6$，矛盾.

讨论方程组②，因为 $|x-y|,|y-z|,|z-x|$ 中有两个 1，一个 0，所以，不妨设 $x \geqslant y \geqslant z$.

当 $x - 1 = y = z$ 时，$3y + 1 = 2\,003$，无解；当 $x = y = z + 1$ 时，$3x - 1 = 2\,003$，即 $x = 668$. 因此，满足条件的三元数组为

$$(x,y,z) = (668,668,667),(668,667,668),(667,668,668)$$

例 5 证明：方程 $y + y^2 = x + x^2 + x^3$ 没有 $x \neq 0$ 的整数解.

证明 设方程有 $x \neq 0$ 的整数解. 则

$$(y-x)(y+x+1) = x^3 \qquad ①$$

若 $y-x,y+x+1$ 有公共素因子 p，则由方程①知 $p \mid x \Rightarrow p \mid y$. 但 $p \mid (x + y + 1) \Rightarrow p \mid 1$，矛盾. 故 $(y-x,y+x+1) = 1$.

因为方程①右边是一个完全立方，所以，存在整数 m,n，使得

$$y - x = m^3, y + x + 1 = n^3, x = mn$$

消去 x,y 得 $n^3 - m^3 = 2mn + 1$，则

$$(n-m)(n^2 + mn + m^2) = 2mn + 1 \qquad ②$$

注意到，$x = mn \neq 0$.

若 $mn > 0$，则由方程②知 $n - m > 0$，即 $n - m \geqslant 1$，则 $2mn + 1 \geqslant n^2 + mn + m^2 > 3mn$，矛盾. 若 $mn < 0$，则由方程②知 $m - n \geqslant 2$，则 $-1 - 2mn = (m - n)(n^2 + mn + m^2) \geqslant 2(m^2 + n^2 - |mn|) \geqslant -2mn$，矛盾.

故方程没有 $x \neq 0$ 的整数解.

例 6 （2012 年克罗地亚数学竞赛）求所有的整数对 (x,y)，满足 $6x^2y^2 - 4y^2 = 2\,012 - 3x^2$.

解 原方程等价于

$$6x^2y^2 + 3x^2 - 4y^2 = 2\,012$$
$$\Leftrightarrow 3x^2(2y^2 + 1) - 2(2y^2 + 1) = 2\,012 - 2$$
$$\Leftrightarrow (3x^2 - 2)(2y^2 + 1) = 2\,010$$

因为 $2\,010 = 2 \times 3 \times 5 \times 67$，且 $2y^2 + 1$ 为奇数，所以

$$2y^2 + 1 \in \{1,3,5,15,67,201,335,1\,005\}$$

从而 $2y^2 \in \{0,2,4,14,66,200,334,1\,004\}$，$y^2 \in \{0,1,2,7,33,100,167,502\}$．故 $y^2 = 0,1$ 或 100．

则有以下三种情形：

（1）$\begin{cases} 3x^2 - 2 = 2\,010 \\ 2y^2 + 1 = 1 \end{cases}$，解得

$$\begin{cases} 3x^2 = 2\,012 \\ y^2 = 0 \end{cases}$$

（2）$\begin{cases} 3x^2 - 2 = 670 \\ 2y^2 + 1 = 3 \end{cases}$，解得

$$\begin{cases} 3x^2 = 672 \\ y^2 = 1 \end{cases}$$

（3）$\begin{cases} 3x^2 - 2 = 10 \\ 2y^2 + 1 = 201 \end{cases}$，解得

$$\begin{cases} 3x^2 = 12 \\ y^2 = 100 \end{cases}$$

经检验，只有情形（3）有整数解．

故 $(x,y) \in \{(2,10),(-2,10),(2,-10),(-2,-10)\}$．

例7 （1978 年第 10 届加拿大数学竞赛）求满足方程

$$2a^2 = 3b^3 \qquad\qquad\qquad ①$$

的一切正整数对 (a,b)．

解 设 (x,y) 是满足方程①的正整数对，则

$$2x^2 = 3y^3$$

因为 2 和 3 互素，所以 x 是 3 的倍数．

设 $x = 3x_1$，则有

$$2 \cdot 3^2 x_1^2 = 3y^3$$
$$2 \cdot 3x_1^2 = y^3$$

从而 y 是 $2 \cdot 3 = 6$ 的倍数．

设 $y = 6y_1$，则有

$$6x_1^2 = 6^3 y_1^3$$
$$x_1^2 = 6^2 y_1^3$$

于是 x_1 又是 6 的倍数．

设 $x_1 = 6x_2$，则有

$$6^2 x_2^2 = 6^2 y_1^3$$

从而
$$x_2^2 = y_1^3 = c$$
于是 c 既是完全平方数，又是完全立方数，因而 c 是 6 次方数.

设 $c = d^6$，于是
$$x_2 = d^3, y_1 = d^2$$
$$x_1 = 6x_2 = 6d^3, y = 6y_1 = 6d^2$$
$$x = 3x_1 = 18d^3$$

因此，所求的数对为
$$(a,b) = (18d^3, 6d^2)$$

其中 d 是任何正整数.

例 8 （2010 年全国初中数学竞赛）求满足 $2p^2 + p + 8 = m^2 - 2m$ 的所有质数 p 和正整数 m.

解 由题设得
$$p(2p+1) = (m-4)(m+2)$$
于是 $p \mid (m-4)(m+2)$. 因为 p 是质数，所以
$$p \mid (m-4) \text{ 或 } p \mid (m+2)$$
（1）若 $p \mid (m-4)$，令 $m-4 = kp$（k 是正整数），于是 $m+2 > kp$. 则
$$3p^2 > p(2p+1) = (m-4)(m+2) > k^2 p^2$$
故 $k^2 < 3$. 从而，$k = 1$. 则
$$\begin{cases} m-4 = p \\ m+2 = 2p+1 \end{cases} \Rightarrow \begin{cases} p = 5 \\ m = 9 \end{cases}$$
（2）若 $p \mid (m+2)$，令 $m+2 = kp$（k 是正整数），当 $p > 5$ 时，有
$$m-4 = kp - 6 > kp - p = p(k-1)$$
则
$$3p^2 > p(2p+1) = (m-4)(m+2) > k(k-1)p^2$$
故 $k(k-1) < 3$，从而，$k = 1$ 或 2.

因为 $p(2p+1) = (m-4)(m+2)$ 是奇数，所以 $k \neq 2$. 故 $k = 1$. 于是
$$\begin{cases} m-4 = 2p+1 \\ m+2 = p \end{cases}$$
这是不可能的.

当 $p = 5$ 时，$m^2 - 2m = 63$，从而 $m = 9$；

当 $p = 3$ 时，$m^2 - 2m = 29$，无正整数解；

当 $p = 2$ 时，$m^2 - 2m = 18$，无正整数解.

综上，所求质数 $p = 5$，正整数 $m = 9$.

例9 已知 x,y,z 都是大于 1 的整数,且 $(x,y)=1$,求方程 $z=(6y+5x)\cdot$ $(\frac{1}{y}-\frac{1}{x})$ 的整数解 (x,y,z).

解
$$z=(6y+5x)(\frac{1}{y}-\frac{1}{x})$$

$$=(x-y)\cdot\frac{5x+6y}{xy}$$

因为 z 是整数,所以 $x-y$ 或 $5x+6y$ 必能被 xy 整除.

如果 $x-y$ 与 xy 有大于 1 的公约数,设其一个质因数为 p,则

$$x-y=pm \qquad\qquad ①$$
$$xy=pn \qquad\qquad ②$$

由①得

$$x=y+pm \qquad\qquad ③$$

代入②,得

$$(y+pm)y=pn,y^2=p(n-my)$$

由后一式可知,y 也有质因数 p. 再由③知,x 也有质因数 p,这与已知条件 $(x,y)=1$ 矛盾.

所以,$5x+6y$ 必能被 xy 整除.

设 $\frac{5x+6y}{xy}=k$(整数),则

$$5x+6y=kxy$$

即

$$5x=y(kx-6)$$

由最后一式可知,y 应是 $5x$ 的约数. 但 x,y 互质,所以 y 必是 5 的约数. 但已知 $y>1$,所以 $y=5$.

于是 $z=(30+5x)(\frac{1}{5}-\frac{1}{x})=1+x-\frac{30}{x}>1$(因 $z>1$). 所以 $x>\sqrt{30}$.

又 $\frac{30}{x}$ 应是整数,x 是 30 的约数,由于 x 与 5 互质,所以必有 $x=6$,由此 $z=2$.

故原方程的整数解 $(x,y,z)=(6,5,2)$.

例10 (2006 年江苏省初中数学竞赛)已知 x,y 是正整数,且满足
$$xy-(x+y)=2p+q$$

其中 p,q 分别是 x 与 y 的最大公约数和最小公倍数,求所有这样的数对 (x,y) $(x\geqslant y)$.

解 由题意,设 $x=ap,y=bp,(a,b)=1,a,b\in\mathbf{N}_+,a\geqslant b$. 于是 $q=abp$. 则

题设的等式化为

$$ap \cdot bp - (ap + bp) = 2p + abp$$

由 $p > 0$，上式化为

$$(p-1)ab = a + b + 2 \qquad ①$$

即

$$p - 1 = \frac{1}{a} + \frac{1}{b} + \frac{2}{ab}$$

于是

$$0 < p - 1 = \frac{1}{a} + \frac{1}{b} + \frac{2}{ab} \leqslant 4$$

所以

$$p = 2, 3, 4, 5$$

(1) 当 $p = 2$ 时，式①化为

$$ab = a + b + 2$$

即

$$(a-1)(b-1) = 3 = 3 \times 1$$

由 $a \geqslant b$ 得

$$\begin{cases} a - 1 = 3 \\ b - 1 = 1 \end{cases}$$

即

$$\begin{cases} a = 4 \\ b = 2 \end{cases}$$

此时，$(a, b) = 2$，与 $(a, b) = 1$ 矛盾.

(2) 当 $p = 3$ 时，式①化为

$$2ab - a - b = 2$$

即

$$(2a - 1)(2b - 1) = 5 \times 1$$

所以

$$\begin{cases} 2a - 1 = 5 \\ 2b - 1 = 1 \end{cases}$$

故

$$\begin{cases} a = 3 \\ b = 1 \end{cases}$$

此时，$x = ap = 9$，$y = bp = 3$. 因此有解 $(x, y) = (9, 3)$.

（3）当 $p=4$ 时,式①化为

$$3ab - a - b = 2$$

即

$$(3a - 1)(3b - 1) = 7 = 7 \times 1$$

所以

$$\begin{cases} 3a - 1 = 7 \\ 3b - 1 = 1 \end{cases}$$

无整数解.

（4）当 $p=5$ 时,式①化为

$$4ab - a - b = 2$$

即

$$(4a - 1)(4b - 1) = 9 = 9 \times 1 = 3 \times 3$$

所以

$$\begin{cases} 4a - 1 = 9 \\ 4b - 1 = 1 \end{cases}$$

无整数解.

由 $\begin{cases} 4a - 1 = 3 \\ 4b - 1 = 3 \end{cases}$,得 $\begin{cases} a = 1 \\ b = 1 \end{cases}$. 于是 $x = ap = 5, y = bp = 5$.

因此得 $(x,y) = (9,3),(5,5)$.

例 11 （2011 年第 28 届希腊数学奥林匹克）求方程 $x^3 y^2 (2y - x) = x^2 y^4 - 36$ 的整数解.

解 将方程变形为

$$x^2 y^2 (x - y)^2 - 6^2 = 0 \quad (x,y \in \mathbf{Z})$$

$$\Leftrightarrow [xy(x - y) - 6][xy(x - y) + 6] = 0$$

$$\Leftrightarrow xy(x - y) = 6 \quad (x,y \in \mathbf{Z}) \tag{①}$$

$$xy(x - y) = -6 \quad (x,y \in \mathbf{Z}) \tag{②}$$

若 (x_0,y_0) 是方程①的解,则 (y_0,x_0) 是方程②的解,反之亦然.

因为 $x,y \in \mathbf{Z}$,所以,方程①等价于

$$\begin{cases} xy = 6 \\ x - y = 1 \end{cases} \tag{③}$$

或

$$\begin{cases} xy = -6 \\ x - y = -1 \end{cases}$$

或

$$\begin{cases} xy = 3 \\ x - y = 2 \end{cases}$$ ④

或

$$\begin{cases} xy = -3 \\ x - y = -2 \end{cases}$$

或

$$\begin{cases} xy = 1 \\ x - y = 6 \end{cases}$$

或

$$\begin{cases} xy = -1 \\ x - y = -6 \end{cases}$$

或

$$\begin{cases} xy = 2 \\ x - y = 3 \end{cases}$$

或

$$\begin{cases} xy = -2 \\ x - y = -3 \end{cases}$$ ⑤

在上述八种情形中,只有方程组③④⑤有整数解,则

$$(x,y) = (3,2),(-2,-3),(3,1),(-1,-3),(-2,1),(-1,2)$$

同样,可求得方程②的整数解为

$$(x,y) = (2,3),(-3,-2),(1,3),(-3,-1),(1,-2),(2,-1)$$

例12 某数为三个质因数之积.这三个质因数的平方和为 2 331,有数 7 560 小于此数且与之互为质数,又其约数(1 及本身在内)之积为 10 560.求此数.

解 设 a,b,c 为此数的因子,则

$$a^2 + b^2 + c^2 = 2\ 331$$ ①

另外,我们知道,小于此数且与之互质的整数为

$$abc(1 - \frac{1}{a})(1 - \frac{1}{b})(1 - \frac{1}{c})$$

即

$$(a-1)(b-1)(c-1) = 7\ 560$$ ②

再据题意可知

$$(a+1)(b+1)(c+1) = 10\ 560$$ ③

从②③相加相减得

不定方程及其应用(中)

$$abc + a + b + c = 9\ 060 \qquad ④$$

和

$$bc + ca + ab + 1 = 1\ 500 \qquad ⑤$$

从式①与⑤得

$$(a + b + c)^2 = 5\ 329$$

故 $a + b + c = 73$.

再从式④可得

$$abc = 8\ 987 = 11 \times 19 \times 43$$

此题的解法用了整数论中两个定理:第一,小于已知数且与之互为质数的正整数的个数,如以 N 表示此数,设 $N = a^p b^q c^r \cdots$,其中 $a, b, c, \cdots$ 为不同质数,$p, q, r, \cdots$ 为正整数,则 $\phi(N) = N(1 - \dfrac{1}{a})(1 - \dfrac{1}{b})(1 - \dfrac{1}{c}) \cdots$;第二,"一个数中约数的个数",以 N 表示此数,设 $N = a^p b^q c^r \cdots$,其 $a, b, c, \cdots$ 为不同质数,$p, q, r, \cdots$ 为正整数,则其约数个数为 $(p + 1)(q + 1)(r + 1) \cdots$.

例 13 证明:没有正整数 x, y,满足

$$x(x + 1) = y^2 \qquad ①$$

证明 设式①成立. 因为正整数 x 和 $x + 1$ 互素,它们的积为完全平方,由唯一分解定理推出 $x, x + 1$ 都是完全平方. 设

$$x + 1 = u^2, x = v^2, uv = y, u > v$$

则

$$u^2 - v^2 = 1$$

即

$$(u - v)(u + v) = 1$$

这只有

$$u - v = 1, u + v = 1$$

解得 $u = 1, v = 0$,从而 $x = 0$. 矛盾.

例 14 证明:连续三个正整数之积不能是一个正整数的 k 次方幂. 这里 k 是给定的正整数,且 $k \geqslant 2$.

证明 假设有正整数 $x \geqslant 2$ 及 y 使得

$$(x - 1)x(x + 1) = y^k$$

请注意上面左端的三个因式 $x - 1, x, x + 1$ 并非两两互素,因此不能推出它们都是 k 次方幂. 克服这个困难的一种办法是将方程变形为

$$(x^2 - 1)x = y^k$$

这时,因为 x 和 $x^2 - 1$ 是互素的,所以有正整数 u, v,使得

$$x = u^k, x^2 - 1 = v^k, uv = y, v > 1$$

我们有

$$1 = u^{2k} - v^k = (u^2)^k - v^k$$
$$= (u^2 - v)(u^{2k-2} + u^{2k-4}v + \cdots + u^2 v^{k-2} + v^{k-1})$$

由于 $x \geq 2$，从而 $u \geq 2$. 又已知 $k \geq 2$，故 $u^{2k-2} + u^{2k-4}v + \cdots + v^{k-1} > 1$. 导出矛盾.

分解后，有时需要讨论奇偶性.

例 15 是否存在互不相同的质数 p, q, r, s，使得它们的和为 640，且 $p^2 + qs$ 和 $p^2 + qr$ 都是完全平方数？若存在，求 p, q, r, s 的值；若不存在，说明理由.

解 由 $p + q + r + s = 640$，且 p, q, r, s 是互不相同的质数，知 p, q, r, s 都是奇数.

设

$$\begin{cases} p^2 + qs = m^2 & \text{①} \\ p^2 + qr = n^2 & \text{②} \end{cases}$$

不妨设 $s < r$，则 $m < n$. 由式①②得

$$\begin{cases} (m-p)(m+p) = qs \\ (n-p)(n+p) = qr \end{cases}$$

若 $m - p > 1$，则由 $m - p < n - p < n + p$，得

$$m + p = q = n - p$$

从而

$$s = m - p, r = n + p$$

故

$$p + q + r + s = p + q + 2q = p + 3q = 640$$

又由于 $s = m - p = q - 2p \geq 3$，故 $p \geq 90$.

逐一令 p 为不大于 90 的质数加以验证，便知此时无解.

若 $m - p = 1$，则

$$qs = m + p = 2p + 1 \Rightarrow p = \frac{qs - 1}{2}$$

而 $q < m + p < n + p$，故

$$q = n - p, r = n + p = 2p + q$$

$$\Rightarrow p + q + r + s = 3p + 2q + s = \frac{3(ps - 1)}{2} + 2q + s = 640$$

$$\Rightarrow (3q + 2)(3s + 4) = 3\,857 = 7 \times 19 \times 29$$

$$\Rightarrow 3s + 4 = 19, 3q + 2 = 7 \times 29$$

$$\Rightarrow s = 5, q = 67$$

$$\Rightarrow p = 167, r = 401$$

综上, $p=167,q=67,r=401,s=5$ 或 $p=167,q=67,r=5,s=401$.

例 16 (2008 年克罗地亚国家集训)求所有的整数 x,使得 $1+5\cdot2^x$ 为一个有理数的平方.

分以下两种情形讨论.

(1)若 $1+5\cdot2^x$ 为整数的平方,则 $x\in\mathbf{N}$. 设 $1+5\cdot2^x=y^2(y\in\mathbf{N})$. 故
$$(y+1)(y-1)=5\cdot2^x$$

若 $x=0$,则 $y^2=6$,这是不可能的. 故 $x\neq0$. 又因为 $y+1,y-1$ 的奇偶性相同,所以,其均为偶数.

(i)若 $\begin{cases}y+1=2^\alpha\\y-1=5\cdot2^\beta\end{cases}$,其中, $\alpha,\beta\in\mathbf{N}_+,\alpha+\beta=x$ 且 $\alpha>\beta$. 两式作差,得
$$2^\beta(2^{\alpha-\beta}-5)=2$$
故奇数 $2^{\alpha-\beta}-5=1$,即 $2^{\alpha-\beta}=6$. 这是不可能的.

(ii)若 $\begin{cases}y+1=5\cdot2^\alpha\\y-1=2^\beta\end{cases}$,其中, $\alpha,\beta\in\mathbf{N}_+$ 且 $\alpha+\beta=x$. 两式作差,得
$$5\cdot2^\alpha=2(2^{\beta-1}+1)$$
即
$$5\cdot2^{\alpha-1}=2^{\beta-1}+1$$
由 $5\mid(2^{\beta-1}+1)$ 知 $\beta\geqslant3$. 所以, $2\nmid(2^{\beta-1}+1)$. 故 $\alpha=1,\beta=3$. 从而, $x=\alpha+\beta=4$.

(2)若 $1+5\cdot2^x$ 为分数的平方,则 $x\in\mathbf{Z}_-$. 设 $x=-y(y\in\mathbf{N}_+)$. 则
$$1+5\cdot2^x=\frac{2^y+5}{2^y}$$
因为 $2\nmid(2^y+5)$,所以, $2\mid y$. 设 $y=2y_1,2^y+5=m^2(m\in\mathbf{N}_+)$. 则
$$(m+2^{y_1})(m-2^{y_1})=5$$
因此
$$\begin{cases}m+2^{y_1}=5\\m-2^{y_1}=1\end{cases}$$
两式作差,得 $2^{y_1+1}=4$. 故 $y_1=1$. 从而
$$y=2y_1=2,x=-y=-2$$
综上, $x=-2$ 或 4.

例 17 若正整数 a,b,c 的最大公因子为 1,且 $\frac{1}{a}+\frac{1}{b}=\frac{1}{c}$,证明: $a+b$ 为完全平方数.

分析 此题较简单,下面介绍两种证法.

证法 1 设 $x=(a,b),y=(b,c),z=(c,a)$. 则由 $(a,b,c)=1$,得 x,y,z 两

两互素.

由 $x|a,z|a,(x,z)=1$,可推出 $xz|a$,故可设 $a=Axz$.

同理,设 $b=Bxy,c=Cyz$,其中,A,B,C 两两互素.

于是,原方程可转化为

$$\frac{1}{Axz}+\frac{1}{Bxy}=\frac{1}{Cyz}\Rightarrow By+Az=\frac{ABx}{C}$$

因此,$C|ABx$. 因为 A,B,C 两两互素,所以,$C|x$. 显然,C 是 a,b,c 的公因子,因此,$C=1$,同理,$A=1,B=1$,从而,$x=y+z$.

故 $a+b=x(y+z)=x^2$ 为完全平方数.

证法 2 显然,$c>a,c>b$,$\frac{1}{a}+\frac{1}{b}=\frac{1}{c}\Leftrightarrow\frac{a-c}{c}=\frac{c}{b-c}$.

设 $\frac{a-c}{c}=\frac{c}{b-c}$ 为既约正有理数 $\frac{p}{q}$.则

$$a=\frac{p+q}{q}\cdot c,b=\frac{p+q}{p}\cdot c$$

由 $(p,q)=1$,得

$$(p+q,q)=1,(p+q,p)=1$$

故 $q|c,p|c\Rightarrow pq|c$.记 $c=kpq$.则

$$a=kp(p+q),b=kq(p+q)$$

由 $(a,b,c)=1$,得 $k=1$.

故 $a+b=p(p+q)+q(p+q)=(p+q)^2$ 为完全平方数.

说明 证法 1 利用 $(a,b,c)=1$ 时常用的变量代换将方程进行等价变形,利用因子分析的方法进行研究;证法 2 巧妙地将方程写为比例形式,利用既约分数 $\frac{p}{q}$ 计算 a 和 b 的值,从而解决问题.

例 18 (2011 年斯洛文尼亚国家队选拔考试)求使得 $\frac{m^2n}{m^2+n}$ 是质数的所有正整数对 (m,n).

解 设 $(m,n)=d,m=m_1d,n=n_1d$.则 $(m_1,n_1)=1$.故

$$\frac{m^2n}{m^2+n}=\frac{m_1^2d^2n_1d}{m_1^2d^2+n_1d}=\frac{m_1^2n_1d^2}{m_1^2d+n_1}$$

易知,$(m_1^2,m_1^2d+n_1)=(m_1^2,n_1)=1$.因此,$\frac{n_1d^2}{m_1^2d+n_1}\in\mathbf{Z}_+$.

若 $m_1>1$,则 $\frac{m_1^2n_1d^2}{m_1^2d+n_1}$ 至少有约数 $1,m_1,m_1^2$,不是质数.从而,$m_1=1$.故

$$\frac{m^2 n}{m^2 + n} = \frac{n_1 d^2}{n_1 + d}$$

设 $(n_1, d) = q, n_1 = n_2 q, d = d_1 q$，且 $(n_2, d_1) = 1$. 则

$$\frac{n_1 d^2}{n_1 + d} = \frac{n_2 d_1^2 q^2}{n_2 + d_1}$$

由 $(n_2, n_2 + d_1) = (d_1, n_2 + d_1) = (n_2, d_1) = 1$，得 $(n_2 d_1^2, n_2 + d_1) = 1$，故 $(n_2 + d_1) \mid q^2$.

由 $n_2 d_1^2 \cdot \dfrac{q^2}{n_2 + d_1}$ 为质数，得 $d_1 = 1$（若 $d_1 > 1$，则其至少有约数 $1, d_1, d_1^2$）. 从而，$d = q$. 故

$$n_2 d_1^2 \cdot \frac{q^2}{n_2 + d_1} = n_2 \cdot \frac{q^2}{n_2 + 1}$$

由 $(n_2 + 1) \mid q^2$，知 n_2 和 $\dfrac{q^2}{n_2 + 1}$ 中必有一个是 1.

（1）$n_2 = 1$. 则 $\dfrac{q^2}{2}$ 是质数. 显然，$q = 2$. 于是，$n_1 = 2, d = 2, (m, n) = (2, 4)$.

（2）$\dfrac{q^2}{n_2 + 1} = 1$. 则

$$n_2 = q^2 - 1 = (q + 1)(q - 1)$$

由 $\dfrac{m^2 n}{m^2 + n} = n_2$ 是质数，知 $(q + 1)(q - 1)$ 是质数. 故 $q - 1 = 1$，即 $q = 2$. 于是，$n_2 = 3, n_1 = 6, (m, n) = (2, 12)$.

综上 $(m, n) = (2, 4)$ 或 $(2, 12)$.

例 19 （2013 年第 62 届捷克和斯洛伐克数学奥林匹克）求所有的整数对 (a, b)，满足

$$\frac{a^2 + 1}{2b^2 - 3} = \frac{a - 1}{2b - 1} \qquad \qquad ①$$

解 显然，$a \neq 1$. 注意到方程①等价于

$$\frac{a^2 + 1}{a - 1} = \frac{2b^2 - 3}{2b - 1} \qquad \qquad ②$$

于是，方程②左边的分子为正数.

当 $b = -1$ 时，方程①即为 $3a^2 - a + 4 = 0$，无实数根；

当 $b = 0$ 时，方程①为 $a^2 - 3a + 4 = 0$，无实数根；

当 $b = 1$ 时，方程①为 $a^2 + a = 0$，即 $a = -1$ 或 0.

所以，$(a, b) = (0, 1)$ 和 $(-1, 1)$ 是方程①的整数解.

假设 $2b^2 - 3 > 0$.

若 n 为 a^2+1 与 $a-1$ 的公约数,则
$$n \mid [a^2+1-(a-1)(a+1)] \Rightarrow n \mid 2$$
若 n 为 $2b^2-3$ 与 $2b-1$ 的公约数,则
$$n \mid [(2b-1)(2b+1)-2(2b^2-3)] \Rightarrow n \mid 5$$
因此,方程②可化为以下四种情形:

(1) $\begin{cases} a^2+1=2b^2-3 \\ a-1=2b-1 \end{cases}$,无实数根;

(2) $\begin{cases} a^2+1=2(2b^2-3) \\ a-1=2(2b-1) \end{cases}$,此时得 $3b^2-2b-2=0$,无实数根;

(3) $\begin{cases} 5(a^2+1)=2b^2-3 \\ 5(a-1)=2b-1 \end{cases}$,解得 $(a,b)=(0,-2)$;

(4) $\begin{cases} 5(a^2+1)=2(2b^2-3) \\ 5(a-1)=2(2b-1) \end{cases}$,解得 $(a,b)=(-1,-2)$ 或 $(7,8)$.

综上所述,方程①的整数根为
$$(a,b)=(0,1),(-1,1),(0,-2),(-1,-2),(7,8)$$

例20 (2012年第51届荷兰数学奥林匹克)求数对 (p,m),使得对素数 p,正整数 m 均满足
$$p^3+m(p+2)=m^2+p+1$$

解 由题设方程得
$$p^3+mp-p=m^2-2m+1$$
即
$$p(p^2+m-1)=(m-1)^2$$
显然,$m-1>0$. 于是 $p \mid (m-1)^2$. 又 p 为素数,从而 $p \mid (m-1)$.

设 $m-1=kp(k \in \mathbf{Z}_+)$,则
$$p(p^2+kp)=k^2p^2 \Rightarrow p+k=k^2 \Rightarrow p=k(k-1)$$
由于 p 为素数,故 p 的因子 k 和 $k-1$ 之一必等于 $1(k-1=-1$ 舍去).

当 $k=1$ 时,$k-1=0$ 不符合题意,舍去.

当 $k-1=1$ 时,则 $k=2$,$p=2$,$m=5$.

经检验,$(p,m)=(2,5)$ 是原方程的唯一解.

例21 求所有的正整数 $x,k,n(n \geq 2)$,使得
$$3^k-1=x^n$$

解 由条件可知 $x \geq 2$.

如果 n 为偶数,那么由完全平方数恒等于 0 或 $1(\bmod 3)$ 可知 $x^n \equiv 0$ 或 $1(\bmod 3)$,但 $3^k-1 \equiv 2(\bmod 3)$,此时无解.

如果 n 为奇数,那么

$$3^k = x^n + 1 = (x + 1)(x^{n-1} - x^{n-2} + \cdots - x + 1)$$

所以,$x + 1$ 和 $A = x^{n-1} - x^{n-2} + \cdots - x + 1$ 都为 3 的幂次.

注意到

$$A \equiv (-1)^{n-1} - (-1)^{n-2} + \cdots - (-1) + 1 = n (\bmod (x + 1))$$

故 n 为 3 的倍数. 可设 $n = 3m$,记 $y = x^m$,则

$$3^k = y^3 + 1 = (y + 1)(y^2 - y + 1) \qquad ①$$

从而,$y + 1$ 和 $y^2 - y + 1$ 都是 3 的幂次.

设 $y + 1 = 3^t$,则由①知

$$3^k = (3^t - 1)^3 + 1 = 3^{3t} - 3^{2t+1} + 3^{t+1} \qquad ②$$

如果 $t > 1$,那么 $3t > 2t + 1 > t + 1$,此时 $3^{t+1} \parallel 3^{3t} - 3^{2t+1} + 3^{t+1}$,对比式②两边要求 $k = t + 1$,但此时②的左边小于右边. 所以,$t = 1$,进而,$y = 2$,$k = 2$. 因此得 $(x, k, n) = (2, 2, 3)$.

综上可知,符合条件的正整数 $(x, k, n) = (2, 2, 3)$.

例 22 (2003 年第 29 届俄罗斯数学奥林匹克)求所有质数 p,使得 $p^x = y^3 + 1$ 成立,其中 x, y 是正整数.

解 因为 $p^x = (y + 1)(y^2 - y + 1)$,$y > 0$,所以 $y + 1 \geqslant 2$.

令 $y + 1 = p^t$($t \in \mathbf{Z}_+$,$1 \leqslant t \leqslant x$),则 $y = p^t - 1$. 从而

$$y^2 - y + 1 = p^{x-t}$$

将 $y = p^t - 1$ 代入,得

$$(p^t - 1)^2 - (p^t - 1) + 1 = p^{x-t}$$

即

$$p^{2t} - 3p^t = p^{x-t}$$

故

$$p^{x-t}(p^{3t-x} - 1) = 3(p^t - 1)$$

(1)当 $p = 2$ 时,$p^{3t-x} - 1$,$p^t - 1$ 为奇数,则 p^{x-t} 为奇数. 故 $x = t$,$y^2 - y + 1 = 1$. 因此,$y = 1$,$p = 2$,$x = 1$.

(2)当 $p \neq 2$ 时,p 为奇数,则 $p^{3t-x} - 1$,$p^t - 1$ 为偶数,p^{x-t} 为奇数,从而,$3 \mid p^{x-t}$ 或 $3 \mid (p^{3t-x} - 1)$.

当 $3 \mid p^{x-t}$ 时,$p = 3$,$x = t + 1$,则 $y^2 - y + 1 = 3$. 解得 $y = 2$,$x = 2$.

当 $3 \mid (p^{3t-x} - 1)$ 时,有 $p^{x-t} \mid (p^t - 1)$,$x = t$. 由(1)得 $y = 1$,$p = 2$,矛盾.

综上所述,有两组解 $p = 2$,$x = 1$,$y = 1$ 和 $p = 3$,$x = 2$,$y = 2$.

例 23 令 $p < q$,p, q 是两个质数. 求证:方程

$$\frac{1}{x} - \frac{1}{y} = \frac{1}{p} - \frac{1}{q}$$

有一个,两个或四个正整数解.

证明 已知的方程等价于

$$pq(y-x) = xy(q-p) \qquad\qquad ①$$

因为 p 与 q 是不同的质数,所以它们两者与 $q-p$ 互质.因此 p 与 q 中每一个整除乘积 xy.我们来区别一些情形.

（a）p 只整除 x,q 只整除 y.

记 $x = px'$,$y = qy'$,其中最大公因数 $(x',q) = $ 最大公因数 $(y',p) = 1$,代入①,给出

$$qy' - px' = x'y'(q-p)$$

我们推出 x' 与 y' 互相整除,从而 $x' = y'$.这蕴含 $x' = y' = 1$,于是就推导出解 $(x,y) = (p,q)$.

（b）p 整除 x 与 y,q 只整除 y.

记 $x = px'$,$y = pqy'$,其中最大公因数 $(x',q) = 1$.我们得出

$$qy' - x' = x'y'(q-p)$$

又得出 $x' = y'$.我们得出 $x' = \dfrac{q-1}{q-p}$,从而当且仅当 $\dfrac{q-1}{q-p}$ 是整数时,有解

$$(x,y) = \left(p\frac{q-1}{q-p}, pq\frac{q-1}{q-p} \right)$$

（c）p 只整除 y,q 整除 x 与 y.

记 $x = qx'$,$y = pqy'$,其中最大公因数 $(x',p) = 1$.由①我们得出

$$py' - x' = x'y'(q-p)$$

又得出 x' 与 y' 互相整除,这给出 $x' = y' = \dfrac{p-1}{q-p}$,当且仅当 $\dfrac{p-1}{q-p}$ 是整数时,我们得出解

$$(x,y) = \left(q\frac{p-1}{q-p}, pq\frac{p-1}{q-p} \right)$$

（d）p 与 q 只整除 y.

在这种情形中,我们记 $y = pqy'$,其中最大公因数 $(x,p) = $ 最大公因数 $(x,q) = 1$.由此推出

$$pqy' - x = xy'(q-p)$$

再次得出 x 与 y' 互相整除,这样 $x = y' = \dfrac{pq-1}{q-p}$.我们推出,当且仅当 $\dfrac{pq-1}{q-p}$ 是整数时,$(x,y) = \left(\dfrac{pq-1}{q-p}, pq\dfrac{pq-1}{q-p} \right)$ 是解.

不难检验,在其余情形的每种情形中,我们得出矛盾.

最后注意

$$\frac{q-1}{q-p} - \frac{p-1}{q-p} = 1$$

从而$\frac{q-1}{q-p}$与$\frac{p-1}{q-p}$同时是整数. 同样有

$$\frac{pq-1}{q-p} = -q + (q+1)\frac{q-1}{q-p}$$

因此,如果$\frac{q-1}{q-p}$是整数,那么$\frac{pq-1}{q-p}$也是整数.

我们断定,已知方程:

当$\frac{pq-1}{q-p}$不是整数时有一个解;

当$\frac{pq-1}{q-p}$是整数而$\frac{q-1}{q-p}$不是整数时有两个解;

当$\frac{q-1}{q-p}$是整数时有四个解.

解本题较简单的方法是注意到,式①等价于

$$\left[pq-(q-p)x\right]\left[pq+(q-p)y\right] = p^2 q^2$$

因此我们有

$$pq - (q-p)x = a$$
$$pq + (q-p)y = b$$

其中a与b是$p^2 q^2$的正因数,使$a < b$与$ab = p^2 q^2$. 因为这蕴含$a < pq < b$,所以(a,b)只有四个候选答案:$(1, p^2 q^2)$,(p, pq^2),$(q, p^2 q)$,(p^2, q^2). 同前解答完毕.

例24 (2009年第8届丝绸之路数学竞赛)证明:对于每个质数p,存在无穷多个四元数组(x,y,z,t)(x,y,z,t为互不相等的正整数),使得
$$(x^2 + pt^2)(y^2 + pt^2)(z^2 + pt^2)$$
为完全平方数.

证明 若(x_0, y_0, z_0, t_0)是满足条件的一个四元数组,则$(k^2 x_0, k^2 y_0, k^2 z_0, k^2 t_0)$($k \in \mathbf{N}_+$)显然也是. 故只需证对任意的质数$p$,方程
$$(x^2 + pt^2)(y^2 + pt^2)(z^2 + pt^2) = n^2 \quad (n \in \mathbf{Z})$$
有正整数解.

接下来证明:对任意的质数p,$u^2 + pt^2 = v^2$至少有三组不同的正整数解.

(1)$p = 2$.

取 $t = 6$,得

$$(v - u)(v + u) = 72$$

则

$$\begin{cases} u = 17 \\ v = 19 \end{cases}, \begin{cases} u = 7 \\ v = 11 \end{cases}, \begin{cases} u = 3 \\ v = 9 \end{cases}$$

故 $(x_0, y_0, z_0, t_0) = (17, 7, 3, 6)$ 满足题设.

(2) $p = 3$.

取 $t = 12$,得

$$(v - u)(v + u) = 432$$

则

$$\begin{cases} u = 107 \\ v = 109 \end{cases}, \begin{cases} u = 52 \\ v = 56 \end{cases}, \begin{cases} u = 33 \\ v = 39 \end{cases}$$

故 $(x_0, y_0, z_0, t_0) = (107, 52, 33, 12)$ 满足题设.

(3) $p \geqslant 5$ 且为质数.

取 $t = 3p$,得

$$(v - u)(v + u) = 9p^3$$

则

$$\begin{cases} u = \dfrac{9p^3 - 1}{2} \\ v = \dfrac{9p^3 + 1}{2} \end{cases}, \begin{cases} u = \dfrac{3p^3 - 3}{2} \\ v = \dfrac{3p^3 + 3}{2} \end{cases}, \begin{cases} u = \dfrac{9p^2 - p}{2} \\ v = \dfrac{9p^2 + p}{2} \end{cases}$$

故 $(x_0, y_0, z_0, t_0) = \left(\dfrac{9p^3 - 1}{2}, \dfrac{3p^3 - 3}{2}, \dfrac{9p^2 - p}{2}, 3p \right)$ 满足条件.

综上可知,命题成立.

例 25 (2005 年越南数学奥林匹克)求所有三元数组 (x, y, n),$x, y, n \in \mathbf{N}_+$,满足

$$\frac{x! + y!}{n!} = 3^n \tag{①}$$

分析 由右边的 3^n,初步估计 n 不能太大,因而我们要进一步确定 n 的范围.

解 式①即为

$$x! + y! = 3^n \cdot n! \tag{②}$$

不妨设 $x \geqslant y$. 由于 $y!$ 中含有因子 3 的幂指数为

$$3(y!) = \left[\frac{y}{3} \right] + \left[\frac{y}{3^2} \right] + \cdots + \left[\frac{y}{3^n} \right] + \cdots$$

$x!$ 中含有因子 3 的幂指数为

$$3(x!) = \left[\frac{x}{3}\right] + \left[\frac{x}{3^2}\right] + \cdots + \left[\frac{x}{3^n}\right] + \cdots$$

而 $x \geqslant y$,所以 $3(x!) \geqslant 3(y!)$. 从而式②左边含 3 的最高次幂为 $3(y!)$,则 $3(y!) \geqslant n$.

又

$$\left[\frac{y}{3}\right] + \left[\frac{y}{3^2}\right] + \cdots + \left[\frac{y}{3^n}\right] + \cdots \leqslant \frac{y}{3} + \frac{y}{3^2} + \cdots + \frac{y}{3^n} + \cdots < \frac{y}{2}$$

所以 $\frac{y}{2} > n$,所以 $y > 2n$. 则

$$x! + y! > (2n)! + (2n)! = n! \cdot 2 \cdot (2n)(2n-1)\cdots(n+1)$$

若 $n \geqslant 2$,则左边 $> n! \cdot 2 \cdot 3^n >$ 右边,无解. 所以 $n = 1, x! + y! = 3$. 因此 $x = 1, y = 2$ 或 $x = 2, y = 1$.

综上,解为 $(x,y,n) = (2,1,1),(1,2,1)$.

根据题目的特点,我们对两边的质因数进行了考察,其中 p 的成分是重要的工具.

习　题　7.8

1. (2007 年第 21 届北欧数学竞赛) 求方程 $x^2 - 2x - 2\,007y^2 = 0$ 的一组正整数解 (x, y).

解 将原方程改写为

$$x(x-2) = 223 \cdot (3y)^2$$

于是, 素数 223 可以整除 x 或 $x - 2$.

若 $x = 225$, 则 $x(x-2) = 15^2 \times 223$. 因此, $3y = 15 \Rightarrow y = 5$.

故原方程的一组解为 $(x, y) = (225, 5)$.

2. (2008 年克罗地亚数学奥林匹克(州赛)) 求方程 $x^3 - y^3 = 91$ 的全部整数解.

解 显然, $x > y$, 由

$$x^3 - y^3 = (x - y)(x^2 + xy + y^2) = 91 = 1 \times 91 = 7 \times 13$$

可有下面四种情况:

(1) $\begin{cases} x - y = 1 \\ x^2 + xy + y^2 = 91 \end{cases}$, 即

$$x^2 + x(x - 1) + (x - 1)^2 = 91$$
$$3x^2 - 3x - 90 = 0$$
$$x^2 - x - 30 = 0$$
$$x = 6 \text{ 或 } -5$$

于是有解 $(x, y) = (6, 5), (-5, -6)$.

(2) $\begin{cases} x - y = 7 \\ x^2 + xy + y^2 = 13 \end{cases}$, 解得 $(x, y) = (4, -3), (3, -4)$.

(3) $\begin{cases} x - y = 13 \\ x^2 + xy + y^2 = 7 \end{cases}$, 无实数解.

(4) $\begin{cases} x - y = 91 \\ x^2 + xy + y^2 = 1 \end{cases}$, 无实数解.

所以 $x^3 - y^3 = 91$ 有四组整数解 $(x, y) = (6, 5), (-5, -6), (4, -3),$ $(3, -4)$.

3. (2009 年巴西数学奥林匹克(八至九年级)) 证明: 不存在整数 x, y, 满足 $x^3 + y^3 = 2^{2\,009}$.

证法 1 容易验证 $x^3 \equiv 0, 1, -1 \pmod{7}$. 而

$$2^{2\,009}=(2^3)^{669}\times2^2\equiv1^{669}\times4\equiv4(\bmod 7)$$

且

$$x^3+y^3\equiv-2,-1,0,1,2(\bmod 7)$$

故 $x^3+y^3\not\equiv2^{2\,009}(\bmod 7)$.

于是,不存在正整数 x,y 满足 $x^3+y^3=2^{2\,009}$.

证法 2 设 $x=dx_1,y=dy_1(d=(x,y))$. 则

$$x^3+y^3=d^3(x_1^3+y_1^3)=d^3(x_1+y_1)(x_1^2-x_1y_1+y_1^2)$$

容易证明

$$(x_1+y_1,x_1^2-x_1y_1+y_1^2)=(x_1+y_1,(x_1+y_1)^2-3x_1y_1)$$
$$=(x_1+y_1,3x_1y_1)=1 \text{ 或 } 3$$

因为 $3\nmid(x^3+y^3)$,所以 $(x_1+y_1,x_1^2-x_1y_1+y_1^2)=1$.

考虑到 $x_1+y_1,x_1^2-x_1y_1+y_1^2$ 均为 2 的方幂,因此,$x_1+y_1=1$,这与 x_1,y_1 均为正整数矛盾.

4. (2014 年第 54 届乌克兰数字奥林匹克)求所有的正整数 N,使得存在正整数 x,y,满足 $x+y=N$,且 $N\mid xy$.

解 首先,考虑 $N=p^2Q(p$ 为素数,$Q\in\mathbf{Z}_+)$. 记 $x=pQ,y=p^2Q-pQ$. 故

$$x+y=N=p^2Q$$
$$xy=pQ(p^2Q-pQ)=p^2Q(pQ-Q)$$

显然,$N\mid xy$.

其次,设 $N=p_1p_2\cdots p_l$,其中,$p_1,p_2,\cdots,p_l$ 为两两不同的素数. 从而,$y=N-x$.

假设 $xy=x(N-x)=Nk(k\in\mathbf{Z}_+)$. 于是,$x^2=N(x-k)$.

对任意的 $i=1,2,\cdots,l$,由于 $p_i\mid x^2$,而 p_i 为素数,因此,$p_i\mid x$. 所以,$p_1p_2\cdots p_l\mid x$,即 $N\mid x$.

于是,$x\geqslant N$. 从而,$y\leqslant0$. 矛盾.

5. (2011 年第 10 届中国女子数学奥林匹克)求所有的正整数 n,使得关于 x,y 的方程

$$\frac{1}{x}+\frac{1}{y}=\frac{1}{n}$$

恰有 2 011 组满足 $x\leqslant y$ 的正整数解 (x,y).

解 由题设知,$xy-nx-ny=0\Rightarrow(x-n)(y-n)=n^2$. 所以,除了 $x=y=2n$ 外,$x-n$ 取 n^2 的小于 n 的正约数,就可得一组满足条件的正整数解 (x,y). 故 n^2 的小于 n 的正约数恰好为 2 010.

设 $n=p_1^{\alpha_1}\cdots p_k^{\alpha_k}$,其中 $p_1,\cdots,p_k$ 是互不相同的素数,$\alpha_1,\cdots,\alpha_k$ 是非负整数.

故 n^2 的小于 n 的正约数个数为

$$\frac{(2\alpha_1+1)\cdots(2\alpha_k+1)-1}{2}$$

故 $(2\alpha_1+1)\cdots(2\alpha_k+1)=4\,021$.

由于 $4\,021$ 是素数,所以 $k=1,2\alpha_1+1=4\,021,\alpha_1=2\,010$. 所以,$n=p^{2\,010}$,其中 p 是素数.

6. (1973 年第 36 届莫斯科数学奥林匹克) 考察方程 $\dfrac{1}{x}+\dfrac{1}{y}=\dfrac{1}{p}$ 的解 (x,y),其中 x,y 和 p 为自然数,$p>1$. 证明:当 p 为素数时,该方程有三组解;当 p 为合数时,该方程的解的组数大于 3.

(注:当 $a\neq b$ 时,将 (a,b) 与 (b,a) 算作不同的解.)

证明 已知方程可化为

$$xy-px-py=0$$

即

$$(x-p)(y-p)=p^2$$

当 p 为素数时,可得到 3 个方程组

$$\begin{cases}x-p=1\\y-p=p^2\end{cases},\begin{cases}x-p=p\\y-p=p\end{cases},\begin{cases}x-p=p^2\\y-p=1\end{cases}$$

即得到 $(x,y)=(p+1,p+p^2),(2p,2p),(p^2+p,p+1)$. 故只有三组解.

当 p 为合数时,可以得到多于 3 个方程组,因为方程的解的组数大于 3.

7. (1931 年匈牙利数学奥林匹克) 假设 p 是大于 2 的素数,证明:$\dfrac{2}{p}$ 可以而且仅有一种办法表示成 $\dfrac{2}{p}=\dfrac{1}{x}+\dfrac{1}{y}$ 的形式,这里 x,y 是不同的正整数.

证法 1 关系式

$$\frac{2}{p}=\frac{1}{x}+\frac{1}{y}$$

去掉分母化为

$$2xy=p(x+y)\qquad\qquad\qquad ①$$

因为式①的右边是大于 2 的素数 p 的倍数,所以 $2xy$ 也是 p 的倍数.

又 $(p,2)=1$,则 x 和 y 中至少有一个是 p 的倍数,不妨设 x 是 p 的倍数,记 $x=px'$. 这时式①就可化为

$$(2x'-1)y=px'\qquad\qquad\qquad ②$$

由于 $(2x'-1,x')=1$,则由 $x'|(2x'-1)y$,可得 $x'|y$.

设 $y=x'z$,则由式②得

$$(2x'-1)z = p$$

又由 p 是素数,则有

$$\begin{cases} 2x'-1 = 1 \\ z = p \end{cases} \text{或} \begin{cases} 2x'-1 = p \\ z = 1 \end{cases}$$

从而有

$$\begin{cases} x' = 1 \\ x = p \\ y = p \end{cases} \text{或} \begin{cases} x' = \dfrac{p+1}{2} \\ x = \dfrac{p(p+1)}{2} \\ y = \dfrac{p+1}{2} \end{cases}$$

因为 $x \neq y$,所以仅有 $x = \dfrac{p(p+1)}{2}$,$y = \dfrac{p+1}{2}$ 是符合题意的唯一解.

证法 2 将已知关系式去分母,得

$$2xy = px + py$$

则有

$$4xy - 2px - 2py + p^2 = p^2$$
$$(2x-p)(2y-p) = p^2$$

因为 x 和 y 不相等,所以

$$2x - p \neq 2y - p$$

又由 p 是素数,则只能有

$$\begin{cases} 2x - p = p^2 \\ 2y - p = 1 \end{cases}$$

解得

$$\begin{cases} x = \dfrac{p(p+1)}{2} \\ y = \dfrac{p+1}{2} \end{cases}$$

从而仅有唯一的一种表示方法,使

$$\frac{2}{p} = \frac{1}{x} + \frac{1}{y}$$

8. (2007 年青少年数学国际城市邀请赛) 求所有的正整数 m, n,使得 $m^2 + 1$ 是一个质数,且 $10(m^2 + 1) = n^2 + 1$.

解 由已知条件知

$$9(m^2 + 1) = (n - m)(n + m)$$

注意到 m^2+1 是一个质数，且 $m^2+1 \equiv 1$ 或 $2 \pmod 3$，故 m^2+1 不是 3 的倍数. 因此

$$\begin{cases} n-m=1,3,9,m^2+1 \\ n+m=9(m^2+1),3(m^2+1),m^2+1,9 \end{cases}$$

(1) 若 $\begin{cases} n-m=1 \\ n+m=9(m^2+1) \end{cases}$，则将两式相减得 $9m^2+8=2m$，不可能.

(2) 若 $\begin{cases} n-m=3 \\ n+m=9(m^2+1) \end{cases}$，则将两式相减得 $3m^2=2m$，不可能.

(3) 若 $\begin{cases} n-m=9 \\ n+m=m^2+1 \end{cases}$，则将两式相减得 $m^2-8=2m$，故 $m=4$.

(4) 若 $\begin{cases} n-m=m^2+1 \\ n+m=9 \end{cases}$，则将两式相减得 $m^2-8=-2m$，故 $m=2$.

当 $m=2$ 或 4 时，$m^2+1=5$ 或 17 均为质数，此时，对应的 n 为 7 或 13.

故满足条件的 $(m,n)=(2,7),(4,13)$.

9. (2002 年澳大利亚数学奥林匹克) 已知多项式 $p(n)=n^3-n^2-5n+2$，求所有整数 n，使得 $p^2(n)$ 是一个质数的平方.

解 设 p 是质数. 则 $p^2(x)=p$ 成立的充分必要条件是 $p(n)=\pm p$. 由于

$$p(n)=n^3-n^2-5n+2=(n+2)(n^2-3n+1)$$

则要么

$$n+2=\pm 1,\ n^2-3n+1=\pm p$$

要么

$$n^2-3n+1=\pm 1,\ n+2=\pm p$$

(1) 当 $n+2=1$ 时，$n^2-3n+1=5$.

(2) 当 $n+2=-1$ 时，$n^2-3n+1=19$.

(3) 当 $n^2-3n+1=1$ 时，若 $n=0$，$n+2=2$；若 $n=3$，$n+2=5$.

(4) 当 $n^2-3n+1=-1$ 时，若 $n=1$，$n+2=3$；若 $n=2$，$n+2=4$.

因为 4 不是质数，所以，n 的值共有 5 个，分别为 $-3,-1,0,1,3$.

10. (1999 年保加利亚数学奥林匹克) 求所有的正整数对 (x,y,z)，使得 y 是质数，y 和 3 均不被 z 整除，且 $x^3-y^3=z^2$.

解 由题设方程，有

$$(x-y)\left[(x-y)^2+3xy\right]=z^2 \qquad\text{①}$$

因为 y 是质数，且 y 和 3 不被 z 整除，则

$$(x,y)=1,(x-y,3)=1$$

所以
$$(x^2+y^2+xy,x-y)=(3xy,x-y)=1 \qquad ②$$

由①②得
$$x-y=m^2,x^2+xy+y^2=n^2,z=mn \quad (m,n\in \mathbf{N}_+)$$

所以
$$3y^2=4n^2-(2x+y)^2=(2n+2x+y)(2n-2x-y) \qquad ③$$

又 y 为质数,且 $2n-2x-y<2n+2x+y$,则由式③有:

(1) $\begin{cases}2n-2x-y=y\\2n+2x+y=3y\end{cases}$,解得 $x=0$,舍去.

(2) $\begin{cases}2n-2x-y=3\\2n+2x+y=y^2\end{cases}$,则
$$y^2-3=4x+2y=4m^2+6y$$
$$(y-3)^2-4m^2=12$$

解得 $y=7,m=1$,进而 $x=8,z=13$.

(3) $\begin{cases}2n-2x-y=1\\2n+2x+y=3y^2\end{cases}$,则
$$3y^2-1=4x+2y=2(2m^2+3y)$$
$$3y^2-6y-4m^2-1=0$$

于是
$$m^2+1\equiv 0(\bmod 3)$$

这是不可能的.

所以符合题目要求的正整数对为 $(x,y,z)=(8,7,13)$.

11. (2006 年泰国数学奥林匹克)求所有的整数 n,使得 $n^2+59n+881$ 为完全平方数.

解 设 $n^2+59n+881=m^2(m\in \mathbf{Z})$,则
$$4m^2=(2n+59)^2+43$$

即
$$(2m+2n+59)(2m-2n-59)=43$$

因为 43 为质数,所以
$$\begin{cases}2m+2n+59=43,-43,1,-1\\2m-2n-59=1,-1,43,-43\end{cases}$$

分别解得 $n=-40$ 或 -19.

12. (2012 年第 43 届奥地利数学竞赛)在整数范围内解方程
$$x^4y^3(y-x)=x^3y^4-216$$

解 将题设方程变形得

$$x^3y^4 + x^4y^3(x-y) = 216$$

即

$$(xy)^3(x^2 - xy + y) = 6^3$$

于是 $xy|6$，且 $x,y \in \{\pm 1, \pm 2, \pm 3, \pm 6\}$. 因此，$|x| = |y| = 1$ 或 $\{|x|, |y|\}$ 为集合 $\{1,2\}, \{1,3\}, \{1,6\}, \{2,3\}$ 之一.

对于以上 32 种组合情形，代入验证得 $(-3, -2), (2, 3), (1, 6)$ 为原方程的解.

13. (2007 年第 24 届希腊数学奥林匹克) 求所有的自然数 n，使得 $2\,007 + 4^n$ 为完全平方数.

解 设 $2\,007 + 4^n = k^2 (k \in \mathbf{Z}_+)$. 则

$$k^2 - 4^n = 2\,007 \Leftrightarrow k^2 - 2^{2n} = 2\,007$$

$$\Leftrightarrow (k - 2^n)(k + 2^n) = 1 \times 3 \times 3 \times 223$$

又 $k - 2^n < k + 2^n$，由上面的等式得

$$\begin{cases} k - 2^n = 1 \\ k + 2^n = 2\,007 \end{cases} \text{或} \begin{cases} k - 2^n = 3 \\ k + 2^n = 669 \end{cases} \text{或} \begin{cases} k - 2^n = 9 \\ k + 2^n = 223 \end{cases}$$

由三个方程组分别得 $2^n = 1\,003, 2^n = 333, 2^n = 107$，均产生矛盾.

因此，不存在自然数 n，使得 $2\,007 + 4^n$ 为完全平方数.

14. (2007 年克罗地亚数学竞赛) 求使 $n^2 + 2\,007n$ 为完全平方数的自然数 n 的最大值.

解 设 $n^2 + 2\,007n = m^2 (m \in \mathbf{Z}_+)$. 则存在正整数 k，满足 $m = n + k$. 因此

$$n^2 + 2\,007n = (n + k)^2$$

即

$$n = \frac{k^2}{2\,007 - 2k}$$

故 $2\,007 - 2k > 0$，即 $k \leqslant 1\,003$，且 $(2\,007 - 2k)|k^2$.

为使 n 取最大值，分子 k^2 应尽可能大，而分母尽可能小. 故当 $k = 1\,003$ 时，$n = \dfrac{1\,003^2}{1} = 1\,006\,009$ 为其最大值.

15. 已知整数 n，若它减去 51 所得差为一整数的平方，而它加上 38 所得和是一个整数的平方，求 n.

解 依题意，可设 $n - 51 = x^2, n + 38 = y^2, x, y \in \mathbf{Z}$，两式相减得

$$(y - x)(y + x) = 89 = 1 \times 89 = (-1) \times (-89)$$

从而

$$\begin{cases} y+x=1,89,-1,-89 \\ y-x=89,1,-89,-1 \end{cases}$$

于是

$$\begin{cases} x=-44 \\ y=45 \end{cases} 或 \begin{cases} x=44 \\ y=45 \end{cases} 或 \begin{cases} x=44 \\ y=-45 \end{cases} 或 \begin{cases} x=-44 \\ y=-45 \end{cases}$$

从而 $n=1\,987$.

16. (2014 年第 58 届摩尔多瓦数学奥林匹克)已知 $x,y,z\in\mathbf{Z}$,解方程组

$$\begin{cases} xy+z=27 \\ x+yz=22 \end{cases}$$

解 两式相减,得

$$xy+z-x-yz=5$$

即

$$(y-1)(x-z)=5$$

所以, $y-1=\pm1,\pm5$.

由枚举法易知

$$(x,y,z)=(4,6,3),(22,0,27)$$

17. (2014 年第 58 届摩尔多瓦数学奥林匹克)求所有的 $n\in\mathbf{Z}_+$,使得 $\sqrt{n(n+2\,014)}$ 为有理数.

解 设 $\sqrt{n(n+2\,014)}=k\in\mathbf{Q}$. 则 $k\in\mathbf{Z}_+$,且

$$(n+1\,007)^2=k^2+1\,007^2$$

$$\Rightarrow(n+1\,007-k)(n+1\,007+k)=1\,007^2=19^2\times53^2$$

注意到, $n,k\in\mathbf{Z}_+$. 由枚举法得

$$n=578,8\,586,25\,688,506\,018$$

18. (2014 年第 58 届摩尔多瓦数学奥林匹克)求所有的整数对 (x,y),使得

$$3xy+(x-y)^2(x+y)=(x^2-y^2)^2$$

解 令 $a=x+y,b=x-y$,则方程变形为

$$\frac{3}{4}(a^2-b^2)+b^2a=a^2b^2$$

所以

$$b^2=\frac{3a^2}{4a^2-4a+3}\in\mathbf{N} \qquad ①$$

若 $a=0$,则 $b=0$,故 $x=y=0$. 若 $a\neq0$,则 $b\neq0$. 故由式①知

$$3a^2\geqslant4a^2-4a+3$$

解得 $a=1,2,3$. 又由 $x=\dfrac{a+b}{2}$ 及 $y=\dfrac{a-b}{2}\in \mathbf{Z}$,易求得

$$(x,y)=(0,1)(1,0),(1,2),(2,1)$$

19. (2006 年保加利亚春季数学竞赛)求所有使得 $ac-3bd=5,ad+bc=6$ 的整数 a,b,c,d.

解 设存在整数 a,b,c,d 满足 $ac-3bd=5,ad+bc=6$. 则

$$(a^2+3b^2)(c^2+3d^2)=(ac-3bd)^2+3(ad+bc)^2$$
$$=5^2+3\times 6^2=133=7\times 19.$$

由于 $(a,b),(c,d)$ 之间的对称性,我们只考虑 $a^2+3b^2=1,c^2+3d^2=133$ 或 $a^2+3b^2=7,c^2+3d^2=19$ 的情况.

如果 $a^2+3b^2=1$,则 $a^2=1,b=0$. 结合 $ac=5,ad=6$,我们有当 $a=1$ 时,$c=5,d=6$;当 $a=-1$ 时,$c=-5,d=-6$.

如果 $a^2+3b^2=7$,则 $a^2=4,b^2=1$. 由 $c^2+3d^2=19$ 可知 $c^2=16,d^2=1$,则 $|ac|=8$. 结合 $ac-3bd=-5$,有 $ac=8$. 所以 $a=2,c=4$ 或 $a=-2,c=-4$. 从而得到 $b=d=1$ 或 $b=d=-1$.

综上所述,所有的解为
$$(a,b,c,d)=(\pm 1,0,\pm 5,\pm 6),(\pm 5,\pm 6,\pm 1,0),$$
$$(\pm 2,\pm 1,\pm 4,\pm 1),(\pm 4,\pm 1,\pm 2,\pm 1)$$

20. (2014 年第 63 届立陶宛数学奥林匹克)求下列方程组的所有自然数解

$$\begin{cases} x+y-z=12 & ① \\ x^2+y^2-z^2=12 & ② \end{cases}$$

解 先考虑 $x\geqslant y$ 的情形.

由式①得
$$z=x+y-12$$

代入式②中,得
$$xy-12x-12y+78=0$$

即
$$(x-12)(y-12)=66 \qquad\qquad ③$$

由 $x-12\geqslant y-12\geqslant 0-12$,知式③共有 5 组解
$$(x-12,y-12)=(66,1),(33,2),(22,3),(11,6),(-6,-11)(舍去)$$

故原方程组的所有自然数解为
$$(x,y,z)=(78,13,79),(13,78,79),(45,14,47),(14,45,47),$$
$$(34,15,37),(15,34,37),(23,18,29),(18,23,29)$$

21. (1999 年拉脱维亚数学奥林匹克)求方程 $x(x+1)=y^7$ 的正整数解.

解 现在来证明更一般的情形：当 $n > 1, n \in \mathbf{N}$ 时，方程 $x(x+1) = y^n$ 无整数解.

显然，$y \neq 1$，设 p 是 y 的质因数，则
$$p^n \mid x(x+1)$$
因为 $(x, x+1) = 1$，则 $p^n \mid x$ 或 $p^n \mid (x+1)$.

设 $x = a^n, x+1 = b^n$，则 $b^n - a^n = 1$，即
$$(b-a)(b^{n-1} + b^{n-2}a + \cdots + a^{n-1}) = 1$$
而 $b - a \geqslant 1, b^n + b^{n-2}a + \cdots + a^{n-1} > 1$，与上式矛盾.

所以，方程 $x(x+1) = y^7$ 无正整数解.

22.（1）求自然数 x, y，使 $\dfrac{6}{1\ 997} = \dfrac{1}{x} + \dfrac{1}{y}$.

（2）有多少个自然数 $n (n < 1\ 997)$，能使 $\dfrac{n}{1\ 997} = \dfrac{1}{x} + \dfrac{1}{y}$（$x, y$ 为自然数）.

解（1）由 $\dfrac{6}{1\ 997} = \dfrac{x+y}{xy}$，有
$$6xy = 1\ 997(x+y)$$
因为 $1\ 997$ 为质数，所以 $6 \mid (x+y)$.

设
$$\begin{cases} x + y = 6k^2 & ① \\ xy = 1\ 997k^2 & ② \end{cases}$$

为求 k，可取 $x = k, y = 1\ 997k$，代入①得
$$k + 1\ 997k = 6k^2$$
$$1\ 998 = 6k$$
得 $k = 333$.

所以 $x = 333, y = 1\ 997 \times 333$.

故 $\dfrac{6}{1\ 997} = \dfrac{1}{333} + \dfrac{1}{1\ 997 \times 333}$ 为所求.

（2）由 $\dfrac{n}{1\ 997} = \dfrac{x+y}{xy}$，有
$$nxy = 1\ 997(x+y)$$
取 $x = k, y = 1\ 997k$，代入得
$$x + y = nk^2$$
于是
$$k + 1\ 997k = nk^2$$
$$1\ 998 = nk$$

知 n 为 1 998 的约数.

因为 $1\ 998 = 2 \times 3^3 \times 37$,其约数个数为
$$d = (1+1)(3+1)(1+1) = 16$$

因 $n < 1\ 997$,故除 1 998 本身外,还有 15 个约数 n 能使 $\dfrac{n}{1\ 997} = \dfrac{1}{x} + \dfrac{1}{y}$.

23. (1991 年第 17 届全俄数学奥林匹克)是否存在这样的奇自然数 k, l, m,使得方程
$$\frac{1}{1\ 991} = \frac{1}{k} + \frac{1}{l} + \frac{1}{m}$$
成立.

解 存在.例如:

(1) $k = 2\ 183, l = 24\ 013, m = 395\ 123$;

(2) $k = 2\ 123, l = 34\ 933, m = 384\ 263$;

(3) $k = 2\ 353, l = 13\ 937, m = 181\ 181$;

(4) $k = 3\ 077, l = 5\ 973, m = 101\ 541$.

事实上,若已知方程成立,则
$$klm = 1\ 991(kl + lm + km)$$
$$klm = 11 \cdot 181(kl + lm + km)$$

显然,k, l, m 中至少有一个是 11 的倍数,一个是 181 的倍数.从而可设
$$k = t, l = 11t, m = 181t$$

这样就有
$$11 \cdot 181t^3 = 11 \cdot 181(11t^2 + 1\ 991t^2 + 181t^2)$$
$$= 11 \cdot 181 \cdot 2\ 183t^2$$

所以
$$t = 2\ 183$$

于是得到第(1)组解.

又如设
$$k = 11t, l = 181t, m = 11 \cdot 181t$$

这样就得到第(2)组解.

24. (2002~2003 年英国数学奥林匹克)求所有正整数 a, b, c,使得 a, b, c 满足 $(a!)(b!) = a! + b! + c!$.

解 记 $\alpha(n)$ 为 n 的质因子分解式中 2 的指数.

若 $a \neq b$,不妨设 $a > b$.显然,$b \neq 1$ 或 2. 故
$$c! = (a!)(b!) - a! - b! > (a!)(b! - 2) > a!$$

若 $a = b + 1$, 则

$$(b + 1)! = b + 2 + \prod_{t = b + 1}^{c} t$$

上式左边是 $b + 1$ 的倍数, 而右边不是 $b + 1$ 的倍数, 矛盾, 故有 $a \geq b + 2$. 则

$$\alpha(a! + b! + c!) = \alpha(b!) < \alpha((a!)(b!))$$

矛盾. 不可能.

因此, $a = b$. 从而

$$(a!)(a! - 2) = c!$$

显然, $a \geq 3, 3 \nmid (a! - 2) = \prod_{t = a + 1}^{c} t$. 因此, $c = a + 1$ 或 $c = a + 2$.

检验知, 只有 $c = a + 1$ 时有解 $(a, b, c) = (3, 3, 4)$, 这是唯一的解.

25. (1995 年澳大利亚数学竞赛) 试确定所有的四元数组 (p_1, p_2, p_3, p_4), 其中 p_1, p_2, p_3, p_4 是素数, 且满足:

(1) $p_1 < p_2 < p_3 < p_4$;

(2) $p_1 p_2 + p_2 p_3 + p_3 p_4 + p_4 p_1 = 882$.

解 我们将条件 (2) 改写成

$$(p_1 + p_3)(p_2 + p_4) = 882 = 2 \times 3^2 \times 7^2$$

右端不能被 4 整除, 左端必有一个因子是奇数, 因此 $p_1 = 2, p_1 + p_3 = p_3 + 2$ 是 882 的奇因子, 所以 $p_3 + 2$ 整除 441. 因为 $p_1 + p_3 < p_2 + p_4$, 所以

$$p_3 + 2 < \sqrt{882} < 30$$

$p_3 + 2$ 的可能值只能是 $1, 3, 7, 9, 21$, p_3 是素数, 且 $p_1 < p_2 < p_3$, 故 $p_3 = 5, 7, 19$.

若 $p_3 = 5$, 则由条件 (1) 可得 $p_2 = 3$. 但是 $3 + p_4$ 只能等于 $2 \times 3^2 \times 7 = 126$, 即 $p_4 = 123$, 这不是素数.

若 $p_3 = 7$, 则 $p_2 + p_4 = 2 \times 7^2 = 98$, p_2 只能是 3 或 5, 相应的 p_4 的值为 95 或 93, 它们全不是素数.

只剩下一种情况, $p_3 = 19, p_2 + p_4 = 2 \times 3 \times 7 = 42$. 因为 $2 < p_2 < 19 < p_4$, 所以最终 $p_2 = 5, 11, 13$.

因此解集为 $\{(2, 5, 19, 37), (2, 11, 19, 31), (2, 13, 19, 29)\}$.

26. 已知 n 是小于 11 的自然数, p_1, p_2, p_3, p_4 和 $p_1 + p_3^n$ 均为质数, 且 $p_1 + p_2 = 3p, p_2 + p_3 = p_1^n(p_1 + p_3), p_2 > 9$. 求 $p_1 p_2 p_3^n$ 的值.

解 显然, $p_1 = 2$.

事实上, 若 p_1 为奇质数, 则 $p_1 \geq 3$.

因为 p_2 为大于 9 的质数, 所以 p_2 为奇质数. 故 $p_1 + p_2$ 为大于 12 的偶数, 即 $3p$ 为大于 12 的偶数. 于是, p 为大于 4 的偶数, 即 p 为合数. 这与已知 p 为质

数相矛盾. 故 p_1 为偶质数, 即 $p_1 = 2$, 则 $p_2 = 3p - 2$, 那么

$$(3p - 2) + p_3 = 2^n(2 + p_3)$$
$$3p = 2^{n+1} + 2 + (2^n - 1)p_3 \qquad ①$$

当 n 为偶数时

$$2^{n+1} + 2 + (2^n - 1)p_3$$
$$\equiv (-1)^{n+1} + 2 + [(-1)^n - 1]p_3$$
$$\equiv -1 + 2 + (1 - 1)p_3 \equiv 1 \pmod 3$$

则 $3p \equiv 1 \pmod 3$, 矛盾. 所以, n 必为奇数.

由式①得

$$0 \equiv (-1)^{n+1} + 2 + [(-1)^n - 1]p_3$$
$$\equiv 1 + 2 + (-2)p_3$$
$$\equiv p_3 \pmod 3$$

所以 $3 \mid p_3$. 因为 p_3 为质数. 所以 $p_3 = 3$.

当 n 分别为 $1, 3, 5, 7, 9$ 时, $p_1 + p_3^n = 2 + 3^n$ 分别为 $5, 29, 245, 2\,189, 19\,685$.

因为 $5 \mid 245, 11 \mid 2\,189, 5 \mid 19\,685$, 所以 $p_1 + p_3^n$ 取的质数为 5 和 29. 此时, n 分别为 1 和 3. 而 $p_2 = 5 \cdot 2^n - 3$ 分别为 7 和 37.

因为 $p_2 > 9$, 所以 $p_2 = 37$. 此时, $n = 3$. 所以 $p_1 p_2 p_3^n = 2 \times 37 \times 3^3 = 1\,998$.

27. (2013 年爱沙尼亚国家队选拔考试) 求素数 p, 使得存在正整数 m 和小于 p 的非负整数 $a_0, a_1, \cdots, a_m$, 满足

$$\begin{cases} a_0 + a_1 p + \cdots + a_m p^m = 2\,013 & ① \\ a_0 + a_1 + \cdots + a_m = 11 & ② \end{cases}$$

解 ① − ②得

$$a_1(p - 1) + a_2(p^2 - 1) + \cdots + a_m(p^m - 1) = 2\,002$$

由上式的左边是 $p - 1$ 的倍数, 知 $p - 1$ 是 $2\,002 = 2 \times 7 \times 11 \times 13$ 的正约数, 即

$$p - 1 \in \{1, 2, 7, 11, 13, 14, 22, 26, 77, 91, 143, 154, 182, 286, 1\,001, 2\,002\}$$

由于 p 为素数, 故 p 只能在 $2, 3, 23, 2\,003$ 中取值.

(1) 若 $p = 2$, 则由于式①为 $2\,013$ 的 p 进制表达式, 而 $2^{10} < 2\,013 < 2^{11}$, 故 $m = 10$.

由式②得 $a_0 = a_1 = \cdots = a_{10} = 1$, 而

$$1 + 2 + 2^2 + \cdots + 2^{10} = 2^{11} - 1 = 2\,047 \neq 2\,013$$

(2) 若 $p = 3$, 则

$$2\,013 = 2 \times 3 + 1 \times 3^2 + 2 \times 3^3 + 2 \times 3^5 + 2 \times 3^6$$

而 $2 + 1 + 2 + 2 + 2 = 9 \neq 11$, 矛盾.

(3)若 $p = 23$,则

$$2\,013 = 12 + 18 \times 23 + 3 \times 23^2$$

而 $12 + 18 + 3 > 11$,矛盾.

(4)若 $p = 2\,003$,则

$$2\,013 = 10 + 2\,003$$

注意到,$10 + 1 = 11$,满足式①②.

故所求的 $p = 2\,003$.

28.(2005 年斯洛文尼亚选拔考试)求所有的正整数对 (m, n),使得 $m^2 - 4n$ 和 $n^2 - 4m$ 均是完全平方数.

解 显然,$m^2 - 4n < m$. 若 $m^2 - 4n = (m - 1)^2$,则 $2m - 1 = 4n$,矛盾. 故 $m^2 - 4n \leqslant (m - 2)^2$,得 $4m \leqslant 4n + 4$,即 $m \leqslant n + 1$.

同理,得 $n \leqslant m + 1$.

故 $n - 1 \leqslant m \leqslant n + 1$.

(1)若 $m = n - 1$,则

$$n^2 - 4m = n^2 - 4(n - 1) = (n - 2)^2$$
$$m^2 - 4n = m^2 - 4(m + 1) = (m - 2)^2 - 8 = t^2 \quad (t \in \mathbf{N}_+)$$

从而

$$(m - 2 + t)(m - 2 - t) = 8$$

故

$$\begin{cases} m - 2 + t = 4 \\ m - 2 - t = 2 \end{cases}$$

解得 $m - 2 = 3$. 所以 $m = 5, n = 6$ 满足要求.

(2)若 $m = n$,则

$$m^2 - 4n = n^2 - 4m = m^2 - 4m = (m - 2)^2 - 4 = t^2 \quad (t \in \mathbf{N})$$

从而

$$(m - 2 + t)(m - 2 - t) = 4$$

解得 $m - 2 = 2$. 所以,$m = n = 4$,满足要求.

(3)若 $m = n + 1$,则

$$m^2 - 4n = (n + 1)^2 - 4n = (n - 1)^2$$
$$n^2 - 4m = n^2 - 4(n + 1) = (n - 2)^2 - 8 = t^2 \quad (t \in \mathbf{N}_+)$$

从而

$$(n - 2 + t)(n - 2 - t) = 8$$

解得 $n - 2 = 3$. 所以,$n = 5, m = 6$ 满足要求.

综上,所述正整数对 $(m, n) = (4, 4), (5, 6), (6, 5)$.

7.9 同 余 法

同余法就是分析方程的两边并选择某些特殊的整数 m 作为模来讨论解的情况,是解不定方程的一种有效方法.一般地,对 n 元 k 次不定方程

$$f(x_1, x_2, \cdots, x_n) = 0 \qquad ①$$

若有整数解,则对任何 $m > 1$,同余式

$$f(x_1, x_2, \cdots, x_n) \equiv 0 \pmod{m} \qquad ②$$

有解,其中 $f(x_1, x_2, \cdots, x_n)$ 是关于 $x_1, x_2, \cdots, x_n$ 的 n 元 k 次多项式.

利用这一关系,可知如果对某一正整数 $m > 1$,同余式②无解,则方程①一定无整数解.因此,要证明某些不定方程无整数解,可适当选择 m,使②无解即可.但要注意,若对某 m,②有解,并不能说明①有整数解.

例1 对于任何自然数 n,方程

$$x^2 + 1 - 3y^n = 0$$

无整数解.

分析 由于自然数有无数多个,显然不能逐一研究.为方便起见,先对一个固定的 n 进行研究以降低问题的难度.

另外,可设法证明不论 x 是什么样的整数,$x^2 + 1$ 都不可能是 3 的倍数,且只需分别讨论 x 是 3 的倍数;x 被 3 除余 1;x 被 3 除余 2 这三种情形.

证明 任何整数被 3 除只有三种可能.

当 x 是 3 的倍数时,不妨设 $x = 3k$,则

$$(3k)^2 + 1 - 3y^n = 0$$

即

$$9k^2 + 1 - 3y^n = 0$$

方程左边为 $3s + 1$ 的形式,右边是 3 的倍数,左、右两边不可能相等,此时方程不可能有整数解.

当 x 被 3 除余 1 时,不妨设 $x = 3k + 1$,则有

$$(3k + 1)^2 + 1 - 3y^n = 0$$

即

$$9k^2 + 6k + 1 + 1 - 3y^n = 0$$

方程左边为 $3s + 2$ 的形式,右边是 3 的倍数,左、右两边不可能相等,此时方程不可能有整数解.

当 x 被 3 除余 2 时,不妨设 $x = 3k + 2$,则有

$$(3k+2)^2 + 1 - 3y^n = 0$$

即

$$9k^2 + 12k + 4 + 1 - 3y^n = 0$$

方程左边为 $3s+2$ 的形式,右边是 3 的倍数,左、右两边不可能相等,此时方程不可能有整数解.

综上所述,方程 $x^2 + 1 - 3y^n = 0$ 无整数解.

由于证明过程中与 n 取哪个整数无关,所以,对于任何正整数 n,$x^2 + 1 - 3y^n = 0$ 无整数解.

例2　求 $x^2 - 11y = 4$ 的整数解.

分析　由于 $11y$ 是 11 的倍数,考虑 x 被 11 除的各种余数. x^2 应被 11 除余 4 才可能满足方程.

解　设 $x = 11m + t, t = 0, 1, 2, \cdots, 10$. 代入方程,得

$$(11m + t)^2 - 11y = 4$$

即

$$121m^2 + 22mt + t^2 - 11y = 4$$

所以 $11 \mid (t^2 - 4)$.

用 $t = 0, 1, 2, \cdots, 10$ 依次试验知 $t = 2$ 或 $t = 9$,所以 $x = 11m + 2$ 或 $x = 11m + 9$.

当 $x = 11m + 2$ 时,$11y = 121m^2 + 44m + 4 - 4$,即

$$y = m(11m + 4)$$

当 $x = 11m + 9$ 时,$11y = 121m^2 + 198m + 81 - 4$,即

$$y = 11m^2 + 18m + 7$$

若将 $11m + 9$ 表示为 $11(m+1) - 2$,则

$$\begin{aligned}
y &= 11m^2 + 11m + 7m + 7 \\
&= 11m(m+1) + 7(m+1) \\
&= (m+1)(11m+7) \\
&= (m+1)[11(m+1) - 4]
\end{aligned}$$

令 $k = m + 1$,当 $x = 11k - 2$ 时

$$y = k(11k - 4)$$

所以方程的解为

$$\begin{cases} x = 11m + 2 \\ y = m(11m + 4) \end{cases} \quad (m \in \mathbf{Z})$$

或

$$\begin{cases} x = 11k - 2 \\ y = k(11k - 4) \end{cases} \quad (k \in \mathbf{Z})$$

另解

$$x^2 - 11y = 4$$
$$x^2 - 4 = 11y$$
$$(x+2)(x-2) = 11y$$

因 11 为质数,所以 11 必整除 $x+2$ 或 $x-2$. 当 $11 \mid (x+2)$ 时,则 $x+2 = 11k, x-2 = 11k-4$. 代入方程,得

$$11k(11k-4) = 11y$$

所以

$$y = k(11k-4)$$

当 $11 \mid (x-2)$ 时,则 $x-2 = 11m, x+2 = 11m+4$. 代入方程,得

$$(11m+4)(11m) = 11y$$

所以

$$y = m(11m+4)$$

所以方程的解为

$$\begin{cases} x = 11k - 2 \\ y = k(11k-4) \end{cases}$$

或

$$\begin{cases} x = 11m + 2 \\ y = m(11m+4) \end{cases}$$

其中 $k \in \mathbf{Z}, m \in \mathbf{Z}$.

例 3 证明:不定方程

$$x^2 + x + 1 = 2y^2 \tag{①}$$

没有整数解.

证明 将方程改写成

$$x(x+1) + 1 = 2y^2 \tag{②}$$

如果②有整数解,将②模 2,也就是考虑奇偶性. 右边是偶数,而左边的 $x(x+1)$ 是两个连续整数之积,它一定是偶数,从而 $x(x+1)+1$ 是奇数. 两边的奇偶性不同,矛盾.

除考虑奇偶性(即模 2)外,常常考虑模 3,5,7 等素数(它们的剩余类的个数比较少,因而比较方便)以及它们的幂 4,8,9,25 等.

例 4 证明:不定方程

$$x^2 + y^2 - 8z^3 = 6$$

没有整数 (x,y,z).

证明 模 2 可知 x,y 奇偶性必须相同,模 4 可知 x,y 均应为奇数,都不足

以导出矛盾. 所以我们进一步模 8. 先将整数按模 8 分类,即对任意整数 x,有

$$x \equiv 0, \pm 1, \pm 2, \pm 3, 4 \pmod{8}$$

之一. 将上面每个同余式都平方,得出

$$x^2 \equiv 0, 1, 4, 1, 0 \pmod{8}$$

即对任意一个整数 x,有

$$x^2 \equiv 0, 1, 4 \pmod{8} \qquad\qquad ③$$

换句话说,x^2 被 8 除所得的余数有三种可能:0,1,4.

同样,对任意整数 y,有

$$y^2 \equiv 0, 1, 4 \pmod{8}$$

所以,$x^2 + y^2 - 8z^3$ 模 8 的可能值是(穷举所有的组合)0,1,2,4,5,不能为 6,即

$$x^2 + y^2 - 8z^3 \not\equiv 6 \pmod{8}$$

或者说,原方程模 8 无解,从而它没有整数解. 证毕.

解答中的同余式③很有用处,值得记住.

例 5 证明:不定方程

$$2x^2 - 5y^2 = 7$$

没有整数解.

证法 1 由原方程不难看出,y 是奇数(实际上是对方程模 2),模 8,注意

$$y^2 \equiv 1 \pmod{8}$$

我们有

$$2x^2 \equiv 5y^2 + 7 \equiv 5 + 7 \equiv 4 \pmod{8}$$

即

$$x^2 \equiv 2 \pmod{4}$$

但 $x^2 \equiv 1, 0 \pmod{4}$,故上式不能成立,从而原方程无解.

证法 2 模 7,得到

$$2x^2 \equiv 5y^2 + 7 \equiv 5y^2 \equiv -2y^2 \pmod{7}$$

即

$$2(x^2 + y^2) \equiv 0 \pmod{7}$$

因为 $(2, 7) = 1$,这就推出

$$x^2 + y^2 \equiv 0 \pmod{7}$$

不难检验,整数的平方模 7 只可能是 0,1,2,4 之一,这样,要使上面的同余式成立,必须有 $x \equiv y \equiv 0 \pmod{7}$. 令

$$x = 7x_1, \quad y = 7y_1 \quad (x_1, y_1 \text{ 都是整数})$$

代入原方程,得到

$$7(2x_1^2 - 5y_1^2) = 1$$

这显然是不可能的.

有时先将方程适当变形,以便考虑余数的可能情况.

例6 证明:不定方程

$$x^2 - 2xy^2 + 5z + 3 = 0$$

没有整数解 (x, y, z).

证明 将方程(左边配方)变形为

$$(x - y^2)^2 - y^4 + 5z + 3 = 0 \qquad ①$$

考虑模 5,不难验证,一个整数的平方模 5 只能是 $0, \pm 1$,因此,

$$(x - y^2)^2 \equiv 0, \pm 1 \pmod 5$$
$$y^4 = (y^2)^2 \equiv 0, 1 \pmod 5$$

所以式①左边模 5 只能是 $1, 2, 3, 4$,恰不为 0,故原方程无整数解.

例7 (1985 年第 26 届 IMO 预选题)证明:方程

$$5m^2 - 6mn + 7n^2 = 1\,985$$

没有整数解.

证明 将原方程变形为

$$(5m - 3n)^2 + 26n^2 = 5 \times 1\,985$$

模 13 得

$$(5m - 3n)^2 \equiv 5 \times 1\,985 \equiv 6 \pmod{13} \qquad ①$$

但对于 $x \equiv 0, \pm 1, \pm 2, \pm 3, \pm 4, \pm 5, \pm 6 \pmod{13}$(按模 13 分类),$x^2 \equiv 0, 1, 4,$ $9, 3, 12, 10 \pmod{13}$,从而整数的平方模 13 不能为 6,与①矛盾.因此原方程无整数解.

用估计方法也能得出证明,但需做些验证.将原方程看作关于 m 的一元二次方程,应有

$$(-6n)^2 - 4 \times 5 \times 7n^2 + 4 \times 1\,985 \geqslant 0$$

即

$$n^2 \leqslant \frac{1\,985}{26} < 77$$

(这一点也可从上面解答中的配方得到)从而

$$|n| \leqslant 8$$

我们看到,本例用同余来论证,比估计要简洁得多.

例8 如果 $n \equiv 4 \pmod 9$,证明:不定方程

$$x^3 + y^3 + z^3 = n \qquad ①$$

没有整数解 (x, y, z).

证明 考虑模 9,我们先确定一个整数的三次方对于模 9 能够取哪些值.

要做到这一点,可以把整数 x 按模 9 分类,对每一个类进行考察. 但实际上,将 x 模 3 分类就够了.

如果 $x \equiv 0 (\bmod 3)$,那么显然 $x^3 \equiv 0 (\bmod 9)$.

如果 $x \equiv 1 (\bmod 3)$,设 $x = 3k + 1$,那么

$$x^3 = 9k(3k^2 + 3k + 1) + 1$$

模 9 为 1. 当 $x \equiv -1 (\bmod 3)$ 时,则有 $-x \equiv 1 (\bmod 3)$,故

$$-x^3 \equiv (-x)^3 \equiv 1 (\bmod 9)$$

即 $x^3 \equiv -1 (\bmod 9)$,从而

$$x^3 \equiv 0, 1, -1 (\bmod 9)$$

同样,对任意整数 y, z 也有

$$y^3, z^3 \equiv 0, 1, -1 (\bmod 9)$$

列举所有可能的组合,可知

$$x^3 + y^3 + z^3 \equiv 0, 1, 2, 3, 6, 7, 8 (\bmod 9)$$

而已知 $n \equiv 4 (\bmod 9)$,所以方程①模 9 无解. 从而①不会有整数解.

由本例可知,存在无穷多个整数不能表示成三个整数的立方和. 一个著名的问题:是否所有的整数都能表示成四个整数的立方和,迄今仍未解决.

例 9 (2002 年捷克和斯洛伐克数学奥林匹克)解方程 $(x_5)^2 + (y^4)_5 = 2xy^2 + 51$,其中 n_5 表示最接近整 n 的 5 的倍数,x, y 为整数.

解 因为 $(x_5)^2 + (y^4)_5$ 可以被 5 整除,又因 $2xy^2$ 除以 5 的余数为 4,即 $5 | (2xy^2 - 4)$,则 $y = 5k \pm 1$ 或 $5k \pm 2$,此时 $y_5 = 5k$.

若 $y = 5k \pm 1$,由 $5 | (y^2 - 1)$,得 $5 | (2x - 4)$,即 $5 | (x - 2)$. 设 $x = 5n + 2$,得 $x_5 = 5n$. 由于 $5 | (y^2 - 1)$,所以,$5 | (y^4 - 1)$,$(y^4)_5 = y^4 - 1$. 于是原方程化为

$$(5n)^2 + (y^4 - 1) = 2(5n + 2)y^2 + 51$$
$$(y^2 - 5n)^2 - 4y^2 = 52$$
$$(y^2 - 5n - 2y)(y^2 - 5n + 2y) = 52$$

由于左边两式之差为 $4y$,所以,52 只能分解为 2 和 26 或 -2 和 -26. 故 $y = \pm 6$. 若 $6^2 - 5n - 12 = 2$,则无解;若 $6^2 - 5n - 12 = -26$,则 $n = 10$. 此时 $x = 52, y = \pm 6$.

若 $y = 5k \pm 2$,由 $5 | (y^2 + 1)$,得 $5 | (-2x - 4)$,即 $5 | (x + 2)$. 设 $x = 5n - 2$,得 $x_5 = 5n$. 由于 $5 | (y^2 + 1)$,所以,$5 | (y^4 - 1)$,$(y^4)_5 = y^4 - 1$. 于是原方程化为

$$(5n)^2 + (y^4 - 1) = 2(5n - 2)y^2 + 51$$
$$(y^2 - 5n)^2 + 4y^2 = 52$$

由于 $4y^2 \leqslant 52$,且 $y = 5k \pm 2$,则 $y = \pm 2$ 或 ± 3.

若 $y = \pm 2$，则 $n = 2$，$x = 8$.

若 $y = \pm 3$，则 $n = 1$，$x = 3$.

综上所述，共有 6 组解 $(52,6)$，$(52,-6)$，$(8,2)$，$(8,-2)$，$(3,3)$，$(3,-3)$.

例 10（2003 年越南国家队选拔考试）设 n 是正整数. 求证：$2^n + 1$ 不存在模 8 余 -1 的质因子.

证明 对质数 $p \equiv -1 \pmod{8}$，考虑

$$2, 2 \cdot 2, 2 \cdot 3, 2 \cdot 4, \cdots, 2 \cdot \frac{p-1}{2}$$

记其中不大于 $\frac{p-1}{2}$ 的数为 $r_1, r_2, \cdots, r_h$，大于 $\frac{p-1}{2}$ 的数为 $s_1, s_2, \cdots, s_g$. 易知

$$r_i = r_j \Leftrightarrow i = j \quad (1 \le i, j \le h)$$
$$s_i = s_j \Leftrightarrow i = j \quad (1 \le i, j \le g)$$

若 $p - s_i = r_j$，则 $2 \mid p$. 矛盾. 所以，$p - s_i \ne r_j$（任意的 $1 \le i \le g$，$1 \le j \le h$）.

因为 $p - s_i \le \frac{p-1}{2}$（$1 \le i \le g$），则

$$r_1 r_2 \cdots r_h (p - s_1)(p - s_2) \cdots (p - s_g) = \left(\frac{p-1}{2}\right)!$$

故

$$r_1 r_2 \cdots r_h (s_1 s_2 \cdots s_g) \equiv (-1)^g \left(\frac{p-1}{2}\right)! \pmod{p}$$

所以

$$2^{\frac{p-1}{2}} \cdot \left(\frac{p-1}{2}\right)! \equiv (-1)^g \left(\frac{p-1}{2}\right)! \pmod{p}$$

从而

$$2^{\frac{p-1}{2}} \equiv (-1)^g \pmod{p}$$

又因为 $2 \cdot \frac{p-3}{4} < \frac{p-1}{2}$，$2 \cdot \frac{p+1}{4} > \frac{p-1}{2}$，所以，$g = \frac{p+1}{4}$.

设 $p = 8k - 1$，则 $2^{4k-1} \equiv 1 \pmod{p}$.

（以上是复述高斯（Gauss）引理.）

设 n_0 为最小的正整数，使得 $2^{n_0} \equiv 1 \pmod{p}$. 则 $n_0 \mid (4k-1)$（由 $4k - 1 = n_0 a + b$，$0 \le b < n_0$，有 $2^b \equiv 1 \pmod{p} \Rightarrow b = 0$）.

若存在 n，使得 $2^n \equiv -1 \pmod{p}$. 取其中最小的正整数 n_1，易知 $n_1 < n_0$（否则，$2^{n_1 - n_0} \equiv 2^{n_1 - n_0} \cdot 2^{n_0} = 2^{n_1} \equiv -1 \pmod{p}$，与 n_1 的最小性矛盾）.

设 $n_0 = n_1 c + d$，$0 \le d < n_1$，则

$$1 \equiv 2^{n_0} = 2^{n_1 c} \cdot 2^d \equiv (-1)^c 2^d \pmod{p}$$

若 c 为奇数,则 $2^d \equiv -1 \pmod{p}$,与 n_1 的最小性矛盾. 所以,c 为偶数,且 $d=0$,即 $n_0 = 2en_1$. 与 $n_0 \mid (4k-1)$ 矛盾.

因此,不存在 n,使得 2^n+1 有模 8 余 -1 的质因子.

例 11 (2002 年第 10 届土耳其数学奥林匹克)求出所有的质数 p,使得满足 $0 \le x, y \le p$,且 $y^2 \equiv x^3 - x \pmod{p}$ 的整数对 (x,y) 恰有 p 对.

解 首先引入勒让德(Legendre)记号 $\left(\dfrac{a}{p}\right)$.

p 为奇质数,$(a,p)=1$,且

$$\left(\frac{a}{p}\right) = \begin{cases} 1, & \text{当 } x^2 \equiv a \pmod{p} \text{ 有解时} \\ -1, & \text{当 } x^2 \equiv a \pmod{p} \text{ 无解时} \end{cases}$$

注 勒让德记号有如下性质:

$(1)\ \left(\dfrac{a}{p}\right) \cdot \left(\dfrac{b}{p}\right) = \left(\dfrac{ab}{p}\right)$;

$(2)\ \left(\dfrac{-1}{p}\right) = \begin{cases} 1, & p \equiv 1 \pmod 4 \\ -1, & p \equiv -1 \pmod 4 \end{cases}$.

下面给出一个引理.

引理 若 $(a,p)=1$,p 为奇质数,$x^2 \equiv a \pmod{p}$ 有解,则它有且仅有两个解.

引理的证明 设 $x \equiv x_0$ 是一个解,则 $x \equiv -x_0$ 也是一个解. 又 p 是奇数,则 $x_0 \not\equiv -x_0 \pmod{p}$. 所以,至少有两个解.

若另有一个解 x_1,且 $x_1 \not\equiv x_0 \pmod{p}$,$x_1 \not\equiv -x_0 \pmod{p}$,则

$$x_0^2 \equiv x_1^2 \pmod{p}$$
$$(x_0 - x_1)(x_0 + x_1) \equiv 0 \pmod{p}$$

所以,$p \mid (x_0 - x_1)$ 或 $p \mid (x_0 + x_1)$,矛盾. 因此,仅有两个解.

下面证明原题.

记 $f(x) = x^3 - x$,则 $f(x)$ 是奇函数.

当 $p = 2$ 时,$y^2 \equiv f(x) \pmod{p}$ 恰有两个解 $(0,0)$,$(1,0)$.

当 $p \equiv 3 \pmod 4$ 时,因为

$$\left(\frac{-a}{p}\right) = \left(\frac{-1}{p}\right)\left(\frac{a}{p}\right) = -\left(\frac{a}{p}\right)$$

所以,$y^2 \equiv f(x)$ 与 $y^2 \equiv -f(x) \equiv f(-x)$ 一个有解,一个无解.

设 $x = 2,3,\cdots,\dfrac{p-1}{2}$ 中,$y^2 \equiv f(x)$ 有 k 个解,则 $x = \dfrac{p+1}{2},\dfrac{p+3}{2},\cdots,p-2$ 中,$y^2 \equiv f(x)$ 有 $\dfrac{p-3}{2} - k$ 个解.

所以,$x = 2, 3, \cdots, p-2$ 中,$y^2 \equiv f(x)$ 有 $\dfrac{p-3}{2}$ 个解.

又由引理知它们有两个解,则 $x = 2, 3, \cdots, p-2$ 中,有 $p-3$ 组解.

当 $x = 0, 1, p-1$ 时,$y^2 \equiv f(x) \equiv 0 (\bmod p)$ 各有一组解.

所以,共有 p 组解.

当 $p \equiv 1 (\bmod 4)$ 时,因为 $\left(\dfrac{-a}{p}\right) = \left(\dfrac{-1}{p}\right)\left(\dfrac{a}{p}\right) = \left(\dfrac{a}{p}\right)$,所以,$y^2 \equiv f(x)$ 与 $y^2 \equiv f(-x)$ 或同有两个解或同无解.

设 $x = 2, 3, \cdots, \dfrac{p-1}{2}$ 中,$y^2 \equiv f(x)$ 有 k 个解. 则 $x = \dfrac{p+1}{2}, \dfrac{p+3}{2}, \cdots, p-2$ 中,$y^2 \equiv f(x)$ 有 k 个解.

所以,$x = 2, 3, \cdots, p-2$ 中,$y^2 \equiv f(x) (\bmod p)$ 有 $4k$ 组解.

当 $x = 0, 1, p-1$ 时,$y^2 \equiv f(x) \equiv 0 (\bmod p)$ 各有一组解.

所以,共有 $4k+3$ 组解.

但 $p \neq 4k+3$,所以,$p \equiv 1 (\bmod 4)$ 必不满足条件.

综上所述,$p \equiv 2 (\bmod 4)$ 或 $p \equiv 3 (\bmod 4)$.

例 12 (2005 年第 34 届美国数学奥林匹克)证明:方程组
$$\begin{cases} x^6 + x^3 + x^3 y + y = 147^{157} \\ x^3 + x^3 y + y^2 + y + z^9 = 157^{147} \end{cases}$$

证法 1 没有整数解 x, y, z.

将方程两边相加,再同时加上 1,可得
$$(x^3 + y + 1)^2 + z^9 = 147^{157} + 157^{147} + 1 \qquad\qquad ①$$

下面证明,式①两边模 19 不同余.

选择模 19 是因为 2 和 9 的最小公倍数为 18,由费马(Fermat)小定理知,当 a 不是 19 的倍数时,$a^{18} \equiv 1 (\bmod 19)$.

特别地,$(z^9)^2 \equiv 0$ 或 $1 (\bmod 19)$,于是,有
$$z^9 \equiv -1, 0, 1 (\bmod 19)$$

经计算,可得
$$n^2 \equiv -8, -3, -2, 0, 1, 4, 5, 6, 7, 9 (\bmod 19)$$

由费马小定理,有
$$147^{157} + 157^{147} + 1 \equiv 147^{13} + 157^3 + 1 (\bmod 19)$$
$$\equiv -5^{13} + 5^3 + 1 (\bmod 19)$$
$$\equiv 14 (\bmod 19)$$

因为 $z^9 + n^2 \not\equiv 14 (\bmod 19)$,所以,式①无整数解.

证法 2　获得证法 1 中的式①后,也可选择两边模 13. 这时,利用费马小定理:对任意 $a \in \mathbf{N}_+$,若 $13 \nmid a$,则 $a^{12} \equiv 1 (\mathrm{mod}\ 13)$,知

$$147^{157} \equiv 4^1 \equiv 4 (\mathrm{mod}\ 13)$$

而

$$157^{147} \equiv 1^{147} \equiv 1 (\mathrm{mod}\ 13)$$

故

$$(x^3 + y + 1)^2 + z^9 \equiv 6 (\mathrm{mod}\ 13) \qquad ②$$

另一方面,由条件式中的第一个式子,知

$$(x^3 + 1)(x^3 + y) = 147^{157} \equiv 4 (\mathrm{mod}\ 13) \qquad ③$$

而立方数 $\equiv 0, \pm 1$ 或 $\pm 5 (\mathrm{mod}\ 13)$,结合上式,可知 $x^3 \not\equiv -1 (\mathrm{mod}\ 13)$,所以,$x^3 \equiv 0, 1, 5$ 或 -5,对比式③可知,对应地有 $x^3 + y \equiv 4, 2, 5, -1 (\mathrm{mod}\ 13)$,从而

$$(x^3 + y + 1)^2 \equiv 12, 9, 10 \text{ 或 } 0 (\mathrm{mod}\ 13) \qquad ④$$

再利用 z^9 是一个立方数,故 $z^3 \equiv 0, 1, 5, 8$ 或 $12 (\mathrm{mod}\ 13)$.

综合④就有

$$(x^3 + y + 1)^2 + z^9 \not\equiv 3 \text{ 或 } 6 (\mathrm{mod}\ 13)$$

这与式②矛盾.

这个证法说明,将 z^9 改为 z^3 后,命题仍然成立.

例 13　(1986 年第 15 届美国数学奥林匹克)求使前 n 个自然数$(n > 1)$的平方平均数是一个整数的最小正整数 n.

$\left(\text{注:}n \text{ 个数 } a_1, a_2, \cdots, a_n \text{ 的平方平均数是 } \sqrt{\dfrac{a_1^2 + a_2^2 + \cdots + a_n^2}{n}}.\right)$

解　设 $\sqrt{\dfrac{1^2 + 2^2 + \cdots + n^2}{n}} = m, m \in \mathbf{Z}$,则

$$\frac{1^2 + 2^2 + \cdots + n^2}{n} = m^2$$

$$\frac{(n+1)(2n+1)}{6} = m^2$$

$$(n+1)(2n+1) = 6m^2$$

因为 $6m^2$ 为偶数,$2n+1$ 为奇数,所以 $n+1$ 是偶数,从而 n 是奇数.

设 $n = 6p+3$ 或 $n = 6p-1$ 或 $n = 6p+1$.

(1)当 $n = 6p+3$ 时,则

$$(6p+4)(12p+7) = 6m^2$$

即

$$72p^2 + 90p + 28 = 6m^2$$

由于 $6|72, 6|90, 6\nmid 28$. 所以此时无解.

(2) 当 $n = 6p - 1$ 时,则
$$6p(12p - 1) = 6m^2$$
即
$$m^2 = p(12p - 1)$$
由于 p 和 $12p - 1$ 互质,则为使上式成立,p 和 $12p - 1$ 必须都是完全平方数.

设 $p = s^2, 12p - 1 = t^2$. 消去 p 得
$$t^2 - 12s^2 = -1 = 4(3s^2 - 1) + 3$$
因为一个平方数被 4 除只能余 0 或 1,所以上式不可能成立. 此时亦无解.

(3) 当 $n = 6p + 1$ 时,则
$$(6p + 2)(12p + 3) = 6m^2$$
即
$$m^2 = (3p + 1)(4p + 1)$$
由于 $3p + 1$ 和 $4p + 1$ 互质,则 $3p + 1$ 与 $4p + 1$ 必须都是完全平方数.

设 $3p + 1 = u^2, 4p + 1 = v^2$. 消去 p 得
$$4u^2 - 3v^2 = 1$$
显然,$u = v = 1$ 是其中的一组解,但此时
$$p = 0, n = 1$$
与 $n > 1$ 矛盾.

由 $4u^2 - 3v^2 = 1$ 可知,v 必为奇数.

设 $v = 2q + 1$,则方程化为
$$u^2 - 3q(q + 1) - 1 = 0$$
由于 $q(q + 1)$ 为偶数,可知 u 也为奇数.

设 $u = 2j + 1$,则上面的方程化为
$$4j(j + 1) = 3q(q + 1)$$
显然,方程左边为 8 的倍数,为使方程右边为 8 的倍数,又使 n 最小,可设 $q + 1 = 8$. 此时
$$q = 7, j = 6, j + 1 = 7$$
于是有
$$u = 2j + 1 = 13, v = 2q + 1 = 15$$
$$u^2 = 3p + 1 = 169, p = 56$$
从而
$$n = 6p + 1 = 337$$

同余的作用主要是导出一些有解的必要条件(条件不能满足时,方程无

解),对解或方程中的参数(尤其是幂指数)提出一些限制,以帮助论证与求解.关键当然是选择适当的模.有时需要取几次模,有时需要将同余与其他方法结合起来.总之,同余是一种非常灵活的方法,只有通过模仿与实践才能逐步掌握.下面再举一些例子.

例14 求所有的正整数 m,n,使得

$$1! +2! +\cdots+m! =n^2 \qquad ①$$

解 不难验证,$(m,n)=(1,1),(3,3)$ 都是解.当 $m=4,5$ 时,问题无解.下面,我们用同余来证明当 $m\geq 5$ 时,方程①没有正整数解.

模5,显然

$$1! +2! +3! +4! =33\equiv 3(\bmod 5)$$

而当 $k\geq 5$ 时,$k! \equiv 0(\bmod 5)$.于是,对 $m\geq 5$,有

$$1! +2! +\cdots+m! \equiv 3(\bmod 5)$$

但 n^2 只能恒等于 $0, \pm 1(\bmod 5)$.因此,$m\geq 5$ 时方程无解.

例15 求出所有的正整数 m,n,使 $2^m +3^n$ 是完全平方数.

解 考虑不定方程

$$2^m +3^n =x^2 \qquad ①$$

显然,x 为奇数,且 $3\nmid x$,从而 $x^2\equiv 1(\bmod 3)$.式①模3得

$$1\equiv 2^m \equiv (-1)^m(\bmod 3)$$

因此 m 是偶数.设 $m=2k(k\geq 1)$,由于 x 为奇数,$m\geq 2$,式①模4得

$$1\equiv 3^n \equiv (-1)^n(\bmod 4)$$

从而 n 是偶数.设 $n=2l$,将式①变形为

$$(x+3^l)(x-3^l)=2^{2k} \qquad ②$$

由式②可知,$x+3^l$ 及 $x-3^l$ 都是2的方幂,但两者的和 $2x$ 不是4的倍数,从而

$$x-3^l=2, x+3^l=2^{2k-1}$$

由以上两式消去 x,得

$$3^l +1 =2^{2k-2} \qquad ③$$

如果 $k=2$,那么 $l=1$,于是 $m=4,n=2$.如果 $k>2$,将式③模8,右边 $\equiv 0(\bmod 8)$,而 $3^l\equiv 1$ 或 $3(\bmod 8)$,所以式③的左边 $\equiv 2$ 或 $4(\bmod 8)$.这时式③无解.从而所求的全部解是 $(m,n)=(4,2)$.

例16 设 m,n 为正整数,且 $n>1$.求 $|2^m -5^n|$ 的最小值.

解 由于 $|2^m -5^n|$ 为奇数,而 $m=7,n=3$ 时,$|2^m -5^n|=3$,故若能证明 $n>1$ 时,$|2^m -5^n|\neq 1$,则所求的最小值为3.

若存在正整数 m,n,使得 $n>1$,且 $|2^m -5^n|=1$,则

$$2^m -5^n =1 \text{ 或 } 2^m -5^n =-1$$

如果 $2^m - 5^n = 1$,那么 $m \geqslant 3$. 两边模 8,要求

$$5^n \equiv 7 \pmod 8$$

但对任意正整数 n,$5^n \equiv 1$ 或 $5 \pmod 8$,矛盾,故 $2^m - 5^n = 1$ 不成立.

如果 $2^m - 5^n = -1$,那么由 $n > 1$,知 $m \geqslant 3$. 两边模 8,得

$$5^n \equiv 1 \pmod 8$$

可知 n 为偶数. 设 $n = 2x$,x 为正整数,则

$$2^m = (5^x - 1)(5^x + 1)$$

由于 $5^x - 1$ 与 $5^x + 1$ 是两个相邻偶数,这要求

$$5^x - 1 = 2, 5^x + 1 = 4$$

这是不可能的.

所以,$|2^m - 5^n|$ 的最小值为 3.

说明 上面的两个例子都用到了一个结论:两个差为 2 的正整数之积为 2 的幂次,则这两个数只能为 2 和 4.

例 17 (2005 年罗马尼亚国家队选拔考试)解方程 $3^x = 2^x y + 1 (x, y \in \mathbf{Z}_+)$.

分析 本题条件较少,我们需要从中进一步挖掘.

解 方程变形为

$$3^x - 1 = 2^x y$$

若 $x \geqslant 3$,则 $3^x - 1 \equiv 0 \pmod 8$,即 $3^x \equiv 1 \pmod 8$,故 x 为偶数.

设 $x = 2m$,则

$$(3^m + 1)(3^m - 1) = 2^{2m} y$$

而 $3^m + 1 - (3^m - 1) = 2$ 且 $3^m + 1, 3^m - 1$ 均为偶数,则 $3^m + 1, 3^m - 1$ 中必一为 2 的奇数倍,一为 2 的偶数倍,否则至少差 4,矛盾.

所以其中之一仅有一个 2,而另一个含有 2^{2m-1} 次幂. 而当 $m \geqslant 3$ 时,$2^{2m} - 1 \geqslant 3^m + 1 \Rightarrow m = 1, 2$,而 $2m \geqslant 4 \Rightarrow m = 2$. 所以 $x = 4$ 时,$80 = 16y \Rightarrow y = 5$;$x = 3 \Rightarrow$ 无解;$x = 2 \Rightarrow y = 2$;$x = 1 \Rightarrow y = 1$.

所以 $(x, y) = (1, 1), (2, 2), (4, 5)$ 为方程的解.

例 18 (2004 年新加坡数学奥林匹克)求有序整数对 (a, b) 的个数,使得 $x^2 + ax + b = 167y$ 有整数解 (x, y),其中,$1 \leqslant a, b \leqslant 2\,004$.

解 先证明一个引理.

引理 p 为奇素数,当 x 取遍模 p 的完全剩余系时,x^2 模 p 恰能取到 $0, 1, \cdots, p-1$ 中的 $\dfrac{p+1}{2}$ 值.

证明 当 $x \equiv 0 \pmod p$ 时,$x^2 \equiv 0 \pmod p$. 当 $p \nmid x$ 时,若 $x_1^2 \equiv x_2^2 \pmod p$,则

$$x_1 \equiv \pm x_2 \pmod p$$

这样,将 $1,2,\cdots,p-1$ 分成 $\dfrac{p-1}{2}$ 个组 $(1,p-1),(2,p-2),\cdots,$ $\left(\dfrac{p-1}{2},\dfrac{p+1}{2}\right)$,同组数的平方模 p 相等,不同组数的平方模 p 不相等.

因此,二次剩余恰能取到 $1+\dfrac{p-1}{2}=\dfrac{p+1}{2}$ 个值.

回到原题.

由 $x^2+ax+b\equiv0(\bmod\ 167)$ 得

$$4x^2+4ax+4b\equiv0(\bmod\ 167)$$

即

$$a^2-4b\equiv(2x+a)^2(\bmod\ 167)$$

因此,a 取一个值时,a^2-4b 取模 167 的二次剩余.

由引理知 a^2-4b 模 167 能取到 84 个不同的值. 所以,b 模 167 能取 84 个不同的值.

又因为 $\dfrac{2\ 004}{167}=12$,所以,每个 a 都对应 84×12 个满足要求的 b.

综上,共有 $2\ 004\times84\times12=2\ 020\ 032$ 个有序整数对.

例 19 (2010 年克罗地亚国家队选拔考试)已知 $n\in\mathbf{N},n>1$. 证明:不定方程 $(x+1)^n-x^n=ny$ 在正整数集合中无解.

证明 取 n 最小的素因数(设为 p)进行讨论. 易知,$p\mid x$ 与 $p\mid(x+1)$ 不可能同时成立. 故当 $p\mid x$ 或 $p\mid(x+1)$ 时,原式两边模 p,即知矛盾. 当 $p\nmid x$,且 $p\nmid(x+1)$ 时,原等式可化为

$$(x+1)^n\equiv x^n(\bmod\ n)$$

进而

$$(x+1)^n\equiv x^n(\bmod\ p)$$

因为 $(x,p)=1$,所以,$x,2x,\cdots,px$ 为模 p 的一个完全剩余系. 于是,$1,2,\cdots,p$ 中必存在某数 a,使得 $ax\equiv1(\bmod\ p)$. 故

$$(x+1)^n a^n\equiv(ax)^n(\bmod\ p)$$
$$\Rightarrow(x+1)^n a^n\equiv1(\bmod\ p)$$
$$\Rightarrow[a(x+1)]^n\equiv1(\bmod\ p)$$

又 p 为 n 的最小素因数,则 $(p-1,n)=1$. 由费马小定理得

$$[a(x+1)]^{p-1}\equiv1(\bmod\ p)$$

由此可得

$$[a(x+1)]^n \equiv [a(x+1)]^{n-p+1} (\bmod\ p)$$
$$\Rightarrow [a(x+1)]^{p-1} \equiv [a(x+1)]^{n-p+1} (\bmod\ p)$$
$$\Rightarrow 1 \equiv [a(x+1)]^n \equiv [a(x+1)]^{(n,p-1)} \equiv a(x+1)(\bmod\ p)$$
$$\Rightarrow ax(x+1) \equiv x(\bmod\ p)$$
$$\Rightarrow x+1 \equiv x(\bmod\ p)$$
$$\Rightarrow 1 \equiv 0(\bmod\ p)$$

矛盾. 综上, 该不定方程无正整数解.

例 30 (2006 年德加利亚、克罗地亚、斯洛文尼亚)求所有满足 $2^t = 3^x \cdot 5^y + 7^z$ 的正整数 t, x, y, z.

解 因为 $2^t \equiv 1(\bmod\ 3)$, 所以 t 是偶数. 又因为 $2^t \equiv 2^z(\bmod\ 5)$, 即 $2^{t-z} \equiv 1(\bmod\ 5)$(显然 $t > z$), 则 4 整除 $t-z$, 2 整除 z. 很明显

$$t \geqslant 6 > 2 \Rightarrow 0 \equiv 3^x(-3)^y + (-1)^z(\bmod\ 8) \Leftrightarrow 3^{x+y} \equiv (-1)^{y+1}(\bmod\ 8)$$

如果 y 是偶数, 那么 $3^{x+y} \equiv -1(\bmod\ 8)$. 矛盾. 所以 y 是奇数, 且 $3^{x+y} \equiv 1(\bmod\ 8)$. 可知 $x+y$ 是偶数, 从而 x 是奇数. 设 $t = 2m(m \geqslant 3), z = 2n(n \geqslant 1)$, 则方程可转换为

$$(2^m - 7^n)(2^m + 7^n) = 3^x \cdot 5^y$$

因为 $(2^m - 7^n, 2^m + 7^n) = 1$, 有下列三种可能的情况:

情况 $1: 2^m - 7^n = 3^x, 2^m + 7^n = 5^y$.

情况 $2: 2^m - 7^n = 5^y, 2^m + 7^n = 3^x$.

情况 $3: 2^m - 7^n = 1, 2^m + 7^n = 3^x \cdot 5^y$.

在前两种情况下, 我们有 $2^m \mp 7^n = 3^x$. 因为 $m \geqslant 3$ 以及 x 是奇数, 得

$$\mp(-1)^n \equiv 3(\bmod\ 8) \Leftrightarrow 3 \equiv -1(\bmod\ 8)$$

矛盾.

在第三种情况下, $2^m - 7^n = 1 \Rightarrow 2^m \equiv 1(\bmod\ 7)$, 所以 3 整除 m. 设 $m = 3k$, 则

$$(2^k - 1)(2^{2k} + 2^k + 1) = 7^n$$

易知 $(2^k - 1, 2^{2k} + 2^k + 1) = 1$ 或 3, 所以

$$2^k - 1 = 1, 2^{2k} + 2^k + 1 = 7^n \Rightarrow k = 1, n = 1$$

从而

$$m = 3, t = 6, z = 2, x = y = 1$$

最后, 本题的解为

$$t = 6, x = 1, y = 1, z = 2$$

有些整式方程, 常数项为 0, 这种方程必有整数解, 未知数均为 0 就是它的解, 通常称为平凡解. 其他的整数解(如果有的话)称为非平凡解.

采用同余可以证明一些方程仅有平凡解.

例 21 证明:不定方程

$$x^2 - 3y^2 = 2z^2 \qquad\qquad ①$$

仅有平凡解.

证明 假设①有非平凡解 x, y, z. 如果 $(x, y, z) = d > 1$, 令 $x = dx_1, y = dy_1$, $z = dz_1$, 代入①后两边约去 d^2, 得

$$x_1^2 - 3y_1^2 = 2z_1^2$$

这时, $(x_1, y_1, z_1) = 1$.

因此, 不妨假设①中, $(x, y, z) = 1$(凡齐次方程均可以这样做).

模 3. 因为整数的平方模 3 为 0 或 1, 所以①的左边 $\equiv 0, 1 \pmod 3$, 右边 $\equiv 0, 2 \pmod 3$. 要两边相等必须 $x \equiv z \equiv 0 \pmod 3$. 设

$$x = 3x_1, z = 3z_1$$

代入①并化简得 $3x_1^2 - y^2 = 6z_1^2$. 从而 $3 \mid y^2$. 但 3 是素数, 所以 $3 \mid y$, $(x, y, z) \geqslant 3$. 这与所设的 $(x, y, z) = 1$ 矛盾. 从而①只有平凡解.

例 22 证明:存在无穷多个正整数 a, 使不定方程

$$x^2 + y^2 = az^2 \qquad\qquad ①$$

仅有平凡解.

证明 我们已经知道 $x^2 \equiv 0, 1 \pmod 4$. 因此 $x^2 + y^2 \equiv 0, 1, 2 \pmod 4$, 唯缺一个剩余类 3. 看来(猜测)$a \equiv 3 \pmod 4$ 可能使①仅有平凡解(如果模 3, $x^2 + y^2$ 可跑遍 3 的剩余类, 所以我们模 4 而不模 3), 下面证明确实如此.

与上例相同, 可设 $(x, y, z) = 1$. 如果 z 为奇数, 那么上面已经说过①的左边 $\not\equiv$ $3 \pmod 4$. 如果 z 为偶数, 那么由①得

$$x^2 + y^2 \equiv 0 \pmod 4$$

从而 x, y 都必须是偶数, $2 \mid (x, y, z)$ 与所设 $(x, y, z) = 1$ 矛盾.

因此, 在 $a \equiv 3 \pmod 4$ 时, ①仅有平凡解. 这样的 a 当然有无穷多个.

例 23 设 k 为偶数, 证明

$$x^2 + y^2 + z^2 = kxyz \qquad\qquad ①$$

仅有平凡解.

证法 1 设式①有非平凡解. 如果 $(x, y, z) = d > 1$, 那么令 $x = x_1 d, y = y_1 d$, $z = z_1 d$, 代入式①并化简得

$$x_1^2 + y_1^2 + z_1^2 = kdx_1y_1z_1 \qquad\qquad ②$$

式②仍是一个形如式①的方程, 只不过用偶数 kd 代替了偶数 k, $(x_1, y_1, z_1) = 1$. 所以, 我们不妨设 $(x, y, z) = 1$.

考虑奇偶性可知 x, y, z 中至少有一个是偶数. 这时, 式①的右边被 4 整除.

与上例相同,推出左边的另两个数也都是偶数.矛盾.

证法 2　设式①有非平凡解.由于 k 为偶数,考虑奇偶性可知 x,y,z 中至少有一个是偶数.再模 4(与证法 1 相同),即知 x,y,z 均为偶数.设 $x=2x_1,y=2y_1,z=2z_1$,则由式①得

$$x_1^2+y_1^2+z_1^2=2kx_1y_1z_1 \qquad\qquad ③$$

对式③进行同样的推理,可知 x_1,y_1,z_1 均为偶数,设 $x_1=2x_2,y_1=2x_2$,$z_1=2z_2$,代入式③得

$$x_2^2+y_2^2+z_2^2=4kx_2y_2z_2 \qquad\qquad ④$$

其中 x_2,y_2,z_2 又必须都是偶数.如此继续下去,我们推出,x,y,z 能被 2 的任意次幂整除.而这只有当 $x=y=z=0$ 时才有可能.

例 24　(1989 年亚洲太平洋地区数学竞赛)证明:方程 $6(6a^2+3b^2+c^2)=5n^2$ 除去 $a=b=c=n=0$ 之外,没有整数解.

证明　不妨设非零解 a,b,c,n 的最大公约数 $(a,b,c,n)=1$.方程

$$6(6a^2+3b^2+c^2)=5n^2 \qquad\qquad ①$$

由 $(6,5)=1$ 可得 $6\mid n^2$,从而 $6\mid n$.进而又有 $6^2\mid 6(6a^2+3b^2+c^2)$,即 $6\mid(6a^2+3b^2+c^2)$,于是 $3\mid c$.

令 $n=6m,c=3d$,其中 m 和 d 都是整数,则方程①可化为

$$6(6a^2+3b^2+9d^2)=5\cdot 6^2 m^2$$

即

$$2a^2+b^2+3d^2=10m^2 \qquad\qquad ②$$

由于 $m^2\equiv 0,1,4(\bmod 8)$,则

$$10m^2\equiv 0,2(\bmod 8) \qquad\qquad ③$$

又由②知,b^2+3d^2 一定为偶数,则 b 和 d 的奇偶性相同.

由于 $2a^2\equiv 0,2(\bmod 8)$,则当 b 和 d 都为奇数时

$$2a^2+b^2+3d^2\equiv 2+1+3\equiv 6(\bmod 8)$$

或

$$2a^2+b^2+3d^2\equiv 0+1+3\equiv 4(\bmod 8) \qquad\qquad ④$$

因为③和④矛盾,所以 b 和 d 都为偶数.

由于 b,d,n 均为偶数,且 $(a,b,c,n)=1$,则 a 为奇数,此时

$$2a^2+b^2+3d^2\equiv 2,6(\bmod 8)$$

于是由③知,m 是奇数.

令 $b=2b_1,d=2d_1$,则②化为

$$a^2+2b_1^2+6d_1^2=5m^2$$

即

$$b_1^2 + 3d_1^2 = \frac{5m^2 - a^2}{2}$$

由于 a 和 m 是奇数,则

$$5m^2 - a^2 \equiv 5 - 1 = 4 (\bmod 8)$$

即

$$\frac{5m^2 - a^2}{2} \equiv 2 (\bmod 4)$$

于是

$$b_1^2 + 3d_1^2 \equiv 2 (\bmod 4) \qquad ⑤$$

然而 $b_1^2 \not\equiv 0, 1 (\bmod 4), 3d_1^2 \equiv 0, 3 (\bmod 4)$,则

$$b_1^2 + 3d_1^2 \equiv 0, 1, 3 (\bmod 4) \qquad ⑥$$

⑤和⑥矛盾.

因此,方程①仅有 $a = b = c = n = 0$ 一组解.

例 25 (1988 年第 51 届莫斯科数学奥林匹克)证明:任何四个自然数 x, y, z, t 都不能满足等式

$$3x^4 + 5y^4 + 7z^4 = 11t^4 \qquad ①$$

证明 假设自然数 x, y, z, t 满足等式①.

(1)若 t 为奇数,则有

$$11t^4 \equiv 3 (\bmod 8)$$

则式①左边应有两个字母为偶数,一个字母为奇数.

若 x 和 y 为偶数,z 为奇数,则

$$3x^4 + 5y^4 + 7z^4 \equiv 7 (\bmod 8)$$

若 x 和 z 为偶数,y 为奇数,则

$$3x^4 + 5y^4 + 7z^4 \equiv 5 (\bmod 8)$$

若 x 为奇数,y 和 z 为偶数,则

$$3x^4 + 5y^4 + 7z^4 \equiv 3 (\bmod 8)$$

由此可知,y 和 z 为偶数,x 为奇数.

将式①化为

$$5y^4 + 7z^4 = 3(t^4 - x^4) + 8t^4 \qquad ②$$

考察

$$t^4 - x^4 = (t + x)(t - x)(t^2 + x^2)$$

若奇数 t 和 x 对模 4 同余,则 $t - x$ 能被 4 整除,此时 $t + x, t^2 + x^2$ 均能被 2 整除,于是 $t^4 - x^4$ 能被 16 整除.

若奇数 t 和 x 对模 4 不同余,即余数为 1 和 3,则 $t + x$ 能被 4 整除,同样有

$t^4 - x^4$ 能被 16 整除.

由于 y 和 z 是偶数,则式②左边

$$5y^4 + 7z^4 \equiv 0 \,(\bmod\ 16)$$

而式②右边

$$3(t^4 - x^4) + 8t^4 \equiv 8 \,(\bmod\ 16)$$

于是式②不可能成立.

从而,t 为奇数时,不满足等式①.

(2)若 t 为偶数,且 x,y,z 中两奇一偶.

若 x 为偶数,y 和 z 为奇数,则

$$3x^4 + 5y^4 + 7z^4 \equiv 4 \,(\bmod\ 8)$$
$$11t^4 \equiv 0 \,(\bmod\ 8)$$

若 y 为偶数,x 和 z 为奇数,则

$$3x^4 + 5y^4 + 7z^4 \equiv 2 \,(\bmod\ 8)$$

若 z 为偶数,x 和 y 为奇数,则考察模 16,有

$$3x^4 + 5y^4 \equiv 8 \,(\bmod\ 16)$$
$$11t^4 - 7z^4 \equiv 0 \,(\bmod\ 16)$$

从而,t 为奇数,x,y,z 为两奇一偶时,不满足等式①.

(3)若 t 为偶数,x,y,z 均为偶数时,只要在式①两边同除以 2 的适当的幂即可化为(1)(2).

由以上可知,不存在自然数 x,y,z,t 满足①.

例 26 设 k,l 都是非负整数. 证明

$$x^2 + y^2 + z^2 = 4^k(8l + 7) \qquad\qquad ①$$

没有整数解.

证明 先设 $k = 0$. 因为 $x^2 \equiv 0,1,4 \,(\bmod\ 8)$,所以

$$x^2 + y^2 + z^2 \equiv 0,1,2,3,4,5,6 \,(\bmod\ 8)$$

唯独缺 7 这类. 因此方程①无整数解.

如果 $k > 0$,那么由①得

$$x^2 + y^2 + z^2 \equiv 0 \,(\bmod\ 4)$$

与上例相同,这时必须有

$$x \equiv y \equiv z \equiv 0 \,(\bmod\ 2)$$

设

$$x = 2x_1, y = 2y_1, z = 2z_1 \quad (x_1, y_1, z_1 \text{ 是整数})$$

代入①,得

$$x_1^2 + y_1^2 + z_1^2 = 4^{k-1}(8l + 7) \qquad\qquad ②$$

如果 $k-1>0$,再模 4,从②又推出 x_1,y_1,z_1 都是偶数. 设
$$x_1=2x_2,y_1=2y_2,z=2z_2 \quad (x_2,y_2,z_2 \text{ 是整数})$$
代入②得
$$x_2^2+y_2^2+z_2^2=4^{k-2}(8l+7)$$
如果 $k-2>0$,对上式继续模 4,如此等等,反复这样做下去,我们最终可将方程
①中 4 的幂指数化为 0,而得到
$$x_k^2+y_k^2+z_k^2=8l+7 \qquad\qquad ③$$
其中 x_k,y_k,z_k 是整数. 于是,根据开始的讨论,方程无解.

例 26 表明,当 n 具有 $4^k(8l+7)$ 的形式时,它不能表示成三个整数的平方
和. 将整数表示成平方和是数论中最有趣的课题之一,这方面的基本结果是:

任何正整数都能表示成四个整数的平方和. 当且仅当它不是 $4^k(8l+7)$ 这
种形式时,也能表示成三个整数的平方和.

例 27 (2005 年第 2 届中国东南地区数学奥林匹克)试求满足 $a^2+b^2+c^2=$
2 005,且 $a\leq b\leq c$ 的所有三元正整数组 (a,b,c).

解 由于任何奇平方数被 4 除余 1,任何偶平方数是 4 的倍数,因 2 005 被
4 除余 1,故 a^2,b^2,c^2 三数中,必是两个偶平方数,一个奇平方数.

设 $a=2m,b=2n,c=2k-1,m,n,k$ 为正整数,原方程化为
$$m^2+n^2+k(k-1)=501 \qquad\qquad ①$$
又因任何平方数被 3 除的余数,或者是 0,或者是 1,今对 k 进行如下讨论:

(i)若 $3\mid k(k-1)$,则由①知,$3\mid(m^2+n^2)$,于是 m,n 都是 3 的倍数.

设 $m=3m_1,n=3n_1$,并且 $\dfrac{k(k-1)}{3}$ 是整数,由①得
$$3m_1^2+3n_1^2+\frac{k(k-1)}{3}=167 \qquad\qquad ②$$
于是
$$\frac{k(k-1)}{3}\equiv167\equiv2(\bmod 3)$$

设 $\dfrac{k(k-1)}{3}=3r+2$,则
$$k(k-1)=9r+6 \qquad\qquad ③$$
且由①得,$k(k-1)<501$,所以 $k\leq22$.

故由③知,k 可取 3,7,12,16,21,代入②分别得到如下情况
$$\begin{cases}k=3\\m_1^2+n_1^2=55\end{cases}, \begin{cases}k=7\\m_1^2+n_1^2=51\end{cases}, \begin{cases}k=12\\m_1^2+n_1^2=41\end{cases}, \begin{cases}k=16\\m_1^2+n_1^2=39\end{cases}, \begin{cases}k=21\\m_1^2+n_1^2=9\end{cases}$$
由于 55,51 都是 $4N+3$ 形式的数,不能表示为两个正整数的平方和,并且

9 也不能表示成两个正整数的平方和,因此只有 $k=12$ 与 $k=16$ 时有如下的整数解 m_1,n_1.

当 $k=12$ 时,由 $m_1^2+n_1^2=41$,得 $(m_1,n_1)=(4,5)$,则
$$a=6m_1=24,b=6n_1=30,c=2k-1=23$$
于是 $(a,b,c)=(24,30,23)$.

当 $k=16$ 时,由 $m_1^2+n_1^2=29$,得 $(m_1,n_1)=(2,5)$,这时
$$a=6m_1=12,b=6n_1=30,c=2k-1=31$$
因此 $(a,b,c)=(12,30,31)$.

（Ⅱ）若 $3 \nmid k(k-1)$,由于任何三个连续数中必有一个是 3 的倍数,则 $k+1$ 是 3 的倍数,故 k 被 3 除余 2,因此 k 只能取 $2,5,8,11,14,17,20$ 各值.

利用①分别讨论如下:

若 $k=2$,则 $m_1^2+n_1^2=499$,而 $499\equiv3(\bmod 4)$,此时无解.

若 $k=5$,则 $m_1^2+n_1^2=481$,利用关系式
$$(\alpha^2+\beta^2)(x^2+y^2)=(\alpha x+\beta y)^2+(\alpha y-\beta x)^2$$
$$=(\alpha x-\beta y)^2+(\alpha y+\beta x)^2$$

可知
$$481=13\times37=(3^2+2^2)(6^2+1^2)$$
$$=20^2+9^2=16^2+15^2$$

所以
$$(m,n)=(9,20) \text{ 或 } (15,16)$$
于是得两组解 $(a,b,c)=(2m,2n,2k-1)=(18,40,9)$ 或 $(30,32,9)$.

若 $k=8$,则 $m_1^2+n_1^2=445$,而
$$445=5\times89=(2^2+1^2)(8^2+5^2)$$
$$=21^2+2^2=18^2+11^2$$

所以
$$(m,n)=(2,21) \text{ 或 } (11,18)$$
于是得两组解 $(a,b,c)=(2m,2n,2k-1)=(4,42,15)$ 或 $(22,36,15)$.

若 $k=11$,则 $m_1^2+n_1^2=391$,而 $391\equiv3(\bmod 4)$,此时无解.

若 $k=14$,则 $m_1^2+n_1^2=319$,而 $319\equiv3(\bmod 4)$,此时无解.

若 $k=17$,则 $m_1^2+n_1^2=229$,而 $229=15^2+2^2$,所以得 $(m,n)=(2,15)$,于是得一组解 $(a,b,c)=(2m,2n,2k-1)=(4,30,33)$.

若 $k=20$,则 $m_1^2+n_1^2=121=11^2$,而 11^2 不能表示成两个正整数的平方和,

因此本题共有 7 组解,分别为：$(23,24,30),(12,30,31),(9,18,40),(9,30,$

32),(4,15,42),(15,22,36),(4,30,33).

经检验,它们都满足方程.

例28 (2006 年中国数学奥林匹克)正整数 m,n,k 满足: $mn = k^2 + k + 3$,证明:不定方程 $x^2 + 11y^2 = 4m$ 和 $x^2 + 11y^2 = 4n$ 中至少有一个有奇数解 (x,y).

证法1 首先我们证明如下一个引理.

引理 不定方程

$$x^2 + 11y^2 = 4m \qquad ①$$

或有奇数解 (x_0,y_0),或有满足

$$x_0 \equiv (2k+1)y_0 (\bmod\ m) \qquad ②$$

的偶数解 (x_0,y_0),其中 k 是整数.

引理的证明 考虑如下表示

$$x + (2k+1)y$$

其中 x,y 为整数,且 $0 \leqslant x \leqslant 2\sqrt{m}, 0 \leqslant y \leqslant \dfrac{\sqrt{m}}{2}$,则共有 $([2\sqrt{m}]+1)([\dfrac{\sqrt{m}}{2}]+1) > m$ 个表示.

因此存在整数 $x_1,x_2 \in [0,2\sqrt{m}], y_1,y_2 \in [0,\dfrac{\sqrt{m}}{2}]$,满足 $(x_1,y_1) \neq (x_2,y_2)$,且

$$x_1 + (2k+1)y_1 \equiv x_2 + (2k+1)y_2 (\bmod\ m)$$

这表明

$$x \equiv (2k+1)y (\bmod\ m) \qquad ③$$

这里 $x = x_1 - x_2, y = y_2 - y_1$. 由此可得

$$x^2 \equiv (2k+1)^2 y^2 \equiv -11y^2 (\bmod\ m)$$

故 $x^2 + 11y^2 = km$,因为 $|x| \leqslant 2\sqrt{m}, |y| \leqslant \dfrac{\sqrt{m}}{2}$,所以

$$x^2 + 11y^2 < 4m + \dfrac{11}{4}m < 7m$$

于是 $1 \leqslant k \leqslant 6$. 因为 m 为奇数,所以 $x^2 + 11y^2 = 2m, x^2 + 11y^2 = 6m$ 显然没有整数解.

(1)若 $x^2 + 11y^2 = m$,则 $x_0 = 2x, y_0 = 2y$ 是方程①满足②的解.

(2)若 $x^2 + 11y^2 = 4m$,则 $x_0 = x, y_0 = y$ 是方程①满足②的解.

(3)若 $x^2 + 11y^2 = 3m$,则 $(x \pm 11y)^2 + 11(x \mp y)^2 = 3^2 \cdot 4m$.

首先假设 $3 \nmid m$,若 $x \not\equiv 0 (\bmod\ 3), y \not\equiv 0 (\bmod\ 3)$,且 $x \not\equiv y (\bmod\ 3)$,则

$$x_0 = \dfrac{x - 11y}{3}, y_0 = \dfrac{x+y}{3} \qquad ④$$

167

是方程①满足②的解. 若 $x \equiv y \not\equiv 0 \pmod{3}$，则

$$x_0 = \frac{x + 11y}{3}, y_0 = \frac{y - x}{3} \qquad ⑤$$

是方程①满足②的解.

现在假设 $3 \mid m$，则公式④和⑤仍然给出方程①的整数解. 若方程①有偶数解 $x_0 = 2x_1, y_0 = 2y_1$，则

$$x_1^2 + 11y_1^2 = m \Leftrightarrow 36m = (5x_1 \pm 11y_1)^2 + 11(5y_1 \mp x_1)^2$$

因为 x_1, y_1 的奇偶性不同，所以 $5x_1 \pm 11y_1, 5y_1 \mp x_1$ 都为奇数.

若 $x_1 \equiv y_1 \pmod{3}$，则 $x_0 = \dfrac{5x_1 - 11y_1}{3}, y_0 = \dfrac{5y_1 + x_1}{3}$ 是方程①的一奇数解.

若 $x_1 \not\equiv y_1 \pmod{3}$，则 $x_0 = \dfrac{5x_1 + 11y_1}{3}, y_0 = \dfrac{5y_1 - x_1}{3}$ 是方程①的一奇数解.

$(4)\, x^2 + 11y^2 = 5m$，则 $5^2 \cdot 4m = (3x \mp 11y)^2 + 11(3y \pm x)^2$.

当 $5 \nmid m$ 时，若 $x \equiv \pm 1 \pmod{5}, y \equiv \mp 2 \pmod{5}$，或 $x \equiv \pm 2 \pmod{5}, y \equiv \pm 1 \pmod{5}$，则

$$x_0 = \frac{3x - 11y}{5}, y_0 = \frac{3y + x}{5} \qquad ⑥$$

是方程①满足②的解.

若 $x \equiv \pm 1 \pmod{5}, y \equiv \pm 2 \pmod{5}$，或 $x \equiv \pm 2 \pmod{5}, y \equiv \mp 1 \pmod{5}$，则

$$x_0 = \frac{3x + 11y}{5}, y_0 = \frac{3y - x}{5} \qquad ⑦$$

是方程①满足②的解.

当 $5 \mid m$ 时，则公式⑥和⑦仍然给出方程①的整数解. 若方程①有偶数解 $x_0 = 2x_1, y_0 = 2y_1$，则

$$x_1^2 + 11y_1^2 = m, x_1 \not\equiv y_1 \pmod{2}$$

可得

$$100m = (x_1 \mp 33y_1)^2 + 11(y_1 \pm 3x_1)^2$$

若 $x_1 \equiv y_1 \equiv 0 \pmod{5}$，或者 $x_1 \equiv \pm 1 \pmod{5}, y_1 \equiv \pm 2 \pmod{5}$，或者 $x_1 \equiv \pm 2 \pmod{5}, y_1 \equiv \mp 1 \pmod{5}$，则

$$x_0 = \frac{x_1 - 33y_1}{5}, y_0 = \frac{y_1 + 3x_1}{5}$$

是方程①的一奇数解.

若 $x_1 \equiv \pm 1 \pmod{5}, y_1 \equiv \mp 2 \pmod{5}$，或 $x_1 \equiv \pm 2 \pmod{5}, y_1 \equiv \pm 1 \pmod{5}$，则

$$x_0 = \frac{x_1 + 33y_1}{5}, y_0 = \frac{y_1 - 33x_1}{5}$$

是方程①的一奇数解.

引理证毕.

由引理知,若方程①没有奇数解,则它有一个满足②的偶数解 (x_0,y_0). 令 $l=2k+1$,考虑二次方程

$$mx^2+ly_0x+ny_0^2-1=0 \qquad ⑧$$

则

$$x=\frac{-ly_0\pm\sqrt{l^2y_0^2-4mny_0^2+4m}}{2m}=\frac{-ly_0\pm x_0}{2m}$$

这表明方程⑧至少有一个整数根 x_1,即

$$mx_1^2+ly_0x_1+ny_0^2-1=0 \qquad ⑨$$

上式表明 x_1 必为奇数. 将⑨乘以 $4n$ 后配方得

$$(2ny_0+lx_1)^2+11x_1^2=4n$$

这表明方程 $x^2+11y^2=4n$ 有奇数解 $x=2ny_0+lx_1,y=x_1$.

证法2 首先证明如下引理.

引理 令 m,n,t 是三个正整数,满足 $t^2+11=4mn$,则存在整数 u,v,x,y,使得下面三式之一成立:

(Ⅰ)当 u,v 为奇数时,有

$$\begin{cases}4m=u^2+11v^2\\n=x^2+11y^2\\t=ux+11vy\\|uy-vx|=1\end{cases}$$

(Ⅱ)当 x,y 为奇数时,有

$$\begin{cases}m=u^2+11v^2\\4n=x^2+11y^2\\t=ux+11vy\\|uy-vx|=1\end{cases}$$

(Ⅲ)当 u,v 为奇数,且 x,y 为奇数时,有

$$\begin{cases}4m=u^2+11v^2\\4n=x^2+11y^2\\t=\dfrac{ux+11vy}{2}\\|uy-vx|=2\end{cases}$$

引理的证明 我们对 t 用归纳法.

当 $t=1$ 时,$(m,n)=(1,3),(3,1)$. 前者可取 $u=1,v=0,x=y=1$,属于

（Ⅱ）. 后者可取 $u=v=1,x=1,y=0$, 属于（Ⅰ）. 现在假设结论对小于 t 的自然数成立. 不妨设 $m\leqslant n$. 若 $m=n$, 则 $4m^2-t^2=11$, 即 $m=n=3,t=5$. 此时可取 $u=v=1,x=-1,y=1$,（Ⅲ）成立. 若 $m=1$, 则可取 $u=1,v=0,x=t,y=1$,（Ⅱ）成立. 下设 $1<m<n$, 则 $n\geqslant m+2$, 即 $t^2+11\geqslant 4m(m+2)>(2m)^2+11$, 故 $t>2m$, 于是

$$4mn=t^2+11\Rightarrow 4m(m+n-t)=(t-2m)^2+11$$

$$m+n\geqslant\sqrt{4mn}>t,0<t-2m<t$$

由归纳法假设知,（Ⅰ）（Ⅱ）（Ⅲ）之 对 $(m,m+n-t,t-2m)$ 成立.

如果对 $(m,m+n-t,t-2m)$,（Ⅰ）成立, 那么存在整数 u,v,x,y, 使得

$$\begin{cases} 4m=u^2+11v^2 \\ m+n-t=x^2+11y^2 \\ t-2m=ux+11vy \\ |uy-vx|=1 \end{cases}$$

从上式中解出 m,n,t 得

$$\begin{cases} 4m=u^2+11v^2 \\ 4n=(2x+u)^2+11(2y+v)^2 \\ t=\dfrac{u(2x+u)+11v(2y+v)}{2} \\ |u(2y+v)-v(2x+u)|=2|uy-vx|=2 \end{cases} \quad (u,v \text{ 为奇数})$$

即对 (m,n,t),（Ⅲ）成立.

如果对 $(m,m+n-t,t-2m)$,（Ⅱ）成立, 那么存在整数 u,v,x,y, 使得

$$\begin{cases} m=u^2+11v^2 \\ 4(m+n-t)=x^2+11y^2 \\ t-2m=ux+11vy \\ |uy-vx|=1 \end{cases} \quad (x,y \text{ 为奇数})$$

从上式中解出 m,n,t 得

$$\begin{cases} m=u^2+11v^2 \\ 4n=(x+2u)^2+11(y+2v)^2 \\ t=u(x+2u)+11v(y+2v) \\ |u(y+2v)-v(x+2u)|=|uy-vx|=1 \end{cases} \quad (u,v \text{ 为奇数})$$

即对 (m,n,t),（Ⅱ）成立.

如果对 $(m,m+n-t,t-2m)$,（Ⅲ）成立, 那么存在整数 u,v,x,y, 使得

$$\begin{cases} 4m = u^2 + 11v^2 \\ 4(m+n-t) = x^2 + 11y^2 \\ t - 2m = \dfrac{ux + 11vy}{2} \\ |uy - vx| = 2 \end{cases} \quad (u,v \text{ 为奇数};x,y \text{ 为奇数})$$

从上式中解出 m,n,t 得

$$\begin{cases} 4m = u^2 + 11v^2 \\ n = \left(\dfrac{x+u}{2}\right)^2 + 11\left(\dfrac{y+v}{2}\right)^2 \\ t = u\left(\dfrac{x+u}{2}\right) + 11v\left(\dfrac{y+v}{2}\right) \\ \left| u\left(\dfrac{y+v}{2}\right) - v\left(\dfrac{x+u}{2}\right) \right| = \dfrac{|uy-vx|}{2} = 1 \end{cases} \quad (u,v \text{ 为奇数})$$

即对 (m,n,t) ,（Ⅰ）成立. 引理证毕.

对 $t = 2k+1$ 应用上述引理立得结论.

例 29 （2008 年塞尔维亚数学奥林匹克）求方程 $12^x + y^4 = 2\ 008^z$ 的整数解.

解 易知,关于 $x \leq 0$ 或 $z \leq 0$,有唯一的整数解 $x = 0, y = 0, z = 0$.

假设 $z > 0$,由于 $2\ 008 = 2^3 \times 251$,故等式两边均能被 251 整除.

假设 x 为偶数（设 $x = 2x_1$）. 则

$$(12^{x_1})^{250} \equiv -(y^2)^2 \pmod{251}$$

两边同时进行 125 次幂运算,得

$$(12^{x_1})^{250} \equiv -(y^2)^{250} \pmod{251}$$

由费马小定理知

$$(12^{x_1})^{250} \equiv 1 \pmod{251}$$
$$-(y^2)^{250} \equiv -1 \text{ 或 } 0 \pmod{251}$$

矛盾. 故 x 必为奇数.

显然,y 为偶数.

设 $y = 2^u y_1$（y_1 为奇数）. 则

$$2^{2x} \cdot 3^x + 2^{4u} y_1^4 = 2^{3z} \cdot 251^z \qquad ①$$

由于 x 为奇数,则 $2x \neq 4u$. 故上式左边 2 的最大次数为 $2x$ 或 $4u$,而右边 2 的最大次数为 $3z$. 于是,$3z = 2x$ 或 $3z = 4u$.

接下来证明上述两种情形均没有整数解.

（1）若 $3z = 2x < 4u$,易知 $2 \mid z$. 式①两边同时消去 2^{2x},有

$$3^x + 2^{4u-2x} y_1^4 = 251^z$$

但这是不可能的. 因为左边模 4 余 3,而右边模 4 余 1）.

(2)若 $3z=4u<2x$,易知 $2\mid z$. 式①两边同时消去 2^{4u},有

$$2^{2x-4u}\cdot 3^x+y_1^4=251^z$$

这是不可能的. 因为右边模 5 余 1,而对于左边,当 $5\nmid y_1$ 时,有 $y_1^4\equiv 1(\bmod 5)$,故

$$2^{2x-4u}\cdot 3^x\equiv 0(\bmod 5)$$

这是不可能的;当 $5\mid y_1$ 时,应有

$$2^{2x-4u}\cdot 3^x\equiv 1(\bmod 5)$$

但由于 x 为奇数,则

$$2^{2x-4u}\cdot 3^x\equiv \pm 3(\bmod 5)$$

矛盾.

综上,方程有唯一整数解 $(x,y,z)=(0,0,0)$.

例 30 (2007 年中国台湾数学奥林匹克)试求所有的正整数 a,b,c,d,使得

$$2^a=3^b\cdot 5^c+7^d$$

解法 1 对式①两边模 3,得

$$右边\equiv 0+1=1(\bmod 3),左边\equiv 2,1(\bmod 3)$$

故 a 为偶数.

记 $a=2a_1(a_1\in \mathbf{Z}_+)$. 代入式①,得

$$4^{a_1}=3^b\cdot 5^c+7^d \qquad ②$$

对式②两边模 5,得

$$左边\equiv 4,1(\bmod 5),右边\equiv 0+7^d\equiv 7^d\equiv 2,4,3,1(\bmod 5)$$

故 d 为偶数.

记 $d=2d_1(d_1\in \mathbf{Z}_+)$. 代入式②,得

$$4^{a_1}=3^b\cdot 5^c+49^{d_1}$$

即

$$(2^{a_1}+7^{d_1})(2^{a_1}-7^{d_1})=3^b\cdot 5^c$$

因此

$$\begin{cases} 2^{a_1}+7^{d_1}=3^{b_1}\cdot 5^{c_1} & ③\\ 2^{a_1}-7^{d_1}=3^{b_2}\cdot 5^{c_2} & ④\end{cases}$$

其中,$b=b_1+b_2,c=c_1+c_2$,且 $b_i,c_i\in \mathbf{N},i=1,2$.

显然,$3^{b_1}\cdot 5^{c_1}>3^{b_2}\cdot 5^{c_2}$. 故不可能有 $b_1\le b_2,c_1\le c_2$ 同时成立.

(1)$b_1>b_2,c_1\le c_2$.

③ $-$ ④,得

$$2\cdot 7^{d_1}=5^{c_1}\cdot 3^{b_2}(3^{b_1-b_2}-5^{c_2-c_1})$$

因为 $3,5\nmid 2\cdot 7^{d_1}$,所以,$b_2=c_1=0$. 代入式③④,得

$$\begin{cases} 2^{a_1} + 7^{d_1} = 3^{b_1} & \text{⑤} \\ 2^{a_1} - 7^{d_1} = 5^{c_2} & \text{⑥} \end{cases}$$

对式⑤模 3,得

$$0 \equiv 右边 = 左边 \equiv 2^{a_1} + 1 = 0,2 (\bmod 3)$$

故 a_1 为奇数.

记 $a_1 = 2a_2 + 1$. 则

$$2^{a_1} \equiv 2,3 (\bmod 5)$$

而由式⑥得

$$7^{d_1} \equiv 2^{a_1} \equiv 2,3 (\bmod 5)$$

故 d_1 也为奇数.

记 $d_1 = 2d_2 + 1$. 将 $a_1 = 2a_2 + 1$, $d_1 = 2d_2 + 1$ 代入式⑤⑥,得

$$\begin{cases} 2 \cdot 4^{a_2} - 7 \cdot 49^{d_2} = 5^{c_2} & \text{⑦} \\ 2 \cdot 4^{a_2} + 7 \cdot 49^{d_2} = 3^{b_1} & \text{⑧} \end{cases}$$

由式⑦,显然,$a_2 \geqslant 2$. 对式⑧两边模 16,得

$$左边 \equiv 0 + 7 = 7 (\bmod 16), 右边 \equiv 3,9,11,1 (\bmod 16)$$

右边 $\neq$ 左边. 矛盾. 此时无解.

(2)$b_1 \leqslant b_2, c_1 > c_2$.

类似地,有 $b_1 = c_2 = 0$. 则式③④转化为

$$\begin{cases} 2^{a_1} + 7^{d_1} = 5^{c_1} & \text{⑨} \\ 2^{a_1} - 7^{d_1} = 3^{b_2} & \text{⑩} \end{cases}$$

对式⑩两边模 3,得

$$2^{a_1} \equiv 1 (\bmod 3)$$

故 a_1 为偶数. 所以,$2^{a_1} \equiv \pm 1 (\bmod 5)$.

对式⑨两边模 5,得

$$7^{d_1} \equiv \pm 1 (\bmod 5)$$

故 d_1 也为偶数.

记 $a_1 = 2a_2, d_1 = 2d_2$,并代入式⑩,得

$$(2^{a_2} + 7^{d_2})(2^{a_2} - 7^{d_2}) = 3^{b_2}$$

因为

$$(2^{a_2} + 7^{d_2}) - (2^{a_2} - 7^{d_2}) = 2 \cdot 7^{d_2} \equiv 2 (\bmod 3)$$

所以,$2^{a_2} + 7^{d_2}, 2^{a_2} - 7^{d_2}$ 中有且仅有一个为 3 的倍数.

又 $2^{a_2} + 7^{d_2} > 2^{a_2} - 7^{d_2}$,则

$$\begin{cases} 2^{a_2} + 7^{d_2} = 3^{b_2} & \text{⑪} \\ 2^{a_2} - 7^{d_2} = 1 & \text{⑫} \end{cases}$$

若 $a_2 \geqslant 4$,对式⑫两边模 16,得

$$右边 \equiv 1 \pmod{16}$$
$$左边 \equiv 0 - 7^{d_2} = -7^{d_2} \pmod{16} \equiv -7, -1 \pmod{16}$$

左边 ≠ 右边. 矛盾. 故 $a_2 \leqslant 3$.

将 $a_2 = 1, 2, 3$ 逐一代入式⑪⑫,检验知无正整数解.

(3) $b_1 \geqslant b_2, c_1 \geqslant c_2$.

同理,$b_2 = c_2 = 0$. 故 $b = b_1, c = c_1$.

代入式③④得

$$\begin{cases} 2^{a_1} + 7^{d_1} = 3^{b_1} \cdot 5^{c_1} \\ 2^{a_1} - 7^{d_1} = 1 \end{cases} \qquad ⑭$$

对式⑭应用式⑫的结论,知 $a_1 \leqslant 3$.

代入 $a_1 = 1, 2, 3$ 逐一检验,知 $a_1 = 3, d_1 = 1$ 是唯一解. 此时,$b_1 = c_1 = 1$.

再由 $a = 2a_1, d = 2d_1, b = b_1, c = c_1$,知所求的所有满足条件的解为

$$(a, b, c, d) = (6, 1, 1, 2)$$

例31 (2007 年印度国家队选拔考试)已知 p 为素数,且满足 $p \equiv 3 \pmod 8$. 求方程 $y^2 = x^3 - p^2 x$ 的全部整数解 (x, y).

解 原方程等价于

$$y^2 = (x - p)(x + p)x$$

分类讨论如下(以下讨论中的字母均为自然数).

(1) $p \nmid y$.

因为 $(x - p, x) = (x + p, x) = 1$,所以,若 x 为偶数,则 $(x - p, x + p) = 1$. 此时,$x, x + p, x - p$ 均为完全平方数,但 $x + p \equiv 3$ 或 $7 \pmod 8$,矛盾. 故 x 为奇数,此时,$(x - p, x + p) = 2$.

设 $x = r^2, x - p = 2s^2, x + p = 2t^2$. 因为 $(x + p) - (x - p) = 2p \equiv 2 \pmod 4$,所以

$$s^2 - t^2 \equiv 1 \pmod 2$$

从而,s^2, t^2 中有一个为偶数. 进而,s, t 中有一个为偶数. 则

$$r^2 = x = 2s^2 + p = 2t^2 - p \equiv 3 \text{ 或 } 5 \pmod 8$$

这是不可能的.

因此,当 $p \nmid y$ 时,原方程无解.

(2) $p \mid y$.

若 $y = 0$,易知原方程的三个解为 $(0, 0), (p, 0), (-p, 0)$.

设 $y \neq 0$. 由 $p \mid y$,有 $(x - p, x, x + p) = p$,则 $p^2 \mid y$.

设 $x = pa, y = p^2 b$. 则原方程化为

$$pb^2 = (a - 1)a(a + 1) = a(a^2 - 1) \qquad ①$$

显然,$(a, a^2 - 1) = 1$.

接下来证明:方程①无正整数解.

（ⅰ）若 $p \mid a$,则

$$a = pc^2, a^2 - 1 = d^2 \Rightarrow a^2 - d^2 = 1 \Rightarrow (a + d)(a - d) = 1$$
$$\Rightarrow a = 1, d = 0 \Rightarrow b = 0$$

矛盾.

（ⅱ）若 $p \nmid a$,则

$$a = c^2, a^2 - 1 = pd^2 \Rightarrow pd^2 = c^4 - 1 = (c^2 + 1)(c + 1)(c - 1)$$

当 c 为偶数时, d 为奇数. 从而

$$c^4 - 1 \equiv -1 (\bmod 8)$$

但 $pd^2 \equiv 3 \times 1 \equiv 3 (\bmod 8)$,矛盾. 故 c 为奇数. 从而

$$(c^2 + 1, c^2 - 1) = 2, (c - 1, c + 1) = 2$$

由 $p \equiv 3 (\bmod 4)$,有 $c^2 \not\equiv -1 (\bmod p)$,则 $p \nmid (c^2 + 1)$.

又 $c^2 \equiv 1 (\bmod 8)$,即 $c^2 + 1 \equiv 2 (\bmod 8)$, $c^2 - 1 \equiv 0 (\bmod 8)$. 故

$$c^4 - 1 = pd^2 \Leftrightarrow \begin{cases} c^2 + 1 = 2e^2 \\ c^2 - 1 = 8pf^2 \end{cases}$$

其中, e 为奇数,且设 c 为佩尔(Pell)方程 $x^2 - 1 = 8py^2$ 的所有整数解 (x, y) 中最小的正整数 x .

由 $c^2 + 1 = 2e^2 \equiv 2 (\bmod 16)$ 得

$$c^2 \equiv 1 (\bmod 16) \Rightarrow c \equiv \pm 1 (\bmod 8)$$

于是, $c^2 - 1 = (c - 1)(c + 1) = 8pf^2$ 有下列四种情形:

(1) $\begin{cases} c - 1 = 2pg^2 \\ c + 1 = 4h^2 \end{cases}$;

(2) $\begin{cases} c - 1 = 2g^2 \\ c + 1 = 4ph^2 \end{cases}$;

(3) $\begin{cases} c + 1 = 2pg^2 \\ c - 1 = 4h^2 \end{cases}$;

(4) $\begin{cases} c + 1 = 2g^2 \\ c - 1 = 4ph^2 \end{cases}$.

其中, g 为奇数.

(1) $c = 4h^2 - 1 \equiv -1 (\bmod 8) \Rightarrow 4h^2 = c + 1 \equiv 0 (\bmod 8) \Rightarrow h$ 为偶数.

故 $c = 4h^2 - 1 \equiv -1 (\bmod 16) \Rightarrow 2pg^2 = c - 1 \equiv -2 (\bmod 16) \Rightarrow pg^2 \equiv -1 (\bmod 8)$.

但 $pg^2 \equiv 3 \times 1 \equiv 3 (\bmod 8)$,矛盾.

(2) $c = 2g^2 + 1 \equiv 3 (\bmod 8)$,矛盾.

(3) $c = 4h^2 + 1 \equiv 1 (\bmod 8) \Rightarrow 2pg^2 = c + 1 \equiv 2 (\bmod 8)$.

但 $2pg^2 \equiv 2 \times 3 \times 1 \equiv 6 (\bmod 8)$,矛盾.

(4) $c = 2g^2 - 1 \equiv 2 - 1 \equiv 1 \pmod{16} \Rightarrow 4ph^2 = c - 1 \equiv 0 \pmod{16}$.

故 h 为偶数.

设 $h = 2k$. 则

$$g^2 - 1 = 2ph^2 = 8pk^2$$

因此, $g = \sqrt{\dfrac{c+1}{2}}$ 为方程 $x^2 - 1 = 8py^2$ 的解, 且 $\sqrt{\dfrac{c+1}{2}} \leqslant c$.

由 c 的最小性知 $\sqrt{\dfrac{c+1}{2}} = c \Rightarrow c = 1 \Rightarrow a = 1 \Rightarrow b = 0$, 矛盾.

综上, 方程只有三组解 $(0,0), (p,0), (-p,0)$.

习　题　7.9

1.(1984 年第 47 届莫斯科数学奥林匹克)试求方程 $19x^3 - 84y^2 = 1\,984$ 的整数解.

解　已知方程可化为

$$19(x^3 - 100) = 84(1 + y^2)$$

由于 $84 = 7 \cdot 12$,且 $(19,7) = 1$,则 $7 \mid (x^3 - 100)$,即

$$7 \mid (x^3 - 98 - 2)$$
$$7 \mid x^3 - 2 \qquad\qquad ①$$

令 $x = 7k + r, r \in \{0,1,2,\cdots,6\}$.则

$$x^3 = 7^3 k^3 + 3 \cdot 7^2 k^2 r + 3 \cdot 7kr^2 + r^3$$

因而

$$x^3 \equiv r^3 (\bmod 7)$$

又 $r^3 \equiv 0,1,6(\bmod 7)$,从而

$$x^3 - 2 \equiv 5,6,4(\bmod 7)$$

即 $x^3 - 2$ 不能被 7 整除,与①矛盾.因此,方程 $19x^3 - 84y^2 = 1\,984$ 没有整数解.

2.(2006 年德国数学奥林匹克第一试)证明:方程

$$x^3 + y^3 = 4(x^2 y + xy^2 + 1)$$

没有整数解.

证明　已知方程化为

$$(x + y)^3 = 7xy(x + y) + 4$$

于是

$$(x + y)^3 \equiv 4(\bmod 7)$$

由于一个完全立方数对模 7,有

$$(7k)^3 \equiv 0(\bmod 7)$$
$$(7k \pm 1)^3 \equiv \pm 1(\bmod 7)$$
$$(7k + 2)^3 \equiv \pm 1(\bmod 7)$$
$$(7k \pm 3)^3 \equiv \mp 1(\bmod 7) \qquad (k \in \mathbf{Z})$$

因此,$a^3 \not\equiv 4(\bmod 7)$.所以方程没有整数解.

3.(2005 年保加利亚春季数学竞赛)证明:方程 $x^2 + 2y^2 + 98z^2 = \underbrace{77\cdots7}_{2\,005个}$ 没有整数解.

证明　假定方程有解 (x_0,y_0,z_0),则 $x_0^2 + 2y_0^2$ 能被 7 整除.

因为完全平方数模 7 的余数是 0,1,2,4,由此可知,x_0,y_0 都能被 7 整除.

给定方程的左边,能被 7^2 整除.因此, $\underbrace{11\cdots1}_{2\,005个}$ 能被 7 整除,但这是一个矛盾.

因为 111 111 能被 7 整除,且 $2\,005 = 6 \times 334 + 1$.

4.(1954 年第 14 届美国普特南数学竞赛)证明:方程 $x^2 + 3xy - 2y^2 = 122$ 没有整数解.

证明 已知方程可化为

$$4x^2 + 12xy - 8y^2 = 488$$

即 $$(2x + 3y)^2 - 17y^2 = 488 \qquad ①$$

令 $u = 2x + 3y$,则由①式可得

$$u^2 \equiv 12 (\mathrm{mod}\ 17) \qquad ②$$

设 $u = 17k + r, r \in \{0, 1, 2, \cdots, 16\}$,则 u^2 除以 17 的余数依次为

$$0, 1, 4, 9, 16, 8, 2, 15, 13, 13, 15, 2, 8, 16, 9, 4, 1$$

因而式②不成立.

于是原方程没有整数解.

5.(1967 年第 30 届莫斯科数学奥林匹克)证明:方程 $19x^3 - 17y^3 = 50$ 没有整数解.

证明 已知方程可化为

$$18x^3 - 18y^3 + x^3 + y^3 = 50$$

考虑以 9 为模,则

$$x^3 \equiv 0, 1, 8 (\mathrm{mod}\ 9)$$

于是方程左边有

$$19x^3 - 17y^3 \equiv x^3 + y^3 \equiv 0, 1, 2, 7, 8 (\mathrm{mod}\ 9)$$

而方程右边有

$$50 \equiv 5 (\mathrm{mod}\ 9)$$

因此方程没有整数解.

6.(2007 年天津市高中数学联赛)方程 $x^2 + 3y^2 = 2\,007$ 的所有正整数解为_____.

解 因为 $a^2 \equiv 0, 1 (\mathrm{mod}\ 3), 2\,007 \equiv 0 (\mathrm{mod}\ 3)$,所以, $x \equiv 0 (\mathrm{mod}\ 3)$.

设 $x = 3x_1$,类似可得 $y \equiv 0 (\mathrm{mod}\ 3)$.

设 $y = 3y_1$,则原方程化为

$$x_1^2 + 3y_1^2 = 223$$

由 $1 \leqslant x < \sqrt{223}$,得 $1 \leqslant x_1 \leqslant 14$.

由 $223 \equiv 1 (\mathrm{mod}\ 3)$,知 $x_1 \equiv \pm 1 (\mathrm{mod}\ 3)$.又 $223 \equiv 3 (\mathrm{mod}\ 4)$,则 x_1 为偶数.

于是, $x_1 \in \{2, 4, 8, 10, 14\}$.

经验证, $x_1 = 14, y_1 = 3$.故 $x = 42, y = 9$.

7. 证明:不定方程

$$x^2 + 3xy - 2y^2 = 122$$

没有整数解.

解 将方程配方成

$$(2x+3y)^2 = 17y^2 + 4 \times 122$$

模 17 得

$$(2x+3y)^2 \equiv 12 \pmod{17} \qquad\qquad ①$$

另一方面,和上例一样不难验证,一个整数的平方对于模 17 只可能取 0,1,2, 4,8,9,13,15,16 之一,不能为 12. 这与①矛盾.

8. (2002 年第 43 届 IMO 预选题)求最小的正整数 n,使得

$$x_1^3 + x_2^3 + \cdots + x_n^3 = 2\,002^{2\,002}$$

有整数解.

解 因为 $2\,002 \equiv 4 \pmod 9$,$4^3 \equiv 1 \pmod 9$,$2\,002 = 667 \times 3 + 1$,所以

$$2\,002^{2\,002} \equiv 4^{2\,002} \equiv 4 \pmod 9$$

又 $x^3 \equiv 0,\pm 1 \pmod 9$,其中 x 为整数,于是

$$x_1^3, x_1^3 + x_2^3, x_1^3 + x_2^3 + x_3^3 \not\equiv 4 \pmod 9$$

由于 $2\,002^{2\,002} = 10^3 + 10^3 + 1^3 + 1^3$,则

$$2\,002^{2\,002} = 2\,002 \times (2\,002^{667})^3$$
$$= (10 \times 2\,002^{667})^3 + (10 \times 2\,002^{667})^3 +$$
$$(2\,002^{667})^3 + (2\,002^{667})^3$$

因此,$n = 4$.

9. (2007 年土耳其国家队选拔考试)求所有的正整数 n,使得存在正奇数 $x_1, x_2, \cdots, x_n$,满足 $x_1^2 + x_2^2 + \cdots + x_n^2 = n^4$.

解 由于 n 为正奇数,故 $n^4 \equiv 1 \pmod 8$. 又由于 $x_i(1 \le i \le n)$ 为正奇数,故 $x_i^2 \equiv 1 \pmod 8$. 因此

$$n \equiv x_1^2 + x_2^2 + \cdots + x_n^2 = n^4 \equiv 1 \pmod 8$$

另一方面,若 $n \equiv 1 \pmod 8$,则可找到满足条件的 $x_1, x_2, \cdots, x_n$.

若 $n = 1$,令 $x_1 = 1$,则 $n^4 = 1 = x_1^2$.

若 $n = 8k + 1 (k \in \mathbf{Z}_+)$,则

$$n^4 = (8k+1)^4 = (8k-1)^4 + (8k+1)^4 - (8k-1)^4$$
$$= (8k-1)^4 + [(8k+1)^2 - (8k-1)^2][(8k+1)^2 + (8k-1)^2]$$
$$= (8k-1)^4 + 32k(128k^2 + 2)$$
$$= (8k-1)^4 + 4k(32k-1)^2 + (16k-1)^2 + (92k-1)$$
$$= (8k-1)^4 + 4k(32k-1)^2 + (16k-1)^2 + 92(k-1) + 91$$
$$= (8k-1)^4 + 4k(32k-1)^2 + (16k-1)^2 +$$

$$(k-1)(9^2+3^2+1^2+1^2)+(9^2+3^2+1^2)$$

因此，n^4 可以表示成 $1+4k+1+4(k-1)+3=8k+1=n$ 个奇数的平方和.

综上，所求结果为 $n=8k+1(k\in\mathbf{N})$.

10.(1959 年第 22 届莫斯科数学奥林匹克)证明:存在无穷多个数,它们不能表示成三个完全立方数之和的形式.

证明 由于

$$(9k)^3=9\cdot 9^2k^3$$
$$(9k\pm 1)^3=9^3k^3\pm 3\cdot 9^2k^2+3\cdot 9k\pm 1$$
$$(9k\pm 2)^3=9^3k^3\pm 6\cdot 9^2k^2+12\cdot 9k\pm 8$$
$$=9(9^2k^3\pm 6\cdot 9k^2+12k\pm 1)\mp 1$$
$$(9k\pm 3)^3=3^3(3k\pm 1)^3=9\cdot 3(3k\pm 1)^3$$
$$(9k\pm 4)^3=9^3k^3\pm 12\cdot 9^2k^2+48\cdot 9k\pm 64$$
$$=9(9^2k^3\pm 12\cdot 9k^2+48k\pm 7)\pm 1$$

因此,一个完全立方数只有 $9t,9t\pm 1$ 的形式.

于是形如 $9t+4,9t+5$ 的数不能表示成三个完全立方数之和的形式,它们有无穷多个.

11.(2012 年北京市高一数学竞赛)(1)若整数 a,b,c 满足关系式 $a^2+b^2=2c^2-2$.证明:$144\mid abc$.

(2)试写出不定方程 $a^2+b^2=2c^2-2$ 的一组正整数解,并对此解验证 $144\mid abc$.

证明 (1)因为 $144=3^2\times 4^2$,所以,只需证 $9\mid abc$,且 $16\mid abc$.

先证:$9\mid abc$.

注意到,不被 3 整除的整数的平方被 3 除余 1,被 3 整除的整数的平方仍被 3 整除. 从而,被 3 除余 2 的整数一定不是平方数.

如果 a,b 都不被 3 整除,那么 a^2+b^2 被 3 除余 2.

考虑 $2c^2-2$. 若 $3\mid c^2$,则 $2c^2-2$ 被 3 除余 1;若 c^2 被 3 除余 1,则 $2c^2-2$ 被 3 整除. 此时,$a^2+b^2=2c^2-2$ 不能成立.

如果 a,b 都为 3 的倍数,显然,ab 为 9 的倍数,更有 $9\mid abc$.

如果 a,b 只有一个为 3 的倍数,那么 $2c^2-2=a^2+b^2$ 被 3 除余 1. 因此,$3\mid c^2\Rightarrow 3\mid c$. 所以,$9\mid abc$.

再证:$16\mid abc$.

由 $a^2+b^2=2c^2-2$ 为偶数,知 a,b 的奇偶性相同.

若 a,b 同为奇数,则 $a^2+b^2\equiv 2(\bmod 8)$,即 $2c^2-2\equiv 2(\bmod 8)$.进而

$$c^2\equiv 2,6(\bmod 8)$$

与 c^2 是平方数矛盾.

若 a,b 同为偶数,则 $a^2+b^2 \equiv 0(\bmod 4)$,即 $2c^2-2 \equiv 0(\bmod 4)$.进而

$$c^2 \equiv 1(\bmod 4)$$

此时,c 为奇数.因此,$c^2 \equiv 1(\bmod 8)$.从而

$$2c^2-2=2(c^2-1) \equiv 0(\bmod 16)$$

即

$$a^2+b^2=2c^2-2 \equiv 0(\bmod 16)$$

又同余式 $a^2+b^2 \equiv 0(\bmod 16)$ 成立当且仅当 a,b 同为 4 的倍数.

因此,$16 \mid ab \Rightarrow 16 \mid abc$.

因为 $(9,16)=1$,所以,$144 \mid abc$.

(2)例子:当 $a=12,b=4,c=9$ 时

$$12^2+4^2=2 \times 9^2-2$$

而 $abc=12 \times 4 \times 9=432=144 \times 3$,即 $144 \mid (12 \times 4 \times 9)$.

12. (2004 年保加利亚 IMO 团队选拔赛)求所有质数 $p \geqslant 3$,满足 $p-\left[\dfrac{p}{q}\right]q$,对任何质数 $q<p$ 是一个无平方整数.

解 由题意可知,p 模 q 的余数是 $p-\left[\dfrac{p}{q}\right]q$.直接验证表明 $p=3,5,7,13$ 是问题的解.假设 $p \geqslant 11$ 是一个解.令 q 是 $p-4$ 的一个质因数.如果 $q>3$,所考虑余数是 4 的平方数.所以 $q=3$,且 $p=3^k+4(k \in \mathbf{N})$.同理,$p-8$ 的质因数是 5 或 7,$p-9$ 的质因数是 2 或 7.因为 7 不可能是两种情况的因数,我们有 $p=5^m+8$ 或 $p=2^n+9$.所以 $5^m+4=3^k$ 或 $2^n+5=3^k$.在第一种情况中,$3^k \equiv 1(\bmod 4)$,即 $k=2k_1$,且 $(3^{k_1}-2)(3^{k_1}+2)=5^m$,这给出 $k_1=1,m=1$,即 $k=2$.第二种情况,有 $n \geqslant 2$,且正如上面所说(使用 3 和 4 取模),我们推出,$k=2k_1,n=2n_1$ 是偶数,则 $(3^{k_1}-2^{n_1})(3^{k_1}+2^{n_1})=5$,从而 $k_1=n_1=1$,于是 $k=n=2$.因此,在两种情况中并没有出现新的解.

13. (2006 年泰国数学奥林匹克)求所有的素数 p,使得 $\dfrac{2^{p-1}-1}{p}$ 为完全平方数.

解 对每个素数 p,设 $f(p)=\dfrac{2^{p-1}-1}{p}$.

先证明:当 $p>7$ 时,$f(p)$ 不为完全平方数.

假设存在素数 $p>7$ 满足 $2^{p-1}-1=pm^2$(m 为整数).则 m 必为奇数.

分两种情形进行讨论.

(1)若 $p=4k+1(k>1)$,则

$$2^{4k}-1=(4k+1)m^2 \equiv 1(\bmod 4)$$

但 $2^{4k}-1\equiv 3\pmod 4$，矛盾.

(2)若 $p=4k+3(k>1)$，则
$$2^{4k+2}-1=(2^{2k+1}-1)(2^{2k+1}+1)=pm^2$$

考虑到 $(2^{2k+1}-1,2^{2k+1}+1)=1$，再分两种情形讨论.

（i）$2^{2k+1}-1=u^2$，$2^{2k+1}+1=pv^2$.

由于 $k>1$，则
$$2^{2k+1}+1\equiv 1\pmod 4$$

但 $pv^2=3\times 1\equiv 3\pmod 4$，矛盾.

（ii）$2^{2k+1}-1=pu^2$，$2^{2k+1}+1=v^2$.

由于 $2^{2k+1}=v^2-1=(v-1)(v+1)$，因此，$v-1=2^s$，$v+1=2^t(s<t)$.

注意到
$$2^{t-s}=\frac{v+1}{v-1}=1+\frac{2}{v-1}$$

则 $(v-1)|2$. 故 $v=2$ 或 3.

当 $v=2$ 时，$2^{2k+1}+1=4$，矛盾；当 $v=3$ 时，$2^{2k+1}=8$，$k=1$，与 $k>1$ 的假设矛盾.

综上，当 $p>7$ 时，$f(p)$ 不为完全平方数.

再用枚举法对 $p=2,3,5,7$ 的情形进行验证，知 $p=3$ 和 7 时满足题意.

14. (2004 年保加利亚国家数学奥林匹克轮回赛) 求方程 $2^a+8b^2-3^c=283$ 的整数解.

解 易知 $a,c\geqslant 0$. 因为 3^c 与 1 或 3 关于模 8 同余，则 $0\leqslant a\leqslant 2$.

如果 $a=0$ 或 1，那么 $2|3^c$ 或者 $8|(3^c+1)$，矛盾.

设 $a=2$，即 $8b^2-3^c=279$. $c=0,1$ 的情况是不可能的. 所以 $c\geqslant 2$. 从而 $3|b$，设 $b=3d$，则 $8d^2-3^{c-2}=31$.

如果 $c\geqslant 3$，那么 $3|(d^2+1)$，矛盾. 所以 $c=2$，$d=\pm 2$.

因此，$a=2$，$b=\pm 6$，$c=2$.

15. 求全部正整数 m,n，使得 $|12^m-5^n|=7$.

解 （i）先考虑
$$12^m-5^n=-7 \qquad\qquad\qquad ①$$

将式①模 4，因为 $5\equiv 1\pmod 4$，故有 $5^n\equiv 1\pmod 4$. 从而式①的左边
$$12^m-5^n\equiv 0-1\equiv -1\pmod 4$$

但右边 $\equiv 1\pmod 4$，矛盾. 所以式①没有正整数解.

（ii）再考虑
$$12^m=5^n+7 \qquad\qquad\qquad ②$$

式②显然有解 $m=n=1$. 下面证明当 $m>1$，$n>1$ 时它无正整数解.

模 3,因为
$$5^n + 7 \equiv (-1)^n + 7 \equiv (-1)^n + 1 (\mod 3)$$
由式②得
$$(-1)^n + 1 \equiv 0 (\mathrm{nod}\ 3)$$
于是 n 为奇数.

设 $n = 2k + 1 (k > 0)$,由于奇数 5^k 的平方模 8 为 1,则
$$5^n = 5 \cdot (5^k)^2 \equiv 5 \cdot 1 \equiv 5 (\mod 8)$$
对式②模 8,就有($m \geqslant 2$,故 $8 \mid 12^m$)
$$0 \equiv 5^n - 1 \equiv 5 - 1 \equiv 4 (\mod 8)$$
矛盾. 这样,所求的正整数解只有一组,即 $m = n = 1$.

16. (1987 年第 19 届加拿大数学竞赛)求出方程 $a^2 + b^2 = n!$ 的所有解,这里 a, b, n 为正整数,并且满足 $a \leqslant b, n < 14$.

解 当 $n = 1$ 时,方程显然无解.

当 $n = 2$ 时,$a^2 + b^2 = 2$,可得解
$$a = 1, b = 1, n = 2$$
当 $n \geqslant 3$ 时,由于 $3 \mid n!$,可得
$$3 \mid (a^2 + b^2)$$
由于 a 和 b 都不能被 3 整除时,a^2 和 b^2 均为 $3k + 1$ 型的数,从而 $a^2 + b^2$ 为 $3k + 2$ 型的数,因而 $a^2 + b^2$ 不能被 3 整除.

又由于 a 和 b 只有一个能被 3 整除时,$a^2 + b^2$ 为 $3k + 1$ 型的数,同样不能被 3 整除.

因此,a 和 b 同时能被 3 整除,从而有
$$9 \mid (a^2 + b^2)$$
于是 $n!$ 能被 9 整除,此时有 $n \geqslant 6$.

当 $n > 6$ 时,则由于 $7 \mid n!$,有
$$7 \mid (a^2 + b^2)$$
注意到,$7 \nmid a$ 时,则 a^2 为 $7k + 1, 7k + 2$ 或 $7k + 4$ 型的一种,于是当 $7 \nmid a$ 且 $7 \nmid b$ 时,$a^2 + b^2$ 必为 $7k + 1, 7k + 2, 7k + 3, 7k + 4, 7k + 5, 7k + 6$ 型的一种,而不能被 7 整除.

于是,若 $7 \mid (a^2 + b^2)$ 成立,必须
$$7 \mid a\ \text{且}\ 7 \mid b$$
因而有 $49 \mid (a^2 + b^2)$.

此时有 $49 \mid n!$,这样就必须有 $n \geqslant 14$,与题设矛盾.

因此,当 $7 \leqslant n < 14$ 时,方程无正整数解.

当 $n = 6$ 时,$a^2 + b^2 = 6!\ = 2^4 \cdot 3^2 \cdot 5$.

设 $a = 3u, b = 3v$,则有
$$u^2 + v^2 = 2^4 \times 5$$
由此可见, u 和 v 同为偶数.
设 $u = 2p, v = 2q$,则有
$$p^2 + q^2 = 2^2 \times 5$$
同样, p 和 q 同为偶数.
设 $p = 2x, q = 2y$,则
$$x^2 + y^2 = 5$$
由 $a \leqslant b$ 得 $x \leqslant y$,于是
$$x = 1, y = 2$$
进而可得
$$a = 12, b = 24$$
于是方程只有两组正整数解
$$(a, b, n) = (1, 1, 2) \text{ 和 } (12, 24, 6)$$
17. 证明:不定方程
$$x^n + 1 = y^{n+1}$$
没有正整数解 (x, y, n),其中 $(x, n+1) = 1, n > 1$.

证明　显然 $y > 1$.原方程可分解成
$$(y - 1)(y^n + y^{n-1} + \cdots + y + 1) = x^n \qquad\qquad ①$$
关键是证明, $y - 1$ 与 $y^n + y^{n-1} + \cdots + y + 1$ 互素,即 $y - 1$ 的每一个素因数都不整除 $y^n + y^{n-1} + \cdots + y + 1$.

设素数 $p \mid (y - 1)$,则由①知, $p \mid x$.根据已知 $(x, n+1) = 1$ 得 $p \nmid (n+1)$.另一方面
$$y \equiv 1 \pmod{p}$$
故对 $0 \leqslant i \leqslant n$,有
$$y^i \equiv 1 \pmod{p}$$
将这 $n + 1$ 个同余式相加,得到
$$y^n + y^{n-1} + \cdots + y + 1 \equiv n + 1 \pmod{p}$$
因此,由 $p \nmid (n+1)$ 得 $p \nmid (y^n + y^{n-1} + \cdots + y + 1)$.

由于 p 是 $y - 1$ 的任一个素因数,所以
$$(y - 1, y^n + \cdots + y + 1) = 1$$
这样,由式①推出,存在整数 a, b,使得
$$y - 1 = a^n, \quad y^n + \cdots + y + 1 = b^n, \quad ab = x$$
但是
$$y^n < y^n + y^{n-1} + \cdots + 1 < (y+1)^n$$

从而 $y^n + \cdots + y + 1$ 不能是整数的 n 次幂. 这和已得结果矛盾. 证毕.

18. (1962 年基辅数学奥林匹克)证明:不存在不同时为零的整数 x,y,z,使得
$$2x^4 + y^4 = 7z^4$$

证明 首先可以看出, y 与 z 具有相同的奇偶性.

若 y 与 z 同为奇数, x 为奇数,则由
$$2x^4 \equiv 2 (\bmod 8)$$
$$y^4 \equiv 1 (\bmod 8)$$
$$7z^4 \equiv 7 (\bmod 8)$$

显然方程此时无解.

若 y 与 z 同为奇数, x 为偶数,则由
$$2x^4 \equiv 0 (\bmod 8)$$
$$y^4 \equiv 1 (\bmod 8)$$
$$7z^4 \equiv 7 (\bmod 8)$$

此时方程也无解.

若 y 和 z 同为偶数,并设 $y > 0, z > 0$,设 $y = 2y_1, z = 2z_1$,则
$$2x^4 + 16y_1^4 = 7 \cdot 16z_1^4$$
$$x^4 + 8y_1^4 = 7 \cdot 8z_1^4$$

于是 x 也是偶数. 设 $x = 2x_1$,则
$$16x_1^4 + 8y_1^4 = 7 \cdot 8z_1^4$$
$$2x_1^4 + y_1^4 = 7z_1^4$$

故 x_1, y_1, z_1 也为方程的解,显然 y_1 和 z_1 同为偶数,由此又推得 x_1 是偶数,进而设
$$x_1 = 2x_2, y_1 = 2y_2, z_1 = 2z_2$$

代入原方程得
$$2x_2^4 + y_2^4 = 7z_2^4$$

于是 x_2, y_2, z_2 也为方程的解,并且 x_2, y_2, z_2 也是偶数.

由此继续下去,因为
$$x > x_1 > x_2 > x_3 > \cdots > 0$$
$$y > y_1 > y_2 > y_3 > \cdots > 0$$
$$z > z_1 > z_2 > z_3 > \cdots > 0$$

则必有一个时刻,使得 y_k 或 z_k 为奇数,这时,方程显然无解.

由以上可知,已知方程没有不同时为零的整数解 x,y,z.

19. (2010 年克罗地亚国家选拔考试)设 $a \in \mathbf{Z}, p$ 为质数. 证明:当 $n \geqslant 2$ ($n \in \mathbf{N}_+$)时, $2^p + 3^p = a^n$ 无解.

证明 当 $p=2$ 时,显然无解.则 p 为奇数,且 $p \geqslant 3$. 故
$$2^p + 3^p \equiv (-1)^p \pmod 4 \equiv -1 \pmod 4$$
于是,n 必为奇数.

又
$$2^p + 3^p \equiv (-2)^p + 2^p \pmod 5 \equiv -2^p + 2^p \pmod 5 \equiv 0 \pmod 5$$
则 $5 \mid a$.

因为 $n \geqslant 2$,所以 $25 \mid (2^p + 3^p)$. 而 $2^{10} \equiv -1 \pmod{25}$,$3^{10} \equiv -1 \pmod{25}$,所以 $p \equiv \pm 5 \pmod{20}$.

又因为 p 是质数,所以,$p=5$.

当 $p=5$ 时,$2^5 + 3^5 = 275 = 25 \times 11$,矛盾.

因此,原方程无解.

20. (2005 年伊朗数学奥林匹克)求所有的质数 p, q, r,使得等式 $p^3 = p^2 + q^2 + r^2$ 成立.

解 若 $p=2$,代入等式得 $q^2 + r^2 = 4$. 这个等式没有质数解. 故 p 是奇数.

考虑 $q^2 + r^2 \equiv 0 \pmod p$,有 $p \mid q$,$p \mid r$ 或 $p = 4k+1$.

在第一种情况中,因为 q, r 是质数,所以得 $p = q = r$,这时,等式可以简化为 $p^3 = 3p^2$. 解得 $p = q = r = 3$.

在第二种情况中,$q^2 + r^2 \equiv 0 \pmod 4$,所以,$2 \mid q, r$. 由于 q, r 是质数,故只有 $q = r = 2$. 但 $p^3 - p^2 = 8$ 无质数解.

从而,得 $p = q = r = 3$.

21. 求不定方程 $x_1^4 + x_2^4 + \cdots + x_{10}^4 = 1\,992$ 的所有非负整数解,并求出解组的个数.

解 假定 $(x_1, x_2, \cdots, x_{10})$ 为方程
$$x_1^4 + x_2^4 + \cdots + x_{10}^4 = 1\,992 \qquad \qquad ①$$
的任意一组非负整数解,以 t 代表 x_i 中奇数的个数. 由于 $1\,992 = 2^3 \times 3 \times 83 = 2^3 \times 249$,以及对任何奇数 $2S+1$ 有
$$(2S+1)^4 \equiv 1 \pmod{2^3}$$
对任何偶数 $2S$ 有
$$(2S)^4 \equiv 0 \pmod{2^3}$$
对式①两端模 2^3 取同余,即得
$$t \equiv 0 \pmod{2^3}$$
由于 $0 \leqslant t \leqslant 10$,这就表明 t 为 0 或为 8. 但 $t=0$ 不可能(否则方程①两端模 2^4 不同余),所以必有 $t=8$.

不妨先设 $x_1, x_2, \cdots, x_8$ 为奇数,而 $x_9 = 2n_1$,$x_{10} = 2n_2$ 为偶数. 由于 $7^4 = 2\,401 > 1\,992$,故 $x_1, x_2, \cdots, x_8$ 只能取值 1,3 或 5. 设其中有 k_1 个 1,k_3 个 3 和 k_5

个 5,则

$$k_1 + k_3 + k_5 = 8 \qquad ②$$

于是,方程①可改写成

$$k_1 + 3^4 k_3 + 5^4 k_5 + 2^4 n_1^4 + 2^4 n_2^4 = 2^3 \times 249$$

将式②代入并整理,得

$$5k_3 + 39k_5 + n_1^4 + n_2^4 = 124 \qquad ③$$

显然,k_5, n_1, n_2 的取值只能是 $0,1,2$ 或 3,以下针对 k_5 取值的不同情形分类进行讨论:

(A)当 $k_5 = 0$ 时

$$5k_3 + n_1^4 + n_2^4 = 124 \qquad ④$$

注意到 n_1^4(或 n_2^4)当 $(n_1, 5) = 1$ 时,有 $n_1^4 \equiv 1 \pmod 5$,当 $5 \mid n_1$ 时,有 $n_1^4 \equiv 0 \pmod 5$,在式④两端模 5 取同余,即得矛盾,故此时无解.

(B)当 $k_5 = 1$ 时,对式③模 5 取同余,得

$$n_1^4 + n_2^4 \equiv 0 \pmod 5$$

这除非 $n_1 = n_2 = 0$. 但由 $k_3 \leqslant 8$ 知,亦无解.

(C)当 $k_5 = 2$ 时

$$5k_3 + n_1^4 + n_2^4 = 46$$

得到(n_1, n_2 中必须有一个是 0,另一个是 2,因为要求 $k_2 \leqslant 8$)唯一确定的两组解

$$(k_3, k_5, n_1, n_2) = (6, 2, 2, 0)$$
$$(k_3, k_5, n_1, n_2) = (6, 2, 0, 2)$$

(D)当 $k_5 = 3$ 时

$$5k_3 + n_1^4 + n_2^4 = 7$$

易知只有唯一的非负整数解

$$(k_3, k_5, n_1, n_2) = (1, 3, 1, 1)$$

由此可以恢复出原方程的满足条件:$x_1 \geqslant x_2 \geqslant \cdots \geqslant x_{10}$ 的非负整数解仅有如下的两组

$$(5, 5, 4, 3, 3, 3, 3, 3, 3, 0)$$
$$(5, 5, 5, 3, 2, 2, 1, 1, 1, 1)$$

由于方程①中 x_i 的对称性知,①的全部非负整数解可以从两组解出发排列而得到. 这样我们得到

$$\frac{10!}{6! \; 2! \; 1! \; 1!} = 2\,520$$

$$\frac{10!}{4! \; 3! \; 2! \; 1!} = 12\,600$$

$$2\,520 + 12\,600 = 15\,120$$

即原方程①的非负整数解组的个数为 15 120 个.

22. 求方程 $2^y + 2^z \cdot 5^t - 5^x = 1$ 的所有正整数解 (x, y, z, t).

解 设 (x, y, z, t) 是方程的正整数解,则 $2^y \equiv 1 \pmod 5$. 因为 $2^4 \equiv 1 \pmod 5$,所以,$4 \mid y$.

对方程两边取模 4,得

$$2^z \equiv 2 \pmod 4$$

故 $z = 1$.

设 $y = 4r$,得 $5^x + 1 = 2^{4r} + 2 \cdot 5^t$,即

$$5^x - 2 \cdot 5^t = 16^r - 1$$

对上式两边取模 3,得

$$(-1)^x + (-1)^t \equiv 0 \pmod 3$$

所以,x, t 一奇一偶.

又 $5^t \equiv 1$ 或 $5 \pmod 8$,则对 $5^x = 2 \cdot 5^t + 16^r - 1$ 两边取模 8,得

$$5^x \equiv 2 \cdot 5^t - 1 \equiv 1 \pmod 8$$

故 x 为偶数,t 为奇数.

(1)若 $t = 1$,则 $5^x = 16^r + 9$. 设 $x = 2m$,有

$$(5^m - 3)(5^m + 3) = 16^r$$

由

$$(5^m - 3, 5^m + 3) = (5^m - 3, 6) = 2$$
$$\Rightarrow 5^m - 3 = 2, 5^m + 3 = 2^{4r-1}$$
$$\Rightarrow m = 1, 2^{4r-1} = 2^3$$
$$\Rightarrow r = 1, y = 4, x = 2$$
$$\Rightarrow (x, y, z, t) = (2, 4, 1, 1)$$

(2)若 $t > 1$,则 $t \geqslant 3, x \geqslant 4$,有

$$5^3 \mid (5^x - 2 \cdot 5^t) = 16^r - 1$$

因为 $16^r - 1 = (15 + 1)^r - 1 = 15^r + \cdots + C_r^2 15^2 + C_r^1 15$,所以,$5 \mid r$.

令 $r = 5k$,则

$$16^{5k} - 1 \equiv 5^{5k} - 1 = (5 \cdot 3^2)^k - 1 \equiv 0 \pmod{11}$$
$$\Rightarrow 11 \mid (5^x - 2 \cdot 5^t) = 5^t(5^{x-t} - 2)$$
$$\Rightarrow 11 \mid (5^{x-t} - 2)$$

但 $5^n \equiv 1, 3, 4, 5, 9 \pmod{11}$,即 $11 \nmid (5^{x-t} - 2)$,矛盾.

故原方程有唯一解 $(x, y, z, t) = (2, 4, 1, 1)$.

23. (1984 年第 14 届美国数学奥林匹克)试确定下述不定方程组

$$\begin{cases} x_1^2 + x_2^2 + \cdots + x_{1\,985}^2 = y^3 \\ x_1^3 + x_2^3 + \cdots + x_{1\,985}^3 = z^2 \end{cases}$$

是否存在正整数解,其中 $x_1, x_2, \cdots, x_{1\,985}$ 是不同整数.

解法 1 一般地,我们证明对于任意正整数 n,不定方程组

$$\begin{cases} x_1^2 + x_2^2 + \cdots + x_n^2 = y^3 \\ x_1^3 + x_2^3 + \cdots + x_n^3 = z^2 \end{cases}$$

有无穷多组解.

令

$$s = a_1^2 + a_2^2 + \cdots + a_n^2$$
$$t = a_1^3 + a_2^3 + \cdots + a_n^3$$

其中 $a_1, a_2, \cdots, a_n$ 是任意一组正整数. 下面我们寻求正整数 m 和 k,使得 $x_i = s^m t^k a_i$ 将满足方程,即

$$x_1^2 + x_2^2 + \cdots + x_n^2 = s^{2m+1} t^{2k} = y^3$$
$$x_1^3 + x_2^3 + \cdots + x_n^3 = s^{3m} t^{3k+1} = z^2$$

因而只需

$$2m + 1 \equiv 2k \equiv 0 \pmod 3$$

和

$$3m \equiv 3k + 1 \equiv 0 \pmod 2$$

因此取 $m \equiv 4 \pmod 6, k \equiv 3 \pmod 6$ 即可.

解法 2 显然

$$1^3 + 2^3 + \cdots + n^3 = \left[\frac{n(n+1)}{2} \right]^2$$

是第二个方程的一个解.

令 $x_i = ki$,可得

$$y^3 = \frac{1}{6} k^2 n(n+1)(2n+1)$$

$$z^2 = k^3 \left[\frac{n(n+1)}{2} \right]^2$$

欲使 $k^3 \left[\frac{n(n+1)}{2} \right]^2$ 为一平方数,只需 k 是完全平方数,欲使 $\frac{1}{6} k^2 n(n+1) \cdot$

$(2n+1)$ 为一立方数,只需令 $k = \left[\frac{1}{6} n(n+1)(2n+1) \right]^m$,其中 m 满足 $m \equiv$

$2 \pmod 3$. 取 $m \equiv 2 \pmod 6$,此时两个条件均可满足.

24. 求所有的非负整数 x, y, z,使得

$$2^x + 3^y = z^2 \qquad \qquad ①$$

解 (1)当 $y = 0$ 时,有

$$2^x = z^2 - 1 = (z-1)(z+1)$$

于是可设 $z-1 = 2^\alpha, z+1 = 2^\beta, 0 \leq \alpha \leq \beta$，因此

$$2^\beta - 2^\alpha = 2$$

此时，若 $\alpha \geq 2$，则 $4 \mid (2^\beta - 2^\alpha)$，与 $4 \nmid 2$ 矛盾，故 $\alpha \leq 1$. 而 $\alpha = 0$ 导致 $2^\beta = 3$，矛盾，故

$$\alpha = 1, \beta = 2$$

所以

$$z = 3, x = 3$$

得 $(x, y, z) = (3, 0, 3)$.

(2) 当 $y > 0$ 时，由于 $3 \nmid (2^x + 3^y)$，故 $3 \nmid z$，所以

$$z^2 \equiv 1 \pmod 3$$

对①两边模 3，知

$$(-1)^x \equiv 1 \pmod 3$$

故 x 为偶数. 现在设 $x = 2m$，则

$$(z - 2^m)(z + 2^m) = 3^y$$

所以可设

$$z - 2^m = 3^\alpha, z + 2^m = 3^\beta \quad (0 \leq \alpha \leq \beta, \alpha + \beta = y)$$

于是

$$3^\beta - 3^\alpha = 2^{m+1}$$

若 $\alpha \geq 1$，则 $3 \mid (3^\beta - 3^\alpha)$，但 $3 \nmid 2^{m+1}$，矛盾，故 $\alpha = 0$，因此

$$3^\beta - 1 = 2^{m+1}$$

当 $m = 0$ 时，$\beta = 1$，得

$$(x, y, z) = (0, 1, 2)$$

当 $m > 0$ 时，$2^{m+1} \equiv 0 \pmod 4$，故

$$3^\beta \equiv 1 \pmod 4$$

这要求 β 为偶数. 设 $\beta = 2n$，则

$$2^{m+1} = 3^{2n} - 1 = (3^n - 1)(3^n + 1)$$

同 $y = 0$ 时的讨论，可知 $3^n - 1 = 2$，即 $n = 1$，进而 $m = 2$，得

$$(x, y, z) = (4, 2, 5)$$

所以 $(x, y, z) = (3, 0, 3), (0, 1, 2), (4, 2, 5)$.

25. (1995 年中国国家队选拔考试) 求不能表示成 $|3^a - 2^b|$ 的最小素数 p，这里 a 和 b 是非负整数.

解 经检验，$2, 3, 5, 7, 11, 13, 17, 19, 23, 29, 31, 37$ 都可以写成 $|3^a - 2^b|$ 的形式，其中 a 和 b 是非负整数

$$2 = 3^1 - 2^0, 3 = 2^2 - 3^0, 5 = 2^3 - 3^1$$

$$7 = 2^3 - 3^0, 11 = 3^3 - 2^4, 13 = 2^4 - 3^1$$
$$17 = 3^4 - 2^6, 19 = 3^3 - 2^3, 23 = 3^3 - 2^2$$
$$29 = 2^5 - 3^1, 31 = 2^5 - 3^0, 37 = 2^6 - 3^3$$

猜测 41 是不能这样表示的最小素数. 为了证实这一猜测,我们考察下面两个不定方程:

(Ⅰ)$2^u - 3^v = 41$;

(Ⅱ)$3^x - 2^y = 41$.

设(u,v)是方程(Ⅰ)的非负整数解,则有 $2^u > 41, u \geqslant 6$. 因此
$$-3^v \equiv 1 \pmod{8}$$
但 3^v 模 8 的剩余只可能是 1 或 3,所以方程(Ⅰ)无非负整数解.

设(x,y)是方程(Ⅱ)的非负整数解,则 $3^x > 41, x \geqslant 4$. 因此
$$2^y \equiv 1 \pmod{3}$$
于是,只能是偶数. 设 $y = 2t$,又得到
$$3^x \equiv 1 \pmod{4}$$
由此得知 x 也只能是偶数,设 $x = 2s$. 于是
$$41 = 3^x - 2^y = 3^{2s} - 2^{2t} = (3^s + 2^t)(3^s - 2^t)$$
要使上式成立,必须
$$\begin{cases} 3^s + 2^t = 41 \\ 3^s - 2^t = 1 \end{cases}$$
也就是 $3^s = 21, 2^t = 20$. 但这是不可能的. 因而,方程(Ⅱ)也没有非负整数解.

综上所述,我们得出结论:不能表示成 $|3^a - 2^b|$(a 和 b 是非负整数)的最小素数是 41.

26. (1)若正整数 n 可以表示成 $a^b (a, b \in \mathbf{N}_+, a \geqslant 2, b \geqslant 2)$ 的形式,则称 n 为"好数". 试求与 2 的正整数次幂相邻的所有好数.

(2)试求不定方程 $|2^x - 3^y \cdot 5^z| = 1$ 的所有非负整数解(x, y, z).

解 (1)设所求的好数为 $n, n = a^b (a, b \in \mathbf{N}_+, a \geqslant 2, b \geqslant 2)$. 于是,存在正整数 $t(t > 1)$,使得
$$2^t = a^b \pm 1$$

显然,a 为奇数.

若 b 为奇数,则
$$2^t = (a \pm 1)(a^{b-1} \mp a^{b-2} + \cdots \mp a + 1) \quad\quad ①$$
而 $a^{b-1} \mp a^{b-2} + \cdots \mp a + 1$ 是奇数个奇数相加减的结果仍然是奇数,只能是 1,代入式①得 $b = 1$,这与 $b \geqslant 2$ 矛盾.

若 b 为偶数,则 $a^b \equiv 1 \pmod{4}$.

若 $2^t = a^b + 1$,则 $2^t = a^b + 1 \equiv 2 \pmod{4}$. 所以,$t = 1$. 矛盾.

若 $2^t = a^b - 1 = (a^{\frac{b}{2}}+1)(a^{\frac{b}{2}}-1)$，但 $(a^{\frac{b}{2}}+1, a^{\frac{b}{2}}-1) = 2$，故

$$a^{\frac{b}{2}} - 1 = 2 \Rightarrow a^b = 9$$

综上，所求的所有好数只有一个 $n = 9$.

(2) 显然，$x \geqslant 1$.

当 $z = 0$ 时，若 $y \leqslant 1$，易得方程的三组解

$$(1,0,0),(1,1,0),(2,1,0)$$

若 $y \geqslant 2$，由 (1) 的结论易知此时方程只有一组解 $(3,2,0)$.

当 $z \geqslant 1$ 时，显然，$x \geqslant 2$. 易知当且仅当 $x \equiv 2 \pmod 4$ 时

$$2^x \equiv -1 \pmod 5$$

当且仅当 $x \equiv 0 \pmod 4$ 时

$$2^x \equiv 1 \pmod 5$$

若

$$2^x - 3^y \cdot 5^z = 1 \qquad\qquad ②$$

则 $2^x \equiv 1 \pmod 5$，此时，$x \equiv 0 \pmod 4$.

设 $x = 4m (m \in \mathbf{N}_+)$. 对式②两边模 4，得

$$(-1)^{y+1} \equiv 1 \pmod 4$$

于是，y 是奇数. 设 $y = 2l+1 (l \in \mathbf{N})$. 则式②变为

$$2^{4m} - 3^{2l+1} \cdot 5^z = 1$$

即

$$(2^{2m}-1)(2^{2m}+1) = 3^{2l+1} \cdot 5^z$$

由 $(2^{2m}-1, 2^{2m}+1) = 1, 3 \mid (2^{2m}-1)$，有

$$\begin{cases} 2^{2m}-1 = 3^{2l+1} & ③ \\ 2^{2m}+1 = 5^z & ④ \end{cases}$$

结合 (1) 的结论可知满足式③的 (m,l) 只有 $(1,0)$ 一对，代入式④得 $z = 1$.

此时，原方程的一组解为 $(4,1,1)$.

若

$$3^y \pm 5^z - 2^x = 1 \qquad\qquad ⑤$$

则 $2^x \equiv -1 \pmod 5$，此时，$x \equiv 2 \pmod 4$.

设 $x = 4k+2 (k \in \mathbf{N})$. 则

$$3^y \cdot 5^z = 2^{4k+2}+1 \qquad\qquad ⑥$$

当 $k = 0$ 时，$y = 0, z = 1$，原方程的一组解为 $(2,0,1)$.

当 $k \geqslant 1$ 时，对式⑥两边模 4，得

$$(-1)^y \equiv 1 \pmod 4$$

于是，y 是偶数. 设 $y = 2r (r \in \mathbf{N})$. 此时，再对式⑥两边模 8，得

$$5^z \equiv 1 \pmod 8$$

于是,z 为偶数. 设 $z = 2s(s \in \mathbf{N})$. 于是,式⑥变为
$$(3^r \cdot 5^s)^2 - 1 = 2^{4k+2}$$
结合(1)的结论知 $3^r \cdot 5^s = 3$. 于是,$2^{4k+2} = 8$,矛盾.

故 $(x,y,z) = (1,0,0),(1,1,0),(2,1,0),(3,2,0),(4,1,1),(2,0,1)$.

7.10 构 造 法

构造法也是解决不定方程问题中的一种常用方法. 可以根据题设的特点, 构造出符合条件的特解, 或构造出一个引理, 或构造出一个恒等式、代数式, 或构造一个求解的递推式等. 构造法常用来证明不定方程有解或有无穷多个解.

例 1 (1985 年苏联数学竞赛) 证明 方程 $x^4 + y^4 = z^5$ 有无穷多组正整数解 (x, y, z), 且 x, y, z 没有大于 1 的公因数.

任取一对互素的自然数 u, v, 令

$$z = u^2 + v^2$$

则 $(z, u) = 1$.

否则, 若 $(z, u) \neq 1$, 可推出 $(u, v) \neq 1$, 出现矛盾.

同样 $(z, v) = 1$.

令 $x = uz^2 + v, y = vz^2 - u$, 则

$$\begin{aligned}
x^2 + y^2 &= (uz^2 + v)^2 + (vz^2 - u)^2 \\
&= (u^2 + v^2)z^4 + u^2 + v^2 \\
&= z^5 + z
\end{aligned}$$

此时必有 $(x, z) = 1$, 否则与 $(z, v) = 1$ 矛盾.

同样 $(y, z) = 1$.

于是已知方程的解为

$$\begin{cases} x = uz^2 + v \\ y = vz^2 - u \\ z = u^2 + v^2 \end{cases}$$

其中 $(u, v) = 1$.

由于 u 和 v 有无穷多组, 所以方程有无穷多组解, 且 x, y 和 z 两两互素.

例 2 证明: 当 n 为奇数或 4 的倍数时, 方程

$$x^2 - y^2 = n \qquad\qquad ①$$

有正整数解.

证明 易知 $(k + 1)^2 - k^2 = 2k + 1$, 这表明, 当 n 为奇数时, 式①有解 $(x, y) = (k + 1, k)$.

同样, 有恒等式

$$(k + 1)^2 - (k - 1)^2 = 4k$$

从而, 当 $n = 4k$ 时, 式①有解 $(x, y) = (k + 1, k - 1)$.

例 3 证明: 对任意整数 n, 方程

$$x^2 + y^2 - z^2 = n \qquad ①$$

有无穷多组整数解(x, y, z).

证明 将方程改写成

$$n - x^2 = y^2 - z^2$$

选择与n具有相反奇偶性的x(有无穷多个),则$n - x^2$是奇数,它恒可表示成平方差$y^2 - z^2$. 这就证明了方程②有无穷多组解.

例4 设a是给定的整数,证明:方程

$$x^2 + ay^2 = z^2 \qquad ①$$

有无穷多组正整数解(x, y, z).

证明 将方程改写成

$$ay^2 = z^2 - x^2$$

只要取y与a有相同的奇偶性,则ay^2或者是奇数,或者被4整除,从而ay^2可写成平方差$z^2 - x^2$.

本题也可以直接利用恒等式

$$(m^2 + an^2)^2 - (m^2 - an^2)^2 = a(2mn)^2$$

得出$(m^2 - an^2, 2mn, m^2 + an^2)$是①的解.

另一种颇为有用的方法是先建立恒等式

$$(x_1^2 + ay_1^2)(x_2^2 + ay_2^2) = (x_1 x_2 \pm ay_1 y_2)^2 + a(x_1 y_2 \mp x_2 y_1)^2 \qquad ②$$

这个恒等式表明形如$x^2 + ay^2$的数相乘,所得的积仍为同样的形式.

因此,如果(x_1, y_1, z_1)与(x_2, y_2, z_2)是①的解,那么由于平方数的积仍为平方数以及②,$(|x_1 x_2 \pm ay_1 y_2|, |x_1 y_2 \mp x_2 y_1|, z_1 z_2)$也是①的解.

取①的一组正整数解(由$(1+a)^2 - (1-a)^2 = a \cdot 2^2$, $(4+a)^2 - (4-a)^2 = a \cdot 4^2$等可知$(|1-a|, 2, |1+a|)$或$(|4-a|, 4, |4+a|)$是①的正整数解)$(x_1, y_1, z_1)$,然后反复应用上面的方法,就产生出①的无穷多组正整数解. (如果$x_1 x_2 - ay_1 y_2 = 0$,则$x_1 x_2 + ay_1 y_2 \neq 0$,并且$x_1 y_2 - x_2 y_1 \neq 0$,否则导出$x_1^2 = ay_1^2$,结合①得$2x_1^2 = z_1^2$,这当然是不可能的. 所以每一次产生的两组解中至少有一组正整数解.)

特别地,在式②中取$a = 1$,有

$$(x_1^2 + y_1^2)(x_2^2 + y_2^2) = (x_1 x_2 \pm y_1 y_2)^2 + (x_1 y_2 \mp x_2 y_1)^2 \qquad ③$$

即两个数的平方和乘以另两个数的平方和,所得的积仍为两个平方数的和的形式.

例5 证明:方程

$$x^2 + y^3 = z^4$$

有无穷多组正整数解(x, y, z).

证明 我们先指出,如果方程有一组正整数解(x_0, y_0, z_0),则它有无穷多

195

组解. 这只要注意恒等式

$$(x_0 d^6)^2 + (y_0 d^4)^3 = (z_0 d^3)^4 \quad (d = 1, 2, \cdots)$$

即可.

为了得到一组正整数解, 可先取 x 为最小的自然数 1, 考察有无 y, 使 $1^2 + y^3$ 为平方数, 易知

$$1^2 + 2^3 = 3^2$$

两边同乘 3^6 (6 是左边指数的公倍数, 并且与右边指数 2 的和是 4 的倍数), 得

$$3^6 + 2^3 \cdot 3^6 = 3^8$$

即

$$(3^3)^2 + (3^2 \times 2)^3 = (3^2)^4$$

这表明方程有一组解是 $x = 3^3, y = 2 \times 3^2, z = 3^2$. 证毕.

例6 (1991 年第 23 届加拿大数学竞赛) 证明: 方程 $x^2 + y^5 = z^3$ 有无穷多组整数解 (x, y, z), 其中 $xyz \neq 0$.

证法1 可以验证方程有两组解

$$(x, y, z) = (3, -1, 2), (10, 3, 7)$$

假定 (u, v, w) 是方程的一组解. 那么, 对任意整数 k, 则由 $[2, 5, 3] = 30$. 可设

$$x = k^{15} u, y = k^6 v, z = k^{10} w$$

这时有

$$
\begin{aligned}
x^2 + y^5 &= k^{30} u^2 + k^{30} v^5 = k^{30}(u^2 + v^5) \\
&= k^{30} w^3 = z^3
\end{aligned}
$$

于是 $(k^{15} u, k^6 v, k^{10} w)$ 是已知方程的解. 从而已知方程有无穷多组解.

证法2 取 $x = 2^{15k+10}, y = 2^{6k+4}, z = 2^{10k+7}, k \in \mathbf{N}$, 则

$$
\begin{aligned}
x^2 + y^5 &= 2^{30k+20} + 2^{30k+20} \\
&= 2^{30k+21} = z^3
\end{aligned}
$$

因此, $(x, y, z) = (2^{15k+10}, 2^{6k+4}, 2^{10k+7})(k \in \mathbf{N})$ 是已知方程的无穷多组解.

证法3 令 $x = n^5, y = n^2$, 则

$$x^2 + y^5 = 2n \cdot n^9$$

现在取 $n = 4r^3$, 则

$$2n \cdot n^9 = 8r^3 \cdot 2^{18} r^{27} = (2^7 r^{10})^3$$

于是 $(x, y, z) = (2^{10} r^{15}, 2^4 r^6, 2^7 r^{10})$ 是已知方程的解, 从而已知方程有无穷多组解.

例7 证明: 存在无穷多组正整数组 (x, y, z), 使得 x, y, z 两两不同, 并且

$$x^x = y^3 + z^3$$

证明 一个想法是: 将 x 取为 $3k + 1$ 形式的数, 这时

$$x^x = (3k+1)^{3k+1}$$
$$= (3k+1)(3k+1)^{3k}$$
$$= 3k(3k+1)^{3k} + (3k+1)^{3k}$$

因此,如果使 $3k$ 为一个完全立方数,那么符合要求的正整数 x,y,z 就找到了.

为此,令 $k = 3^{3m+2}$,这里 m 为正整数,那么令

$$x = 3k+1, y = 3^{m+1}(3k+1)^k, z = (3k+1)^k$$

则 x,y,z 两两不同,且满足 $x^x = y^3 + z^3$. 命题获证.

说明　如果不要求 x,y,z 两两不同,我们还可以这样来构造:取 $y = z = 2^m$,$x = 2^\alpha$,则当 $\alpha \cdot 2^\alpha = 3m+1$ 时,就有 $x^x = y^3 + z^3$. 容易看出,满足 $\alpha \cdot 2^\alpha = 3m+1$ 的正整数对 (α, m) 有无穷多对.

例 8　对任意的正整数 $m,n,(m,n)=1$,都有无穷多组正整数 (x,y,z),使

$$x^n + y^n = z^m \qquad ①$$

证明　与例 5 类似,如果①有一组正整数解,那么

$$(d^m x)^n + (d^m y)^n = (d^n z)^m$$

即 $(d^m x, d^m y, d^n z)$ 也是①的解.

为了求①的一组解,我们取两个正整数 a,b,记

$$c = a^n + b^n$$

将上式两边同乘 c^{kn},得(读者可与例 5 对比)

$$(ac^k)^n + (bc^k)^n = c^{kn+1} \qquad ②$$

我们希望 $kn+1$ 为 m 的倍数. 由于 $(m,n)=1$,根据裴蜀(Bézout)定理知,存在正整数 k,l,使得

$$lm - kn = 1 \qquad ③$$

对这样的 k,l,取 $x = ac^k, y = bc^k, z = c^l$,则由②得

$$x^n + y^n = z^m$$

这就给出了①的无穷多组解(即使不乘 d 的幂,由于 a,b 的任意性,我们已经得到无穷多组解. 在 a,b 固定时,满足③的 k,l 仍有无穷多种选择,又给出无穷多组解).

下面几道例题的解法,是为了使问题得到解决,先构造一个引理.

例 9　(2003 年越南数学奥林匹克)求最大的正整数 n,使得方程组

$$(x+1)^2 + y_1^2 = (x+2)^2 + y_2^2 = \cdots = (x+k)^2 + y_k^2 = \cdots = (x+n)^2 + y_n^2$$

有整数解 $(x, y_1, y_2, \cdots, y_n)$.

解　先给出一个引理.

引理　对任意的整数 a,b,有

$$a^2 + b^2 \equiv \begin{cases} 2,1,5 \ (\bmod\ 8), a \equiv \pm 1 \ (\bmod\ 4) \\ 1,0,4 \ (\bmod\ 8), a \equiv 0 \ (\bmod\ 4) \\ 5,4,0 \ (\bmod\ 8), a \equiv 2 \ (\bmod\ 4) \end{cases}$$

此引理易证.

回到原题.

当 $n=3$ 时,易知,所给的方程组有整数解,即 $x=-2,y_1=0,y_2=1,y_3=0$.

当 $n=4$ 时,假定所给的方程组有整数解 (x,y_1,y_2,y_3,y_4). 由于 $x+1,x+2,x+3,x+4$ 构成了模 4 的完全剩余系,由引理知,应存在一个整数 m,满足

$$m\in\{2,1,5\}\cap\{1,0,4\}\cap\{5,4,0\}=\varnothing$$

此矛盾表明,当 $n=4$ 时,所给的方程组没有整数解.

显然,当 $n\geqslant 4$ 时,所给的方程组均没有整数解. 于是,所求最大的正整数为 $n=3$.

例 10 (2004 年新加坡数学奥林匹克)求有序整数对 (a,b) $(1\leqslant a,b\leqslant 2\,004)$ 的个数,使得 $x^2+ax+b=167y$ 有整数解 (x,y).

解 先证明一个引理.

引理 p 为奇素数,当 x 取遍模 p 的完全剩余系时,x^2 模 p 恰能取到 $0,1,\cdots,p-1$ 中的 $\dfrac{p+1}{2}$ 个值.

证明 当 $x\equiv 0\pmod p$ 时,$x^2\equiv 0\pmod p$.

当 $p\nmid x$ 时,若 $x_1^2\equiv x_2^2\pmod p$,$x_1\not\equiv x_2\pmod p$,则

$$p\mid(x_1+x_2)(x_1-x_2),p\mid(x_1+x_2)$$

所以,$x_1\equiv -x_2\pmod p$.

这样,将 $1,2,\cdots,p-1$ 分成 $\dfrac{p-1}{2}$ 组 $(1,p-1),(2,p-2),\cdots,\left(\dfrac{p-1}{2},\dfrac{p+1}{2}\right)$.

同组数的平方模 p 相等,不同组数的平方模 p 不相等. 因此,二次剩余恰能取到 $1+\dfrac{p-1}{2}=\dfrac{p+1}{2}$ 个值.

回到原题.

当存在 $x\in\mathbf{Z}$,使 $x^2+ax+b\equiv 0\pmod{167}$ 时,则有整数解 (x,y),即

$$4x^2+4ax+4b\equiv 0\pmod{167}$$
$$a^2-4b\equiv(2x+a)^2\pmod{167}$$

因此,a 取一个值时,a^2-4b 取模 167 的二次剩余.

由引理知,a^2-4b 模 167 能取到 84 个不同的值. 所以,b 模 167 能取 84 个不同的值.

又 $\dfrac{2\,004}{167}=12$,故每个 a 对应 84×12 个满足要求的 b.

因此,共有 $2\,004\times 84\times 12=2\,020\,032$ 个有序整数对.

例 11 (2003 年新加坡数学奥林匹克)对于给定的质数 p,判断方程 $x^2+y^2+pz=2\,003$ 是否总有整数解 (x,y,z)? 并证明你的结论.

证明　为证原题,先给出如下的引理:

引理　每个与 1 模 4 同余的质数均可以写成两个平方数的和.

引理的证明　首先引入勒让德记号 $\left(\dfrac{a}{p}\right)$,其中 p 为奇质数,且 $(a,p)=1$,则:

（ⅰ）当 $x^2 \equiv a(\bmod p)$ 有解时,$\left(\dfrac{a}{p}\right)=1$;

（ⅱ）当 $x^2 \equiv a(\bmod p)$ 无解时,$\left(\dfrac{a}{p}\right)=-1$.

注　勒让德记号有如下性质:

$(1) \left(\dfrac{a}{p}\right) \cdot \left(\dfrac{b}{p}\right) = \left(\dfrac{ab}{p}\right)$;

$(2) \left(\dfrac{-1}{p}\right) = \begin{cases} 1, p \equiv 1(\bmod 4) \\ -1, p \equiv -1(\bmod 4) \end{cases}$.

因为 $p \equiv 1(\bmod 4)$,故 $\left(\dfrac{-1}{p}\right)=1$. 所以,存在 $u \in \mathbf{Z}$,使得

$$u^2 + 1 \equiv 0(\bmod p)$$

故存在某个 $k(k \geqslant 1)$,满足 $u^2 + 1 = kp$,即存在 $k(k \geqslant 1)$,使

$$kp = x^2 + y^2 \quad (x,y \in \mathbf{Z})$$

令 $r \equiv x(\bmod k)$,$s \equiv y(\bmod k)$,$-\dfrac{k}{2} < r, s \leqslant \dfrac{k}{2}$. 则

$$r^2 + s^2 \equiv x^2 + y^2 \equiv 0(\bmod k)$$

即存在 $k_1 \in \mathbf{N}$,使得

$$r^2 + s^2 = k_1 k$$

从而

$$(r^2 + s^2)(x^2 + y^2) = k_1 k \cdot kp = k_1 k^2 p$$

又 $(r^2 + s^2)(x^2 + y^2) = (rx + sy)^2 + (ry - sx)^2$. 故

$$\left(\dfrac{rx + sy}{k}\right)^2 + \left(\dfrac{ry - sx}{k}\right)^2 = k_1 p$$

由于 $rx + sy \equiv x^2 + y^2 \equiv 0(\bmod k)$,则

$$ry - sx \equiv xy - yx \equiv 0(\bmod k)$$

所以,$\dfrac{rx + sy}{k}$ 与 $\dfrac{ry - sx}{k}$ 都是整数,从而,$k_1 p$ 也可以表示为两个数的平方和的形式.

因为 $k_1 k = r^2 + s^2 \leqslant \left(\dfrac{k}{2}\right)^2 + \left(\dfrac{k}{2}\right)^2 = \dfrac{k^2}{2}$,则 $k_1 \leqslant \dfrac{k}{2} < k$. 故只要 $k \neq 1$,总存在一个 $k_1 < k$,使得 $k_1 p$ 也可以表示为两个数的平方和的形式. 因此,p 可表示为两

个数的平方和.

下面证明原题.

若 $p \neq 2\,003$ 且 $p \neq 2$,则
$$(2\,003, 2p) = 1, (2\,003 + 2p, 4p) = 1$$

由狄利克雷(Dirichlet)定理知,数列 $\{2\,003 + 2p + 4pn\}$ 包含无限多个质数.取其中任一个 $q = 2\,003 + 4pn_0 + 2p$. 由于 $2\,003 + 4pn_0 + 2p \equiv 1 (\bmod 4)$,故 $q \equiv 1 (\bmod 4)$.

由引理可知,q 可以表示为 $x^2 + y^2$ 的形式 $(x, y \in \mathbf{Z})$. 故
$$x^2 + y^2 + p(-4n_0 - 2) = 2\,003$$

取 $z = -4n_0 - 2$,即有
$$x^2 + y^2 + pz = 2\,003$$

若 $p = 2\,003$,取 $x = y = 0, z = 1$;

若 $p = 2$,取 $x = 1, y = 0, z = 1\,001$.

所以,方程 $x^2 + y^2 + pz = 2\,003$ 总有解.

注 这里给了狄利克雷定理.

狄利克雷定理 若 $(a, b) = 1$,则 $\{an + b\}$ 包含无限多个质数.

例 12 (2013 年朝鲜国家队选拔考试)证明:对于任意给定的正整数 a,$x^3 + x + a^2 = y^2$ 至少有一组正整数解 (x, y).

证明 由题中等式变形得
$$x(x^2 + 1) = y^2 - a^2 = (y + a)(y - a)$$

则存在正整数 b, c, d, e,满足
$$y + a = bc, y - a = de, x = bd, x^2 + 1 = ce$$

故 $bc - de = 2a, ce - (bd)^2 = 1$.

首选证明一个引理.

引理 数列 $\{u_n\}_{n \geqslant 0}$ 定义如下
$$u \in \mathbf{N}, u_0 = 0, u_1 = 1$$
$$u_{n+2} = uu_{n+1} + u_n \quad (n = 0, 1, \cdots)$$

则
$$u_n u_{n+2} - u_{n+1}^2 = (-1)^{n+1}$$

引理的证明 对 n 进行归纳.

当 $n = 0$ 时,命题成立.

假设对于 $n - 1 (n - 1 \geqslant 0)$ 命题成立. 则
$$\begin{aligned}
u_n u_{n+2} - u_{n+1}^2 &= u_n(uu_{n+1} + u_n) - u_{n+1}^2 \\
&= -u_{n+1}(u_{n+1} - uu_n) + u_n^2 \\
&= -(u_{n+1}u_{n-1} - u_n^2)
\end{aligned}$$

$$= (-1)^{n+2}$$

回到原题.

令

$$c = u_3 = u^2 + 1$$
$$e = u_5 = u^4 + 3u^2 + 1$$
$$bd = u_4 = u(u^2 + 2)$$

则由引理知

$$ce - (bd)^2 = 1$$

令 $b = \sqrt{u}(u^2 + 2)$，则 $d = \sqrt{u}$，故

$$bc - de = \sqrt{u}(u^2 + 2)(u^2 + 1) - \sqrt{u}(u^4 + 3u^2 + 1)$$
$$= \sqrt{u}$$

令 $u = 4a^2$，则 $bc - de = 2a$，故

$$d = 2a, b = 2a(16a^4 + 2), c = 16a^4 + 1$$

从而

$$\begin{cases} x = bd = 4a^2(16a^4 + 2) \\ y = bc - a = 2a(16a^4 + 2)(16a^4 + 1) - a \end{cases}$$

为方程的一组正整数解.

例 13 （2002 年第 43 届 IMO 预选题）是否存在整数 m，使得方程

$$\frac{1}{a} + \frac{1}{b} + \frac{1}{c} + \frac{1}{abc} = \frac{m}{a+b+c}$$

有无穷多组正整数解 (a, b, c)？

解 存在. 若 $a = b = c = 1$，则 $m = 12$.

令

$$\frac{1}{a} + \frac{1}{b} + \frac{1}{c} + \frac{1}{abc} - \frac{12}{a+b+c} = \frac{p(a,b,c)}{abc(a+b+c)}$$

其中

$$p(a,b,c) = a^2(b+c) + b^2(c+a) + c^2(a+b) + a + b + c - 9abc$$

假设 (x, a, b) 是满足

$$p(x,a,b) = (a+b)x^2 + (a^2 + b^2 - 9ab + 1)x + (a+b)(ab+1) = 0$$

的一组解，且 $x \leq a \leq b$. 由韦达定理，知 $y = \dfrac{ab+1}{x} > b$ 是方程 $p(x,a,b) = 0$ 的另一

个解. 设 $a_0 = a_1 = a_2 = 1$，定义 $a_{n+2} = \dfrac{a_n a_{n+1} + 1}{a_{n-1}}(n \geq 1)$.

下面证明：

$(1) a_{n-1} \mid (a_n a_{n+1} + 1)$；

$(2)\, a_n \mid (a_{n-1} + a_{n+1})$;

$(3)\, a_{n+1} \mid (a_{n-1} a_n + 1)$,

其中,a_{n-1},a_n,a_{n+1} 均为正整数.

当 $n = 1$ 时,以上三个结论显然成立. 假设当 $n = k$ 时,以上三个结论均成立. 由(1)得 $a_{k-1} \mid (a_k a_{k+1} + 1)$. 则 a_{k-1} 与 a_k 互素,且

$$a_{k-1} \mid [(a_k a_{k+1} + 1) a_{k+1} + a_{k-1}]$$

由(2)得 $a_k \mid (a_{k-1} + a_{k+1})$. 则

$$a_k \mid (a_k a_{k+1}^2 + a_{k+1} + a_{k-1})$$

故 $a_k a_{k-1} \mid (a_k a_{k+1}^2 + a_{k+1} + a_{k-1})$,即

$$a_k \left| \left(a_{k+1} \cdot \frac{a_k a_{k+1} + 1}{a_{k-1}} + 1 \right) = a_{k+1} a_{k+2} + 1 \right.$$

于是,当 $n = k + 1$ 时,(1)也成立. 同理,a_{k-1} 与 a_{k+1} 也互素,且

$$a_{k-1} \mid (a_k a_{k+1} + 1 + a_k a_{k-1})$$

由(3)得 $a_{k+1} \mid (a_{k-1} a_k + 1)$. 则

$$a_{k+1} \mid (a_{k-1} a_k + 1 + a_k a_{k+1})$$

故 $a_{k-1} a_{k+1} \mid [a_k(a_{k-1} + a_{k+1}) + 1]$,即

$$a_{k+1} \left| \left(a_k + \frac{a_k a_{k+1} + 1}{a_{k-1}} \right) = a_k + a_{k+2} \right.$$

于是,当 $n = k + 1$ 时,(2)也成立. 由 a_{k+2} 的定义及(1),知 a_{k+2} 是整数,且

$$a_{k+2} \mid (a_k a_{k+1} + 1)$$

于是,当 $n = k + 1$ 时,(3)也成立.

从而,可得数列 $\{a_n\}$,当 $n \geqslant 2$ 时严格递增,且 $p(a_n, a_{n+1}, a_{n+2}) = 0$,即 (a_n, a_{n+1}, a_{n+2}) 是原方程的解,$\{a_n\} = \{1,1,1,2,3,7,11,26,41,97,153,\cdots\}$.

例 14 (1985 年第 14 届美国数学奥林匹克)试判定下述不定方程组是否存在正整数解

$$x_1^2 + x_2^2 + \cdots + x_{1\,985}^2 = y^3$$
$$x_1^3 + x_2^3 + \cdots + x_{1\,985}^3 = z^2$$

其中 $x_i \neq x_j \, (i \neq j)$.

解法 1 我们证明更一般的结果:

对于任意正整数 n,不定方程组

$$x_1^2 + x_2^2 + \cdots + x_n^2 = y^3 \qquad\qquad ①$$
$$x_1^3 + x_2^3 + \cdots + x_n^3 = z^2 \qquad\qquad ②$$

存在无穷多组正整数解.

显然由 $1^3 + 2^3 + \cdots + n^3 = \left[\dfrac{n(n+1)}{2} \right]^2$,知 $1,2,\cdots,n$ 及 $\dfrac{n(n+1)}{2}$ 是方程②

的一组正整数解.

令 $x_i = k_i, i = 1, 2, \cdots, n$，代入方程①得

$$k^2(1^2 + 2^2 + \cdots + n^2) = y^3$$

即

$$y^3 = \frac{k^2 n(n+1)(2n+1)}{6} \qquad ③$$

代入方程②得

$$k^3(1^3 + 2^3 + \cdots + n^3) = z^2$$

即

$$z^2 = k^3 \left[\frac{n(n+1)}{2} \right]^2 \qquad ④$$

考虑式③，$\dfrac{k^2 n(n+1)(2n+1)}{6}$ 应为一立方数，考虑式④，k 应为一平方数，于是取

$$k = \left[\frac{n(n+1)(2n+1)}{6} \right]^{6t+4} \quad (t \in \mathbf{N})$$

则 $x_i = ki(i = 1, 2, \cdots, n)$ 都是方程组的解.

解法 2　设 $a_1, a_2, \cdots, a_n$ 为任意一组互不相同的正整数. 令

$$s = a_1^2 + a_2^2 + \cdots + a_n^2$$
$$t = a_1^3 + a_2^3 + \cdots + a_n^3$$

设 $x_i = s^m t^k a_i$，代入两个方程，得

$$x_1^2 + x_2^2 + \cdots + x_n^2 = s^{2m+1} t^{2k} = y^3$$
$$x_1^3 + x_2^3 + \cdots + x_n^3 = s^{3m} t^{3k+1} = z^2$$

因此，只需 $2m+1$ 是 3 的倍数，$3m$ 是 2 的倍数，于是取

$$m = 6p + 4 \quad (p \in \mathbf{N})$$

又需 $2k$ 是 3 的倍数，$3k+1$ 是 2 的倍数，于是取 $k = 6q + 3(q \in \mathbf{N})$. 则 $x_i = s^{6p+4} t^{6q+3} a_i (p, q \in \mathbf{N})$ 是方程组的一组解.

从而方程组有无穷多组解.

例 15　(2014 年第 62 届立陶宛数学奥林匹克)自然数 a, b, c, d 满足

$$a^2 + b^2 + c^2 + d^2 = 7 \times 4^{2\,014}$$

(1)写出至少一个 (a, b, c, d) 的解；

(2)写出所有满足条件 $a \leqslant b \leqslant c \leqslant d$ 的解.

解　(1)$a = b = c = 2^{2\,014}, d = 2^{2\,015}$.

(2)先证一个引理.

引理　若 $a, b, c, d \in \mathbf{N}, k \in \mathbf{Z}_+$，且 $k \geqslant 2$，满足

$$a^2 + b^2 + c^2 + d^2 = 7 \times 4^k \qquad ①$$

则 a,b,c,d 均为偶数.

引理的证明 式①两边模4,得
$$a^2 + b^2 + c^2 + d^2 \equiv 0 \pmod 4$$

由于平方数模4只能余0,1,故 a,b,c,d 同奇偶.

式①两边模8,得
$$a^2 + b^2 + c^2 + d^2 \equiv 0 \pmod 8$$

若 a,b,c,d 均为奇数,则
$$a^2 + b^2 + c^2 + d^2 \equiv 4 \pmod 8$$

矛盾.故 a,b,c,d 均为偶数.

回到原题.

反复应用引理,知 $2^{2\,013} \mid (a,b,c,d)$.

设 $a = 2^{2\,013}A, b = 2^{2\,013}B, c = 2^{2\,013}C, d = 2^{2\,013}D\,(A,B,C,D \in \mathbf{N})$. 则
$$A^2 + B^2 + C^2 + D^2 = 28$$

因为 $a \leqslant b \leqslant c \leqslant d$,所以,$A \leqslant B \leqslant C \leqslant D$.

当 A,B,C,D 均为偶数时,设
$$A = 2A_1, B = 2B_1, C = 2C_1, D = 2D_1$$

则
$$A_1^2 + B_1^2 + C_1^2 + D_1^2 = 7$$

故只能有 $A_1 = B_1 = C_1 = 1, D_1 = 2$. 此时
$$a = b = c = 2^{2\,014}, d = 2^{2\,015}$$

当 A,B,C,D 均为奇数时
$$\frac{28}{4} \leqslant D^2 \leqslant 28 \Rightarrow D = 3 \text{ 或 } 5$$

若 $D = 5$,则 $A^2 + B^2 + C^2 = 3$. 故 $A = B = C = 1$. 于是,$a = b = c = 2^{2\,013}, d = 2^{2\,013} \times 5$.

若 $D = 3$,则 $A^2 + B^2 + C^2 = 19$. 故 $\frac{19}{3} \leqslant C^2 \leqslant 19$,即 $C = 3$.

于是,$A^2 + B^2 = 10$,得 $A = 1, B = 3$. 则 $a = 2^{2\,013}, b = c = d = 3 \times 2^{2\,013}$.

综上可得,$(a,b,c,d) = (2^{2\,014}, 2^{2\,014}, 2^{2\,014}, 2^{2\,015}),(2^{2\,013}, 2^{2\,013}, 2^{2\,013}, 5 \times 2^{2\,013}),(2^{2\,013}, 3 \times 2^{2\,013}, 3 \times 2^{2\,013}, 3 \times 2^{2\,013})$.

例16 (2013年第30届伊朗国家队选拔考试)是否存在正整数 a,b,c,使得 $2\,013(ab + bc + ca) \mid (a^2 + b^2 + c^2)$ 成立.

解 首先,证明两个引理.

引理1 设正整数 $A \equiv 2 \pmod 3$. 则存在一个素数 p,使得 $p \equiv 2 \pmod 3$,且 $p^\alpha \parallel A$,其中,α 为一个正奇数.

引理 1 的证明　假设不存在这样的素数 p，设 A 的素因数分解为

$$A = p_1^{\alpha_1} p_2^{\alpha_2} \cdots p_k^{\alpha_k}$$

其中，$p_1, p_2, \cdots, p_k$ 是互不相同的素数，$\alpha_1, \alpha_2, \cdots, \alpha_k$ 及 k 均为正整数.

对于 $p_i (1 \leqslant i \leqslant k)$ 考虑两种情形.

（1）若 $p_i \equiv 1 \pmod 3$，则 $p_i^{\alpha_i} \equiv 1 \pmod 3$.

（2）若 $p_i \equiv 2 \pmod 3$，且 $2 \mid \alpha_i$，则

$$p_i^{\alpha_i} \equiv (p_i^2)^{\frac{\alpha_i}{2}} \equiv 1 \pmod 3$$

于是，$A \equiv 1 \pmod 3$，矛盾.

引理 2　设素数 $p \equiv 2 \pmod 3$. 则

$$\{0^3, 1^3, \cdots, (p-1)^3\}$$

是模 p 的一个完全剩余系.

引理 2 的证明　显然，$i^3 \equiv 0^3 \pmod p$ 当且仅当 $i \equiv 0 \pmod p$.

假设 $p \nmid i$，且 $p \nmid j$.

下面证明：$i^3 \equiv j^3 \pmod p$ 当且仅当 $i \equiv j \pmod p$.

若 $i^3 \equiv j^3 \pmod p$，则可设 $p = 3t + 2$. 由费马小定理知

$$i^{3t+1} \equiv j^{3t+1} \equiv 1 \pmod p$$

故

$$i^{3t} \cdot i \equiv i^{3t+1} \equiv j^{3t+1} \equiv (j^3)^t j \equiv i^{3t} j \pmod p$$

因为 $(i, p) = 1$，所以，$i \equiv j \pmod p$.

反之，若 $i \equiv j \pmod p$，则 $i^3 \equiv j^3 \pmod p$.

综上，$\{0^3, 1^3, \cdots, (p-1)^3\}$ 是模 p 的一个完全剩余系.

回到原题.

接下来证明：不存在满足条件的正整数 a, b, c.

假设存在正整数 a, b, c，满足

$$a^2 + b^2 + c^2 = 2\ 013k(ab + bc + ca) \qquad ①$$

其中，k 为正整数.

不失一般性，假设 a, b, c 的最大公因数为 1，否则，若 $(a, b, c) = d > 1$，用 $\dfrac{a}{d}, \dfrac{b}{d}, \dfrac{c}{d}$ 代替 a, b, c 得到的新的三元数组仍然满足方程①.

将方程①改写为

$$(a + b + c)^2 = (2\ 013k + 2)(ab + bc + ca)$$

因为 $2\ 013k + 2 \equiv 2 \pmod 3$，所以，由引理 1 知，存在素数 $p \equiv 2 \pmod 3$，使得

$$p^{2n+1} \parallel (2\ 013k + 2) \quad (n \in \mathbf{N})$$

故

$$p^{2n+1} \parallel (2\,013k+2)$$
$$\Rightarrow p^{2n+1} \mid (a+b+c)^2$$
$$\Rightarrow p^{2n+2} \mid (a+b+c)^2$$
$$\Rightarrow p^{2n+2} \mid (2\,013k+2)(ab+bc+ca)$$
$$\Rightarrow p \mid (ab+bc+ca)$$

又因为 $p \mid (a+b+c)$, 所以

$$0 \equiv ab+bc+ca \equiv ab+c(a+b)$$
$$\equiv ab + c(-c) \pmod{p}$$
$$\Rightarrow ab \equiv c^2 \pmod{p}$$
$$\Rightarrow c^3 \equiv abc \pmod{p}$$

同理, $a^3 \equiv b^3 \equiv abc \pmod{p}$.

由引理 2 知 $a \equiv b \equiv c \pmod{p}$. 由于 $p \mid (a+b+c)$, 且 $3 \nmid p$, 则 $p \mid a, p \mid b, p \mid c$, 与 $(a,b,c)=1$ 矛盾.

因此, 不存在满足条件的正整数 a, b, c.

例 17 (1965 年波兰数学竞赛) 求方程

$$x^4 + 4y^4 = 2(z^4 + 4u^4) \tag{①}$$

的整数解.

解法 1 显然, 方程①有解

$$x = y = z = u = 0$$

我们证明这是方程①的唯一一组整数解.

为此, 需要下面的引理:

如果 $k_1, k_2, \cdots, k_n$ 是互异的非负整数, 而 $x_1, x_2, \cdots, x_n$ 是不能被自然数 c 整除的整数, 那么

$$c^{k_1}x_1 + c^{k_2}x_2 + \cdots + c^{k_n}x_n \neq 0 \tag{②}$$

事实上, 若设 $k_1 = \min\{k_1, k_2, \cdots, k_n\}$, 则有

$$c^{k_1}x_1 + c^{k_2}x_2 + \cdots + c^{k_n}x_n$$
$$= c^{k_1}(x_1 + c^{k_2-k_1}x_2 + \cdots + c^{k_n-k_1}x_n)$$

因为当 $i \neq 1$ 时, $k_i - k_1 > 0$, 因而 $c^{k_2-k_1}x_2 + \cdots + c^{k_n-k_1}x_n$ 能被 c 整除, 而 x_1 由已知不能被 c 整除, 于是 $x_1 + c^{k_2-k_1}x_2 + \cdots + c^{k_n-k_1}x_n \neq 0$.

又因为 $c^{k_1} \neq 0$, 于是

$$c^{k_1}x_1 + c^{k_2}x_2 + \cdots + c^{k_n}x_n \neq 0$$

下面证明问题本身.

设 x, y, z, u 是方程①的一组整数解. 则存在非负整数 k, l, m, n 适合

$$x = 2^k x_1, y = 2^l y_1, z = 2^m z_1, u = 2^n u_1$$

其中 x_1, y_1, z_1, u_1 是奇数或零.

把这些式子代入方程①,可得

$$2^{4k}x_1^4 + 2^{4l+2}y_1^4 - 2^{4m+1}z_1^4 - 2^{4n+3}u_1^4 = 0 \qquad ③$$

然而,由 $4k, 4l+2, 4m+1, 4n+3$ 是互异的非负整数知,若 x_1, y_1, z_1 和 u_1 都是奇数,则它们不能被 2 整除,由引理就有

$$2^{4k}x_1 + 2^{4l+2}y_1 - 2^{4m+1}z_1 - 2^{4n+3}u_1^4 \neq 0 \qquad ④$$

③和④矛盾.

因此只能有

$$x_1 = y_1 = z_1 = u_1 = 0$$

即

$$x = y = z = u = 0$$

解法 2 设 x, y, z, u 是方程①的一组整数解. 则易知 x 为偶数. 设 $x = 2x_1$, x_1 为整数,则有

$$16x_1^4 + 4y^4 = 2(z^4 + 4u^4)$$

因而 z 是偶数. 设 $z = 2z_1$, z_1 为整数,则有

$$8x_1^4 + 2y^4 = 16z_1^4 + 4u^4$$
$$4x_1^4 + y^4 = 8z_1^4 + 2u^4$$

因而 y 是偶数. 设 $y = 2y_1$, y_1 是整数,则有

$$4x_1^4 + 16y_1^4 = 8z_1^4 + 2u^4$$
$$2x_1^4 + 8y_1^4 = 4z_1^4 + u^4$$

因而 u 是偶数. 设 $u = 2u_1$, u_1 是整数,则有

$$2x_1^4 + 8y_1^4 = 4z_1^4 + 16u_1^4$$
$$x_1^4 + 4y_1^4 = 2(z_1^4 + 4u_1^4)$$

重复上面的讨论可得, x_1, y_1, z_1, u_1 都是偶数,于是又可设

$$x_1 = 2x_2, y_1 = 2y_2, z_1 = 2z_2, u_1 = 2u_2$$

这样经过 k 步,若 x, y, z, u 都不等于 0,则有

$$x_k = y_k = z_k = u_k = 2$$

但是

$$2^4 + 4 \times 2^4 \neq 2(2^4 + 4 \times 2^4)$$

所以必有 $x = y = z = u = 0$.

例 18 正整数 m, n 均大于 1,已知

$$m(n+1)(n+2)\cdots(n+m) \qquad ①$$

刚好有三个不同的质因子,求所有满足条件的数组 (m, n).

解 首先证明一个引理.

引理 $|2^x - 3^y| = 1$ 的非负整数解只有 $(1,0), (1,1), (2,1), (3,2)$,共

四组.

引理的证明 (1)$2^x - 3^y = 1$.

当 $y \neq 0$ 时,模 3 可知 x 为偶数. 设 $x = 2k$. 则

$$(2^k + 1)(2^k - 1) = 3^y$$

从而

$$2^k + 1 = 3^a, 2^k - 1 = 3^b, 3^a - 3^b = 2$$

所以,$a = 1, b = 0, k = 1$.

当 $y = 0$ 时,$x = 1$.

(2)$2^x - 3^y = -1$.

当 $x = 1$ 时,$y = 1$.

当 $x > 1$ 时,模 4 可知 y 为偶数. 设 $y = 2k$. 则

$$(3^k + 1)(3^k - 1) = 2^x$$

从而

$$3^k + 1 = 2^a, 3^k - 1 = 2^b, 2^a - 2^b = 2$$

所以,$a = 2, b = 1, k = 1$.

回到原题.

因为 m, n 均大于 1,所以,代数式①一定含有质因子 2 和 3,且它刚好有三个不同的质因子. 因此,m 的值不超过 5,否则,代数式①还有质因子 5 和 7.

当 $m = 5$ 时,$n, n + 1, \cdots, n + 5$ 中有三个奇数. 它们两两互质,乘积中含有三个不同的奇质因子,所以,m 小于 5.

当 $m = 4$ 时,因为 $n, n + 1, \cdots, n + 4$ 中不能有三个奇数,所以,$n, n + 2, n + 4$ 都是偶数,奇数 $n + 1, n + 3$ 中必有一个数含有除了 3 以外的奇质因子 p. 于是,另一个只能为 3 的幂次,这样,$n + 2$ 与 3,p 都互质. 因此,$n + 2$ 只能为 2 的幂次.

据引理可知,$n + 2$ 只能为 2 或 4 或 8.

经检验,$(m, n) = (4, 2)$.

当 $m = 3$ 时,因为 $n, n + 1, n + 2, n + 3$ 中的两个奇数互质,它们只能是一个为 p 的倍数,另一个为 3 的幂次,所以,这两个数所夹的偶数只能为 2 的幂次 (因它与 3,p 都互质).

据引理可知,这个偶数只能为 2,4,8 之一.

经检验,$(m, n) = (3, 2), (3, 3), (3, 6)$.

当 $m = 2$ 时,如果 $n, n + 1, n + 2$ 中有两个奇数,同上讨论可知

$$(m, n) = (2, 3), (2, 7)$$

如果 n 为偶数,因为奇数 $n + 1$ 与 $n, n + 2$ 互质,而 n 与 $n + 2$ 的最大公约数为 2,所以,当 $n = 2$ 时,不满足题目要求. 而当 $n > 2$ 时,n 与 $n + 2$ 中至少有一个

含有奇质因子,且只能有一个含有奇质因子. 若这个质因子不是 3,则 $n+1$ 为 3 的幂次,而 $n,n+2$ 中有一个为 2 的幂次,据引理,易验证满足要求的 $(m,n)=(2,8)$;若这个质因子是 3,则 $n,n+2$ 中有一个为 2 的幂次,另一个为 2 乘以 3 的幂次,它们的差为 2,即一个 2 的幂次数与一个 3 的幂次数相差 1,据引理,容易检验出满足要求的

$$(m,n)=(2,4),(2,6),(2,16)$$

综上,所有满足要求的 $(m,n)=(4,2),(3,2),(3,3),(3,6),(2,3),(2,4),(2,6),(2,7),(2,8),(2,16)$.

例 19 设 s 是大于 1 的自然数,找出所有自然数 n,使得对于 n 存在互质的自然数 x,y,满足 $3^n=x^s+y^s$.

证明 先证明一个引理.

引理 设 $x,y,p,n,k\in\mathbf{N}$,且满足 $x^n+y^n=p^k$. 若 n 是大于 1 的奇数,p 是奇质数,则 n 可以表示成 p 的以自然数为指数的幂.

引理的证明 设 m 为 x,y 的最大公约数,可设 $x=mx_1,y=my_1$. 由已知条件有

$$m^n(x_1^n+y_1^n)=p^k$$

因此,存在某个非负整数 α,满足

$$x_1^n+y_1^n=p^{k-n\alpha} \qquad ①$$

由于 n 是奇数,故有

$$\frac{x_1^n+y_1^n}{x_1+y_1}=x_1^{n-1}-x_1^{n-2}y_1+x_1^{n-3}y_1^2-\cdots-x_1y_1^{n-2}+y_1^{n-1}$$

用 A 表示等式右端的数. 由于 $p>2$,所以,x_1 与 y_1 中至少有一个大于 1. 而 $n>1$,因此,$A>1$. 由式①推出

$$A(x_1+y_1)=p^{k-n\alpha}$$

因为 $x_1+y_1>1$ 且 $A>1$,所以,它们都能被 p 整除,且存在某个自然数 β,使得 $x_1+y_1=p^\beta$. 这样

$$A=x_1^{n-1}-x_1^{n-2}(p^\beta-x_1)+x_1^{n-3}(p^\beta-x_1)^2-\cdots-$$
$$x_1(p^\beta-x_1)^{n-2}+(p^\beta-x_1)^{n-1}$$
$$=nx_1^{n-1}+Bp \quad (B \text{ 是某个整数})$$

因为 $p|A$,且 $(x_1,p)=1$,于是 $p|n$. 设 $n=pq$,则 $x^{pq}+y^{pq}=p^k$,即

$$(x^p)^q+(y^p)^q=p^k$$

如果 $q>1$,那么同上面证明一样,可以证明 q 可被 p 整除. 如果 $q=1$,那么 $n=p$. 这样重复下去,便可推出,存在某个自然数 l,有 $n=p^l$.

下面证明本题的结论:n 的可能值只有 2.

设 $3^n=x^s+y^s$,其中 $(x,y)=1$,不妨设 $x>y$. 由于 $s>1,n\in\mathbf{N}$,显然 $3\nmid x$ 且

$3 \nmid y$. 讨论如下:

(1)若 s 是偶数,则
$$x^s \equiv 1(\bmod 3), y^s \equiv 1(\bmod 3)$$
于是,$x^s + y^s \equiv 2(\bmod 3)$,$x^s + y^s$ 不是 3 的整数次幂,矛盾.

(2)若 s 是奇数,且 $s > 1$,则
$$3^n = (x+y)(x^{s-1} - x^{s-2}y + \cdots + y^{s-1})$$
于是,$x + y = 3^m, m \geq 1$. 以下证明 $n \geq 2m$.

由引理知 $3 \mid \ldots$ 故 $\ldots$ 代入后,可以认为 $s = 3$. 于是,$x^3 + y^3 = 3^n, x + y = 3^m$.

因此,只要证明 $x^3 + y^3 \geq (x+y)^2$,即证明
$$x^2 - xy + y^2 \geq x + y$$
由于 $x \geq y + 1$,则
$$x^2 - x = x(x-1) \geq xy$$
因此
$$(x^2 - xy - x) + (y^2 - y) \geq 0$$
于是,$n \geq 2m$ 得证.

由 $(x+y)^3 - (x^3 + y^3) = 3xy(x+y)$,推出
$$3^{2m-1} - 3^{n-m-1} = xy$$
而 $2m - 1 \geq 1$ 且
$$n - m - 1 \geq n - 2m \geq 0 \qquad\qquad ②$$
如果②中至少有一个不等号是严格不等号,那么,$3 \mid (3^{2m-1} - 3^{n-m-1})$. 由 $3 \nmid xy$ 推出矛盾,可见
$$n - m - 1 = n - 2m = 0$$
那么,$m = 1, n = 2$ 且 $3^2 = 2^3 + 1^3$.

故 $n = 2$ 是唯一满足条件的值.

习　题　7.10

1. (1977 年第 40 届莫斯科数学奥林匹克)证明:可以找到多于 1 000 个三元自然数组 (a,b,c),使它们满足等式 $a^{15}+b^{15}=c^{16}$.

证明　已知方程可化为

$$\left(\frac{a}{c}\right)^{15}+\left(\frac{b}{c}\right)^{15}=c \qquad\qquad ①$$

我们选取自然数 n 和 k,使得

$$\frac{a}{c}=n,\frac{b}{c}=k \qquad\qquad ②$$

将②代入①就有

$$c=n^{15}+k^{15}$$

从而再代入②就有

$$a=n(n^{15}+k^{15}),b=k(n^{15}+k^{15})$$

于是对每一对 n 和 k 就可得到一组解

$$a=n(n^{15}+k^{15}),b=k(n^{15}+k^{15}),c=n^{15}+k^{15}$$

2. (1988 年第 14 届全俄数学奥林匹克)求满足方程 $x^3+y^4=z^5$ 的任意一组自然数 x,y,z. 试问这个方程的自然数解集是有限的还是无限的?

解　因为 $2^{24}+2^{24}=2^{25}$,所以

$$(2^8)^3+(2^6)^4=(2^5)^5$$

于是

$$\begin{cases} x=2^8=256 \\ y=2^6=64 \\ z=2^5=32 \end{cases}$$

是已知方程的一组解.

同时,若 (x_0,y_0,z_0) 是方程的一组解,则

$$\begin{cases} x=k^{20}x_0 \\ y=k^{15}y_0 \\ z=k^{12}z_0 \end{cases}$$

也是方程的一组解,因而有无穷多组解.

3. (1994 年第 57 届莫斯科数学奥林匹克)证明:方程 $x^2+y^2+z^2=x^3+y^3+z^3$ 有无穷多组整数解 (x,y,z).

证明　事实上,对任何正整数 n,有

$$\begin{cases} x = n(4n^2 - 1) + 1 \\ y = 1 - n(4n^2 - 1) \\ z = 1 - 4n^2 \end{cases}$$

都是原方程的解,这是因为

$$\begin{aligned} x^2(x-1) &= [n(4n^2 - 1) + 1]^2 \cdot n(4n^2 - 1) \\ &= [n(4n^2 - 1) - 1]^2 \cdot n(4n^2 - 1) + (4n^2 - 1)^2 \cdot 4n^2 \\ &= y^2(1 - y) + z^2(1 - z) \end{aligned}$$

即

$$x^2 + y^2 + z^2 = x^3 + y^3 + z^3$$

4. 证明:方程组

$$\begin{cases} x^2 + y^2 = z^2 - 1 \\ x^2 - y^2 = t^2 - 1 \end{cases}$$

有无穷多组正整数解 (x, y, z, t).

证明 恒等式

$$(2n^2)^2 \pm (2n)^2 = (2n^2 \pm 1)^2 - 1$$

表明 $(2n^2, 2n, 2n^2 + 1, 2n^2 - 1)$ 是原方程组的解.

5. 证明

$$\begin{cases} x^2 + y^2 = z^2 + 1 \\ x^2 - y^2 = t^2 + 1 \end{cases}$$

有无穷多组正整数解.

证明 对任意正整数 k,我们有

$$(8k^4 + 1)^2 \pm (8k^3)^2 = (4k^2(2k^2 \pm 1))^2 + 1$$

所以 $(8k^4 + 1, 8k^3, 4k^2(2k^2 + 1), 4k^2(2k^2 - 1))$ 是原方程组的解.

6. 证明:三元方程 $x^2 + y^3 = z^4$ 有无穷个正整数解.

证明 由试验观察得出一组解

$$x = 28, y = 8, z = 6$$

于是

$$28^2 + 8^3 = 6^4 \qquad \qquad ①$$

取 2,3,4 的最小公倍数 12,对式①两边乘以 k^{12m},其中 $k \in \mathbf{Z}_+, m \in \mathbf{N}$,则

$$(28k^{6m})^2 + (8k^{4m})^3 = (6k^{3m})^4$$

这表明 $x = 28k^{6m}, y = 8k^{4m}, z = 6k^{3m}$ 是原方程的正整数解,由 k, m 的任意性知,方程有无穷多个正整数解.

7. 证明:有无穷多组正整数 (x, y, z),使得 x, y, z 中任两个的和都是平方数.

证明 问题即要证明方程组

$$x + y = a^2, y + z = b^2, z + x = c^2 \qquad ①$$

有无穷多组正整数解.

由①得

$$x = \frac{a^2 - b^2 + c^2}{2}, y = \frac{a^2 + b^2 - c^2}{2}, z = \frac{b^2 + c^2 - a^2}{2} \qquad ②$$

$a^2 - b^2 + c^2, a^2 + b^2 - c^2, b^2 + c^2 - a^2$ 的奇偶性相同,只要 a, b, c 中两奇一偶(或全为偶数),则 x, y, z 全为整数.

我们取 $a = 2n + 1, b = 2n, c = 2n - 1 (n \geqslant 3)$,相应地有

$$x = 2n^2 + 1, y = 2n^2 + 4n, z = 2n^2 - 4n$$

这就得出无穷多组正整数解.

8. (2005 年保加利亚国家数学奥林匹克轮回赛)求所有满足

$$[m^2 + mn, mn - n^2] + [m - n, mn] = 2^{2005}$$

的正整数对 $(m, n)(m > n)$,其中 $[a, b]$ 表示 a 和 b 的最小公倍数.

解 给定方程的左边是 m, n 与 $m - n$ 的乘积. 所以,存在某些非负整数 a, b, c,使 $m = 2^a, n = 2^b, m - n = 2^c$,其中 $a > b$.

显然,$2^b(2^{a-b} - 1) = 2^c \Rightarrow a - b = 1 \Rightarrow b = a - 1$.

原方程可化简为

$$[2^{2a} + 2^{2a-1}, 2^{2a-1} - 2^{2a-2}] + [2^a - 2^{a-1}, 2^{2a-1}]$$
$$= 2^{2a-1} + 3 \cdot 2^{2a-1} = 2^{2005}$$

所以,$a = 1\,002, m = 2^{1\,002}, n = 2^{1\,001}$.

9. 设 (p, q) 是方程 $x^2 - my^2 = 1$ 的正整数解,$m \in \mathbf{Z}_+$,数列中 $\{a_n\}$ 满足 $a_{n+1} = \frac{1}{2} a_n + \frac{m}{2a_n} (n \geqslant 1)$,且 $a_1 = \frac{p+1}{q} \left(或 a_1 = \frac{p-1}{q} \right)$. 求证:对任何 $n > 1$,

$\dfrac{2}{\sqrt{a_n^2 - m}}$ 恒为正整数.

证明 先证明下面的引理.

引理 对任何 $n > 1$,存在 $p_n, q_n \in \mathbf{N}$,满足 $p_n^2 - mq_n^2 = 1$,且使得 $a_n = \dfrac{p_n}{q_n}$.

用数学归纳法证明.

当 $n = 2$ 时

$$a_2 = \frac{1}{2} a_1 + \frac{m}{2a_1} = \frac{p \pm 1}{2q} + \frac{mq}{2(p \pm 1)}$$

$$= \frac{(p \pm 1)^2 + mq^2}{2q(p \pm 1)} = \frac{p^2 \pm 2p + 1 + mq^2}{2q(p \pm 1)}$$

$$= \frac{p}{q}$$

（利用 $p^2 - mq^2 = 1$.）

令 $p_2 = p, q_2 = q$，显然有 $p_2^2 - mq_2^2 = 1$.

设当 $n = k$ 时结论成立，即存在 $p_k, q_k \in \mathbf{N}$，满足 $p_k^2 - mq_k^2 = 1$ 以及 $a_k = \dfrac{p_k}{q_k}$.

当 $n = k + 1$ 时

$$a_{k+1} = \frac{1}{2}a_k + \frac{m}{2a_k} = \frac{p_k}{2q_k} + \frac{mq_k}{2p_k} = \frac{p_k^2 + mq_k^2}{2p_k q_k}$$

令 $p_{k+1} = p_k^2 + mq_k^2, q_{k+1} = 2p_k q_k$，则

$$p_{k+1}^2 - mq_{k+1}^2 = (p_k^2 + mq_k^2)^2 - m(2p_k q_k)^2 = (p_k^2 - mq_k^2)^2 = 1$$

此时，命题仍然成立. 引理证毕.

下面证明原问题：

对于 $a_n = \dfrac{p_n}{q_n}(p_n, q_n \in \mathbf{N})$，有

$$\frac{2}{\sqrt{a_n^2 - m}} = \frac{2}{\sqrt{\dfrac{p_n^2 - mq_n^2}{q_n^2}}} = 2q_n \in \mathbf{N}$$

10.（2004 年保加利亚国家奥林匹克轮回赛）设 a, b 和 c 都是正整数，满足其中任何一个与另外两个互质. 证明：存在三个正整数 x, y, z，使得 $x^a = y^b + z^c$.

解 考虑两种情况：

（i）设 $(a, b) = (a, c) = 1$，则 $(a, bc) = 1$. 所以，存在正整数 u, v 满足 $ua + vbc = 1$. 所以，$a \mid (1 - vbc)$.

如果 $k \geqslant 1$ 是正整数，满足 $a \mid (-v - k)$，那么 $a \mid (kbc + 1)$，即

$$kbc + 1 = at$$

所以，可以设 $x = 2^t, y = 2^{kc}, z = 2^{kb}$，则

$$y^b + z^c = 2^{kbc} + 2^{kbc} = 2^{kbc+1} = (2^t)^a = x^a$$

（ii）设 $(c, a) = (c, b) = 1$，则 $(c, ab) = 1$. 由情形（i）知，能够找到一个正整数 k，使得 $c \mid (kbc + 1)$，即

$$kab + 1 = ct$$

所以可设 $x = 2(2^a - 1)^{kb}, y = (2^a - 1)^{ka}, z = (2^a - 1)^t$，则

$$x^a - y^b = 2^a(2^a - 1)^{kab} - (2^a - 1)^{kab} = (2^a - 1)^{kab+1} = z^c$$

11.（2004 年加拿大数学奥林匹克）设 n 是一个固定的正整数，证明：对任何非负整数 k，下述不定方程

$$x_1^3 + x_2^3 + \cdots + x_n^3 = y^{3k+2}$$

有无穷多个正整数解 $(x_1, x_2, \cdots, x_n; y)$.

证明 由 $1^3 + 2^3 + \cdots + n^3 = \left[\dfrac{n(n+1)}{2}\right]^2$ 可得，当 $k = 0$ 时

$$(x_1, x_2, \cdots, x_n; y) = (1, 2, \cdots, n; \frac{n(n+1)}{2})$$

为一组解.

由此,可在一般情况下构造无穷多组解,令 $c = \dfrac{n(n+1)}{2}$,并注意到对任意正整数 q,有

$$(c^k q^{3k+2})^3 + (2c^k q^{3k+2})^3 + \cdots + (nc^k q^{3k+2})^3$$
$$= c^{3k} q^{3(3k+2)} (1^3 + 2^3 + \cdots + n^3)$$
$$= c^{3k} q^{3(3k+2)} \left[\frac{n(n+1)}{2}\right]^2$$
$$= c^{3k+2} q^{3(3k+2)} = (cq^3)^{3k+2}$$

也即 $(x_1, x_2, \cdots, x_n; y) = (c^k q^{3k+2}, 2c^k q^{3k+2}, \cdots, nc^k q^{3k+2}; cq^3)$ 是解,证毕.

评注 本题解答的关键在于构造出一组通解,构造的方式可以不同,以下再给出两个不同的构造方法.

另证 1 对任意正整数 q,取 $x_1 = x_2 = \cdots = x_n = n^{2k+1} q^{3k+2}, y = n^2 q^3$,则

$$x_1^3 + x_2^3 + \cdots + x_n^3 = n(n^{2k+1} q^{3k+2})^3 = n^{2(3k+2)} q^{3(3k+2)} = y^{3k+2}$$

另证 2 若 $n = 1$,取 $x_1 = q^{3k+2}, y = q^3$,即为一组解. 对于 $n > 1$,我们寻求形如

$$x_1 = x_2 = \cdots = x_n = n^p, y = n^q$$

的通解,则有

$$x_1^3 + x_2^3 + \cdots + x_n^3 = y^{3k+2}$$
$$\Leftrightarrow n^{3p+1} = n^{(3k+2)q}$$
$$\Leftrightarrow 3p + 1 = (3k+2)q$$
$$\Leftrightarrow (3k+2)q - 3p = 1$$

最后一个等式的一组通解为 $q = 3t + 2, p = (3k+2)t + (2k+1)$($t$ 为非负整数). 从而方程有无穷多组解

$$x_1 = x_2 = \cdots = x_n = n^{(3k+2)t + (2k+1)}, y = n^{3t+2}$$

7.11 放缩法(不等式控制法)

就是通过题设中的不等量关系或熟知的有关不等的性质或重要不等式来控制变量的取值范围,从而求得结果的方法. 如利用重要不等式进行控制.

例1 (1963年莫斯科数学奥林匹克)求方程$\dfrac{xy}{z}+\dfrac{zx}{y}+\dfrac{yz}{x}=3$的整数解.

解 原方程可化为

$$x^2y^2+z^2x^2+y^2z^2=3xyz \qquad ①$$

因为x,y,z为整数且都不为0,所以$x^2>0,y^2>0,z^2>0$. 故

$$x^2y^2+y^2z^2+z^2x^2\geqslant3\sqrt[3]{x^4y^4z^4}$$

由①,得

$$3xyz\geqslant3xyz\sqrt[3]{xyz}$$

即$\sqrt[3]{xyz}\leqslant1$,亦即$xyz\leqslant1$,又由①,知$xyz>0$,所以$0<xyz\leqslant1$,且x,y,z是整数,故得整数解有$x=1,y=1,z=1;x=1,y=-1,z=-1;x=-1,y=1,z=-1;x=-1,y=-1,z=1$四组解.

另解 已知方程可化为

$$x^2y^2+x^2z^2+y^2z^2=3xyz$$

则

$$\begin{aligned}
6xyz&=2x^2y^2+2x^2z^2+2y^2z^2\\
&=(x^2y^2+x^2z^2)+(x^2y^2+y^2z^2)+(x^2z^2+y^2z^2)\\
&\geqslant2x^2yz+2xy^2z+2xyz^2\\
&=2xyz(x+y+z)
\end{aligned}$$

于是有

$$x+y+z\leqslant3$$

若x,y,z是正整数,则只能有

$$x=y=z=1$$

于是已知方程有四组解

$$(1,1,1),(1,-1,-1),(-1,1,-1),(-1,-1,1)$$

有时,利用重要不等式求解,是利用不等式取等号的充要条件而得到解答的. 如"求方程$x\sqrt{2-y^2}+y\sqrt{2-x^2}=2$的整数解"就是一例.

例2 (2015年中国北方数学奥林匹克)求方程

$$\dfrac{xyz}{w}+\dfrac{yzw}{x}+\dfrac{zwx}{y}+\dfrac{uxy}{z}=4$$

不定方程及其应用(中)

的所有整数解.

解 注意到, $\frac{xyz}{w},\frac{yzw}{x},\frac{zwx}{y},\frac{uxy}{z}$ 四个式子符号相同,则其均为正数.故由均值不等式,得

$$4=\frac{xyz}{w}+\frac{yzw}{x}+\frac{zwx}{y}+\frac{uxy}{z}\geq4\sqrt[4]{(xyzw)^2}\geq4$$

当且仅当 $xyzw=1,|x|=|y|=|z|=|w|=1$ 时,上式等号成立.

从而,方程的所有解为

$$\begin{aligned}(x,y,z,w)=&(1,1,1,1),(-1,-1,-1,-1),\\&(-1,-1,1,1),(-1,1,-1,1),\\&(-1,1,1,-1),(1,-1,-1,1),\\&(1,-1,1,-1),(1,1,-1,-1)\end{aligned}$$

放缩法就是根据解题的需要,对方程的某一部分舍弃或增添某些项,其目的还是控制变量的取值范围,当然放缩时有一定的技巧性,这要依题目而定,这是解不定方程常使用的一种手段.

例3 (1999年保加利亚数学奥林匹克)找出所有整数对 (x,y),使得

$$x^3=y^3+2y^2+1$$

解 显然, $x^3>y^3$,则 $x>y$,即 $x\geq y+1$. 于是

$$y^3+2y^2+1=x^3\geq(y+1)^3=y^3+3y^2+3y+1$$

即

$$y^2+3y\leq0,\ -3\leq y\leq0$$

于是 $y=-3,-2,-1,0$.

当 $y=-3$ 时, $x^3=-27+18+1=-8$. 从而 $x=-2$.

当 $y=-2$ 时, $x^3=-8+8+1=1$,从而 $x=1$.

当 $y=-1$ 时, $x^3=-1+2+1=2$,无整数解.

当 $y=0$ 时, $x^3=1$,从而 $x=1$.

故所求的整数对 $(x,y)=(-2,-3),(1,-2),(1,0)$.

例4 求方程 $x^2y^2-x^3+y^3-xy=49$ 的正整数解.

解 将原方程左边分解因式,得

$$(x^2+y)(y^2-x)=49$$

因为 x,y 是正整数,所以 $x^2+y\geq2,y^2-x>0$.

(1)当

$$x^2+y=49 \hfill ①$$
$$y^2-x=1 \hfill ②$$

时,由式①,得 $x^2\leq48$, x 是正整数,只有 $x=1,2,3,4,5,6$ 满足此不等式.

上面 x 的6个值加上1满足式②的只有 $x=3$,这时 $y=2$. 但 $x=3,y=2$ 不

满足式①.

(2)当

$$x^2 + y = 7 \qquad\qquad ③$$
$$y^2 - x = 7 \qquad\qquad ④$$

时,由式③,得 $x^2 \leqslant 6$,x 是正整数,只有 $x = 1, 2$ 满足此不等式.

但又只有 $x = 2$ 时,y 是整数.由式④,得 $y^2 = x + 7$,得 $y = 3$,满足式③④.

故原方程的正整数解 $(x, y) = (2, 3)$.

例5 (2011 年第 51 届白俄罗斯数学奥林匹克)已知 x, y 均为正整数,解方程

$$(x + y)^3 = (x - y - 6)^2$$

解 由已知方程,得

$$|x - y - 6| = (x + y)^{\frac{3}{2}} > x + y$$

而 $x - y - 6 < x + y$,则

$$|x - y - 6| = y + 6 - x > x + y$$

从而 $x < 3$. 故 $x = 1$ 或 2.

当 $x = 1$ 时,原方程化为

$$(y + 1)^3 = (y + 5)^2$$

若 $y \geqslant 5$,则 $(y + 1)^3 > y^3 > 4y^2 \geqslant (y + 5)^2$. 故 $y \leqslant 4$.

分别将 $y = 1, 2, 3, 4$ 代入验算,知只有 $y = 3$ 满足题意.

当 $x = 2$ 时,原方程化为

$$(y + 2)^3 = (y + 4)^2$$

若 $y \geqslant 4$,则 $(y + 2)^3 > y^3 \geqslant 4y^2 = (2y)^2 \geqslant (y + 4)^2$. 故 $y \leqslant 3$.

分别将 $y = 1, 2, 3$ 代入,知没有满足题意的解.

从而方程的正整数解 $(x, y) = (1, 3)$.

例6 证明:两个正整数的平方差不能是 1.

证明 用反证法.假设有正整数 x, y,使

$$x^2 - y^2 = 1 \qquad\qquad ①$$

请注意方程①的实数解有无穷多并且是无界的. 我们着眼于整数. 由①显然有 $x > y$,因为 x, y 都是整数,所以

$$x \geqslant y + 1$$

(这是一种简单,但常常用到的技巧),从而

$$x^2 - y^2 \geqslant (y + 1)^2 - y^2 = 2y + 1 \geqslant 2 \times 1 + 1 = 3$$

和①矛盾.

例7 证明:不存在四个互不相同的正整数 x, y, z, t,使得 $x^x + y^y = z^z + t^t$.

证明 本题的唯一困难就在于它看上去似乎很难.

不妨设四个不同的正整数中,x 最大. 则有

$$x - 1 \geq t, x - 1 \geq z$$

从而

$$x^x + y^y > x^x = x \cdot x^{x-1} \geq x^{x-1} + x^{x-1} \geq x^t + x^z > t^t + z^z$$

所以方程 $x^x + y^y = t^t + z^z$ 无互不相同的正整数解.

例 8 设 $n \in \mathbf{N}_+$,$f(n)$ 为 n 在十进制下的各位数字之积. 解方程 $f(n) = \frac{2}{3}n + 8$.

分析 显然,n 不是一位数. 设 n 是 $k + 1$ 位数,即 $n = \overline{x_k x_{k-1} \cdots x_1 x_0}$. 通过不等式估计研究 k 的取值范围.

$$n = \sum_{i=0}^{k} 10^i x_i \geq 10^k x_k = 9^k \left(\frac{10}{9}\right)^k x_k \geq \left(\frac{10}{9}\right)^k \prod_{i=0}^{k} x_i = \left(\frac{10}{9}\right)^k f(n)$$

即

$$f(n) \leq \left(\frac{9}{10}\right)^k n$$

当 $k \geq 4$ 时,$\left(\frac{9}{10}\right)^k \leq 0.656\,1 < \frac{2}{3}$,原方程无解.

下面枚举讨论 $k = 1, 2, 3$ 这三种情形.

(1)当 n 为两位数 $10a + b$ 时

$$f(n) = ab = \frac{20a + 2b}{3} + 8$$

即

$$a = \frac{2b + 24}{3b - 20}$$

由 $3b > 20$,知 b 只有 $7, 8, 9$ 这三种情形. 当 $b = 7$ 或 8 时,$a > 9$,不可能;当 $b = 9$ 时,$a = 6$.

(2)当 n 为三位数 $100a + 10b + c$ 时

$$f(n) = abc = \frac{200a + 20b + 2c}{3} + 8$$

即

$$a = \frac{20b + 2c + 24}{3bc - 200}$$

由 $3bc > 200$,知 $bc \geq 67$. 从而,b, c 只能为 8 或 9,且不可能同时为 8. 经检验,a 不存在整数解.

(3)当 n 为四位数 $1\,000a + 100b + 10c + d$ 时,同理

$$a = \frac{200b + 20c + 2d + 24}{3bcd - 2\,000}$$

由 $3bcd > 2\,000$，知 $bcd \geqslant 667$．只可能为 $b = c = d = 9$，此时，可验证 a 无解．

说明 不等式估计时要选择适当的变量作为研究对象，枚举讨论时一定要细致．

例9 （2008 年首届青少年数学周数学竞赛）试求满足条件
$$x^4 + x^3 + x^2 + x = y^2 + y$$
的整数对 (x, y)．

解 在条件等式两边都乘以 4，有
$$4x^4 + 4x^3 + 4x^2 + 4x = (2y+1)^2 + 1$$

配方变形，得
$$4x^4 + 4x^3 + 4x^2 + 4x + 1 = (2y+1)^2$$

注意到
$$(2x^2 + x)^2 = 4x^4 + 4x^3 + x^2$$

和
$$(2x^2 + x + 1)^2 = 4x^4 + 4x^3 + 5x^2 + 2x + 1$$

是两个相邻的平方数，并且
$$2x^2 + x = 2\left(x + \frac{1}{4}\right)^2 - \frac{1}{8}$$

作为实值函数其最小整数值等于 0．

从而，在 x 取整数值条件下
$$|2x^2 + x| \leqslant |2x^2 + x + 1|$$

故只有两种情况：

(1) $(2y+1)^2 = 4x^4 + 4x^3 + 4x^2 + 4x + 1 \leqslant 4x^4 + 4x^3 + x^2$；

(2) $(2y+1)^2 = 4x^4 + 4x^3 + 4x^2 + 4x + 1 \geqslant 4x^4 + 4x^3 + 5x^2 + 2x + 1$．

若 (1) 成立，则
$$3x^2 + 4x + 1 \leqslant 0, \quad -1 \leqslant x \leqslant -\frac{1}{3}, \quad x = -1$$

于是，$(2y+1)^2 = 1$，有 $y = 0$ 或 $y = -1$，得解 $(-1, 0)$，$(-1, -1)$．

若 (2) 成立，则
$$x^2 - 2x \leqslant 0, \quad 0 \leqslant x \leqslant 2$$

故 $x = 0, 1, 2$．

当 $x = 0$ 时，$y = -1$ 或 0，从而有解
$$(0, 0), (0, -1)$$

当 $x = 1$ 时，$y^2 + y - 4 = 0$，y 无整数解．

当 $x = 2$ 时，$y^2 + y - 30 = 0$，$y = -6$ 或 5．有解 $(2, -6)$，$(2, 5)$．

综上，满足条件的解是
$$(-1, 0), (-1, -1), (0, 0), (0, -1), (2, -6), (2, 5)$$

例 10 求 $y^3 = 8x^6 + 2x^3 y - y^2$ 在 $x \in [0,10]$ 时的所有整数解组 (x,y).

解

$$y^3 = 8x^6 + 2x^3 y - y^2 \Rightarrow 8y^3 = 64x^6 + 16x^3 y - 8y^2$$

$$\Rightarrow y^2(8y + 9) = (8x^3 + y)^2$$

$$\Rightarrow 8y + 9 = \left(\frac{8x^3}{y} + 1\right)^2 \qquad ①$$

由式①知, $y \mid 8x^3$, 且 $\dfrac{8x^3}{y}$ 为偶数. 由

$$\begin{cases} 8x^3 = 2ky \\ 8y + 9 = (2k+1)^2 \end{cases} \quad (k \in \mathbf{Z})$$

$$\Rightarrow \begin{cases} y = \dfrac{k^2 + k - 2}{2} \\ (2x)^3 = k^3 + k^2 - 2k \end{cases} \qquad ②$$

当 $k < -2$ 或 $k > 2$ 时, 有 $k^3 < k^3 + k^2 - 2k < (k+1)^3$. 故式②无整数解. 从而, $k \in \{-2, -1, 0, 1, 2\}$.

逐个代入检验知:

当 $k = -2, 1$ 时, $(x,y) = (0,0)$;

当 $k = -1$ 时, 式②无整数解;

当 $k = 0$ 时, $(x,y) = (0, -1)$;

当 $k = 2$ 时, $(x,y) = (1, 2)$.

综上, 所求的所有整数组为

$$(x,y) = (0,0), (0, -1), (1, 2)$$

例 11 (2013 年贵州省高中数学竞赛预选赛)求正整数 $k_1, k_2, \cdots, k_n$ 和 n, 使得 $k_1 + k_2 + \cdots + k_n = 5n - 4$, 且 $\dfrac{1}{k_1} + \dfrac{1}{k_2} + \cdots + \dfrac{1}{k_n} = 1$.

解 由 $k_i > 0 (i = 1, 2, \cdots, n)$, 则

$$\left(\frac{1}{k_1} + \frac{1}{k_2} + \cdots + \frac{1}{k_n}\right)(k_1 + k_2 + \cdots + k_n) \geqslant n^2 \qquad ①$$

所以, $5n + 4 \geqslant n^2$, 解得 $1 \leqslant n \leqslant 4$.

由式①等号成立条件知, 当 $n = 1$ 或 $n = 4$ 时, 所有的 $k_i (i = 1, 2, \cdots, n)$ 均相等.

(1)当 $n = 1$ 时, $\dfrac{1}{k} = 1$, 即 $k = 1$.

(2)当 $n = 4$ 时, $k_1 + k_2 + k_3 + k_4 = 16$, 且 $\dfrac{1}{k_1} + \dfrac{1}{k_2} + \dfrac{1}{k_3} + \dfrac{1}{k_4} = 1$. 解得 $k_1 = k_2 = k_3 = k_4 = 4$.

（3）当 $n=2$ 时，$k_1+k_2=6$，且 $\dfrac{1}{k_1}+\dfrac{1}{k_2}=1$，此两式相乘得

$$\frac{k_2}{k_1}+\frac{k_1}{k_2}=4$$

则 $\dfrac{k_2}{k_1}$ 为无理数，矛盾. 无解.

（4）当 $n=3$ 时，$k_1+k_2+k_3=11$，且 $\dfrac{1}{k_1}+\dfrac{1}{k_2}+\dfrac{1}{k_3}=1$. 不妨设 $k_1\leqslant k_2\leqslant k_3$，则

$1=\dfrac{1}{k_1}+\dfrac{1}{k_2}+\dfrac{1}{k_3}\leqslant\dfrac{3}{k_1}$，删得 $k_1\leqslant 3$.

若 $k_1=2$ 时，则 $\dfrac{1}{k_2}+\dfrac{1}{k_3}=\dfrac{1}{2}$，$k_2+k_3=9$，得 $k_2=3,k_3=6$；

若 $k_1=3$ 时，则由 $k_1\leqslant k_2\leqslant k_3$，$k_2=3,k_3=3$，与 $k_1+k_2+k_3=11$，矛盾.

综上，当 $n=1$ 时，$k=1$；

当 $n=4$ 时，$k_1=k_2=k_3=k_4=4$；

当 $n=3$ 时，$(k_1,k_2,k_3)=(2,3,6)$ 及其循环解.

例 12　求出所有使 $x+y+z,\dfrac{1}{x}+\dfrac{1}{y}+\dfrac{1}{z},xyz$ 均为整数的正有理数组 (x,y,z)，其中 $x\leqslant y\leqslant z$.

解　考虑以 x,y,z 为根的多项式

$$\begin{aligned}f(t)&=(t-x)(t-y)(t-z)\\&=t^3-(x+y+z)t^2+(xy+yz+zx)t-xyz\end{aligned}$$

注意到，$xy+yz+zx=xyz\left(\dfrac{1}{x}+\dfrac{1}{y}+\dfrac{1}{z}\right)$ 为整数. 所以，$f(t)$ 是首一的整系数多项式. 又其根均为有理数，其根的分母为首项系数的约数，故其根均为整数，即 x,y,z 均为整数.

设 $\dfrac{1}{x}+\dfrac{1}{y}+\dfrac{1}{z}=k$. 因为 $x\leqslant y\leqslant z$，所以

$$\frac{3}{x}\geqslant\frac{1}{x}+\frac{1}{y}+\frac{1}{z}=k\geqslant 1\Rightarrow x\leqslant 3$$

（1）当 $x=1$ 时，$\dfrac{1}{y}+\dfrac{1}{z}$ 为整数.

若 $y=1$，则只能是 $z=1$，得 $(1,1,1)$；

若 $y=2$，由 $x+y+z=3+z$ 为整数，知 z 为整数，故 $z=2$，得 $(1,2,2)$；

若 $y\geqslant 3$，则 $\dfrac{1}{y}+\dfrac{1}{z}\leqslant\dfrac{1}{3}+\dfrac{1}{3}$，矛盾.

（2）当 $x=2$ 时

$$\frac{2}{y} \geq \frac{1}{y} + \frac{1}{z} = k - \frac{1}{2} \geq 1 - \frac{1}{2} = \frac{1}{2} \Rightarrow y \leq 4$$

若 $y=2$,则只能是 $z=1$,与 $z \geq y=2$ 矛盾;

若 $y=3$,则 $z=6$,得 $(2,3,6)$;

若 $y=4$,则 $z=4$,得 $(2,4,4)$.

(3)当 $x=3$ 时

$$\frac{2}{y} \geq \frac{1}{y} + \frac{1}{z} = k - \frac{1}{3} \geq 1 - \frac{1}{3} = \frac{2}{3} \Rightarrow y \leq 3$$

又 $y \geq x = 3$,则 $y=3$,$z=3$. 故 $(3,3,3)$.

综上可得

$$(x,y,z) = (1,1,1),(1,2,2),(2,3,6),(2,4,4),(3,3,3)$$

例 13 求方程组

$$\begin{cases} 6x - y - z = 18 & ① \\ x^2 + y^2 + z^2 = 1\ 987 & ② \end{cases}$$

的正整数解.

解 因为 $x,y,z \in \mathbf{N}$,所以

$$(y+z)^2 \leq 2(y^2+z^2) = 2(1\ 987 - x^2) < 2 \times 1\ 987 = 3\ 974 < 64^2$$

$$y + z < 64$$

又由①,$6x = 18 + (y+z) < 82$,有 $x < 14$. 所以

$$(y+z)^2 > y^2 + z^2 = 1\ 987 - x^2 > 1\ 987 - 14^2 = 1\ 791 \geq 42^2$$

$$y + z \geq 42$$

再由①,$6x = 18 + (y+z) \geq 60$,有 $x \geq 10$.

故 $10 \leq x < 14$. 又由①②分析,$y+z$ 必为偶数,故 $y^2 + z^2$ 也为偶数.

由②知,x 必为奇数,于是,$x=11,13$. 当 $x=11$ 时无整数解,应舍去;当 $x=13$ 时代入原方程组,得

$$\begin{cases} x = 13,13 \\ y = 27,33 \\ z = 33,27 \end{cases}$$

例 14 求方程组

$$\begin{cases} 10ab + 10bc + 10ca = 9d & ① \\ abc = d & ② \end{cases}$$

的所有正整数解.

解 将式②代入式①,得

$$10ab + 10bc + 10ca = 9abc$$

因为 $abc \neq 0$,所以

$$\frac{1}{a}+\frac{1}{b}+\frac{1}{c}=\frac{9}{10}$$

不妨设 $a \leqslant b \leqslant c$,则

$$\frac{1}{a} \geqslant \frac{1}{b} \geqslant \frac{1}{c} > 0$$

于是,$\frac{1}{a} < \frac{1}{a}+\frac{1}{b}+\frac{1}{c} \leqslant \frac{3}{a}$,即

$$\frac{1}{a} < \frac{9}{10} \leqslant \frac{3}{a} \Rightarrow \frac{10}{9} < a \leqslant \frac{30}{9}$$

从而,$a=2$ 或 3.

若 $a=2$,则

$$\frac{1}{b}+\frac{1}{c}=\frac{2}{5}$$

因为 $\frac{1}{b} < \frac{1}{b}+\frac{1}{c} \leqslant \frac{2}{b}$,所以

$$\frac{1}{b} < \frac{2}{5} \leqslant \frac{2}{b} \Rightarrow \frac{5}{2} < b \leqslant 5$$

从而,$b=3,4,5$.

相应得 $c=15,\dfrac{20}{3}$(舍去)$,5$.

当 $a=2,b=3,c=15$ 时,$d=90$.

当 $a=2,b=5,c=5$ 时,$d=50$.

若 $a=3$,则

$$\frac{1}{b}+\frac{1}{c}=\frac{17}{30}$$

因为 $\frac{1}{b} < \frac{1}{b}+\frac{1}{c} \leqslant \frac{2}{b}$,所以

$$\frac{1}{b} < \frac{17}{30} \leqslant \frac{2}{b} \Rightarrow \frac{30}{17} < b \leqslant \frac{60}{17}$$

从而,$b=2$(舍去)$,3$.

当 $b=3$ 时,$c=\dfrac{30}{7}$(舍去).

故所有正整数解为 $(a,b,c,d)=(2,3,15,90),(2,15,3,90),(3,2,15,90),(3,15,2,90),(15,2,3,90),(15,3,2,90),(2,5,5,50),(5,2,5,50),(5,5,2,50)$.

例 15 已知 m,n,p,q 满足 $mnpq=6(m-1)(n-1)(p-1)(q-1)$.

(1)若 m,n,p,q 均为正整数,求 m,n,p,q 的值;

(2)若 m,n,p,q 都是大于 1 的数,试求 $m+n+p+q$ 的最小值.

解 （1）不妨设 $m \geqslant n \geqslant p \geqslant q$.

显然，$q \geqslant 2$. 若 $q \geqslant 3$，则

$$\frac{1}{m} \leqslant \frac{1}{n} \leqslant \frac{1}{p} \leqslant \frac{1}{q} \leqslant \frac{1}{3}$$

$$\Rightarrow \frac{1}{6} = \left(1 - \frac{1}{m}\right)\left(1 - \frac{1}{n}\right)\left(1 - \frac{1}{p}\right)\left(1 - \frac{1}{q}\right) \geqslant \left(\frac{2}{3}\right)^4 > \frac{1}{6}$$

矛盾.

故 $q = 2$.

将其代入题设等式，得

$$mnp = 3(m-1)(n-1)(p-1)$$

易知，$p \geqslant 2$.

若 $p \geqslant 4$，则

$$\frac{1}{m} \leqslant \frac{1}{n} \leqslant \frac{1}{p} \leqslant \frac{1}{4}$$

$$\Rightarrow \frac{1}{3} = \left(1 - \frac{1}{m}\right)\left(1 - \frac{1}{n}\right)\left(1 - \frac{1}{p}\right) \geqslant \left(\frac{3}{4}\right)^3 > \frac{1}{3}$$

矛盾.

故 $p = 2$ 或 3.

当 $p = 2$ 时，有

$$2mn = 3(m-1)(n-1)$$
$$\Rightarrow (m-3)(n-3) = 6 \times 1 = 3 \times 2$$
$$\Rightarrow (m,n) = (9,4),(6,5)$$

当 $p = 3$ 时，有

$$mn = 2(m-1)(n-1)$$
$$\Rightarrow (m-2)(n-2) = 2 \times 1$$
$$\Rightarrow (m,n) = (4,3)$$

故

$$(m,n,p,q) = (9,4,2,2),(6,5,2,2),(4,3,3,2)$$

（2）注意到

$$\frac{1}{6} = \left(1 - \frac{1}{m}\right)\left(1 - \frac{1}{n}\right)\left(1 - \frac{1}{p}\right)\left(1 - \frac{1}{q}\right)$$

$$\leqslant \left[\frac{\left(1 - \frac{1}{m}\right) + \left(1 - \frac{1}{n}\right) + \left(1 - \frac{1}{p}\right) + \left(1 - \frac{1}{q}\right)}{4}\right]^4$$

即

$$\frac{1}{m} + \frac{1}{n} + \frac{1}{p} + \frac{1}{q} \leqslant 4 - \frac{4}{\sqrt[4]{6}}$$

又

$$\left(m+n+p+q\right)\left(\frac{1}{m}+\frac{1}{n}+\frac{1}{p}+\frac{1}{q}\right)\geqslant 16$$

$$\Rightarrow m+n+p+q\geqslant \frac{16}{\dfrac{1}{m}+\dfrac{1}{n}+\dfrac{1}{p}+\dfrac{1}{q}}\geqslant \frac{16}{4-\dfrac{4}{\sqrt[4]{6}}}=\frac{4\sqrt[4]{6}}{\sqrt[4]{6}-1}$$

当且仅当 $m=n=p=q=\dfrac{\sqrt[4]{6}}{\sqrt[4]{6}-1}$ 时,上式等号成立.

故 $\left(m+n+p+q\right)_{\min}=\dfrac{4\sqrt[4]{6}}{\sqrt[4]{6}-1}$.

例 16 求不定方程 $x^3-y^3=xy+61$ 的正整数解.

解 设 (x,y) 为方程的正整数解,则 $x>y$. 设 $x=y+d$,则 d 为正整数,且

$$\begin{aligned}\left(y+d\right)y+61&=\left(y+d\right)^3-y^3\\&=3dy^2+3yd^2+d^3\end{aligned}$$

即有

$$\left(3d-1\right)y^2+d\left(3d-1\right)y+d^3=61$$

故 $d^3<61$,于是 $d\leqslant 3$.

分别令 $d=1,2,3$ 代入,得

$$2y^2+2y+1=61$$
$$5y^2+10y+8=61$$
$$8y^2+24y+27=61$$

只有第一个方程有整数解,并由 y 为正整数知 $y=5$,进而 $x=6$.

所以,原方程只有一组正整数解 $(x,y)=(6,5)$.

例 17 求所有的正整数数组 (a,b,c,x,y,z),使得

$$\begin{cases}a+b+c=xyz\\x+y+z=abc\end{cases}$$

这里 $a\geqslant b\geqslant c,x\geqslant y\geqslant z$.

解 由对称性,我们只需考虑 $x\geqslant a$ 的情形. 这时

$$xyz=a+b+c\leqslant 3a\leqslant 3x$$

故 $yz\leqslant 3$,于是 $(y,z)=(1,1),(2,1),(3,1)$.

当 $(y,z)=(1,1)$ 时,$a+b+c=x$ 且 $x+2=abc$,于是

$$abc=a+b+c+2$$

若 $c\geqslant 2$,则

$$a+b+c+2\leqslant 3a+2\leqslant 4a\leqslant abc$$

等号当且仅当 $a=b=c=2$ 时成立.

若 $c=1$,则
$$ab = a + b + 3$$
即
$$(a-1)(b-1) = 4$$
得 $(a,b)=(5,2),(3,3)$.

当 $(y,z)=(2,1)$ 时
$$2abc = 2x + 6 = a + b + c + 6$$
与上述类似讨论可知 $c=1$,进而
$$(2a-1)(2b-1) = 15$$
得 $(a,b)=(3,2)$.

当 $(y,z)=(3,1)$ 时
$$3abc = 3x + 12 = a + b + c + 12$$
类似可知,此时无解.

综上所述,可知 $(a,b,c,x,y,z)=(2,2,2,6,1,1),(5,2,1,8,1,1),(3,3,1,7,1,1),(3,2,1,3,2,1),(6,1,1,2,2,2),(8,1,1,5,2,1),(7,1,1,3,3,1)$.

说明 此题中如果没有条件 $a \geq b \geq c$ 和 $x \geq y \geq z$,也需要利用对称性做出这样的假设后再处理,解题中利用对称性假设 $x \geq a$ 是巧妙的,这样问题就转化为只有三种情况而便于处理了.

例18 （1980年比利时等五国数学邀请赛）求适合方程 $x^3 + x^2 y + xy^2 + y^3 = 8(x^2 + xy + y^2 + 1)$ 的所有整数对 (x,y).

解 原方程即为
$$(x+y)(x^2+y^2) = 8(x^2+y^2+xy+1) \qquad ①$$
易见 x,y 的奇偶性必须相同. 而
$$4(x^2+y^2) < 8(x^2+y^2+xy+1) \leq 12(x^2+y^2)+8 \qquad ②$$
所以
$$4(x^2+y^2) < (x+y)(x^2+y^2) \leq 12(x^2+y^2)+8 \qquad ③$$
如果 $x+y>12$,那么
$$(x+y)(x^2+y^2) - 12(x^2+y^2) \geq x^2+y^2 > \frac{(x+y)^2}{2} > 8$$
与式③矛盾. 所以,$4 < x+y \leq 12$. 从而 $x+y=6,8,10$ 或 12.

若 $x+y=12$,则由式①得 $x^2+y^2=2xy+2,(x-y)^2=2$,这是不可能的.

同样,$x+y=6$ 或 8 也是不可能的.

若 $x+y=10$,则由式①得 $(x,y)=(8,2)$ 或 $(2,8)$,这就是原方程的所有整数解.

下面的例子是美国中学生的数学竞赛题.

例 19 求出不定方程

$$(a^2 + b)(a + b^2) = (a - b)^2$$

所有的非零整数解.

解 先考虑平凡情况.

当 $a = b$ 时,易得解为 $a = b = -1$. 以下设 $a \neq b$.

当 a, b 中恰有一个为 0 时,不妨设 $a = 0$,则易知 $b = 1$. 对称地还有一组解 $a = 1, b = 0$.

如果 a, b 都大于 0,由对称性,设 $a > b$,则由原方程得出

$$a^4 < (a^2 + b)(b^2 + a) = (a - b)^2 < a^2$$

矛盾. 故此时无整数解.

如果 a, b 都小于 0,不妨设 $0 > a > b$,则有

$$(0 <) b^2 + a \leqslant (a^2 + b)(b^2 + a) = (a - b)^2$$

即

$$a \leqslant a^2 - 2ab$$

推出 $2b + 1 \geqslant a$,矛盾. 此时仍无整数解.

现在考虑 a, b 异号的情形,不妨设 $a > 0, b < 0$. 我们在原方程中用 $-b$ 代替 b,得

$$(a^2 - b)(b^2 + a) = (a + b)^2 \qquad \text{①}$$

下面来求①的全部正整数解.

显然 $a > 1$(否则①的左端小于或等于 0). 设 $(a, b) = d, a = a_1 d, b = b_1 d$, $(a_1, b_1) = 1, d \geqslant 1$,将①变形为

$$a_1[a_1 b_1^2 d^2 + a_1(da_1 - 1) - 3b_1] = b_1^2(db_1 + 1) \qquad \text{②}$$

推出 b_1 整除②的左端. 由于 $(a_1, b_1) = 1$. 故 $b_1 \mid (da_1 - 1)$.

因为 $da_1 - 1 = a - 1 > 0$,所以由 $b_1 \mid (da_1 - 1)$ 导出 $b_1 \leqslant da_1 - 1$(这也是简单而实用的方法). 当 $da_1 - 1 = 1$ 时,$a = da_1 = 2$. 易知这时①的解是 $a = 2, b = 1$ ($d = 1$). 当 $da_1 - 1 \geqslant 2$ 时,②(从而①)无正整数解,事实上,②的左端减右端(注意 $da_1 - 1 \geqslant 2$),即

$$a_1[a_1 b_1^2 d^2 + a_1(da_1 - 1) - 3b_1] - b_1^2(db_1 + 1)$$

$$\geqslant (b_1 + 1)da_1 b_1^2 + a_1^2(da_1 - 1) - 3a_1 b_1 - b_1^2(db_1 + 1)$$

$$= db_1^3(a_1 - 1) + a_1^2(da_1 - 1) + b_1^2(da_1 - 1) - 3a_1 b_1$$

$$\geqslant 2a_1^2 + 2b_1^2 - 3a_1 b_1 \geqslant 4a_1 b_1 - 3a_1 b_1 > 0$$

这样便求出原方程的全部非零整数解是:$(a, b) = (0, 1), (1, 0), (-1, -1)$, $(-1, 2), (2, -1)$.

有些不定方程初看起来,不能立即断定它至多只有有限组解. 如果我们相信(或者说猜测)事实上如此的话,估计方法实际上提供了一种"尝试"的手段.

请注意,哪怕只改变方程的一个常数,问题的难度和解的情况就可能有很悬殊的差别,这正是不定方程的困难与复杂之处. 例如,简单的估计可证明方程

$$x(x+1) = y^2$$

没有正整数解. 但是,方程

$$x(x+1) = 2y^2$$

却有无穷多组正整数解. 对于有无穷多组解的方程,费力去估计解的界限,其结果注定是不幸的.

例 20 设 p 是两个相邻正整数之积,$p > 6$. 证明:方程

$$\sum_{i=1}^{p} x_i^2 - \frac{4}{4p+1}\left(\sum_{i=1}^{p} x_i\right)^2 = 1 \qquad ①$$

没有整数解 $x_1, x_2, \cdots, x_p$.

证明 设 $p = k(k+1)$,$k \geq 3$,则

$$p \geq 12 \qquad ②$$

设方程①有整数解 $x_1 \geq x_2 \geq \cdots \geq x_p$. 用恒等式

$$\left(\sum_{i=1}^{p} x_i\right)^2 = p\left(\sum_{i=1}^{p} x_i^2\right) - \sum_{1 \leq i < j \leq p} (x_i - x_j)^2$$

可将①化为

$$\sum_{i=1}^{p} x_i^2 + 4 \sum_{1 \leq i < j \leq p} (x_i - x_j)^2 = 4p + 1 \qquad ③$$

如果所有的 $x_i (i = 1, 2, \cdots, p)$ 都相等,那么由③得

$$4p + 1 = px_1^2$$

右边被 p 整除,但左边不被 p 整除,这是不可能的.

于是,必有整数 l,使得

$$x_1 \geq x_2 \geq \cdots \geq x_l > x_{l+1} \geq \cdots \geq x_p.$$

当 $p - 1 > l \geq 2$ 时,由于 $x_1, x_2, \cdots, x_l$ 中每一个与 $x_{l+1}, \cdots, x_p$ 中每一个的差的平方至少为 1,则

$$4 \sum_{1 \leq i < j \leq p} (x_i - x_j)^2 \geq 4l(p - l) \geq 8(p - 2) > 4p + 1$$

这和③矛盾.

所以 $l = 1$ 或 $p - 1$. 不妨设 $l = 1$,即

$$x_1 > x_2 = x_3 = \cdots = x_{p-1} \geq x_p$$

这时③成为

$$\sum_{i=1}^{p} x_i^2 + 4\left((p-2)(x_1 - x_2)^2 + (x_1 - x_p)^2 + (p-2)(x_p - x_2)^2\right) = 4p + 1$$

从而 $x_1 - x_2 = 1$(否则上式左端大于右端),上式即

$$4(x_1 - x_p)^2 + (p-2)(x_p - x_2)^2 + \sum_{i=1}^{p} x_i^2 = 9$$

要使上式左端不大于右端，必须 $x_p = x_2$，从而
$$x_1^2 + (p-1)x_2^2 = 5$$
由于 $p \geq 12$，x_2 必须为 0. 但这时 $x_1 = 1$，上式仍不成立. 因此方程①没有整数解.

例21 (2002 年第 33 届 IMO)试求出所有的正整数 $a,b,c\,(1 < a < b < c)$，使得 $(a-1)(b-1)(c-1)$ 是 $abc-1$ 的约数.

解 首先估计 $s = \dfrac{abc-1}{(a-1)(b-1)(c-1)}\,(s \in \mathbf{N}_+)$ 的范围. 令 $x = a-1$，$y = b-1$，$z = c-1$，则 $1 \leq x < y < z$.

$$s = \frac{(x+1)(y+1)(z+1) - 1}{xyz}$$

$$= 1 + \frac{1}{x} + \frac{1}{y} + \frac{1}{z} + \frac{1}{xy} + \frac{1}{yz} + \frac{1}{zx} > 1$$

$$s < \frac{(x+1)(y+1)(z+1)}{xyz}$$

$$= \left(1 + \frac{1}{x}\right)\left(1 + \frac{1}{y}\right)\left(1 + \frac{1}{z}\right)$$

$$\leq \left(1 + \frac{1}{1}\right)\left(1 + \frac{1}{2}\right)\left(1 + \frac{1}{3}\right) = 4$$

所以，$s = 2$ 或 3.

(1)若 $s = 2$，则

$$\frac{1}{x} + \frac{1}{y} + \frac{1}{z} + \frac{1}{xy} + \frac{1}{yz} + \frac{1}{zx} = 1 \qquad ①$$

显然 $x \neq 1$. 若 $x \geq 3$，则 $y \geq 4$，$z \geq 5$. 故

$$\frac{1}{x} + \frac{1}{y} + \frac{1}{z} + \frac{1}{xy} + \frac{1}{yz} + \frac{1}{zx} \leq \frac{1}{3} + \frac{1}{4} + \frac{1}{5} + \frac{1}{12} + \frac{1}{20} + \frac{1}{15} = \frac{59}{60} < 1$$

与式①矛盾. 因此，$x = 2$. 此时

$$\frac{1}{y} + \frac{1}{z} + \frac{1}{2y} + \frac{1}{yz} + \frac{1}{2z} = \frac{1}{2}$$

易知 $3 \leq y \leq 5$(当 $y \geq 6$ 时，$z \geq 7$，上式不成立). 解得 $(x,y,z) = (2,4,14)$.

(2)若 $s = 3$，则

$$\frac{1}{x} + \frac{1}{y} + \frac{1}{z} + \frac{1}{xy} + \frac{1}{yz} + \frac{1}{zx} = 2 \qquad ②$$

于是，$x = 1$(否则，式②左边 $\leq \dfrac{1}{2} + \dfrac{1}{3} + \dfrac{1}{4} + \dfrac{1}{6} + \dfrac{1}{12} + \dfrac{1}{8} < 2$)，式②即为

$$\frac{2}{y} + \frac{2}{z} + \frac{1}{yz} = 1$$

同理，$2 \leq y \leq 3$. 解得 $(x,y,z) = (1,3,7)$.

综上,满足题意的正整数组为$(a,b,c)=(3,5,15)$与$(2,4,8)$.

例22 (2012年第53届IMO预选题)求所有的三元正整数数组(x,y,z),使得$x\leqslant y\leqslant z$,且

$$x^3(y^3+z^3)=2\,012(xyz+2)\qquad ①$$

解 注意到

$$2\,012(xyz+2)=x^3(y^3+z^3)$$
$$\geqslant x^4(y^2+z^2)\geqslant 2x^4yz$$
$$\Rightarrow 2\,012\geqslant xyz(x^3-1\,006)$$

又$x\leqslant y\leqslant z$,则$x<11$.

对式①两边模x,得

$$x\mid 4\,024=8\times 503$$
$$\Rightarrow x=1,2,4,8$$

若$4\mid x$,则式①中2的幂次左边大于右边,矛盾. 故$x=1$或2.

令$z+y=s,z-y=t$.

(1)若$x=2$,则

$$y^3+z^3=503(yz+1)$$
$$\Rightarrow s(s^2+3t^2)=503(s^2-t^2+4)$$
$$\Rightarrow t^2=\frac{2\,012-4s^3}{3s+503}+s^2$$

设$3s+503=k$. 则

$$k\mid[2\,012\times 27-4(k-503)^3]$$
$$\Rightarrow k\mid(2^4\times 7^2\times 503\times 1\,291)$$

易知,$y\neq z$. 否则,$2z^3=503(z^2+1)\Rightarrow z^3\mid 503$,矛盾. 故

$$503(yz+1)=(y+z)(y^2+z^2-yz)$$
$$\geqslant(y+z)(yz+1)$$
$$\Rightarrow s\leqslant 503\Rightarrow k\leqslant 4\times 503$$

又$k>503$,且$k\equiv -1(\bmod 3)$,则

$$k=4\times 503\Rightarrow s=503\Rightarrow t=1$$
$$\Rightarrow y=251,z=252$$

(2)若$x=1$,则

$$y^3+z^3=2\,012(yz+2)$$

故y,z同奇偶.

设$z+y=2s,z-y=2t$. 仿(1)得

$$t^2=s^2+\frac{2\,012-4s^3}{3s+1\,006}\qquad ②$$

设 $3s+1\ 006=k$,则
$$k\mid[2\ 012\times27-4(k-1\ 006)^3]$$
$$\Rightarrow k\mid(2^2\times7\times11\times97\times271\times503)$$
由 $2\ 012(yz+2)\geqslant(y+z)yz$,知
$$y+z\leqslant2\ 012\left(1+\frac{2}{yz}\right)<4\ 024$$
故 $s<2\ 012,k<503\times14$.

结合 $k\equiv1(\bmod\ 3),k>1\ 006$,得
$$k=271\times7,271\times4,97\times7\times4,97\times11\times2$$
$$\Rightarrow s=297,26,570,376$$
（ⅰ）若 $s\equiv1(\bmod\ 5)$,代入式②知
$$t^2\equiv3(\bmod\ 5)$$
无正整数解；

（ⅱ）若 $s\equiv0(\bmod\ 5)$,代入式②知
$$t^2\equiv2(\bmod\ 5)$$
无正整数解；

（ⅲ）若 $s\equiv0(\bmod\ 3)$,代入式②知
$$t^2\equiv-1(\bmod\ 3)$$
无正整数解.

故以上四个数均不合题意,

综上,$(x,y,z)=(2,251,252)$.

例 23 （2002~2003 年芬兰高中数学竞赛）求 $k,n\in\mathbf{N}_+$,使得 $(n+1)^k=n!\ +1$.

分析 从素数角度入手,设 p 是 $n+1$ 的素因子.则 $p\mid(n!\ +1)$.显然,当 $p\leqslant n$ 时,此式不可能成立.故 $n+1$ 必为素数 p,即 $p^k=(p-1)!\ +1$.

通过枚举法先研究几种简单情形.当 $p=2$ 或 3 时,$k=1$;当 $p=5$ 时,$k=2$.

下面证明：当 $p\geqslant7$ 时,方程无解.

当 $p\geqslant7$ 时,显然,$k\geqslant2$.设 $n=p-1=2m(m\geqslant3)$.则 $n!\ =(2m)!$ 中有 2,$m,2m$ 三项.故 $(2m)^2\mid n!$,即 $n^2\mid n!$.从而,$n^2\mid[(n+1)^k-1]$.由二项式定理知
$$(n+1)^k-1\equiv kn(\bmod\ n^2)\equiv0(\bmod\ n^2)$$
于是,$n\mid k,k\geqslant n$.故
$$(n+1)^k-1\geqslant(n+1)^n-1\geqslant n^n>n!$$
方程不可能成立.

说明 对于不定方程,枚举法不但可以讨论简单情形,得到一些解,而且可以总结经验,为最终彻底解决问题做准备.

例 24 设 x,y,z 为大于 2 的整数,且 $xy \equiv 2 \pmod z$, $yz \equiv 2 \pmod x$, $zx \equiv 2 \pmod y$. 求 $x+y+z$ 的值.

分析 此题改编自 2005 年中国台湾数学奥林匹克.

三个同余式等价于 $x \mid (yz-2)$, $y \mid (zx-2)$, $z \mid (xy-2)$. 因此

$$xyz \mid [(yz-2)(zx-2)(xy-2)]$$

注意到

$$(yz-2)(zx-2)(xy-2) = Axyz + 4(xy+yz+zx) - 8$$

故

$$4(xy+yz+zx) - 8 = kxyz$$

即

$$4\left(\frac{1}{x}+\frac{1}{y}+\frac{1}{z}\right) - \frac{8}{xyz} = k \qquad ①$$

利用整数 $x,y,z > 2$ 可以估计变量 k 的取值范围

$$k < 4\left(\frac{1}{x}+\frac{1}{y}+\frac{1}{z}\right) \le 4\left(\frac{1}{3}+\frac{1}{3}+\frac{1}{3}\right) = 4$$

即正整数 $k \le 3$. 由于 x,y,z 两两不等(假设 $x=y$,则由 $x \mid (yz-2)$,得 $x \mid 2$,与 x 为大于 2 的整数矛盾),不妨设 $x < y < z$.

(1)当 $k=3$ 时,若 $x \ge 4$,则

$$k < 4\left(\frac{1}{x}+\frac{1}{y}+\frac{1}{z}\right) \le 4\left(\frac{1}{4}+\frac{1}{5}+\frac{1}{6}\right) < 3$$

矛盾,故 $x=3$. 代入方程①,得

$$y = \frac{12z-8}{5z-12} \Rightarrow 5y = 12 + \frac{104}{5z-12}$$

结合 $x < y < z$,得 $z=5$, $y=4$. 经检验, $x=3$, $y=4$, $z=5$ 不满足题设中的同余式组,舍去.

(2)当 $k=2$ 时,若 $x \ge 6$,则

$$k < 4\left(\frac{1}{x}+\frac{1}{y}+\frac{1}{z}\right) \le 4\left(\frac{1}{6}+\frac{1}{7}+\frac{1}{8}\right) < 2$$

矛盾,故 $x=3,4,5$. 将 $k=2$, $x=3$ 代入方程①,得

$$y = \frac{6z-4}{z-6} = 6 + \frac{32}{z-6}$$

结合 $x < y < z$,可得三组解 $(y,z) = (10,14), (8,22), (7,38)$. 经检验,可得满足题设同余式组的两组解 $(x,y,z) = (3,8,22), (3,10,14)$. 同理,由 $x=4$ 可得满足题设同余式组的两组解 $(x,y,z) = (4,5,18), (4,6,11)$.

(3)当 $k=1$ 时,若 $x \le 4$,则

$$4\left(\frac{1}{x}+\frac{1}{y}+\frac{1}{z}\right) - \frac{8}{xyz} = \frac{4}{x} + \frac{4xz}{xyz} + \frac{4}{z} - \frac{8}{xyz} > 1$$

方程不可能成立;若 $x \geqslant 12$,则

$$k < 4\left(\frac{1}{x} + \frac{1}{y} + \frac{1}{z}\right) \leqslant 4\left(\frac{1}{12} + \frac{1}{13} + \frac{1}{14}\right) < 1$$

矛盾. 故 $x = 5, 6, \cdots, 11$. 同理,枚举讨论七种情形,可以得到满足题设同余式组的两组解 $(x, y, z) = (6, 14, 82), (6, 22, 26)$.

对上述各组解,计算 $x + y + z$ 的值即可.

说明 将三个同余式组转化为一个不定方程时,解集扩大了,因此,需要对根检验. 枚举法研究问题的各种情形时,先从相对简单的情形入手,帮助我们对复杂情形的判断.

例 25 (1991 年第 6 届中国中学生数学冬令营)求满足下述方程 $x^{2n+1} - y^{2n+1} = xyz + 2^{2n+1}$ 的所有正整数解 (x, y, z, n),这里 $n \geqslant 2, z \leqslant 5 \cdot 2^n$.

解 设正整数组 (x, y, z, n) 满足方程

$$x^{2n+1} - y^{2n+1} = xyz + 2^{2n+1} \qquad \qquad ①$$

显然,$x - y > 0$,且 x 与 y 的奇偶性相同.

否则,若 x 与 y 一为奇数,一为偶数,则方程的左边为奇数,右边为偶数. 这是不可能的. 于是 $x - y \geqslant 2$.

(1)当 $y = 1, x = 3$ 时,方程①化为

$$3^{2n+1} - 1 = 3z + 2^{2n+1}$$

$$z = 3^{2n} - \frac{1}{3}(1 + 2^{2n+1})$$

由于 $z \leqslant 5 \cdot 2^{2n}$,可得不等式

$$3^{2n} - \frac{1}{3}(1 + 2^{2n+1}) \leqslant 5 \cdot 2^{2n}$$

$$3^{2n} \leqslant 5 \cdot 2^{2n} + \frac{1}{3}(1 + 2^{2n+1})$$

$$\leqslant 2^{2n}\left[5 + \frac{1}{3}\left(\frac{1}{2^{2n}} + 2\right)\right]$$

$$\leqslant 6 \cdot 2^{2n}$$

即

$$\left(\frac{3}{2}\right)^{2n} \leqslant 6$$

$$n \leqslant \frac{\lg 6}{\lg 9 - \lg 4} < 3$$

于是 $n \leqslant 2$,又由已知 $n \geqslant 2$,所以 $n = 2$,此时

$$z = 3^4 - \frac{1}{3}(1 + 2^5) = 70$$

经检验 $x = 3, y = 1, z = 70, n = 2$ 是方程①的一组解.

（2）当 $y=1,x\geqslant 4$ 时,方程①化为

$$x^{2n+1}-1=xz+2^{2n+1}$$

$$x(x^{2n}-z)=2^{2n+1}+1 \qquad ②$$

由 $z\leqslant 5\cdot 2^{2n}$ 和 $n\geqslant 2$,得

$$x(x^{2n}-z)\geqslant 4(4^{2n}-5\cdot 2^{2n})=2^{4n+2}-5\cdot 2^{2n+2}$$

$$=2^{2n+1}(2^{2n+1}-5\cdot 2)>2^{2n+1}+1 \qquad ③$$

②和③矛盾. 从而,当 $y=1,x\geqslant 4$ 时,方程无解.

（3）当 $y\geqslant 2$ 时,由于 $x-y\geqslant 2,z\leqslant 5\cdot 2^{2n}$ 和 $n\geqslant 2$,则有

$$x^{2n+1}-xyz$$

$$=x(x^{2n}-yz)$$

$$\geqslant x[(y+2)^{2n}-yz]$$

$$\geqslant x[y^{2n}+4ny^{2n-1}+4n(2n-1)y^{2n-2}+\cdots+2^{2n}-5\cdot 2^{2n}y]$$

$$>xy^{2n}+x\cdot 2^{2n}+y[4ny^{2n-2}+4n(2n-1)y^{2n-3}-5\cdot 2^{2n}]$$

$$>y^{2n+1}+2^{2n+1}+2^{2n-3}y[8n+4n(2n-1)-40]$$

$$\geqslant y^{2n+1}+2^{2n+1}$$

即

$$x^{2n+1}-xyz>y^{2n+1}+2^{2n+1} \qquad ④$$

④与①矛盾. 所以,当 $y\geqslant 2$ 时,方程无解.

综上所述,原方程只有唯一一组正整数解

$$(x,y,z,n)=(3,1,70,2)$$

习 题 7.11

1. (2013 年河南省高中数学竞赛预赛) 从不超过 2 013 的正整数确定的集合 $\{1,2,3,\cdots,2\,013\}$ 中先后取出两个正整数 $a,b(a,b$ 可以相等), 组成数对 (a,b) 恰为方程 $x^3+y^3=x^2y^2$ 的解的概率为_____.

解 $\dfrac{1}{2\,013^2}$.

提示: 先研究 $x^3+y^3=x^2y^2$ 的正整数解.

设 (x,y) 为该方程的满足 $x\geqslant y$ 的正整数解, 则 $x^2\mid y^3$, 所以 $y^3\geqslant x^2$, 则
$$4y^3\geqslant 4x^2 \qquad\qquad ①$$
又 $x\geqslant y$, 所以
$$x^2y^2=x^3+y^3\leqslant 2x^3$$
因此 $y^2\leqslant 2x$, 则
$$y^4\leqslant 4x^2 \qquad\qquad ②$$
由①②得 $y\leqslant 4$.

当 $y=4$ 时, $x^3-16x^2+64=0$ 的有理数解只可能是 64 的整因子, 经检验均不成立.

当 $y=3$ 时, $x^3-9x^2+27=0$ 的有理数解只可能是 27 的整因子, 经检验均不成立.

当 $y=2$ 时, $x^3-4x^2+8=0$ 的有理数解只可能是 8 的整因子, 经检验只有 $x=2$ 满足.

当 $y=1$ 时, $x^3-x^2+1=0$ 的有理数解只可能是 1 的整因子, 经检验均不成立.

故此方程仅一组解 $(x,y)=(2,2)$, 因此本题结果为 $p=\dfrac{1}{2\,013^2}$.

2. (第 49 届基辅数学竞赛) 求自然数 m,n, 使得 $m^m+(mn)^n=1\,984$.

解 当 $m=4,n=3$ 时
$$m^m+(mn)^n=4^4+12^3=256+1\,728=1\,984$$
而 $5^5=3\,125>1\,984$, 所以 $m\leqslant 4,n\leqslant 4$.

在 $n=4$ 时, 由于 $1\,984>(4m)^4=256m^4$, 所以 $m=1$. 但 $1^1+(1\times 4)^4<1\,984$. 所以 $m\leqslant 4,n\leqslant 3$.

但在 $m<4$ 或 $n<3$ 时
$$m^m+(mn)^n<4^4+12^3=1\,984$$

所以,本题只有 $m=4,n=3$ 这一组解.

3.(1993 年第 19 届全俄数学奥林匹克)证明:如下方程无整数解

$$x^5 - y^5 = 1\,993$$

证明 如果整数 x 与 y 满足原方程,那么有 $x^5 > y^5$,因而 $x > y$.将原方程改写为

$$(x-y)(x^4+x^3y+x^2y^2+xy^3+y^4)=1\,993 \qquad ①$$

由于 1 993 为质数,而 $x-y>0$,因此知 $x-y$ 等于 1 或 1 993.

第一种情况是不可能的,这是因为 $1\,993 \equiv 3 (\bmod 5)$,而原方程的左边却为

$$x^5 - y^5 = (y+1)^5 - y^5 = 5(y^4+2y^3+2y^2+1)+1 \equiv 1(\bmod 5)$$

第二种情况也是不可能的,因为此时式①左边的第二个因式应当等于 1,但事实上,却有

$$x^4+x^3y+x^2y^2+xy^3+y^4$$
$$=(x^3+y^3)(x+y)+x^2y^2$$
$$=(x+y)^2(x^2-xy+y^2)+x^2y^2$$
$$\geq x^2y^2 > 1$$

综合上述,知原方程无整数解.

4.试求出能够对某些正整数 a,n,m 满足等式

$$x+y=a^n$$
$$x^2+y^2=a^m$$

的所有正整数对 (x,y).

解 由题设等式得

$$a^{2n}=(x+y)^2=x^2+y^2+2xy=a^m+2xy$$

所以

$$a^{2n}>a^m$$

因此 $a^m \mid a^{2n}$.于是 $2xy$ 也可被 $a^m = x^2+y^2$ 整除.

因为

$$x^2+y^2 \geq 2xy$$

而 $a^m \mid 2xy$,又表明 $2xy \geq x^2+y^2$,于是

$$x^2+y^2=2xy, x=y$$

所以有

$$\begin{cases} 2x=a^n \\ 2x^2=a^m \end{cases}$$

则

$$4x^2=a^{2n}$$

即

$$a^{2n-m} = 2$$

于是

$$a = 2, 2n - m = 1, x + y = 2^n, x^2 + y^2 = 2^m$$

所以 $x = y = 2^k$, k 为非负整数.

因此所求正整数对 $(x, y) = (2^k, 2^k)$, $k \in \mathbf{N}_+$.

5. (1952 年基辅数学奥林匹克) 证明: 方程 $\dfrac{1}{x^2} + \dfrac{1}{xy} + \dfrac{1}{y^2} = 1$ 没有正整数解.

证明 设 x, y 是满足方程

$$\frac{1}{x^2} + \frac{1}{xy} + \frac{1}{y^2} = 1 \qquad\qquad ①$$

的正整数.

不失一般性, 设 $x \geqslant y > 0$, 则

$$1 = \frac{1}{x^2} + \frac{1}{xy} + \frac{1}{y^2} \leqslant \frac{1}{y^2} + \frac{1}{y^2} + \frac{1}{y^2}$$

于是

$$y^2 \leqslant 3, 0 \leqslant y \leqslant \sqrt{3}$$

从而可得 $y = 1$, 这时已知方程 ① 化为

$$\frac{1}{x^2} + \frac{1}{x} = 0$$

此式显然不能成立.

因此原方程没有正整数解.

6. (2011 年青少年数学国际城市邀请赛) 甲、乙、丙分别给定一个正整数 a, b, c, 每人只知道自己的数. 他们被告知 $\dfrac{1}{a} + \dfrac{1}{b} + \dfrac{1}{c} = 1$, 并都被询问以下两个问题:

(1) 你知道 $a + b + c$ 的值吗?

(2) 你知道 a, b, c 分别的值吗?

甲对两个问题都回答"不知道". 而当乙听到甲的回答后, 第一个问题回答"知道", 第二个问题回答"不知道". 当听到两人的回答之后, 丙应当如何回答这两个问题?

解 首先解方程

$$\frac{1}{a} + \frac{1}{b} + \frac{1}{c} = 1$$

不妨设 $a \geqslant b \geqslant c$. 若 $c = 3$, 则

$$1 = \frac{1}{a} + \frac{1}{b} + \frac{1}{c} \leqslant \frac{3}{c}$$

从而, $a = b = c = 3$. 否则, $c = 2$. 于是, $\dfrac{1}{a} + \dfrac{1}{b} = \dfrac{1}{2}$. 解得 $a = b = 4$ 或 $b = 3, a = 6$.

这三组解对应的和分别为

$$3 + 3 + 3 = 9, 4 + 4 + 2 = 10, 6 + 3 + 2 = 11$$

因为甲对问题(1)的回答是否定的,所以, $a \neq 6$ 或 4.

同理, $b = 6$ 或 4. 若 $b = 4$, 由于 $a \neq 4$, 则 $a = 2, c = 4$.

而乙对问题(2)的回答是否定的,故 $b = 6$.

因此,丙知道 $b = 6$ 及 $a + b + c = 11$. 又丙知道 c 的值,则必然也知道 a. 故两个问题丙都回答知道.

7. (2004 年希腊数学奥林匹克)证明:不存在正整数 $x_1, x_2, \cdots, x_m, m \geq 2$, 使得 $x_1 < x_2 < \cdots < x_m$, 且 $\dfrac{1}{x_1^3} + \dfrac{1}{x_2^3} + \cdots + \dfrac{1}{x_m^3} = 1$.

证明 若 $x_1 = 1$, 则 $\dfrac{1}{x_1^3} = 1$, 且 $\dfrac{1}{x_1^3} + \dfrac{1}{x_2^3} + \cdots + \dfrac{1}{x_m^3} > 1$, 矛盾.

若 $x_1 \geq 2$, 则 $x_i \geq i + 1, i = 1, 2, \cdots, m$.

注意到

$$\frac{1}{x_i^3} \leq \frac{1}{(i+1)^3} < \frac{1}{(i+1)^2} < \frac{1}{i(i+1)} = \frac{1}{i} - \frac{1}{i+1}$$

所以

$$\sum_{i=1}^{m} \frac{1}{x_i^3} < \left(1 - \frac{1}{2}\right) + \left(\frac{1}{2} - \frac{1}{3}\right) + \cdots + \left(\frac{1}{m} - \frac{1}{m+1}\right) = 1 - \frac{1}{m+1} < 1$$

矛盾.

因此不存在满足条件的正整数.

8. 求方程 $\dfrac{1}{x} + \dfrac{1}{y} + \dfrac{1}{z} = 1$ 的正整数解.

解 显然, x, y, z 都大于 1, 且 x, y, z 中至少有一个小于 4. 否则,若 $x \geq 4$, $y \geq 4, z \geq 4$, 则 $\dfrac{1}{x} + \dfrac{1}{y} + \dfrac{1}{z} \leq \dfrac{3}{4}$, 显然与题目不符. 现令 $x \leq y \leq z$, 有 $1 < x < 4$, 则 $x = 2$ 或 3. 做赋值试验:

①若 $x = 2$, 则

$$\frac{1}{y} + \frac{1}{z} = 1 - \frac{1}{2} = \frac{1}{2}$$

即

$$(y - 2)(z - 2) = 4$$

因为 $z \geq y \geq x = 2$, 所以

$$\begin{cases} y - 2 = 1, 2 \\ z - 2 = 4, 2 \end{cases}$$

即

$$\begin{cases} y = 3,4 \\ z = 6,4 \end{cases}$$

②若 $x = 3$,则

$$\frac{1}{y} + \frac{1}{z} = 1 - \frac{1}{3} = \frac{2}{3}$$

即

$$(2y - 3)(2z - 3) = 9$$

$$\begin{cases} y = 3 \\ z = 3 \end{cases}$$

故满足 $x \leqslant y \leqslant z$ 的解为

$$\begin{cases} x = 2,2,3 \\ y = 3,4,3 \\ z = 6,4,3 \end{cases}$$

由对称性,轮换 x,y,z 的值,尚可得七组不同解,因此本题共十组解.

9.(2007 年太原市初中数学竞赛)当 $x \leqslant y \leqslant z$ 时,求方程

$$\frac{1}{x} + \frac{1}{y} + \frac{1}{z} = \frac{7}{8}$$

的正整数解.

解 由 $x > 0$,及 $x \leqslant y \leqslant z$,知

$$\frac{1}{x} \geqslant \frac{1}{y} \geqslant \frac{1}{z} > 0$$

故

$$\frac{1}{x} < \frac{1}{x} + \frac{1}{y} + \frac{1}{z} \leqslant \frac{3}{x}$$

从而,$\frac{1}{x} < \frac{7}{8} \leqslant \frac{3}{x}$. 解得 $\frac{8}{7} < x \leqslant \frac{24}{7}$. 因此,$x = 2$ 或 3.

当 $x = 2$ 时,$\frac{1}{y} + \frac{1}{z} = \frac{3}{8}$. 故

$$\frac{1}{y} < \frac{1}{y} + \frac{1}{z} \leqslant \frac{2}{y}$$

从而,$\frac{1}{y} < \frac{3}{8} \leqslant \frac{2}{y}$. 解得 $\frac{8}{3} < y \leqslant \frac{16}{3}$. 所以,$y = 3,4,5$.

由 $\frac{1}{y} + \frac{1}{z} = \frac{3}{8}$,解得 $z = 24,8,\frac{40}{7}$(舍去).

当 $x = 3$ 时,$\frac{1}{y} + \frac{1}{z} = \frac{13}{24}$. 故

$$\frac{1}{y} < \frac{1}{y} + \frac{1}{z} \leqslant \frac{2}{y}$$

从而，$\frac{1}{y} < \frac{13}{24} \leqslant \frac{2}{y}$. 解得 $\frac{24}{13} < y \leqslant \frac{48}{13}$. 所以，$y = 2$（舍去），3.

由 $\frac{1}{y} + \frac{1}{z} = \frac{13}{24}$，解得 $z = \frac{24}{5}$（舍去）.

故原方程的正整数解为
$$(x,y,z) = (2,3,24),(2,4,8)$$

10. 一个三位数 $\overline{xyz}$，$1 \leqslant x \leqslant 9, 0 \leqslant y, z \leqslant 9$，且 $x! + y! + z! = \overline{xyz}$. 则 $x + y + z$ 的值为_____.

解 10.

由 $\overline{xyz} = x! + y! + z!$，可得
$$100x + 10y + z = x! + y! + z! \quad \text{①}$$
易知 $x, y, z \leqslant 6$. 否则
$$x! + y! + z! \geqslant 7! + 1\,000$$
若 $x = 6$，则式①左边 < 700，式①右边 $\geqslant 6! = 720 > 700$，矛盾. 因此，$x \leqslant 5$.

同理，$y \leqslant 5, z \leqslant 5$.

于是
$$x! + y! + z! \leqslant 3 \times 5! = 360$$
故 $x \leqslant 3$.

当 $x = 3$ 时
$$294 + 10y + z = y! + z! \leqslant 2 \times 5! = 240$$
矛盾.

当 $x = 2$ 时
$$198 + 10y + z = y! + z!$$
若 $y \leqslant 4, z \leqslant 4$，则 $y! + z! \leqslant 2 \times 4! < 198$，矛盾.

故 y, z 中必有一个为 5.

（ⅰ）若 $y = 5, 128 + z = z!$，不可能；

（ⅱ）若 $z = 5, 83 + 10y = y!$，则 $y | 83$，也不可能.

当 $x = 1$ 时
$$99 + 10y + z = y! + z!$$
若 $y \leqslant 4, z \leqslant 4$，则 $y! + z! \leqslant 48 < 99$，矛盾.

故 y, z 中必有一个为 5.

（ⅰ）若 $y = 5, 29 + z = z!$，推出 $z | 29$，不可能；

（ⅱ）若 $z = 5, 10y = y! + 16$，经验算，y 只能为 4.

故 $x+y+z=10$.

11. (2011 年上海市初中数学竞赛) 对于正整数 n, 记 $n!=1\cdot 2\cdots\cdots n$, 求所有的正整数组 (a,b,c,d,e,f), 使得

$$a!=b!+c!+d!+e!+f!$$

且 $a>b\geqslant c\geqslant d\geqslant e\geqslant f$.

解 由题意知 $a!\geqslant 5\cdot f!\geqslant 5$. 所以, $a\geqslant 3$.

由 $a>b$, 得 $a!\geqslant a\cdot b!$. 进而结合题设得 $a\cdot b!\leqslant a!\leqslant 5\cdot b!$, 故 $a\leqslant 5$. 于是, $3\leqslant a\leqslant 5$.

当 $a=3$ 时, $b<3$. 此时

$$b!+c!+d!+e!+f!=6$$

当 $b=2$ 时

$$c!+d!+e!+f!=4$$

故 $c=d=e=f=1$.

当 $b=1$ 时, $c=d=e=f=1$, 此时, 不满足题设.

当 $a=4$ 时, $b<4$, 此时

$$b!+c!+d!+e!+f!=24$$

当 $b=3$ 时

$$c!+d!+e!+f!=18$$

由于 $4\cdot 2!<18$, 故

$$c=3,d!+e!+f!=12$$

由于 $3\cdot 2!<12$, 故 $d=3,e!+f!=6$, 此时无解.

当 $b=2$ 时

$$b!+c!+d!+e!+f!\leqslant 5\cdot 2!<24$$

此时无解.

当 $a=5$ 时, $b\leqslant 4$, 此时

$$b!+c!+d!+e!+f!=120$$

又

$$120=b!+c!+d!+e!+f!\leqslant 5\cdot b!\leqslant 5\cdot 4!=120$$

故 $b=c=d=e=f=4$.

综上, 满足题设的

$$(a,b,c,d,e,f)=(3,2,1,1,1,1),(5,4,4,4,4,4)$$

12. (1963 年第 26 届莫斯科数学奥林匹克) 证明: 如果 $x+y$ 为素数, 那么对奇数 n, 方程 $x^n+y^n=z^n$ 不可能有整数解.

证明 由于 n 是奇数, 则

$$(x+y)\mid(x^n+y^n=z^n)$$

又因为 $x+y$ 是素数，于是 $(x+y)|z$. 从而有 $z \geqslant x+y$，即

$$z^n \geqslant (x+y)^n > x^n + y^n$$

于是 $z^n = x^n + y^n$ 不成立.

13.（1970 年波兰数学竞赛）证明：如果自然数 x,y,z 满足方程 $x^n + y^n = z^n$，那么 $\min(x,y) \geqslant n$.

证明 设自然数 x,y,z,n 适合方程

$$x^n + y^n = z^n \qquad ①$$

不失一般性，我们设 $x \leqslant y$. 因为 $z^n = x^n + y^n > y^n$，所以 $z \geqslant y+1$.

将此不等式两边 n 次方，得

$$z^n \geqslant (y+1)^n = y^n + C_n^1 y^{n-1} + \cdots + 1 \geqslant y^n + ny^{n-1} \qquad ②$$

由①②可得 $x^n \geqslant ny^{n-1}$. 但因 $x \leqslant y$，所以

$$x^n \geqslant ny^{n-1} \geqslant nx^{n-1}$$

即 $x \geqslant n$. 于是 $\min(x,y) = x \geqslant n$.

14.（1959 年第 22 届莫斯科数学奥林匹克）证明：不存在这样的整数 x,y,z，可使等式 $x^k + y^k = z^k$ 在条件 $z>0,0<x<k,0<y<k$ 之下成立，其中 k 是自然数.

证明 不失一般性，设 $x \leqslant y$，则有

$$x^k + y^k = z^k \leqslant 2y^k = y^k + y^k$$

又 $0<y<k$，则上式继续有

$$z^k \leqslant 2y^k \leqslant y^k + ky^{k-1} < (y+1)^k$$

从而

$$z^k < (y+1)^k, z < y+1$$

这样就有

$$y < z < y+1$$

由于 z 位于两个相邻整数之间，所以 z 不是整数.

于是不存在符合题目要求的整数.

15. 求方程 $4x^2 - y^2 + 3x - 2y + 2 = 0$ 的整数解.

解 原方程变形为

$$(y+1)^2 = 4x^2 + 3x + 3$$

取三项式 $4x^2 + 3x + 3$ 相近的两个连续整数 $2x,2x+1$ 的平方，则有

$$(2x)^2 < 4x^2 + 3x + 3 < (2x+1)^2 \qquad ①$$

或

$$(2x)^2 > 4x^2 + 3x + 3 > (2x+1)^2 \qquad ②$$

由①得

$$\begin{cases} 3x+3 > 0 \\ x-2 > 0 \end{cases}$$

因此 $x > 2$.

由②得

$$\begin{cases} 3x + 3 < 0 \\ x - 2 < 0 \end{cases}$$

因此 $x < -1$.

当 x 为整数时,$2x$ 与 $2x + 1$ 是相邻整数,其间不可能得到整数 $y + 1$,故应淘汰 $x > 2$ 与 $x < -1$ 的一切值,有

$$-1 \leqslant x \leqslant 2$$

即 $x = -1, 0, 1, 2$.

经验证,得方程整数解为

$$\begin{cases} x = -1, \ -1, 2 \\ y = -3, 1, 4 \end{cases}$$

16. (2009~2010 年第 24 届立陶宛国家队选拔考试)设自然数 a, b 满足

$$(a^2 - 9b^2)^2 - 33b = 16 \qquad \qquad \textcircled{1}$$

(1)证明:$|a - 3b| \geqslant 1$.

(2)求所有满足条件①的数对 (a, b).

解 (1)因为 a, b 为自然数,所以,$|a - 3b|$ 为自然数.

若 $|a - 3b| = 0$,则 $a = 3b$. 代入式①,得 $-33b = 16$,矛盾. 从而 $|a - 3b| \geqslant 1$.

(2)由式①得

$$(a^2 - 9b^2)^2 = 33b + 16$$

又

$$|a^2 - 9b^2| = |a^2 - (3b)^2| \geqslant |(3b - 1)^2 - (3b)^2| = |6b - 1|$$

所以

$$(6b - 1)^2 \leqslant 33b + 16$$

即

$$12b^2 - 15b - 5 \leqslant 0$$

故 $b = 0$ 或 1.

当 $b = 0$ 时,代入得 $a = 2$;当 $b = 1$ 时,代入得 $a = 4$.

因此,方程的所有数对 $(a, b) = (4, 1), (2, 0)$.

17. (1991 年加拿大数学奥林匹克训练)求出满足 $x^2 = 1 + 4y^3(y + 2)$ 的所有整数 x 和 y.

解 若 $y = 0$ 或 $y = -2$,则 $x^2 = 1$,从而 $x = 1$ 或 -1.

若 $y = -1$,则 $x^2 = -3$,从而 x 是非实数.

若 $y \geqslant 1$,则 $4y^2 > 1 > 1 - 4y$,由此推出

$$4y^4 + 8y^3 + 4y^2$$
$$> 4y^4 + 8y^3 + 1$$
$$> 4y^4 + 8y^3 - 4y + 1$$

即

$$(2y^2 + 2y)^2 > x^2 > (2y^2 + 2y - 1)^2$$

因此 x 不是一个整数.

若 $y \leqslant -3$,则

$$1 - 4y > 1 > 4(1 - y(y + 2))$$

由此推出

$$4y^4 + 8y^3 - 4y + 1$$
$$> 4y^4 + 8y^3 + 1$$
$$> 4y^4 + 8y^3 - 4y^2 - 8y - 4$$

即

$$(2y^2 - 2y - 1)^2 > x^2 > (2y^2 + 2y - 2)^2$$

因此 x 是非整数.

于是方程只有四组解

$$(x, y) = (1, 0), (1, -2), (-1, 0), (-1, -2)$$

18. 求方程 $2xy + 2xz - xyz = 4z$ 的未知数 x, y, z 满足条件 $x \geqslant 1, y \geqslant 3, z \geqslant 3$ 的一切整数解.

解 将方程

$$2xy + 2xz - xyz = 4z \qquad ①$$

的左边因式分解,得

$$x(2y + 2z - yz) = 4z \qquad ②$$

由于 $x \geqslant 1, z \geqslant 3$,则有 $2y + 2z - yz > 0$,即

$$yz - 2y - 2z < 0 \qquad ③$$

也即

$$(y - 2)(z - 2) < 4 \qquad ④$$

由于 $y \geqslant 3, z \geqslant 3$,可知 $y - 2 \geqslant 1, z - 2 \geqslant 1$,于是

$$(y - 2)(z - 2) \geqslant 1 \qquad ⑤$$

由④⑤,得

$$1 \leqslant (y - 2)(z - 2) < 4 \qquad ⑥$$

由式⑥可知 $(y - 2)(z - 2)$ 只能取 1,2,3.

下面分 $(y - 2)(z - 2) = 1, (y - 2)(z - 2) = 2, (y - 2)(z - 2) = 3$ 三种情形讨论,得方程①的全部整数解

$$(x, y, z) = (4, 3, 3), (6, 4, 3), (8, 3, 4), (12, 5, 3), (20, 3, 5)$$

19. 三个铁制的立方体,每个立方体的棱长均为正整数,且其和是 38 cm, 将它们熔铸后得到一个棱长为 20 cm 的立方体. 则原来三个铁制的立方体的棱长从大到小依次是多少?

解 设三个立方体的棱长分别为 x cm,y cm,z cm,且 $0<x\leq y\leq z$. 则可得方程组

$$\begin{cases} x+y+z=38 \\ x^3+y^3+z^3=20^3 \end{cases} \quad ①$$

由 $0<x\leq y\leq z$,可知 $x^3\leq y^3\leq z^3$,则

$$x^3+y^3+z^3\leq 3z^3$$

即 $3z^3\geq 20^3$.

又 $z^3\geq \dfrac{8\,000}{3}>13^3$,则 $z\geq 14$.

当 $z=14$ 时,如果 $y=14$,那么 $x=10$,但不满足①. 所以,$y<14$. 于是,$x\leq y\leq 13$. 故

$$x^3+y^3+z^3\leq 13^3+13^3+14^3<8\,000$$

矛盾. 所以,$z\geq 15$.

又因为 $z^3<20^3$,所以,$z<20$. 则 $z\leq 19$. 故 $15\leq z\leq 19$.

由式①有

$$x^3+y^3=8\,000-z^3$$

即

$$(x+y)(x^2-xy+y^2)=8\,000-z^3$$

则 $(x+y)\mid(8\,000-z^3)$,有

$$(38-z)\mid(8\,000-z^3) \quad ②$$

列出下表:

z	$38-z$	$8\,000-z^3$
15	23	4 625
16	22	3 904
17	21	3 087
18	20	2 168
19	19	1 141

由表可知,只有 $z=17$ 时才满足式②,此时

$$\begin{cases} x+y=21 \\ x^3+y^3=3\,087 \end{cases} \quad \begin{matrix} ③ \\ ④ \end{matrix}$$

④÷③得

$$x^2 - xy + y^2 = 147 \qquad ⑤$$

由式③⑤得 $x = 7, y = 14$ 或 $y = 7, x = 14$. 而 $0 < x \leqslant y \leqslant z$, 所以, 取 $x = 7$, $y = 14$.

故原来三个铁制立方体的棱长从大到小依次是 17 cm, 14 cm, 7 cm.

20. (1992 年"友谊杯"国际数学竞赛) 证明: 方程 $(x+y+z)^2 + 2(x+y+z) = 5(xy+yz+zx)$ 的自然数解有无穷多个.

证明 显然 $(x,y,z) = (1,1,1)$ 是所给不定方程的一组解.

设方程有解

$$(x_1, y_1, z_1), (x_2, y_2, z_2), \cdots, (x_k, y_k, z_k)$$

并且

$$x_1 + y_1 + z_1 \leqslant x_2 + y_2 + z_2 \leqslant \cdots \leqslant x_k + y_k + z_k$$

不妨设 $z_k = \min\{x_k, y_k, z_k\}$. 把所给方程变形为

$$z^2 - (3z + 3y - 2)z + (x^2 + y^2 - 3xy + 2x + 2y) = 0$$

当 $x = x_k, y = y_k$ 时, 上述方程有一个解 $z = z_k$, 但上述方程是关于 z 的一元二次方程, 因此它还有一个解

$$z'_k = 3x_k + 3y_k - 2 - z_k$$

易知 $z'_k > z_k$.

这样, (x_k, y_k, z'_k) 也是所给方程的解.

因为 $x_k + y_k + z'_k > x_k + y_k + z_k$, 所以 (x_k, y_k, z'_k) 是一组新的解.

从而命题成立.

21. 对常数 $p \in \mathbf{N}$, 如果不定方程 $x^2 + y^2 = p(xy - 1)$ 有正整数解, 试证: 必有 $p = 5$ 成立.

证明 设 x_0, y_0 是方程的正整数解. 若 $x_0 = y_0$, 代入则有

$$p = (p-2)x_0^2$$

所以

$$x_0^2 = \frac{p}{p-2} = 1 + \frac{2}{p-2} \in \mathbf{N}$$

则 $x_0^2 = 2$ 或 3, 与 $x_0 \in \mathbf{N}$ 矛盾.

设 $x_0 > y_0 \geqslant 2$. 将原方程看作 x 的二次方程

$$x^2 - py_0 x + y_0^2 + p = 0$$

它的两根 x_1, x_0 适合 $x_1 \geqslant x_0 > y_0 \geqslant 2$, 且

$$x_1 + x_0 = py_0$$

$$x_1 x_0 = y_0^2 + p$$

易证 $x_1 x_0 > 2x_1 \geqslant x_1 + x_0$. 所以 $y_0^2 + p > py_0$. 于是

$$p < \frac{y_0^2}{y_0 - 1} = y_0 + 1 + \frac{1}{y_0 - 1}$$

从而，$p < y_0 + 1$.

因为 $x_1 = \dfrac{y_0^2 + p}{x_0} \geq x_0$，所以 $x_0^2 - y_0^2 \leq p < y_0 + 1$，又

$$x_0^2 - y_0^2 = (x_0 - y_0)(x_0 + y_0) \geq x_0 + y_0 > y_0 + 1$$

矛盾.

综上可知，必有 $x_0 > y_0 = 1$. 代入方程得

$$x_0^2 - px_0 + p + 1 = 0$$

所以

$$p = \frac{x_0^2 + 1}{x_0 - 1} = x_0 + 1 + \frac{2}{x_0 - 1}$$

当 $x_0 = 2$ 或 3 时，$p = 5$.

22.（1977 年第 19 届国际数学奥林匹克）设 a, b 是正整数，当 $a^2 + b^2$ 被 $a + b$ 除时，商为 q，余数为 r，求所有数对 (a, b)，使得 $q^2 + r = 1\,977$.

解 由 $r \geq 0$ 及 $q^2 + r = 1\,977$ 知

$$q^2 \leq 1\,977, q \leq \sqrt{1\,977} = 44.4\cdots$$

于是，数对 (q, r) 的取值为

$$(44, 41), (43, 128), (42, 213), \cdots$$

因为

$$a^2 + b^2 = (a + b)q + r \quad (0 \leq r < a + b)$$

以及

$$a^2 + b^2 \geq \frac{1}{2}(a + b)^2$$

所以

$$\frac{a^2 + b^2}{a + b} \geq \frac{1}{2}(a + b) > \frac{1}{2}r$$

由于

$$q = \frac{a^2 + b^2}{a + b} - \frac{r}{a + b} > \frac{1}{2}r - 1$$

则 $q \leq 43$ 时，$r \geq 128$，从而

$$\frac{1}{2}r - 1 \geq 63 > 43 \geq q$$

所以 $q \leq 43$ 时不可能，即 (q, r) 只能取值 $(44, 41)$. 于是

$$a^2 + b^2 = 44(a + b) + 41$$

$$(a - 22)^2 + (b - 22)^2 = 1\,009$$

设 $x = |a - 22|, y = |b - 22|$，则

$$x^2 + y^2 = 1\,009$$

解得
$$\begin{cases} x = 28 \\ y = 15 \end{cases}, \begin{cases} x = 15 \\ y = 28 \end{cases}$$

从而可得
$$\begin{cases} a_1 = 50 \\ b_1 = 37 \end{cases}, \begin{cases} a_2 = 50 \\ b_2 = 7 \end{cases}, \begin{cases} a_3 = 37 \\ b_3 = 50 \end{cases}, \begin{cases} a_4 = 7 \\ b_4 = 50 \end{cases}$$

即所求数对(a,b)只有四组
$$(50,37),(50,7),(37,50),(7,50)$$

23. (2010 年第六届中国北方数学奥林匹克)求
$$[x,y,z] = (x,y) + (y,z) + (z,x)$$

满足 $x \le y \le z, (x,y,z) = 1$ 的所有正整数解,其中$[m,n]$和(m,n)分别表示正整数 m,n 的最小公倍数和最大公约数.

解 因为$(x,y,z) = 1$,所以
$$\frac{(x,y)}{[x,y,z]} = \frac{(x,y)}{[[x,y],z]} \le \frac{(x,y)}{[(x,y),z]} = \frac{(x,y)}{(x,y)z} = \frac{1}{z}$$

同理
$$\frac{(y,z)}{[x,y,z]} \le \frac{1}{x}, \frac{(z,x)}{[x,y,z]} \le \frac{1}{y}$$

由题设得
$$\frac{1}{x} + \frac{1}{y} + \frac{1}{z} \ge 1$$

又 $x \le y \le z$,则$\frac{1}{x} \ge \frac{1}{y} \ge \frac{1}{z}$. 故$\frac{1}{x} \ge \frac{1}{3}$.

若$\frac{1}{x} = \frac{1}{3}$,则 $x = y = z = 3$,与$(x,y,z) = 1$ 矛盾. 所以,$\frac{1}{x} > \frac{1}{3}$,即 $x < 3$,则 $x = 1,2$.

(1)若 $x = 1$,则$[y,z] = (y,z) + 2$. 故$(y,z)|2$. 所以,$(y,z) = 1,2$.

当$(y,z) = 1$ 时,解得 $y = 1, z = 3$.

当$(y,z) = 2$ 时,解得 $y = 2, z = 4$.

(2)若 $x = 2$,则$\frac{1}{y} + \frac{1}{z} \ge \frac{1}{2}$,有$\frac{1}{y} \ge \frac{1}{4}$. 故 $2 \le y \le 4$.

当 $y = 2$ 时,$[2,z] = 2 + 2(2,z)$,无解.

当 $y = 3$ 时,有 $3 \le z \le 6$. 经验证 $z = 6$.

当 $y = 4$ 时,仅有 $z = 4$,与$(x,y,z) = 1$ 矛盾.

综上,共有三组解
$$(x,y,z) = (1,1,3),(1,2,4),(2,3,6)$$

24. (1987 年匈牙利数学奥林匹克)已知 a,b,c,d 为两两不同的正整数,并且满足 $a+b=cd$, $ab=c+d$. 求出满足上述要求的四元数组 (a,b,c,d).

解 若 $a+b \geqslant ab$,则

$$ab - a - b = (a-1)(b-1) - 1 \leqslant 0$$
$$(a-1)(b-1) \leqslant 1$$

因为 a,b 都是正整数,且 $a \neq b$,所以必有

$$a=1 \text{ 或 } b=1$$

若 $ab > a+b$,则

$$c+d = ab > a+b = cd$$

又有

$$(c-1)(d-1) < 1$$

此时

$$c=1 \text{ 或 } d=1$$

因此 a,b,c,d 中总有一个(也只有一个)为 1.

若 $a=1$,则有

$$\begin{cases} 1+b=cd \\ b=c+d \end{cases}$$

这时可得

$$\frac{1}{cd} + \frac{b}{cd} = \frac{1}{cd} + \frac{c+d}{cd} = \frac{1}{cd} + \frac{1}{c} + \frac{1}{d} = 1$$

所以 $c=2,d=3$ 或 $c=3,d=2$.

代入已知方程组可得 $b=5$.

再考虑 b,c,d 等于 1 的情形,有下列八组解:

a	1	1	5	5	2	3	2	3
b	5	5	1	1	3	2	3	2
c	3	2	3	2	1	1	5	5
d	2	3	2	3	5	5	1	1

25. 求出能表示为 $n = \dfrac{(a+b+c)^2}{abc}$($a,b,c \in \mathbf{Z}_+$)的所有正整数 n.

解 不妨设 $a \leqslant b \leqslant c$,$(a,b,c)$ 是使 c 最小的一组解. 由 $n = \dfrac{(a+b+c)^2}{abc}$ 得

$$c^2 + 2(a+b)c + (a+b)^2 = nabc$$
$$c^2 - [nab - 2(a+b)c] + (a+b)^2 = 0 \qquad \text{①}$$

设方程①的另一根为 c',则

$$c + c' = nab - 2(a+b) \in \mathbf{Z}$$

$$cc' = (a+b)^2 > 0$$

所以 $c' \in \mathbf{Z}_+$.

因而 (a,b,c') 也是满足题设的一组解,且 $c' \geqslant c$. 因此

$$(a+b)^2 = cc' \geqslant c^2$$

故 $c \leqslant a+b$.

又 $\frac{1}{b} \leqslant \frac{1}{a}, \frac{a}{b} \leqslant 1, \frac{b}{c} \leqslant 1$,则

$$n = \frac{2}{a} + \frac{2}{b} + \frac{2}{c} + \frac{a}{cb} + \frac{b}{ac} + \frac{c}{ab}$$

$$\leqslant \frac{2}{a} + \frac{2}{b} + \frac{2}{c} + \frac{1}{c} + \frac{1}{a} + \left(\frac{1}{a} + \frac{1}{b}\right)$$

$$\leqslant \frac{3}{c} + \frac{7}{a}$$

(1)当 $c = 1$ 时,$a = b = 1$,则 $n = 9$.

(2)当 $c \geqslant 2$ 时,$n \leqslant \frac{3}{2} + 7 < 9$,则 $n \leqslant 8$.

下面证明 $n \neq 7$. 假设 $n = 7$.

若 $a \geqslant 2$,则 $c \geqslant 2, 7 = n \leqslant \frac{3}{2} + \frac{7}{2} = 5$,矛盾.

若 $a = 1$,则 $1 \leqslant b \leqslant c \leqslant 1 + b$. 所以,$c = b$ 或 $c = 1 + b$.

当 $c = b$ 时,$(2b+1)^2 = 7b^2$,b 无整数解;

当 $c = 1 + b$ 时,$(2b+2)^2 = 7b(1+b)$,即 $4(b+1) = 7b$,b 无整数解.

因此,$n \neq 7$.

(3)令 $F(a,b,c) = \frac{(a+b+c)^2}{abc}$. 因为 $F(k,k,k) = \frac{9}{k}$,则当 $k = 1,3,9$ 时,

$n = 9,3,1$.

又 $F(k',k',2k') = \frac{8}{k'}$,则当 $k' = 1,2,4$ 时,$n = 8,4,2$. 显然,$F(1,2,3) = 6$,

$F(1,4,5) = 5$.

故满足题设的正整数 $n = 1,2,3,4,5,6,8,9$.

26.(2002 年中国台湾数学奥林匹克)求所有的正整数 n 和非负整数 x_1,

$x_2, \cdots, x_n$,使得 $\sum\limits_{i=1}^{n} x_i^2 = 1 + \frac{4}{4n+1}\left(\sum\limits_{i=1}^{n} x_i\right)^2$.

解 设 $X = x_1 + x_2 + \cdots + x_n$. 若 $x_i \leqslant 1, i = 1,2,3,\cdots,n$,记

$$|\{i \mid x_i = 1\}| = a, |\{i \mid x_i = 0\}| = n - a$$

则所求方程改写成

$$a = 1 + \frac{4a^2}{4n+1}$$

易知 $a \neq 1$，故

$$4n+1 = 4(a+1) + \frac{4}{a-1}$$

解得，$a = 5, n = 6$.

假设存在某个 i，使得 $x_i \geq 2$. 那么

$$X + 1 \leq \sum_{i=1}^{n} x_i^2 = 1 + \frac{4}{4n+1} \cdot X^2$$

所以，$1 \leq \frac{4}{4n+1} \cdot X$，即 $X \geq \frac{4n+1}{4} = n + \frac{1}{4}$.

又 X 是整数，故 $X \geq n + 1$.

另一方面，由

$$\frac{X^2}{n} \leq \sum_{i=1}^{n} x_i^2 = 1 + \frac{4}{4n+1} \cdot X^2$$

得

$$X^2 \leq 4n^2 + n \Rightarrow X \leq 2n$$

于是，有 $n + 1 \leq X \leq 2n$，故

$$1 < 1 + \frac{1}{n} \leq \frac{X}{n} \leq 2$$

因为

$$\sum_{i=1}^{n} \left(x_i - \frac{X}{n} \right)^2 = \sum_{i=1}^{n} x_i^2 - \frac{X^2}{n} = 1 - \frac{X^2}{n(4n+1)} < 1$$

所以

$$-1 < x_i - \frac{X}{n} < 1 \quad (\forall i = 1, 2, \cdots, n)$$

于是

$$0 < -1 + \frac{X}{n} < x_i < 1 + \frac{X}{n} \leq 3.$$

故 $x_i \in \{1, 2\}$，$\forall i = 1, 2, \cdots, n$.

设 $|\{i \mid x_i = 2\}| = b$，$|\{i \mid x_i = 1\}| = n - b$. 则已知方程化为

$$3b + n = 1 + \frac{4}{4n+1}(b+n)^2$$

所以，$n = \frac{1}{4b-3} + b$. 从而，$b = 1, n = 2$.

综上可得方程的解为

(1) $n = 6$ 时，$(x_1, x_2, x_3, x_4, x_5, x_6) = (0,1,1,1,1,1), (1,0,1,1,1,1)$,

$(1,1,0,1,1,1)$,$(1,1,1,0,1,1)$,$(1,1,1,1,0,1)$ 或 $(1,1,1,1,1,0)$;

(2)$n = 2$ 时,$(x_1,x_2) = (1,2)$ 或 $(2,1)$.

27. (1987 年第 28 届国际数学奥林匹克候选题)已知 $x = -2\ 272$,$y = 10^3 + 10^2 c + 10 b + a$,$z = 1$ 适合方程 $ax + by + cz = 1$,这里 a,b,c 是正整数,$a < b < c$. 求 y.

解 由已知

$$b(1\ 000 + 100 c + 10 b + a) + c - 2\ 272 a - 1 = 0$$

若 $b \geq a + 2$,则 $c \geq a + 3$,于是

$$0 \geq (a + 2)[1\ 000 + 100(a + 3) + 10(a + 2) + a] + (a + 3) - 2\ 272 a - 1$$
$$= 111 a^2 - 729 a + 2\ 642$$

记 $u = 111 a^2 - 729 a + 2\ 642$,则

$$u \geq \frac{4 \times 111 \times 2\ 642 - 729^2}{4 \times 111} > 0$$

于是出现 $0 > 0$ 的矛盾. 所以 $b = a + 1$.

设 $c = a + 2 + t$,$t \geq 0$,则

$$0 = (a + 1)[1\ 000 + 100(a + 2 + t) + 10(a + 1) + a] +$$
$$a + 2 + t - 2\ 272 a - 1$$

即有

$$111 a^2 + (100 t - 950) a + (1\ 211 + 101 t) = 0$$

若 $t \geq 2$,则

$$0 \geq 111 a^2 + (200 - 950) a + (1\ 211 + 202)$$
$$= 111 a^2 - 750 a + 1\ 413$$

记 $v = 111 a^2 - 750 a + 1\ 413$,则

$$v \geq \frac{4 \times 111 \times 1\ 413 - 750^2}{4 \times 111} > 0$$

同样出现 $0 > 0$ 的矛盾. 所以 $t = 0$ 或 1.

当 $t = 1$ 时,$b = a + 1$,$c = a + 3$,则

$$111 a^2 - 850 a + 1\ 312 = 0$$

此方程无整数解.

当 $t = 0$ 时,$b = a + 1$,$c = a + 2$,则

$$111 a^2 - 950 a + 1\ 211 = 0$$
$$(a - 7)(111 a - 173) = 0$$

所以 $a = 7$,$b = 8$,$c = 9$. 于是 $y = 1\ 987$.

28. (1977 年第 9 届加拿大数学奥林匹克)令 x,y,z,t 是正整数,使

$$\frac{x}{yz} + \frac{y}{zx} + \frac{z}{xy} = t$$

求证:$t = 1$ 或 3.

证明 已知的方程等价于

$$x^2 + y^2 + z^2 = txyz$$

对于已知的 t，我们考虑把方程中 x,y,z 当作未知数.

设 $t \geq 4$，我们要证明，在这种情形中，方程没有正整数解. 用反证法. 设 (a, b, c) 是一个解，使 (a,b,c) 的最大值是最小的. 不失一般性，可以考虑 $a \geq b \geq c$. 我们有 $a > b$，否则

$$tabc = ta^2c \geq 4a^2 > a^2 + b^2 + c^2$$

矛盾. 同样得出

$$ab > b^2$$

$$abc \geq c^2 + bc$$

从而

$$2abc > b^2 + c^2 + bc$$

我们推出

$$a^2 + b^2 + c^2 = tabc \geq 4abc > 2b^2 + 2c^2 + 2bc$$

这给出

$$a^2 > (b+c)^2$$

或者等价地

$$a > b + c$$

现在注意，如果 (a,b,c) 是一个解，那么 $(tbc-a, b, c)$ 也是一个解，

实际上，我们有

$$(tbc-a)^2 + b^2 + c^2 - t(tbc-a)bc = a^2 + b^2 + c^2 - tabc = 0$$

另一方面

$$tabc = a^2 + b^2 + c^2 < a^2 + ab + ac$$

从而

$$tbc - a < b + c < a$$

这证明了，$(tbc-a, b, c)$ 的最大值小于 (a,b,c) 的最大值，与解 (a,b,c) 的选择矛盾.

其次，我们来证明，如果 $t = 2$，那么方程没有正整数解. 设 (a,b,c) 是一个解，使 $a+b+c$ 是最小的. 由

$$a^2 + b^2 + c^2 = 2abc$$

我们注意到，所有 3 个数是偶数，或 1 个是偶数另 2 个是奇数. 在第二种情形中，得出矛盾，因为等式左边与 2 同余 $(\mod 4)$，而右边却不是这样. 由此推出 a, b, c 是偶数. 设 $a = 2a_1, b = 2b_1, c = 2c_1$，则得出

$$a_1^2 + b_1^2 + c_1^2 = 2a_1 b_1 c_1$$

即 (a_1, b_1, c_1) 也是一个解，并且 $a_1 + b_1 + c_1 < a + b + c$. 这个矛盾证明了我们的要求.

最后注意，当 $t = 1$ 时方程有解 $(3,3,3)$，当 $t = 3$ 时，方程有解 $(1,1,1)$.

7.12 排 序 法

对一些特殊的方程(未知数具有对称性)在直接求解或运用放缩法等其他方法求解有困难时,可根据题设中未知数的位置(具有对称关系),先按照一定的规则重新排列后再进行放缩,常能起到化难为易的作用. 这就是排序思想.

例1 求方程

$$x^2 + xy + y^2 = 49$$

的全部正整数解(x,y).

解 不妨设$x \leqslant y$,从原方程得出

$$3x^2 \leqslant x^2 + xy + y^2 = 49$$

即$x \leqslant \sqrt{\dfrac{49}{3}}$.

上面这个界限是对实数x而言的,过渡到正整数,则得$x \leqslant 4$,即x只可能取$1,2,3,4$,分别代入原方程检验,不难求得方程的正整数解为$(x,y)=(3,5)$. 由对称性知,还有一组解是$(x,y)=(5,3)$.

本题也可以换一个解法.

将原方程看作是关于y的一元二次方程,它有实数解的充分必要条件是

$$x^2 - 4(x^2 - 49) \geqslant 0$$

即$x \leqslant 2\sqrt{\dfrac{49}{3}}$.

这里得到的x的上界比前面的大. 虽然也能解决问题,但检验的次数增加了.

例2 (2005年第36届奥地利数学奥林匹克)求正整数a,b,c,使得$[a,b,c]=abc$.

分析 显然,当$a=b=c$时,方程不可能成立. 不妨设$a \leqslant b \leqslant c$,其中等号不能同时成立. 因此

$$a+b < 2c \Rightarrow c < a+b+c < 3c$$

结合

$$lc = [a,b,c] = a+b+c$$

得$l=2$,即$a+b=c$.另一方面

$$kb = [a,b,c] = a+b+c = 2a+2b$$

故$b \mid 2a$. 结合$2a \leqslant 2b$,得$b=a$或$b=2a$.

(1)当$b=a$时,$c=a+b=2a$. 则$[a,a,2a]=2a \neq a+b+c$,方程无解.

（2）当 $b = 2a$ 时，$c = 3a$. 则 $[a, 2a, 3a] = 6a = a + b + c$，方程恒成立.

例3 （1988 年新加坡数学竞赛题或 1985 年第 26 届 IMO 预选题）求出所有满足方程 $5(xy + yz + zx) = 4xyz$ 的正整数解 (x, y, z).

解 原方程可变形为

$$\frac{1}{x} + \frac{1}{y} + \frac{1}{z} = \frac{4}{5}$$

不妨设 $x \leqslant y \leqslant z$，则

$$\frac{3}{x} \geqslant \frac{1}{x} + \frac{1}{y} + \frac{1}{z} = \frac{4}{5}$$

所以 $x < 4$.

又由 $\frac{1}{x} < \frac{1}{x} + \frac{1}{y} + \frac{1}{z} = \frac{4}{5}$，知 $x > 1$. 从而 $1 < x < 4$.

（i）当 $x = 2$ 时

$$\frac{2}{y} \geqslant \frac{1}{y} + \frac{1}{z} = \frac{4}{5} - \frac{1}{2} = \frac{3}{10}$$

$$\frac{1}{y} < \frac{1}{y} + \frac{1}{z}$$

所以 $3 < y < 7$.

若 $y = 4$，则 $z = 20$；若 $y = 5$，则 $z = 10$；若 $y = 6$，则 z 不是整数.

（ii）当 $x = 3$ 时

$$\frac{2}{y} \geqslant \frac{4}{5} - \frac{1}{3} = \frac{7}{15} 且 \frac{1}{y} < \frac{7}{15}$$

所以 $2 < y < 5$.

当 $y = 3$ 或 4 时，z 无整数解.

由此，得原方程的正整数解共有 12 组：$(2,4,20)$，$(2,20,4)$，$(4,2,20)$，$(4,20,2)$，$(20,2,4)$，$(20,4,2)$，$(2,5,10)$，$(2,10,5)$，$(5,2,10)$，$(5,10,2)$，$(10,2,5)$，$(10,5,2)$.

例4 （2010 年沙特阿拉伯数学奥林匹克）求所有由正整数组成的三元数组 (x, y, z)，使得

$$\begin{cases} x + y + z = 2\ 010 & ① \\ x^2 + y^2 + z^2 - xy - yz - zx = 3 & ② \end{cases}$$

解 不妨设 $x \geqslant y \geqslant z$，则由式②得

$$(x - y)^2 + (y - z)^2 + (x - z)^2 = 6$$

由于 6 分解成三个正整数的平方和只能有 $6 = 2^2 + 1^2 + 1^2$ 一种形式，且

$$(x - y) + (y - z) = x - z$$

于是

$$\begin{cases} x - y = 1 \\ y - z = 1 \\ x - z = 2 \end{cases} \qquad ③$$

由①和方程组,解得 $(x,y,z)=(671,670,669)$.

又因为 x,y,z 可轮换,所以,所求三元组为 $(x,y,z)=(671,670,669)$, $(671,669,670)$, $(670,669,671)$, $(670,671,669)$, $(669,670,671)$, $(669,671,670)$.

例5 确定所有的正整数 n,使方程

$$x^3 + y^3 + z^3 = nx^2y^2z^2 \qquad ①$$

有正整数解 (x,y,z).

解 $n=3$ 显然合乎要求,相应的方程有解 $x=y=z=1$. 下面我们证明必有 $n=1$ 或 3.

不妨设 $x \geqslant y \geqslant z > 0$,将方程变形为

$$n = \frac{x}{y^2 z^2} + \frac{y}{x^2 z^2} + \frac{z}{y^2 x^2} \qquad ②$$

容易求得方程右边后两项的上界. 要估计第一项,需确定 x(用 y,z 表示)的上界,由原方程得

$$y^3 + z^3 = x^2(ny^2z^2 - x) \geqslant x^2$$

这样从②得到

$$n \leqslant \frac{\sqrt{y^3+z^3}}{y^2 z^2} + \frac{y}{y^2 z^2} + \frac{z}{y^2 z^2}$$

$$= \sqrt{\frac{1}{y^4 z} + \frac{1}{y z^4}} + \frac{1}{yz^2} + \frac{1}{y^2 z} \qquad ③$$

很明显,当 $z \geqslant 2$ 时,由于 $y \geqslant z$,从③推出 $n \leqslant \frac{1}{2}$. 因此只有 $z=1$ 才能有正整数 n 使方程①有解.

当 $y \geqslant 2$ 时(注意 $z=1$),由③可得 $n \leqslant \frac{3}{2}$,所以此时只能有 $n=1$. 相应的方程有解 $(x,y,z)=(3,2,1)$.

当 $y=1$ 时,从 $x^2 \leqslant y^3+z^3=2$,可得 $x=1$,因此必须 $n=3$,相应的方程有解 $(x,y,z)=(1,1,1)$.

综合上述讨论,只能有 $x=y=z=1$ 或 $x=1,y=2,z=3$,因而 n 只能取 3,1.

注 此例把等式变形为不等式①后,由于左边变量 x,y 的指数是正数,右边的指数是负数,因而当 x,y 增大时,左边的值增大,而右边的值减小,这样,x,y 就有一个上限,当 x,y 大于此上限时,①不再成立. 据此,并利用 x,y 是整数的要求,我们就只有对有限几个 x,y 值进行验算,即可获解.

例 6 （2010 年德国数学奥林匹克）求方程
$$(3x+1)(3y+1)(3z+1)=34xyz$$
的所有正整数解 (x,y,z).

解 不妨设 $x \geq y \geq z$.

若 $z > \dfrac{1}{\sqrt[3]{34}-3}$, 则

$$3z+1 < \sqrt[3]{34}z$$

同理

$$3x+1 < \sqrt[3]{34}x, 3y+1 < \sqrt[3]{34}y$$

三式相乘得

$$(3x+1)(3y+1)(3z+1) < 34xyz$$

与原方程矛盾. 于是, $z \leq \dfrac{1}{\sqrt[3]{34}-3} < 5$.

(1) 若 $z=1$, 则

$$4(3x+1)(3y+1)=34xy$$
$$\Rightarrow xy+6(x+y)+2=0$$

显然, 无正整数解.

(2) 若 $z=2$, 则

$$7(3x+1)(3y+1)=68xy$$
$$\Rightarrow 5xy-21(x+y)-7=0$$
$$\Rightarrow (5x-21)(5y-21)=476=2^2 \times 7 \times 17$$

只有 $476=119 \times 4 = 34 \times 14$, 故

$$(x,y)=(28,5) \text{ 或} (11,7)$$

(3) 若 $z=3$, 则

$$10(3x+1)(3y+1)=102xy$$
$$\Rightarrow 6xy-15(x+y)-5=0$$

两边取模 3 即知矛盾, 故无解.

(4) 若 $z=4$, 则

$$13(3x+1)(3y+1)=136xy$$

则

$$19xy-39(x+y)-13=0$$

即

$$(19x-39)(19y-39)=1\,768=2^3 \times 13 \times 17$$

用枚举法知无解.

综上, $(x,y,z)=(28,5,2),(11,7,2)$ 或其不同的排列得共 12 组解.

例7 （1983年第15届加拿大数学竞赛）求满足方程$w!=x!+y!+z!$的所有正整数w,x,y,z.

解法1 不妨设$w>x\geqslant y\geqslant z$.

显然有$w\geqslant x+1$，从而有

$$(x+1)!\leqslant w!=x!+y!+z!\leqslant 3x!$$

即

$$(x+1)!\leqslant 3x!$$
$$x+1\leqslant 3$$
$$x\leqslant 2$$

（1）若$x=2,y=2,z=2$，则

$$w!=2!+2!+2!=6=3!$$

所以$w=3$.

（2）若$x=2,y=2,z=1$，则

$$w!=2!+2!+1!=5$$

由于5不等于任何一个正整数的阶乘，所以此时无解.

同理可证$x=2,y=1,z=1$时，$x=1,y=1,z=1$时，方程均无解.

所以只有唯一一组解

$$x=2,y=2,z=2,w=3$$

解法2 不妨设$w>x\geqslant y\geqslant z$.

若$y>z$，则用$z!$除方程两边，得

$$w(w-1)\cdots(z+1)$$
$$=x(x-1)\cdots(z+1)+y(y-1)\cdots(z+1)+1$$

由于$z+1>1$能整除上式等式的左边，而不能整除等式的右边，所以等式显然不成立. 因此，必须$y=z$.

若$x>y=z$，则用$y!=z!$除方程两边，得

$$w(w-1)\cdots(z+1)=x(x-1)\cdots(z+1)+2$$

则$z+1$应是2的约数，从而应有$z+1=2$.

进一步再约去$z+1=2$，得

$$w(w-1)\cdots3=x(x-1)\cdots3+1$$

此时显然不能成立，所以必有$x=y=z$，即$w!=3x!$.

所以$w=3,x=y=z=2$.

例8 （2005年第15届日本数学奥林匹克预赛）设x,y,z为三个不同的正整数，且满足$xyz=12(x+y+z)$. 试求由x,y,z组成的集合的个数.

解 不妨设$x>y>z>0$.

注意到

$$xyz = 12(x + y + z) \Rightarrow \frac{1}{12} = \frac{1}{xy} + \frac{1}{yz} + \frac{1}{zx} < \frac{3}{z^2}$$
$$\Rightarrow z < 6$$

由题意得

$$x = \frac{12(y + z)}{yz - 12}$$

(1)当 $z = 1$ 时,$x = \frac{12(y + 1)}{y - 12}$.

由 $x > y$,有 $y^2 - 24y - 12 < 0$,即 $y < 12 + \sqrt{12 \times 13}$. 故 $y \leqslant 24$.

若 $13 | (y - 12)$,则 $y \geqslant 25$,矛盾. 故 $(y - 12, y + 1) = (y - 12, 13) = 1$.

从而,$(y - 12) | 12$. 所以,$y - 12$ 可取 $1, 2, 3, 4, 6, 12$.

相应地,$(x, y) = (168, 13), (90, 14), (64, 15), (51, 16), (38, 18), (25, 24)$.

(2)当 $z = 2$ 时,$x = \frac{6(y + 2)}{y - 6}$.

由 $x > y$,有 $y^2 - 12y - 12 < 0$,即 $y < 6 + 4\sqrt{3}$. 故 $y \leqslant 12$.

由 $(y - 6, y + 2) = (y - 6, 8)$,有 $(y - 6) | 6 \times 8$. 所以,$y - 6$ 可取 $1, 2, 3, 4, 6$.

相应地,$(x, y) = (54, 7), (30, 8), (22, 9), (18, 10), (14, 12)$.

(3)当 $z = 3$ 时,$x = \frac{4(y + 3)}{y - 4}$.

由 $x > y$,有 $y^2 - 8y - 12 < 0$,即 $y < 4 + 2\sqrt{7}$. 故 $y \leqslant 9$.

若 $7 | (y - 4)$,则 $y \geqslant 11$,矛盾. 故 $(y - 4, y + 3) = (y - 4, 7) = 1$. 则 $(y - 4) | 4$. 所以,$y - 4$ 可取 $1, 2, 4$.

相应地,$(x, y) = (32, 5), (18, 6), (11, 8)$.

(4)当 $z = 4$ 时,$x = \frac{3(y + 4)}{y - 3}$.

由 $x > y$,有 $y^2 - 6y - 12 < 0$,即 $y < 3 + \sqrt{21}$. 故 $y \leqslant 7$.

若 $7 | (y - 3)$,则 $y \geqslant 10$,矛盾. 故 $(y - 3, y + 4) = (y - 3, 7) = 1$. 则 $(y - 3) | 3$. 所以,$y - 3$ 可取 1(舍去)$, 3$.

相应地,$(x, y) = (10, 6)$.

(5)当 $z = 5$ 时,$x = \frac{12(y + 5)}{5y - 12}$.

由 $x > y$,有 $5y^2 - 24y - 60 < 0$,即 $y < 2.4 + \sqrt{2.4^2 + 12}$. 故 $y \leqslant 6$.

由 $y > 5$,知 $y = 6$,其不满足题设求.

因此,共有 15 个满足题设要求的集合.

例 9 (2005 年中国台湾数学奥林匹克选拔考试)求所有正整数 x, y, z,使得

$$xy(\bmod z) = yz(\bmod x) = zx(\bmod y) = 2$$

其中 $a(\bmod b)$ 表示 $a - b\left[\dfrac{a}{b}\right]$, 即 a 除以 b 的剩余.

解 由条件知

$$z \mid (xy - 2), x \mid (yz - 2), y \mid (zx - 2)$$

相乘得

$$xyz \mid (xy - 2)(yz - 2)(zx - 2)$$

则

$$(xy - 2)(yz - 2)(zx - 2)$$
$$= x^2 y^2 z^2 - 2(x^2 yz + xy^2 z + xyz^2) + 4(xy + yz + zx) - 8$$

故 $xyz \mid [4(xy + yz + zx) - 8]$.

设 $4(xy + yz + zx) - 8 = kxyz$, 则

$$4\left(\frac{1}{x} + \frac{1}{y} + \frac{1}{z}\right) = k + \frac{8}{xyz} \qquad ①$$

由条件知 $x, y, z > 2$. 若 x, y, z 中有两个相等, 不妨设 $x = y$, 则 $yz(\bmod x) = 0$, 矛盾. 故 x, y, z 不相等.

不妨设 $x < y < z$, 则

$$4\left(\frac{1}{x} + \frac{1}{y} + \frac{1}{z}\right) \leqslant 4\left(\frac{1}{3} + \frac{1}{4} + \frac{1}{5}\right) < 4$$

故 $k \leqslant 3$.

(1) 当 $k = 3$ 时, 如果 $x \geqslant 4$, 那么

$$4\left(\frac{1}{x} + \frac{1}{y} + \frac{1}{z}\right) \leqslant 4\left(\frac{1}{4} + \frac{1}{5} + \frac{1}{6}\right) < 3$$

矛盾, 所以, $x = 3$.

如果 $y \geqslant 5$, 那么

$$4\left(\frac{1}{x} + \frac{1}{y} + \frac{1}{z}\right) \leqslant 4\left(\frac{1}{3} + \frac{1}{5} + \frac{1}{6}\right) < 3$$

矛盾, 所以, $y = 4$.

代入式①解得 $z = 5$. 经检验, 不满足题设要求.

(2) 当 $k = 2$ 时

$$2\left(\frac{1}{x} + \frac{1}{y} + \frac{1}{z}\right) = 1 + \frac{4}{xyz} \qquad ②$$

$$\Rightarrow (x - 2)yz - 2x(y + z) + 4 = 0 \qquad ③$$

如果 $x \geqslant 6$, 那么

$$2\left(\frac{1}{x} + \frac{1}{y} + \frac{1}{z}\right) \leqslant 2\left(\frac{1}{6} + \frac{1}{7} + \frac{1}{8}\right) < 1$$

矛盾,所以,$3 \leqslant x \leqslant 5$.

(i)$x = 3$. 代入式③,得

$$yz - 6y - 6z + 4 = 0$$

即

$$(y - 6)(z - 6) = 32$$

解得$(y - 6, z - 6) = (1, 32), (2, 16), (4, 8)$.

所以,$(x, y, z) = (3, 7, 38), (3, 8, 22), (3, 10, 14)$.

经检验,$(x, y, z) = (3, 8, 22), (3, 10, 14)$满足题设要求.

(ii)$x = 4$. 代入式③,得

$$yz - 4y - 4z + 2 = 0$$

即

$$(y - 4)(z - 4) = 14$$

解得$(y - 4, z - 4) = (1, 14), (2, 7)$.

所以,$(x, y, z) = (4, 5, 18), (4, 6, 11)$.

经检验,均满足题设要求.

(iii)$x = 5$. 代入式③,得

$$3yz - 10(y + z) + 4 = 0$$

即

$$(3y - 10)(3z - 10) = 88$$

因为$y > x$,则$y \geqslant 6$. 故$3y - 10 \geqslant 8$. 于是,$(3y - 10, 3z - 10) = (8, 11)$.

所以,$(x, y, z) = (5, 6, 7)$.

经检验,不满足题设要求.

(3)当$k = 1$时

$$4\left(\frac{1}{x} + \frac{1}{y} + \frac{1}{z}\right) = 1 + \frac{8}{xyz} \qquad ④$$

$$\Rightarrow (x - 4)yz - 4x(y + z) + 8 = 0 \qquad ⑤$$

如果$x \leqslant 4$,那么

$$\frac{4}{x} \geqslant 1, \frac{4}{y} > \frac{4}{xyz}, \frac{4}{z} > \frac{4}{xyz}$$

所以,$\frac{4}{x} + \frac{4}{y} + \frac{4}{z} > 1 + \frac{8}{xyz}$,矛盾.

如果$x \geqslant 12$,那么

$$4\left(\frac{1}{x} + \frac{1}{y} + \frac{1}{z}\right) \leqslant 4\left(\frac{1}{12} + \frac{1}{13} + \frac{1}{14}\right) < 1$$

矛盾. 所以,$5 \leqslant x \leqslant 11$.

(i)$x = 5$. 代入式⑤,得

$$yz - 20(y+z) + 8 = 0$$

即

$$(y-20)(z-20) = 392$$

解得$(y-20, z-20) = (1,392), (2,196), (4,98), (8,49), (7,56), (14,28)$.

所以,$(x,y,z) = (5,21,412), (5,22,216), (5,24,118), (5,28,69),$
$(5,27,76), (5,34,48)$.

经检验,均不满足题设要求.

（ii）$x = 6$. 代入式⑤,得

$$yz - 12(y+z) + 4 = 0$$

即

$$(y-12)(z-12) = 140$$

解得$(y-12, z-12) = (1,140), (2,70), (4,35), (5,28), (7,20), (10,14)$.

所以,$(x,y,z) = (6,13,152), (6,14,82), (6,16,47), (6,17,40), (6,19,32), (6,22,26)$.

经检验,$(6,14,82)$和$(6,22,26)$满足题设要求.

（iii）$x = 7$. 代入式⑤,得

$$3yz - 28(y+z) + 8 = 0$$

即

$$(3y-28)(3z-28) = 760$$

解得$(3y-28, 3z-28) = (1,760), (2,380), (4,190), (5,152), (8,95), (10,76), (19,40), (20,38)$.

舍去y或z不是整数的情况,所以,$(x,y,z) = (7,10,136), (7,11,60), (7,12,41), (7,16,22)$.

经检验,均不满足题设要求.

（iv）$x = 8$. 代入式⑤,得

$$yz - 8(y+z) + 2 = 0$$

即

$$(y-8)(z-8) = 62$$

解得$(y-8, z-8) = (1,62), (2,31)$.

所以,$(x,y,z) = (8,9,70), (8,10,39)$.

经检验,均不满足题设要求.

（v）$x = 9$. 代入式⑤,得

$$5yz - 36(y+z) + 8 = 0$$

即

$$(5y-36)(5z-36) = 1\ 256$$

注意到 $5y-36<\sqrt{1\,256}<36$. 因 $y>x$, 则 $y\geqslant10$, 故 $5y-36\geqslant14$. 但 14 和 36 之间没有 1 256 的约数, 矛盾.

(vi) $x=10$. 代入式⑤, 得

$$3yz-20(y+z)+4=0$$

即

$$(3y-20)(3z-20)=388=4\times97$$

注意到 $3y-20<\sqrt{388}<20$. 因 $y>x$, 则 $y\geqslant11$, 故 $3y-20\geqslant13$. 但 13 和 20 之间没有 388 的约数, 矛盾.

(vii) $x=11$. 代入式⑤, 得

$$7yz-44(y+z)+8=0$$

即

$$(7y-44)(7z-44)=1\,880$$

注意到 $7y-44\leqslant[\sqrt{1\,880}]=43$. 故 $y\leqslant12$. 因 $y>x$, 则 $y\geqslant12$, 所以, $y=12$, $z=13$.

经检验, $(11,12,13)$ 不满足题设要求.

综上, 所有满足条件的 (x,y,z) 是 $(3,8,22)$, $(3,10,14)$, $(4,5,18)$, $(4,6,11)$, $(6,14,82)$, $(6,22,26)$ 以及和它们对称的数组.

例 10 (2011 年日本数学奥林匹克) 求所有五元正整数数组 (a,n,p,q,r), 使得

$$a^n-1=(a^p-1)(a^q-1)(a^r-1)$$

解 若 $a=1$, 则任意正整数 n,p,q,r 均满足方程.

若 $a\geqslant2$, 不妨假设 $p\leqslant q\leqslant r$. 则原方程可改写为

$$a^n=a^{p+q+r}-(a^{p+q}+a^{p+r}+a^{q+r})+a^p+a^q+a^r$$

由 $a^{p+q}>a^p$, $a^{q+r}>a^q$, $a^{p+r}>a^r$ 及 $a^p+a^q+a^r>0$, 得

$$a^{p+q+r}>a^n>a^{p+q+r}-(a^{p+q}+a^{p+r}+a^{q+r})$$

由上述第一个不等式得

$$n\leqslant p+q+r-1$$

结合上述第二个不等式得

$$a^{p+q+r-1}>a^{p+q+r}-(a^{p+q}+a^{p+r}+a^{q+r})$$

即

$$a^{-1}+a^{-p}+a^{-q}+a^{-r}>1$$

因为 $1\leqslant p\leqslant q\leqslant r$, 所以

$$a^{-1}\geqslant a^{-p}\geqslant a^{-q}\geqslant a^{-r}$$

于是, $4a^{-1}>1$, 即 $a=2$ 或 3.

(1) $a=3$. 则

$$3^{-p} + 3^{-q} + 3^{-r} > 1 - 3^{-1} = \frac{2}{3} \Rightarrow 3^{-p} > \frac{2}{9} \Rightarrow p = 1$$

$$3^{-q} + 3^{-r} > \frac{1}{3} \Rightarrow 3^{-q} > \frac{1}{6} \Rightarrow q = 1$$

故原方程化为

$$3^n = 4 \cdot 3^r - 3$$

由于 $4 \cdot 3^r < 9 \cdot 3^r = 3^{r+2}$, 于是, $n \leqslant r + 1$. 则

$$3^{r+1} \geqslant 4 \cdot 3^r - 3 \Rightarrow 3^r \leqslant 3 \Rightarrow r = 1$$

且 $n = 2$.

因此, $(3,2,1,1,1)$ 满足原方程.

(2) $a = 2$. 则

$$2^{-p} + 2^{-q} + 2^{-r} > \frac{1}{2} \Rightarrow 2^{-p} > \frac{1}{6} \Rightarrow p = 1 \text{ 或 } 2$$

当 $p = 2$ 时

$$2^{-q} + 2^{-r} > \frac{1}{4} \Rightarrow 2^{-q} > \frac{1}{8}$$

由 $q \geqslant p = 2$, 得 $q = 2$. 故原方程化为

$$2^n = 9 \cdot 2^r - 8$$

由 $9 \cdot 2^r < 16 \cdot 2^r = 2^{r+4}$, 则

$$2^{r+3} \geqslant 9 \cdot 2^r - 8 \Rightarrow 2^r \leqslant 8 \Rightarrow r = 2 \text{ 或 } 3$$

若 $r = 2$, 则 $2^n = 7 \cdot 2^2$, 无解; 若 $r = 3$, 则 $n = 6$.

因此, $(2,6,2,2,3)$ 满足原方程.

当 $p = 1$ 时, 原方程化为

$$2^n = 2^{q+r} - 2^q - 2^r + 2$$

由 $2^n < 2^{q+r}$, 则

$$n \leqslant q + r - 1 \Rightarrow 2^{q+r-1} \geqslant 2^{q+r} - 2^q - 2^r + 2 \Rightarrow 2^{q+r-1} + 2 \leqslant 2^q + 2^r$$

又

$$2^q + 2^r \leqslant 2^{r+1} \Rightarrow 2^{q+r-1} < 2^{r+1} \Rightarrow q + r - 1 < r + 1 \Rightarrow q = 1$$

故原方程化为 $2^n = 2^r$, 即 $n = r$.

因此, 对于任意正整数 k, $(2,k,1,1,k)$ 满足原方程.

综上, 所有满足方程的 (a,n,p,q,r) 为:

$a = 1, n, p, q, r$ 为任意正整数;

$(a,n,p,q,r) = (3,2,1,1,1)$;

$(a,n,p,q,r) = (2,6,2,2,3), (2,6,3,2,2), (2,6,2,3,2)$;

$(a,n,p,q,r) = (2,k,1,1,k), (2,k,k,1,1), (2,k,1,k,1)$, 其中, k 为任意正整数.

例 11 （2010 年第一届陈省身杯高中数学奥林匹克）设 a, b 为正整数，$a^2 + b^2$ 除以 $a + b$ 的商为 q，余数为 r，且 $q^2 + r = 2\,010$，求 ab 的值.

解 不妨设 $a \leqslant b$.

由 $a^2 + b^2 > b^2 - a^2 = (b - a)(b + a)$，得

$$q \geqslant b - a$$

又由 $a^2 + b^2 \geqslant a^2 + ab = a(a + b)$，得

$$q \geqslant a$$

另一方面，由带余除法的性质，有

$$0 \leqslant r < a + b$$

故

$$0 \leqslant r < a + b = a + a + (b - a) \leqslant 3q$$

由 $q^2 + r = 2\,010$，得

$$q^2 \leqslant 2\,010 < q^2 + 3q$$

此不等式的正整数解只有 $q = 44$，此时

$$r = 74$$

则

$$a^2 + b^2 = 44(a + b) + 74$$

$$(a - 22)^2 + (b - 22)^2 = 74 + 2 \times 22^2 = 1\,042$$

记

$$x = \min\{|a - 22|, |b - 22|\}$$

$$y = \max\{|a - 22|, |b - 22|\}$$

则

$$x^2 + y^2 = 1\,042 \equiv 2 \pmod 8$$

故 x, y 均为正奇数.

由 $x^2 \leqslant y^2$，得

$$y^2 \leqslant x^2 + y^2 = 1\,042 \leqslant 2y^2$$

即 $23 \leqslant y \leqslant 32$.

于是，y 的可能值只有 $23, 25, 27, 29, 31$，共五个.

当 $y = 23, 25, 27, 29$ 时，$x^2 = 513, 417, 313, 201$，均无正整数解.

当 $y = 31$ 时，$x^2 = 81$，$x = 9$. 从而

$$\begin{cases} |a - 22| = 31 \\ |b - 22| = 9 \end{cases}$$

无解.

$$\begin{cases} |a - 22| = 9 \\ |b - 22| = 31 \end{cases}$$

的正整数解为

$$(a,b) = (13,53),(31,53)$$

经检验,当$(a,b) = (13,53)$时,与$74 = r < a + b = 66$矛盾.

当$(a,b) = (31,53)$时

$$a^2 + b^2 = 3\ 770 = 44 \times 84 + 74$$

满足条件.

综上,只有一组解$(a,b,q,r) = (31,53,44,74)$. 此时,$ab = 31 \times 53 = 1\ 643$.

习 题 7.12

1. (1918 年匈牙利数学奥林匹克) 假设 x,y,z 是三个不同的自然数. 按上升的次序排列, 且它们的倒数之和仍然是自然数, 求这三个自然数 x,y,z.

解 设这三个自然数的倒数和为 a, 且 $x < y < z$, 则有

$$\frac{1}{x} + \frac{1}{y} + \frac{1}{z} = a$$

由于 x,y,z 为自然数, 且互不相等, 则有

$$\frac{1}{x} + \frac{1}{y} + \frac{1}{z} < \frac{1}{1} + \frac{1}{2} + \frac{1}{2} = 2$$

即 $a < 2$.

又由 a 是自然数, 则 $a = 1$. 于是已知方程化为

$$\frac{1}{x} + \frac{1}{y} + \frac{1}{z} = 1$$

又因为

$$\frac{1}{x} < \frac{1}{x} + \frac{1}{y} + \frac{1}{z} < \frac{1}{x} + \frac{1}{x} + \frac{1}{x} = \frac{3}{x}$$

就得到

$$\frac{1}{x} < a = 1 < \frac{3}{x}$$

即 $1 < x < 3$. 从而必有 $x = 2$.

已知方程又化为

$$\frac{1}{2} + \frac{1}{y} + \frac{1}{z} = 1$$

$$\frac{1}{y} + \frac{1}{z} = \frac{1}{2}$$

又由

$$\frac{1}{y} < \frac{1}{y} + \frac{1}{z} < \frac{1}{y} + \frac{1}{y} = \frac{2}{y}$$

则 $\frac{1}{y} < \frac{1}{2} < \frac{2}{y}$, 即 $2 < y < 4$. 从而必有 $y = 3$.

再由已知方程可得 $z = 6$.

于是本题有唯一解 $(x,y,z) = (2,3,6)$.

2. (2009 年第 8 届中国女子数学奥林匹克) 求证: 方程 $abc = 2\ 009(a + b + c)$ 只有有限个正整数解 (a,b,c).

不定方程及其应用(中)

证明   我们只需要证明原方程满足 $a \le b \le c$ 的正整数解只有有限多组.

由 $a \le b \le c$ 知

$$abc = 2\ 009(a + b + c) \le 6\ 027c$$

即 $ab \le 6\ 027$,因此只有有限多组正整数对 (a, b),使得存在正整数 c,满足 $a \le b \le c$ 及

$$abc = 2\ 009(a + b + c)$$

又由于

$$c(ab - 2\ 009) = 2\ 009(a + b)$$

故对于给定的正整数对 (a, b),最多存在一个正整数 c,满足 $a \le b \le c$ 及

$$abc = 2\ 009(a + b + c)$$

因此原方程满足 $a \le b \le c$ 的正整数解只有有限多组,证毕.

3.(2004 年斯洛文尼亚数学奥林匹克选拔赛)试求表达式

$$\left(b - \frac{1}{a}\right)\left(c - \frac{1}{b}\right)\left(a - \frac{1}{c}\right)$$

的值为整数的所有正整数 a, b, c.

解   由于问题的对称性,我们考虑 $a \le b \le c$ 的情形,注意到表达式的值是整数,则有

$$abc \mid [(ab - 1)(bc - 1)(ca - 1)]$$

即

$$abc \mid (a^2 b^2 c^2 - a^2 bc - ab^2 c - abc^2 + ab + bc + ac - 1)$$

则 $abc \mid (ab + bc + ca - 1)$,故

$$abc \le ab + bc + ca - 1 < ab + bc + ca \le c(a + a + b)$$

从而 $ab < 2a + b \le 3b$. 于是 $a \le 3$.

如果 $a = 1$,那么 $bc \mid (b + c - 1)$,且 $bc - b - c + 1 = (b - 1)(c - 1) \le 0$. 这必然导致 $b = 1$(或 $c = 1$,但 $b \le c$).

如果 $a = 2$,那么 $2bc \mid (bc + 2b + 2c - 1)$. 于是 $bc \le 2b + 2c - 1 < 2b + 2c \le 4c$,从而 $b < 4$.

若取 $b = 2$,则有 $4c \mid (4c + 3)$. 从而 $4c \mid 3$,这是不可能的.

若取 $b = 3$,则有 $6c \mid (5c + 5)$,从而 $6c \le 5c + 5, c \le 5$.

通过检验所有情形,可知只有 $c = 5$ 是可能的.

因此,所有的解(按 $a \le b \le c$)是 $(1, 1, c)$ 和 $(2, 3, 5)$,其中 c 是任意的,由于问题的对称性,a, b, c 的顺序是任意的,故所求解为 $(1, 1, c)$,$(1, c, 1)$,$(c, 1, 1)$,$(2, 3, 5)$,$(2, 5, 3)$,$(3, 2, 5)$,$(3, 5, 2)$,$(5, 2, 3)$,$(5, 3, 2)$.

4.(2010 年第 60 届捷克和斯洛伐克数学奥林匹克)求所有的正整数对 (m, n),使得

$$(m+n)^2 \mid 4(mn+1)$$

解 由对称性,不妨设 $m \geqslant n$. 记 $A = (m+n)^2$, $B = 4(mn+1)$.

若 $A \mid B$,则
$$(m+n)^2 \leqslant 4(mn+1) \Rightarrow (m-n)^2 \leqslant 4 \Rightarrow 0 < m-n \leqslant 2$$

(1) $m = n$,则 $A = 4n^2$, $B = 4n^2 + 4$. 于是
$$A \mid B \Leftrightarrow 4n^2 \mid 4 \Leftrightarrow n = 1$$

故 $(m, n) = (1, 1)$.

(2) $m - n = 1$,则 $A = 4n^2 + 4n + 1$, $B = 4n^2 + 4n + 4 = A + 3$. 故
$$A \mid B \Leftrightarrow (4n^2 + 4n + 1) \mid 3$$

而 $n \geqslant 1$,矛盾.

(3) $m = n + 2$,则 $A = 4n^2 + 8n + 4$,故任意正整数对 $(n+2, n)$ 均满足题意.

综上,本题的全部解为 $(1,1)$, $(n+2, n)$, $(n, n+2)$ ($n \in \mathbf{N}_+$).

5. 求不定方程
$$xy + yz + zx = xyz + 2 \qquad \text{①}$$

的全部正整数解.

解 因为方程右端的积(三次式)一般应大于左边的和(二次式),有希望用估计来求解. 由对称性,不妨设 $x \leqslant y \leqslant z$. 将方程化为
$$\frac{1}{x} + \frac{1}{y} + \frac{1}{z} = \frac{2}{xyz} + 1 \qquad \text{②}$$

则
$$1 < \frac{2}{xyz} + 1 = \frac{1}{x} + \frac{1}{y} + \frac{1}{z} \leqslant \frac{3}{x}$$

即 $x \leqslant 2$.

当 $x = 1$ 时,由①得
$$y + z = 2$$

易见 $y = z = 1$.

当 $x = 2$ 时,由②有
$$\frac{1}{y} + \frac{1}{z} = \frac{1}{yz} + \frac{1}{2}$$

从而
$$\frac{2}{y} > \frac{1}{y} + \frac{1}{z} = \frac{1}{yz} + \frac{1}{2} > \frac{1}{2}$$

即 $\frac{1}{y} > \frac{1}{4}$. 推出 $y \leqslant 3$. 我们又有
$$\frac{1}{y} + \frac{1}{yz} < \frac{1}{y} + \frac{1}{z} = \frac{1}{yz} + \frac{1}{2}$$

即 $\dfrac{1}{y} < \dfrac{1}{2}$. 从而 $y \geqslant 3$. 这样必有 $y = 3$, 于是 $z = 4$.

因此原方程的全部正整数解是 $(x, y, z) = (1, 1, 1)$, $(2, 3, 4)$, $(2, 4, 3)$, $(3, 2, 4)$, $(3, 4, 2)$, $(4, 3, 2)$, $(4, 2, 3)$.

7.13 利用完全平方数的性质求解

完全平方数有许多重要性质,如:末位数字只能是 0,1,4,5,6,9;末两位数除以 4 余数是 0 或 1;偶数的平方末两位数能被 4 整除;奇数的平方最后三位数被 8 除余 1(或末两位数被 4 除余 1);两个相邻的完全平方数之间的所有整数都不是完全平方数等,这些性质在求不定方程的解时,有着重要的应用.

例 1 证明:不定方程

$$x(x+1) + 1 = y^2$$

没有正整数解.

证明 对 $x > 0$,我们有代数不等式

$$x^2 < x(x+1) + 1 < (x+1)^2$$

因此,当 x 为正整数时,$x(x+1) + 1$ 界于两个相邻的完全平方数之间,从而它不会是平方数. 证毕.

本题也能用分解的方法来证明. 请读者自己完成.

例 2 求方程

$$x^2 + x = y + y^2 + y^3 + y^4 \tag{①}$$

的全部整数解.

解 先将①的两边乘 4(这一"招"简单实用),使左端成为平方,得

$$(2x+1)^2 = 4(y^4 + y^3 + y^2 + y) + 1$$

从而在 $y \neq -1$ 时

$$(2x+1)^2 > 4y^4 + 4y^3 + y^2 = (2y^2 + y)^2 \tag{②}$$

另一方面,只要

$$y^2 > 2y \tag{③}$$

就有

$$(2x+1)^2 < 4y^4 + 4y^3 + y^2 + 2(2y^2 + y) + 1$$
$$= (2y^2 + y + 1)^2$$

即 $(2x+1)^2$ 在两个相邻的平方数之间,这是不可能的. 因此,$y = -1$ 或③不成立. 于是整数 y 必须满足 $-1 \leqslant y \leqslant 2$,即 $y = -1, 0, 1, 2$.

因此不难求得方程的全部解是 $(x, y) = (0, 0), (-1, 0), (0, -1), (-1, -1), (-6, 2), (5, 2)$.

例 3 (2007 年第 20 届韩国数学奥林匹克)试求所有的三元正整数组 (x, y, z),使得

$$1 + 4^x + 4^y = z^2$$

解 不妨设 $x \leqslant y$.

若 $2x < y+1$,则

$$(2^y)^2 < 1 + 4^x + 4^y < (1 + 2^y)^2$$

这表明, $1 + 4^x + 4^y$ 不为完全平方数.

若 $2x = y+1$,则

$$1 + 4^x + 4^y = 1 + 2^{y+1} + 4^y = (1 + 2^y)^2$$

故 $(x,y,z) = (n, 2n-1, 1+2^{2n-1})$ $(n \in \mathbf{Z}_+)$ 即为满足条件的三元正整数组.

若 $2x > y+1$,注意到

$$4^x + 4^y = 4^x(1 + 4^{y-x}) = (z-1)(z+1)$$

由 $(z-1, z+1) = 2$,知 $z-1$ 或 $z+1$ 能被 2^{2x-1} 整除,而对任意的正整数 $x > 1$,有

$$2(1 + 4^{y-x}) \leqslant 2(1 + 4^{x-2}) < 2^{2x-1} - 2$$

矛盾. 另外考虑 $x \geqslant y$ 的情况,可得类似结论.

因此,所有满足条件的三元正整数组为 $(x,y,z) = (n, 2n-1, 1+2^{2n-1})$ 或 $(2n-1, n, 1+2^{2n-1})$, $n \in \mathbf{Z}_+$.

例 4 (1995 年加拿大数学奥林匹克)如果 $f(x) = x^2 + x$,证明:方程

$$4f(a) = f(b)$$

没有正整数 a 和 b 的解.

证法 1 假定 a, b 是满足 $4a(a+1) = b(b+1)$ 的正整数,那么

$$4(a+1)^2 = 4(a+1)(a+1) > 4a(a+1) = b(b+1) > b^2$$

所以

$$b < 2(a+1)$$

又

$$4a^2 < 4a(a+1) = b(b+1) < (b+1)^2$$

所以

$$2a < b+1$$

于是 $b = 2a$ 或 $b = 2a+1$.

当 $b = 2a$ 时, $4a(a+1) = 2a(2a+1)$,由此得 $a = 0$.

当 $b = 2a+1$ 时, $4a(a+1) = (2a+1)(2a+2)$ 或 $2a+2 = 0$,所以没有正整数 a, b 满足 $4a(a+1) = b(b+1)$.

证法 2 把 $4a(a+1) = b(b+1)$ 看作 a 的二次方程

$$4a^2 + 4a + (-b^2 - b) = 0$$

那么

$$a = \frac{-4 \pm \sqrt{16 + 16b^2 + 16b}}{8} = \frac{-1 \pm \sqrt{1 + b^2 + b}}{2}$$

因为
$$b^2 < b^2 + b + 1 < (b+1)^2$$
所以 $b^2 + b + 1$ 不是整数的平方,因而 $\dfrac{-1 \pm \sqrt{b^2+b+1}}{2}$ 不可能是整数.

在两个连续正整数的 k 次幂之间没有正整数的 k 次幂. 这一简单的性质也是不定方程中常常用到的.

例5 证明:不存在四个连续的正整数,其积是整数的完全立方.

证明 假设有整数 $x \geq 2$ 及 y,使
$$(x-1)x(x+1)(x+2) = y^3 \tag{1}$$

当 x 为奇数时,$(x, x+2) = (x, 2) = 1$. 此外,由于相邻整数互素,所以 x 与 $x-1, x+1$ 都互素. 从而 x 与 $(x-1)(x+1)(x+2)$ 互素. 由①可知,存在整数 u, v,使得
$$(x-1)(x+1)(x+2) = u^3, \quad x = v^3$$

另一方面,$(x-1)(x+1)(x+2) = x^3 + 2x^2 - x - 2$ 满足不等式(注意 $x \geq 2$)
$$x^3 < x^3 + 2x^2 - x - 2 < (x+1)^3$$
即界于两个相邻整数的三次方幂之间,故它不能是三次方幂 u^3,矛盾.

当 x 为偶数时,同理可证明,$x+1$ 与 $(x-1)x(x+2)$ 互素,由①推出它们都是三次方幂. 但 $(x-1)x(x+2) = x^3 + x^2 - 2x$ 满足(除非 $x = 2$)
$$x^3 < x^3 + x^2 - 2x < (x+1)^3$$

因此,当 $x \neq 2$ 时,$(x-1)x(x+2)$ 不是三次方幂,矛盾. 当 $x = 2$ 时,式①左边为24,也不是完全立方数. 证毕.

例6 证明:连续四个正整数的积不能是整数的 k 次方幂. 这里 $k \geq 2$ 是给定的整数.

证明 $k = 2$ 的情形容易知命题成立. 当 $k = 3$ 时,见时例5.

下面考虑 $k \geq 4$. 假设有整数 $x \geq 2$ 及 y,使
$$(x-1)x(x+1)(x+2) = y^k$$

(i)当 x 为奇数时,x 和 $(x-1)(x+1)(x+2)$ 互素(参见例5 的论证),从而有整数 u, v,使得
$$x = u^k, \quad (x-1)(x+1)(x+2) = v^k$$
我们只需证明,当 $x \geq 2, k \geq 3$ 时,$(x-1)(x+1)(x+2) = x^3 + 2x^2 - x - 2$ 界于两个相邻的 k 次方幂之间,从而它本身不能是 k 次方幂. 事实上
$$(u^3)^k = x^3 < x^3 + 2x^2 - x - 2 < x^3 + kx^2 + 1$$
$$= u^{3k} + ku^{2k} + 1 < u^{3k} + ku^{3(k-1)} + 1$$
$$< (u^3 + 1)^k$$

（ⅱ）当 x 为偶数时，$x+1$ 与 $(x-1)x(x+2)$ 互素，所以它们都是 k 次方幂.
设整数 u,v 使

$$x+1=u^k,(x-1)x(x+2)=v^k$$

一方面，易知

$$(x-1)x(x+2)<(x-1)(x+1)^2<(x+1)^3=(u^3)^k$$

另一方面

$$
\begin{aligned}
(x-1)x(x+2)&=(u^k-2)(u^k-1)(u^k+1)\\
&=u^{3k}-2u^{2k}-u^k+2\\
&>u^{3k}-ku^{2k}\\
&=((u^3-1)+1)^k-ku^{2k}\\
&>(u^3-1)^k+k(u^3-1)^{k-1}-ku^{2k}\\
&>(u^3-1)^k
\end{aligned}
$$

（最后一步是由于 $(u^3-1)^{k-1}=(u-1)^{k-1}(u^2+u+1)^{k-1}>(u-1)^3u^{2(k-1)}>u^{2k}$. ）

这样，$(x-1)x(x+2)$ 就不能为 k 次方幂. 证毕.

更一般地，爱多斯证明了：

任意 $n(n\geqslant2)$ 个连续正整数的积不可能是整数的 k 次方幂. 这里 $k\geqslant2$.
由此立即推出，在 $n>1$ 时，$n!$ 不是 $k(k>1)$ 次方幂.

例7 （2007 年全国初中数学竞赛）（1）是否存在正整数 m,n，使得

$$m(m+2)=n(n+1)$$

（2）设 $k(k\geqslant3)$ 是给定的正整数，是否存在正整数 m,n，使得

$$m(m+k)=n(n+1)$$

解 （1）答案是否定的.
假设存在正整数 m,n，满足 $m(m+2)=n(n+1)$，则

$$m^2+2m=n^2+n$$
$$(m+1)^2=n^2+n+1$$

于是 n^2+n+1 是一个完全平方数.

然而

$$n^2<n^2+n+1<(n+1)^2$$

n^2+n+1 不可能是完全平方数. 引出矛盾.

所以不存在满足题设等式的 m,n.

（2）当 k 为偶数时，设 $k=2t(t\geqslant2,t\in\mathbf{Z})$.
已知方程化为

$$m^2+km=m^2+2tm=n^2+n$$

配方得

$$(m+t)^2=n^2+n+t^2$$

于是,若方程有整数解,则 $n^2 + n + t^2$ 应是完全平方数,故可设
$$n^2 + n + t^2 = p^2 \quad (p \in \mathbf{N}_+)$$
由此得出关于 n 的二次方程
$$n^2 + n + t^2 - p^2 = 0$$
使该方程有正整数解的必要条件是
$$\Delta_1 = 1 - 4t^2 + 4p^2$$
为完全平方式,且 p^2 也为完全平方式. 此时,为凑成完全平方式,只需令 $p^2 = t^4$ 即可.

于是
$$\Delta_1 = 1 - 4t^2 + 4p^2 = 1 - 4t^2 + 4t^4 = (2t^2 - 1)^2$$
$$n = \frac{-1 \pm (2t^2 - 1)}{2}$$

即 $n_1 = t^2 - 1$ 或 $n_1 = -t^2$.

取 $n = t^2 - 1$,则有
$$(m + t)^2 = n^2 + n + t^2 = (t^2 - 1)^2 + t^2 - 1 + t^2 = t^4$$
因此可取 $m = t^2 - t$.

不难验证:当 $k = 2t \, (t \geqslant 2, t \in \mathbf{Z})$ 时,$m = t^2 - t$,$n = t^2 - 1$ 满足方程
$$m(m + k) = n(n + 1)$$

当 k 为奇数时,设 $k = 2t + 1 \, (t \geqslant 2, t \in \mathbf{Z})$.

已知方程化为
$$m^2 + (2t + 1)m = n^2 + n$$
即
$$m^2 + (2t + 1)m - n^2 - n = 0$$
该方程有正整数解 m 的必要条件是
$$\Delta_2 = (2t + 1)^2 + 4n^2 + 4n$$
为完全平方式.

令 $\Delta_2 = (2t + 1)^2 + 4n^2 + 4n = q^2$,则有
$$4n^2 + 4n + (2t + 1)^2 - q^2 = 0$$
该方程有正整数解 n 的必要条件是
$$\Delta_3 = 16 - 16\left[(2t + 1)^2 - q^2\right] = 16(q^2 - 4t^2 - 4t)$$
为完全平方式.

下面把 Δ_3 凑成完全平方式. 由于
$$q^2 - 4t^2 - 4t = q^2 - 4(t^2 + t + 1) + 4$$
只需取 $q^2 = (t^2 + t + 1)^2$ 即可. 此时
$$\Delta_3 = 16(t^2 + t - 1)^2$$

$$n = \frac{-4 \pm 4(t^2+t-1)}{8} = \frac{-1 \pm (t^2+t-1)}{2}$$

取 $n = \dfrac{t^2+t-2}{2}$，由 $t^2+t-2 = t(t+1)-2$ 可知 n 是偶数，因而 n 是整数.

此时

$$\Delta_2 = (t^2+t+1)^2 = q^2$$
$$m = \frac{-2t-1 \pm (t^2+t-1)}{2}$$

取 $m = \dfrac{t^2-t}{2}$，由 t^2-t 是偶数，可知 m 是偶数.

不难验证，$k = 2t+1$（$t \geq 2, t \in \mathbf{Z}$）时，$m = \dfrac{t^2-t}{2}$，$n = \dfrac{t^2+t-2}{2}$ 满足方程 $m(m+k) = n(n+1)$.

由以上可知，$k \geq 4$ 时答案是肯定的.

当 $k = 3$ 时，$\Delta_3 = 16(q^2-8)$，若有正整数解，Δ_3 应为完全平方式，即有

$$q^2 - 8 = u^2$$
$$q^2 - u^2 = 8 = 4 \times 2 = 8 \times 1$$

因为 $q+u$ 与 $q-u$ 有相同的奇偶性，只能有

$$\begin{cases} q+u = 4 \\ q-u = 2 \end{cases}$$

解得 $q = 3, u = 1$.

这时

$$\Delta_2 = (2+1)^2 + 4n^2 + 4n = q^2 = 9$$

解得 $n = 0$ 与题设要求 n 是正整数矛盾.

因此，$k = 3$ 答案是否定的.

例 8 （2008 年白俄罗斯数学奥林匹克）求方程 $a^4 - 3a^2 + 4a - 3 = 7 \cdot 3^b$ 的全部整数解 (a, b).

解 原方程化为

$$(a^2+a-3)(a^2-a+1) = 7 \cdot 3^b \qquad ①$$

若 $b < 0$，则①的右边不是整数，而左边为整数，矛盾. 故 $b \geq 0$.

又 $(7, 3^b) = 1$，所以①的解只有两种可能：

(1) $\begin{cases} a^2-a+1 = 3^x, x \geq 0 \\ a^2+a-3 = 7 \cdot 3^y, y \geq 0 \\ x+y = b \end{cases}$

(2) $\begin{cases} a^2-a+1 = 7 \cdot 3^m, m \geq 0 \\ a^2+a-3 = 3^n, n \geq 0 \\ m+n = b \end{cases}$

考虑(1), $a^2 - a + 1 = 3^x$. 若该方程有整数解,则其判别式
$$\Delta_1 = 1 - 4 + 4 \cdot 3^x = 4 \cdot 3^x - 3$$

应为完全平方数,但当 $x \geq 2$ 时, $3 \mid \Delta_1$,但 $9 \nmid \Delta_1$,所以 Δ_1 不是完全平方数.

当 $x = 0$ 时, $a = 0$ 或 1,代入 $a^2 + a - 3 = 7 \cdot 3^y$ 后,有
$$-3 = 7 \cdot 3^y$$

或
$$-1 = 7 \cdot 3^y$$

矛盾.

当 $x = 1$ 时,则 $a = -1$ 或 2,代入 $a^2 + a - 3 = 7 \cdot 3^y$,有
$$-3 = 7 \cdot 3^y$$

或
$$3 = 7 \cdot 3^y$$

矛盾.

因此,方程组(1)无整数解.

考虑(2), $a^2 - a + 1 = 7 \cdot 3^m$. 若该方程有整数解,则其判别式
$$\Delta_2 = 1 - 4 + 4 \cdot 7 \cdot 3^m = 28 \cdot 3^m - 3$$

应为完全平方数.

同样的理由,当 $m \geq 2$ 时, Δ_2 不是完全平方数.

当 $m = 0$ 时, $a^2 - a + 1 = 7$, $a = -2$ 或 3. 代入 $a^2 + a - 3 = 3^n$,有
$$-1 = 3^n$$

或
$$9 = 3^n$$

此时 $9 = 3^n$ 有解 $n = 2$, $m + n = b = 2$,即有解
$$a = 3, b = 2$$

当 $m = 1$ 时, $a^2 - a + 1 = 21$, $a = -4$ 或 5,代入 $a^2 + a - 3 = 3^n$,有
$$9 = 3^n$$

或
$$27 = 3^n$$

此时有解 $n = 2$ 或 $n = 3$,相应的 $b = 1 + 2 = 3$ 和 $b = 1 + 3 = 4$,即有解
$$a = -4, b = 3$$

和
$$a = 5, b = 4$$

所以方程共有三组整数解
$$(a, b) = (3, 2), (-4, 3), (5, 4)$$

例 9 (2014 年泰国数学奥林匹克)求素数 p,使得 $2p^2 - 3p - 1$ 为一个正整

数的三次方.

解 设

$$2p^2 - 3p - 1 = n^3 \quad (n \in \mathbf{Z}_+)\qquad ①$$

注意到

$$n^3 = 2p^2 - 3p - 1 < 2p^2 \leqslant p^3$$
$$\Rightarrow n < p \Rightarrow n + 1 \leqslant p$$

当 $p = n + 1$ 时,由式①得

$$n^3 - 2n^2 - n + 2 = 0$$
$$\Rightarrow (n-2)(n-1)(n+1) = 0$$
$$\Rightarrow n = 1,2 \Rightarrow p = 2,3$$

当 $p > n + 1$ 时,由式①得

$$p(2p-3) = n^3 + 1 = (n+1)(n^2 - n + 1)\qquad ②$$

因为 p 为素数,所以,$p \mid (n^2 - n + 1)$. 设

$$n^2 - n + 1 = kp \quad (k \in \mathbf{Z})\qquad ③$$

将式③代入式②得

$$2p = k(n+1) + 3$$

由式③,可知 k 为奇数.

将 $p = \dfrac{k(n+1) + 3}{2}$ 代入式③得

$$2n^2 - (k^2 + 2)n - (k^2 + 3k - 2) = 0$$

将上式看作是关于 n 的一元二次方程. 由 n 为正整数知

$$\Delta = [-(k^2+2)]^2 - 4 \cdot 2[-(k^2+3k-2)] = k^4 + 12k^2 + 24k - 12$$

为完全平方数.

当 $k \geqslant 9$ 时,有

$$(k^2+6)^2 < k^4 + 12k^2 + 24k - 12 < (k^2+7)^2$$

故 $k^4 + 12k^2 + 24k - 12$ 不为完全平方数,矛盾.

因此,$1 \leqslant k \leqslant 8$.

又 k 为奇数,则有 $k \in \{1,3,5,7\}$.

将 k 的值逐个代入,知没有满足条件的 n 的值. 从而,当 $p > n + 1$ 时无解.

综上,满足条件的素数 p 为 $2,3$.

例 10 (2013 年希腊国家队选拔考试)试确定非负整数 m,n 满足

$$\frac{n(n+2)}{4} = m^4 + m^2 - m + 1\qquad ①$$

解 令 $n = 0$,则式①变为

$$m^4 + m^2 - m + 1 = 0$$

而对任意的非负整数 m,均有
$$m^4 \geqslant 0, m^2 - m + 1 > 0$$
因此,$m^4 + m^2 - m + 1 = 0$ 不成立.

令 $m = 0$,则式①变为
$$n(n+2) = 4$$
对于非负整数集是不可能的.

令 $m \neq 0, n \neq 0$,则式①变为
$$n^2 + 2n - 4(m^4 + m^2 - m + 1) = 0 \qquad\qquad ②$$
这是一个关于 n 的二次方程,要使方程②在整数范围内有根,则其判别式
$$\Delta = 4(1 + 4m^4 + 4m^2 - 4m + 4)$$
应为完全平方式,即 $4m^4 + 4m^2 - 4m + 5$ 为完全平方式.

而 $4m^4 + 4m^2 - 4m + 5 = (2m^2)^2 + 4m(m-1) + 5 > (2m^2)^2$,对任意正整数 m,有
$$4m^4 + 4m^2 - 4m + 5 = (2m^2 + 1)^2 - 4(m-1) \leqslant (2m^2 + 1)^2$$
当且仅当 $m = 1$ 时,上式等号成立. 故 m 的唯一可能值是 1.

于是,式①变为 $n(n+2) = 8$. 因此,$n = 2$.

故所求非负整数对 $(m, n) = (1, 2)$.

例 11 (2011 年第 27 届意大利数学奥林匹克)求满足等式 $n^3 = p^2 - p - 1$ 的所有解 (p, n),其中,p 为素数,n 为整数.

解 由 $n^3 = p^2 - p - 1$ 得
$$p(p-1) = (n+1)(n^2 - n + 1)$$
易知,对任意的整数 n,$n^2 - n + 1$ 必为正整数. 所以,等式中所有因数必为正数.

分两种情形讨论.

(1)若 $p \mid (n+1)$,设存在正整数 m,使得 $n + 1 = mp$. 则
$$p - 1 = m(n^2 - n + 1)$$
由上式知
$$n^2 - n + 1 \leqslant p - 1 < p \leqslant n + 1$$
当 $n = 1, p = 2$ 时,不等式成立.

(2)若 $p \mid (n^2 - n + 1)$,设存在正整数 m,使得
$$n^2 - n + 1 = mp \qquad\qquad ①$$
$$\Rightarrow p - 1 = m(n+1) \qquad\qquad ②$$
将式②代入式①,消去 p,得
$$n^2 - (m^2 + 1)n - (m^2 + m - 1) = 0$$
则 $\Delta = m^4 + 6m^2 + 4m - 3 = (m^2 + 3)^2 + (4m - 12)$ 为完全平方数.

当 $4m - 12 = 0$,即 $m = 3$ 时,$n = 11, p = 37$,满足原等式.

当 $m>3$ 时,易知, $(m^2+3)^2<\Delta<(m^2+4)^2$,方程无整数解.

当 $m=1,2$ 时, Δ 均不为完全平方数,方程无整数解.

综上,此方程的解为 $(p,n)=(2,1)$ 或 $(37,11)$.

例 12 (2011 年第 42 届奥地利数学奥林匹克)求方程 $x^4+x^2=7^zy^2$ 的所有整数解.

解 显然,若 $x=y=0$, z 取任意的整数值,均为原方程的解.

接下来证明方程无其他的解.

(1)若 z 为非负偶数,则 7^zy^2 为完全平方数. 故 $x^4+x^2=x^2(x^2+1)$ 也为完全平方数.

于是, x^2,x^2+1 均为完全平方数,此时, x 的唯一取值为 0. 所以, $x=y=0$.

(2)若 z 为正奇数,令 $z=2c+1$. 则 $x^2(x^2+1)$ 能被 7 整除. 因为 x^2+1 除以 7 的余数仅可能是 1,2,3,5,所以, x 一定能被 7 整除.

令 $x=7^au(a\geq1),y=7^bv,7\nmid u,7\nmid v$. 则原方程变为
$$7^{2a}u^2(7^{2a}u^2+1)=7^{2(b+c)+1}v^2$$
上式左边为 7 的偶数次方,右边为 7 的奇数次方,矛盾.

(3)若 z 为负整数,令 $z=-w$. 则原方程变为
$$7^wx^2(x^2+1)=y^2$$
若 w 为偶数,则 x^2,x^2+1 一定为完全平方数. 故 $x=y=0$.

若 w 为奇数,则 $w=2c+1,x=7^au(a\geq1),y=7^bv,7\nmid u,7\nmid v$. 原式变为
$$7^{2(a+c)+1}u^2(7^{2a}u^2+1)=7^{2b}v^2$$
上式左边为 7 的奇数次方,右边为 7 的偶数次方,矛盾.

所以, $x=y=0$, z 取任意的整数值,均为原方程的整数解.

例 13 (2011 年荷兰国家队选拔考试)求方程 $x^2+y^2+3^3=456\sqrt{x-y}$ 的所有整数解组 (x,y).

解 由题设,等式左边为整数,知 $456\sqrt{x-y}$ 也为整数.

易知,整数的平方根为整数或无理数,不可能为小数且为有理数,因此, $\sqrt{x-y}$ 必为整数.

注意到
$$3\mid456\Rightarrow3\mid456\sqrt{x-y}\Rightarrow3\mid(x^2+y^2+3^3)\Rightarrow3\mid(x^2+y^2)$$
又完全平方数模 3 余 0 或 1,则
$$x^2\equiv y^2\equiv0(\bmod 3)\Rightarrow3\mid x,3\mid y$$
设 $x=3a,y=3b$,则
$$9a^2+9b^2+3^3=456\sqrt{3a-3b}$$
因为整数的平方根为整数或无理数,而 $\sqrt{3a-3b}=\dfrac{9a^2+9b^2+3^3}{456}$ 为有理数,所

以,其必为整数,即 $3a-3b$ 为完全平方数.

又 $3|(a-b)$,则 $9|(a-b)$,故

$$a^2+b^2+3=152\sqrt{\frac{a-b}{3}}$$

记 $a-b=3c^2(c\geq 0)$,即 $a=b+3c^2$,则

$$9c^4+6c^2b+2b^2+3=152c \qquad ①$$

将式①整理成关于 b 的二次方程,得

$$2b^2+6c^2b+(9c^4-152c+3)=0 \qquad ②$$

若方程②有实数解,则

$$36c^4-8(9c^4-152c+3)\geq 0 \Rightarrow 36c^4+24\leq 8\cdot 152c$$

若 $c\geq 4$,则 $36c^4+24>36\cdot 64c\geq 8\cdot 152c$,矛盾. 因此,$c\leq 3$.

又 $152c$ 为偶数,$6c^2b+2b^2$ 也为偶数,由方程①得 $9c^4+3$ 必为偶数,则 c 为奇数. 故 $c=1$ 或 3.

将 $c=3$ 代入方程②的判别式,得

$$36\times 3^4-8(9\times 3^4-152\times 3+3)\equiv 1\times 3(1-152)$$
$$\equiv -1\times 3\times 151\equiv 6(\bmod\ 9)$$

由于此数不为完全平方数,从而,方程①的解不为整数.

由 $c=1$ 得

$$9+6b+2b^2+3=152\Rightarrow b^2+3b-70=0$$
$$\Rightarrow b=7\ \text{或}\ -10$$

当 $b=7$ 时,得 $a=b+3c^2=10$. 因此,$x=30,y=21$.

当 $b=-10$ 时,得 $a=b+3c^2=-7$. 因此,$x=-21,y=-30$.

综上,$(x,y)=(30,21),(-21,-30)$.

例 14 (2011 年新加坡数学奥林匹克)求所有的正整数对 (m,n),满足

$$m+n-\frac{3mn}{m+n}=\frac{2\ 011}{3}$$

解 由题设方程得

$$2\ 011(m+n)=3(m^2-mn+n^2)$$

注意到,上式关于 m,n 对称,不妨设 $m\geq n$.

若 $m=n$,则 $m=n=\dfrac{4\ 022}{3}$(舍去).

以下设 $m>n$.

记 $p=m+n,q=m-n>0$. 则

$$m=\frac{p+q}{2},n=\frac{p-q}{2}$$

于是,题设方程化为

$$8\ 044p = 3(p^2 + 3q^2)$$

因为 $3 \nmid 8\ 044$，所以，$3 \mid p$.

设 $p = 3r$. 则

$$8\ 044r = 3(3r^2 + q^2) \Rightarrow 3 \mid r$$

设 $r = 3s$. 则

$$8\ 044s = 27s^2 + q^2 \Rightarrow s(8\ 044 - 27s) = q^2 \qquad \text{①}$$

由于 $1 \leqslant s \leqslant \left[\dfrac{8\ 044}{27}\right] = 297$（$[x]$ 表示不超过实数 x 的最大整数），则仅当 $s = 169$ 时，$s(8\ 044 - 27s)$ 为完全平方数.

接下来通过下面的过程缩小 s 的值.

设 $s = 2^{\alpha}\mu$（$\alpha \in \mathbf{N}, \mu$ 为正奇数）.

假设 α 为奇数，且 $\alpha \geqslant 3$. 则式①为

$$2^{\alpha+2}\mu(2\ 011 - 27 \cdot 2^{\alpha-2}\mu) = q^2$$

为完全平方数.

由 $\alpha + 2$ 为奇数知 $2 \mid (2\ 011 - 27 \cdot 2^{\alpha-2}\mu)$，即 $2 \mid 2\ 011$，矛盾.

假设 $\alpha = 1$. 则

$$\mu(2 \cdot 2\ 011 - 27\mu) = \left(\frac{q}{2}\right)^2$$

若 μ 不为完全平方数，则存在 μ 的奇素因子 t，使得 $t \mid (2 \times 2\ 011 - 27\mu)$. 从而，$t \mid (2 \cdot 2\ 011)$.

又 $2\ 011$ 为素数，于是，$t = 2\ 011$. 但 $\mu \geqslant t = 2\ 011$ 与 $2 \times 2\ 011 - 27\mu > 0$ 矛盾. 从而，μ 必为完全平方数.

于是，$2 \cdot 2\ 011 - 27\mu$ 也为完全平方数. 故 $\mu \equiv 0$ 或 $1 \pmod 4$. 则 $2 \cdot 2\ 011 - 27\mu \equiv 2$ 或 $3 \pmod 4$，但这与 $2 \cdot 2\ 011 - 27\mu$ 为完全平方数矛盾. 所以，$\alpha \neq 1$.

因此，α 必为偶数.

式①两边同除以 2^{α} 得

$$\mu(8\ 044 - 27 \cdot 2^{\alpha}\mu) = \frac{q^2}{2^{\alpha}}$$

也为完全平方数.

现假设 μ 不为完全平方数. 则存在 μ 的奇素因子 v，使得

$$v \mid (8\ 044 - 27 \cdot 2^{\alpha}\mu) \Rightarrow v \mid 8\ 044 \Rightarrow v = 2\ 011 \Rightarrow \mu \geqslant v = 2\ 011$$

但这又与 $8\ 044 - 27 \cdot 2^{\alpha}\mu > 0$ 矛盾. 于是，μ 为完全平方数. 进而，s 也为完全平方数.

记 $s = w^2$. 则式①变为

$$w^2(8\ 044 - 27w^2) = q^2 \geqslant 0$$

解得 $w \leqslant \left[\sqrt{\dfrac{8\ 044}{27}} \right] = 17$.

直接验证得,当且仅当 $w = 13$ 时,$8\ 044 - 27w^2$ 为完全平方数.

因此,$s = w^2 = 169$. 则

$$p = 3r = 9s = 1\ 521$$

代入式①,解得

$$q = \sqrt{169 \cdot (8\ 044 - 27 \cdot 169)} = 767$$

故

$$m = \frac{p+q}{2} = 1\ 144, n = \frac{p-q}{2} = 377$$

综上,$(m, n) = (1\ 144, 377)$ 或 $(377, 1\ 144)$.

例 15 (2013 年第 25 届亚太地区数学奥林匹克)求所有使 $\dfrac{n^2 + 1}{\left[\sqrt{n} \right]^2 + 2}$ 为整数的正整数 n.

解 不存在满足题中条件的正整数 n.

假设存在正整数 n,使 $\dfrac{n^2 + 1}{\left[\sqrt{n} \right]^2 + 2}$ 为整数.

设 $m = \left[\sqrt{n} \right]$,$\alpha = n - m^2$. 因为 $n \geqslant 1$,所以,$m \geqslant 1$. 故

$$n^2 + 1 = (m^2 + \alpha)^2 + 1 \equiv (a - 2)^2 + 1 \equiv 0 (\bmod\ m^2 + 2)$$

于是,存在正整数 k,使得

$$(a - 2)^2 + 1 = k(m^2 + 2)$$

由于

$$0 < (a - 2)^2 + 1 \leqslant \max\{2^2, (2m - 2)^2\} + 1$$
$$\leqslant 4m^2 + 1 < 4(m^2 + 2)$$

于是,$k = 1, 2, 3$.

(1)若 $k = 1$,则 $(a - 2)^2 - m^2 = 1 \Rightarrow a - 2 = \pm 1, m = 0$,矛盾.

(2)若 $k = 2$,则 $(a - 2)^2 + 1 = 2(m^2 + 2)$.

由任意正整数的平方模 8 余 0 或 1 或 4,知

$$(a - 2)^2 + 1 \equiv 1, 2, 5 (\bmod\ 8)$$

又 $2(m^2 + 2) \equiv 4, 6 (\bmod\ 8)$,故 $k = 2$ 不成立.

(3)若 $k = 3$,则 $(a - 2)^2 + 1 = 3(m^2 + 2)$.

由任意正整数的平方模 3 余 0 或 1,知

$$(a - 2)^2 + 1 \equiv 1, 2 \not\equiv 3(m^2 + 2) \equiv 0 (\bmod\ 3)$$

矛盾.

综上,不存在正整数 n,使得 $\dfrac{n^2 + 1}{\left[\sqrt{n} \right]^2 + 2}$ 为整数.

例 16 （2013 年第 63 届白俄罗斯数学奥林匹克）若 $n \in \mathbf{Z}_+$，p 为正整数，试找出所有的数对 (n,p)，使得

$$p(p-1) = 2(n^3+1) \tag{①}$$

解 容易发现对于 $p=2$ 和正整数 n，式①不成立. 则 $p \geq 3$ 是一个奇素数. 于是

$$p \mid (n+1)(n^2-n+1)$$

若 $p \mid (n+1)$，则对某些正整数 k，有

$$n+1 = kp$$

特别地，$n+1 \geq p$.

由式①得

$$p(p-1) = 2(n+1)(n^2-n+1)$$
$$\geq 2p(n^2-n+1)$$

所以

$$p-1 \geq 2n^2-2n+2$$

故

$$n \geq p-1 \geq 2n^2-2n+2 \Rightarrow 2n^2-3n+2 \leq 0$$

这是不可能的.

从而，$p \mid (n^2-n+1)$.

设

$$n^2-n+1 = kp \quad (k \in \mathbf{Z}_+) \tag{②}$$

将式②代入式①，得

$$p = 2kn+2k+1 \tag{③}$$

将式③代入式②，得

$$n^2 - (2k^2+1)n - (2k^2+k-1) = 0 \tag{④}$$

式④的判别式为

$$\Delta = (2k^2+1)^2 + 4(2k^2+k-1)$$

且 Δ 显然是一个奇数，$\Delta > (2k^2+1)^2$.

另一方面，因为

$$(2k^2+1)^2 + 4(2k^2+k-1) < (2k^2+5)^2$$
$$\Leftrightarrow 4(2k^2+k-1) < 4(4k^2+6)$$
$$\Leftrightarrow k-7 < 2k^2$$

所以，$\Delta < (2k^2+5)^2$. 则

$$\Delta = (2k^2+1)^2 + 4(2k^2+k-1) = (2k^2+3)^2$$

（Δ 一定为完全平方数，否则，式④没有整数根）. 故

$$4(2k^2 + k - 1) = (2k^2 + 3)^2 - (2k^2 + 1)^2 = 2(4k^2 + 4)$$
$$\Leftrightarrow 2k^2 + k - 1 = 2k^2 + 2$$
$$\Leftrightarrow k = 3$$

于是,式④可写为

$$n^2 - 19n - 20 = 0 \Rightarrow n = 20.$$

再由式③知

$$p = 2 \times 3 \times 20 + 2 \times 3 + 1 = 127$$

且 p 确为素数.

综上,$(n, p) = (20, 127)$.

例 17 (2013 年白俄罗斯数学奥林匹克 A 类)设互不相等的素数 p, q, r 满足

$$rp^3 + p^2 + p = 2rq^2 + q^2 + q \qquad \qquad ①$$

求所有乘积 pqr 的可能值.

解 由式①得

$$rp^3 = -(p^2 + p) + 2rq^2 + (q^2 + q)$$

因为 $p^2 + p, q^2 + q, 2rq^2$ 均为偶数,所以,rp^3 为偶数.

又 r, p 均为素数,故 $p = 2$ 或 $r = 2$.

若 $p = 2$,则式①即为

$$8r + 4 + 2 = 2rq^2 + q^2 + q$$

由于 $q \neq p$,且 q 为素数,故 $q > 2$. 所以,$2rq^2 + q^2 + q > 8r + 6$,矛盾.

于是,$r = 2$. 则式①即为

$$p(2p^2 + p + 1) = q(5q + 1) \qquad \qquad ②$$

又 q, p 为不等的素数,因此,$(p, q) = 1$.

由式②知

$$2p^2 + p + 1 = mq \ \text{且} \ 5q + 1 = mp \quad (m \in \mathbf{Z}_+)$$

将 $q = \dfrac{mp - 1}{5}$ 代入前式,得

$$10p^2 + (5 - m^2)p + (m + 5) = 0 \qquad \qquad ③$$

将式③视为关于 p 的二次方程.

由于其系数为整数,根 p 也为整数,故其判别式必为完全平方数,即

$$\Delta = (m^2 - 5)^2 - 4 \cdot 10(m + 5)$$
$$= m^4 - 10m^2 - 40m - 175 = n^2 \qquad \qquad ④$$

其中,n 为非负整数.

因为 $\Delta < m^4 - 175$,所以,当 $m = 1, 2, 3$ 时,判别式为负;当 $m = 4$ 时

$$\Delta = 256 - 160 - 160 - 175 < 0$$

因此，$m \geqslant 5$.

由式④知

$$(m^2 - 5)^2 > n^2$$

可证明 $n^2 > (m^2 - 11)^2$. 否则，由式④得

$$(m^2 - 5)^2 - 40(m + 5) \leqslant (m^2 - 11)^2$$

$$\Leftrightarrow 3m^2 - 10m - 74 \leqslant 0 \qquad\qquad ⑤$$

容易看出，式⑤仅当 $m \leqslant 6$ 时成立. 而 $m \geqslant 5$，故 $m = 5$ 或 6.

若 $m = 5$，由式③得

$$10p^2 - 20p + 10 = 0$$

解得 $p = 1$，不为素数，不符合题意.

若 $m = 6$，则式③的判别式

$$\Delta = 1\ 296 - 360 - 240 - 175 = 521$$

但 521 不为完全平方数，不符合题意. 因此

$$(m^2 - 11)^2 < n^2 < (m^2 - 5)^2$$

只要考虑 $m \geqslant 7$ 且 $n \geqslant 0$ 的情形，得

$$m^2 - 11 < n < m^2 - 5$$

由式④并注意到 m, n 有不同的奇偶关系，因此，n 能取到的只可能为 $m^2 - 9$ 或 $m^2 - 7$.

若 $n = m^2 - 9$，则由式④得

$$m^4 - 10m^2 - 40m - 175 = (m^2 - 9)^2$$

$$\Rightarrow m^2 - 5m - 32 = 0$$

方程的判别式等于 153，此方程没有整数解.

若 $n = m^2 - 7$，则由式④得

$$m^4 - 10m^2 - 40m - 175 = (m^2 - 7)^2$$

$$\Rightarrow m^2 - 10m - 56 = 0$$

$$\Rightarrow m = -4, 14$$

因为 $m \in \mathbf{N}$，所以，$m = 14$. 由 $m = 14$，$TJ\ n = m^2 - 7 = 189$.

由式③得

$$p = \frac{m^2 - 5 \pm n}{20} = \frac{191 \pm 189}{20}$$

因为 p 为整数，所以，$p = 19$，确为素数. 从而，$q = \frac{mp - 1}{5} = \frac{265}{5} = 53$.

所以，满足要求的乘积为

$$pqr = 19 \times 53 \times 2 = 2\ 014$$

例 18 (2012 年第 53 届 IMO 预选题)对于整数 a，若方程

$$(m^2 + n)(n^2 + m) = a(m - n)^3 \qquad ①$$

有正整数解,则称整数 a 是"友好的".

(1)证明:集合 $\{1, 2, \cdots, 2\,012\}$ 中至少有 502 个友好的整数;

(2)试确定 $a = 2$ 是否为友好的.

解 (1)形如 $a = 4k - 3$($k \geqslant 2, k \in \mathbf{Z}_+$)的整数 a 均为友好的.

事实上,$m = 2k - 1 > 0$ 和 $n = k - 1 > 0$ 满足当 $a = 4k - 3$ 时的方程①,即

$$\begin{aligned}
&(m^2 + n)(n^2 + m) \\
&= [(2k - 1)^2 + (k - 1)][(k - 1)^2 + (2k - 1)] \\
&= (4k - 3)k^3 = a(m - n)^3
\end{aligned}$$

故 $5, 9, \cdots, 2\,009$ 是友好的.

从而,集合 $\{1, 2, \cdots, 2\,012\}$ 中至少有 502 个友好的整数.

(2)$a = 2$ 不是友好的.

考虑当 $a = 2$ 时的方程①,并将其左边写为平方差的形式,得

$$\frac{1}{4}\left[(m^2 + n + n^2 + m)^2 - (m^2 + n - n^2 - m)^2\right] = 2(m - n)^3$$

由 $m^2 + n - n^2 - m = (m - n)(m + n - 1)$,知上述方程又可写为

$$\begin{aligned}
&(m^2 + n + n^2 + m)^2 \\
&= (m - n)^2[8(m - n) + (m + n - 1)^2]
\end{aligned}$$

于是,$8(m - n) + (m + n - 1)^2$ 为完全平方数.

由 $m > n$,则存在正整数 s,使得

$$(m + n - 1 + 2s)^2 = 8(m - n) + (m + n - 1)^2$$

化简得

$$s(m + n - 1 + s) = 2(m - n)$$

因为 $m + n - 1 + s > m - n$,所以,$s < 2$. 故 $s = 1, m = 3n$.

但在 $a = 2$ 时方程①的左边大于 $m^3 = 27n^3$,右边等于 $16n^3$,矛盾.

因此,$a = 2$ 不是友好的.

例 19 (2013 年克罗地亚数学竞赛一年级)证明:不存在正整数 k, n,使得

$$k(k + 1)(k + 2)(k + 3) = n(n + 1)$$

解 注意到

$$\begin{aligned}
k(k + 1)(k + 2)(k + 3) &= (k^2 + 3k)(k^2 + 3k + 2) \\
&= (k^2 + 3k + 1)^2 - 1
\end{aligned}$$

则 $n(n + 1) + 1 = n^2 + n + 1$ 为一个完全平方数.

而 $n^2 < n^2 + n + 1 < n^2 + 2n + 1 = (n + 1)^2$,即 $n^2 + n + 1$ 在两个连续的平方数之间,不成立. 因此,不存在满足条件的正整数 k, n.

例 20 (2013 年克罗地亚数学竞赛三年级)求所有的素数 p,使得存在正

整数 x,y 满足

$$\begin{cases} p+1 = 2x^2 & \text{①} \\ p^2+1 = 2y^2 & \text{②} \end{cases}$$

解 显然,$p \neq 2$,且 $y > x$. 由方程式①②,得

$$p(p-1) = 2(y-x)(y+x)$$

注意到,p 不可能为 $y-x$ 的因子. 否则,$p-1$ 是 $y+x$ 的倍数,$p-1 \geqslant y+x > y-x \geqslant p$,矛盾. 故 $p \mid (y+x)$.

由方程②知,$p > y$,则 $p > x$. 于是,$2p > y+x$. 所以 $p = y+x$. 从而 $p-1 = 2(y-x)$.

由这两式得 $p+1 = 4x$,代入方程式①中,知方程的唯一解是 $p=7$ 时,$x=2$,$y=5$.

习　题　7.13

1. (2005 年全国高中数学联赛) 设 p 是给定的奇质数, 正整数 k 使得 $\sqrt{k^2 - pk}$ 也是一个正整数, 则 $k =$ _____.

解　设 $\sqrt{k^2 - pk} = n, n \in \mathbf{N}_+$, 则

$$k^2 - pk - n^2 = 0$$

$$k = \frac{p \pm \sqrt{p^2 + 4n^2}}{2}$$

从而 $p^2 + 4n^2$ 是平方数, 设为 $m^2, m \in \mathbf{N}_+$, 则

$$(m - 2n)(m + 2n) = p^2$$

因为 p 是质数, 且 $p \geq 3$, 所以

$$\begin{cases} m - 2n = 1 \\ m + 2n = p^2 \end{cases}$$

解得

$$\begin{cases} m = \dfrac{p^2 + 1}{2} \\ n = \dfrac{p^2 - 1}{4} \end{cases}$$

因此 $k = \dfrac{p \pm m}{2} = \dfrac{2p \pm (p^2 + 1)}{4}$, 故 $k = \dfrac{(p + 1)^2}{4}$ (负值舍去).

2. (2006 年捷克和斯洛伐克数学奥林匹克) 设正整数 m, n 满足方程

$$(x + m)(x + n) = x + m + n$$

至少有一个整数解. 证明: $\dfrac{1}{2} < \dfrac{m}{n} < 2$.

证明　方程化为

$$x^2 + (m + n - 1)x + mn - m - n = 0$$

$$\Delta = (m + n - 1)^2 - 4(mn - m - n)$$

$$= m^2 + n^2 - 2mn + 2m + 2n + 1$$

$$= (m - n + 1)^2 + 4n$$

$$= (m - n + 3)^2 - 4m + 8n - 8$$

用反证法, 假设 $m > n, \dfrac{m}{n} \geq 2$.

由于 $m \geq 2n$ 时, 有

$$(m-n+1)^2 < \Delta < (m-n+3)^2$$

若方程有整数解,则 Δ 为完全平方数,即

$$\Delta = (m-n+2)^2$$
$$\Delta = m^2 + n^2 - 2mn + 2m + 2n + 1 = (m-n+2)^2$$

整理得

$$2m - 6n + 3 = 0$$

即

$$m = 3n - \frac{3}{2}$$

这样, m 和 n 不能同时为整数,因此, $\frac{m}{n} \geqslant 2$ 不成立. 因而有

$$\frac{1}{2} < \frac{m}{n} < 2$$

3. (2008 年第 26 届美国数学邀请赛)已知正整数 x,y 满足 $x^2 + 84x + 2\,008 = y^2$,求 $x+y$.

解法 1　注意到

$$(x+42)^2 = x^2 + 84x + 1\,764 < x^2 + 84x + 2\,008$$
$$< x^2 + 90x + 2\,025 = (x+45)^2$$

又 $x^2 + 84x + 2\,008$ 为完全平方数,则其值为 $(x+43)^2$ 或 $(x+44)^2$.

在第一种情形下, $2x = 159$,不成立;

在第二种情形下, $4x = 72$,解得 $x = 18$. 于是, $y = x + 44 = 62$.

从而, $x + y = 80$.

解法 2　注意到

$$x^2 + 84x + 1\,764 = (x+42)^2 = y^2 - 244$$

设 $v = x + 42$. 则

$$y^2 - v^2 = 244 \Rightarrow (y-v)(y+v) = 2 \times 2 \times 61$$

由于答案必须为正整数,则 $y - v = 2, y + v = 2 \times 61$.

因此, $x = 60 - 42 = 18, y = 62$. 进而, $x + y = 80$.

4. (2005 年第 36 届奥地利数学奥林匹克)证明:不存在正整数 a,b 满足等式

$$4a(a+1) = b(b+3)$$

证明　给定等式等价于

$$4a^2 + 4a - (b^2 + 3b) = 0 \qquad\qquad ①$$

对某个给定的整数 b,上式是关于 a 的一元二次方程,其判别式为

$$\Delta = 4^2 + 4^2(b^2 + 3b) = 4^2(b^2 + 3b + 1)$$

若对某个整数 b,存在整数 a 满足方程①,则其判别式必须是完全平方数.

因此, b^2+3b+1 必须是完全平方数.

注意到

$$(b+1)^2 = b^2+2b+1 < b^2+3b+1$$
$$< b^2+4b+4 = (b+2)^2$$

对 b 的任意值, b^2+3b+1 界于两个相邻平方数之间, 因此, 它不可能是一个完全平方数.

所以, 不存在正整数 a,b 满足给定的等式.

5. (2000 年克罗地亚数学竞赛三年级) 求所有的正整数 m,n, 使得 6^m+2^n+2 为完全平方数.

解 由于 $6^m+2^n+2 = 2(3^m \cdot 2^{m-1}+2^{n-1}+1)$ 为偶数, 若要使其为完全平方数, 则右边括号中的数必为偶数. 这表明, 2^{m-1} 与 2^{n-1} 恰有一个为奇数, 即 m 与 n 有一个为 1, 另一个大于 1.

分两种情形讨论如下.

(1) $m=1$.

在这种情形下, 只需保证当 $n \geq 2$ 时, $6^1+2^n+2 = 2^n+8$ 为完全平方数.

由于 $2^n+8 = 4(2^{n-2}+2)$, 则 $2^{n-2}+2$ 为完全平方数.

若 $n \geq 4$, 则 $2^{n-2}+2 \equiv 2 (\bmod 4)$, 这与其为完全平方数矛盾. 故 $2 \leq n \leq 3$.

将 $n=2,3$ 代入计算, 知仅有 $n=3$ 满足题意.

(2) $n=1$.

由于 $6^m+2^1+2 \equiv (-1)^m+4 (\bmod 7)$, 即在模 7 的意义下, 6^m+2^1+2 的余数只能为 3 或 5. 这与完全平方数模 7 余数只能为 $0,1,2,4$ 矛盾.

综上, 本题唯一解为 $(m,n) = (1,3)$.

6. (1999 年第 17 届美国数学邀请赛) 求出所有使 $n^2-19n+99$ 的值为完全平方数的正整数 n 的和.

解法 1 若对于正整数 m,n 有

$$n^2-19n+99 = m^2$$

则有

$$4m^2 = 4n^2-76n+396 = (2n-19)^2+35$$

即

$$4m^2 - (2n-19)^2 = 35$$

亦即

$$(2m+2n-19)(2m-2n+19) = 35$$

上式左边两因式之和 $(2m+2n-19)+(2m-2n+19) = 4m$ 是一个正整数, 因此数对 $(2m+2n-19, 2m-2n+19)$ 只可能为 $(1,35),(5,7),(7,5)$ 或 $(35,1)$. 第一个因式减去第二个因式发现 $4n-38$ 只可能等于 $-34,-2,2$ 或

34，故 n 只能为 1，9，10 或 18. 这些整数之和为 38.

解法 2　设 $n^2 - 19n + 99 = m^2$，其中 $m \in \mathbf{N}$，于是二次方程 $x^2 - 19x + (99 - m^2) = 0$ 有正整数根，从而存在 $l \in \mathbf{N} \cup \{0\}$，使得

$$19^2 - 4(99 - m^2) = l^2$$

即

$$(2m - l)(2m + l) = 35$$

从而

$$2m - l = 1, 2m + l = 35$$

或

$$2m - l = 5, 2m + l = 7$$

故 $(m, l) = (9, 17), (3, 1)$.

当 $m = 9$ 时，$n^2 - 19n + 99 = 81$，从而 $n = 1$ 或 18；当 $m = 3$ 时，$n^2 - 19n + 99 = 9$，从而 $n = 9$ 或 10. 故所求的和为 $1 + 18 + 9 + 10 = 38$.

7. (1968 年基辅数学奥林匹克) 方程 $\sqrt{x} + \sqrt{y} = \sqrt{1\,968}$ 有多少组整数解 (x, y)？

解　已知方程可化为

$$\sqrt{x} = \sqrt{1\,968} - \sqrt{y}$$

方程两边平方得

$$x = y + 1\,968 - 8\sqrt{123y}$$

于是数 $123y$ 必须是完全平方数，设

$$123v^2 = y \quad (v \in \mathbf{Z})$$

同理

$$123u^2 = x \quad (u \in \mathbf{Z})$$

由此可得原方程为

$$|u| + |v| = 4$$

该方程的非负整数解为

$$(0,4),(1,3),(2,2),(3,1),(4,0)$$

于是可得到数解 (x, y) 为

$$(0,1\,968),(123,1\,107),(492,492),(1\,107,123),(1\,968,0)$$

另解　已知方程可化为

$$\sqrt{x} + \sqrt{y} = \sqrt{1\,968} = 4\sqrt{123} = 0 + 4\sqrt{123}$$

$$= \sqrt{123} + 3\sqrt{123} = 2\sqrt{123} + 2\sqrt{123}$$

$$= 3\sqrt{123} + \sqrt{123} = 4\sqrt{123} + 0$$

相应的 (x, y) 为 $(0,1\,968),(123,1\,107),(492,492),(1\,107,123),(1\,968,0)$.

8. (1986 年广州等四市初中数学联赛) 甲、乙两人同时解根式方程

$$\sqrt{x+a} + \sqrt{x+b} = 7$$

抄题时,甲错抄成 $\sqrt{x-a} + \sqrt{x+b} = 7$,结果解得其一根为 12. 乙错抄成 $\sqrt{x+a} + \sqrt{x+d} = 7$,结果解得其一根为 13.

已知两人除抄错题之外,解题过程都是正确的,又 a,b,d 都是整数. 试求 a,b 之值.

解 由题设条件可得

$$\begin{cases} \sqrt{12-a} + \sqrt{12+b} = 7 \\ \sqrt{13+a} + \sqrt{13+d} = 7 \end{cases}$$

即

$$\begin{cases} \sqrt{12-a} = 7 - \sqrt{12+b} & \text{①} \\ \sqrt{13+a} = 7 - \sqrt{13+d} & \text{②} \end{cases}$$

由①得

$$12 - a = 49 + 12 + b - 14\sqrt{12+b}$$

$$a + b + 49 = 14\sqrt{12+b}$$

上式中左边为整数,因而右边亦为整数,于是 $\sqrt{12+b}$ 为有理数,由于 b 为整数,所以 $12+b$ 为完全平方数,亦即 $\sqrt{12+b}$ 为整数.

同理可证 $\sqrt{13+d}$ 也为整数.

设 $p = 7 - \sqrt{12+b}$, $q = 7 - \sqrt{13+d}$,则由题设,p 和 q 均为非负整数,由①②消去 a 得

$$p^2 + q^2 = 25$$

解得 $(p,q) = (0,5),(3,4),(4,3),(5,0)$.

相应的 a,b 有

$$(a,b) = (12,37),(3,4),(-4,-3),(-13,-8)$$

9. (1990 年苏联教委的推荐试题) 试求方程 $x^5 - x^3 - x^2 + 1 = y^2$ 的整数解.

解 已知方程可化为

$$x^2(x^3-1) - (x^3-1) = y^2$$

$$(x^3-1)(x^2-1) = y^2$$

$$(x-1)^2(x+1)(x^2+x+1) = y^2 \qquad \text{①}$$

当 $x = 0$ 时,$y^2 = 1$,$y = \pm 1$.

当 $x = \pm 1$ 时,$y = 0$.

设 x,y 是方程的整数解,且 $x \neq -1,0,1$.

由式①知,y^2 能被 $(x-1)^2$ 整除,因此,y 能被 $x-1$ 整除,由此可得

$$(x+1)(x^2+x+1) = \left(\frac{y}{x-1}\right)^2$$

因为 $\frac{y}{x-1}$ 是整数,则 $(x+1)(x^2+x+1)$ 应是完全平方数. 由于

$$x^2+x+1 = x(x+1)+1$$

可知 $x+1$ 与 x^2+x+1 没有大于 1 的公约数,即 $x+1$ 与 x^2+x+1 互素.

所以,$x+1$ 与 x^2+x+1 都是完全平方数. 从而 $x+1 \geqslant 0$,又 $x \neq 1, -1, 0$,所以 $x \geqslant 2$. 因此就有

$$x^2 < x^2+x+1 < (x+1)^2$$

而 x^2+x+1 在 x^2 和 $(x+1)^2$ 之间,即在两个相邻平方数之间,不可能是平方数. 这个矛盾表明,方程没有 $x \neq -1, 0, 1$ 的整数解.

于是方程仅有四组整数解

$$(x, y) = (0, 1), (0, -1), (1, 0), (-1, 0)$$

10. (2011 年第 55 届斯洛文尼亚数学奥林匹克)是否存在整数 n,使得多项式 $p(x) = x^4 - 2\,011x^2 + n$ 的解全部是整数?

解 假设满足题意的 n 存在.

由 $x^4 - 2\,011x^2 + n = 0$,解得

$$x^2 = \frac{2\,011 \pm \sqrt{2\,011^2 - 4n}}{2}$$

因为 x^2 也必须是整数,所以,$2\,011^2 - 4n$ 必是完全平方数.

设 $2\,011^2 - 4n = m^2$(m 是正奇数),则

$$n = \frac{2\,011^2 - m^2}{4}$$

从而

$$x^2 = \frac{2\,011 \pm m}{2}$$

故 $\frac{2\,011+m}{2}$ 和 $\frac{2\,011-m}{2}$ 也是完全平方数,且 $\frac{2\,011+m}{2} + \frac{2\,011-m}{2} = 2\,011$.

接下来证明:2 011 不能写成两个完全平方数的和.

事实上,一个完全平方数模 4 余 0 或 1,则两个完全平方数的和模 4 余 0, 1 或 2. 但 2 011 模 4 余 3,于是,2 011 不能写成两个完全平方数的和.

因此,不存在符合题意的整数 n.

11. (2013 年克罗地亚数学竞赛二年级)求满足 $y^2 = x^3 + 3x^2 + 2x$ 的所有整数对 (x, y).

解 将等式的右边因式分解,得

$$y^2 = x(x+1)(x+2)$$

由 $x \in \mathbf{Z}$,知三个因式为连续的整数.

先假设 $x, x+1, x+2$ 是非零的因式. 由于等式的左边为正数,则三个因式也为正数.

又 $(x+1, x) = 1, (x+1, x+2) = 1$,则
$$(x+1, x(x+2)) = 1$$

两个互素的正整数的乘积为一个完全平方数当且仅当每个数均为完全平方数.

特别地
$$x(x+2) = x^2 + 2x = (x+1)^2 - 1$$

为完全平方数.

因此,$(x+1)^2 - 1$ 与 $(x+1)^2$ 是两个连续的整数且均为完全平方数,有一种可能当且仅当这两个数为 0 和 1.

因此,$(x+1)^2 = 1$,得 $x = -2$ 或 0. 但 $x+2 = 0$ 或 $x = 0$ 与假设矛盾.

若等式右边的因式中有一个为 0,则 $y = 0$. 于是,方程的解为
$$(x, y) = (-2, 0), (-1, 0), (0, 0)$$

12. (1992 年加拿大数学奥林匹克训练题)求出满足方程 $x^2 = 1 + 4y^3(y+2)$ 的所有整数 x 和 y.

解 (1)若 $y = 0$ 或 $y = -2$,则 $x^2 = 1, x = \pm 1$.

(2)若 $y = -1$,则 $x^2 = -3$,无整数解.

(3)若 $y \geqslant 1$,则
$$4y^2 > 1 > 1 - 4y$$
$$\begin{aligned}(2y^2 + 2y)^2 &= 4y^4 + 8y^3 + 4y^2 \\ &> 4y^4 + 8y^3 + 1 \\ &> 4y^4 + 8y^3 - 4y + 1 \\ &= (2y^2 + 2y - 1)^2\end{aligned}$$

于是有
$$(2y^2 + 2y - 1)^2 < x^2 < (2y^2 + 2y)^2$$

因为 x^2 介于两个连续平方数之间,所以 x 不可能是整数.

(4)若 $y \leqslant -3$,则
$$1 - 4y > 1 > 4[1 - y(y+2)]$$
$$\begin{aligned}(2y^2 + 2y - 1)^2 &= 4y^4 + 8y^3 - 4y + 1 \\ &> 4y^4 + 8y^3 + 1 \\ &> 4y^4 + 8y^3 - 4y^2 - 8y + 4 \\ &= (2y^2 + 2y - 2)^2\end{aligned}$$

即

$$(2y^2+2y-2)^2 < x^2 < (2y^2+2y-1)^2$$

所以 x 不是整数.

由(1)(2)(3)(4)可知,方程只有四组解

$$(x,y) = (1,0),(1,-2),(-1,0),(-1,-2)$$

13. 一个袋子中装有 m 个红球和 n 个白球($m > n \geqslant 4$),它们除颜色不同外,其余都相同. 现从中任取两个球.

(1)若取出两个红球的概率等于取出一红一白两个球的概率的整数倍,求证: m 必为奇数;

(2)若取出两个球颜色相同的概率等于取出两个球颜色不同的概率,求满足 $m + n \leqslant 40$ 的所有数组 (m,n) .

解 记"取出两个红球"为事件 A ,"取出一红一白两个球"为事件 B . 则

$$P(A) = \frac{C_m^2}{C_{m+n}^2}, P(B) = \frac{C_m^1 C_n^1}{C_{m+n}^2}$$

依题意得

$$P(A) = kP(B) \quad (k \in \mathbf{N}_+)$$

则有

$$C_m^2 = kC_m^1 C_n^1$$

由此得 $m = 2kn + 1$.

因为 $k,n \in \mathbf{N}_+$,所以, m 为奇数.

(2)记"取出两个白球"为事件 C ,则

$$P(C) = \frac{C_n^2}{C_{m+n}^2}$$

依题意得

$$P(A) + P(C) = P(B)$$

则有

$$C_m^2 + C_n^2 = C_m^1 C_n^1$$

由此得 $m + n = (m - n)^2$. 从而, $m + n$ 为完全平方数.

又由 $m > n \geqslant 4$ 及 $m + n \leqslant 40$,得 $9 \leqslant m + n \leqslant 40$. 所以

$$\begin{cases} m+n=9 \\ m-n=3 \end{cases}, \begin{cases} m+n=16 \\ m-n=4 \end{cases}, \begin{cases} m+n=25 \\ m-n=5 \end{cases}, \begin{cases} m+n=36 \\ m-n=6 \end{cases}$$

解得

$$\begin{cases} m=6 \\ n=3 \end{cases}(舍), \begin{cases} m=10 \\ n=6 \end{cases}, \begin{cases} m=15 \\ n=10 \end{cases}, \begin{cases} m=21 \\ n=15 \end{cases}$$

故满足条件的数组 (m,n) 为

$$(10,6),(15,10),(21,15)$$

14. (1985 年第 19 届全苏数学奥林匹克)在无限方格纸上(每个小方格的边长为1),规定只允许沿着小方格的边线剪开. 证明:对任意整数 $m > 12$,可以剪出一个面积大于 m 的矩形,但不能再从这个矩形中剪出一个面积为 m 的矩形.

证明 设某一矩形的边长为 x, y.

不失一般性,设 $x \leqslant y$.

由题意,这个矩形的面积大于 m,而把它的长或宽减去 1 之后,所得的矩形面积就应该小于 m,即

$$\begin{cases} xy > m \\ (x-1)y < m \\ x(y-1) < m \end{cases}$$

但是由 $x \leqslant y$ 可得

$$(x-1)y \leqslant x(y-1)$$

于是只要证明不等式组

$$\begin{cases} xy > m \\ x(y-1) < m \\ x \leqslant y \end{cases}$$

有正整数解就可以了.

由于对任一正整数 m,必定有

$$k^2 \leqslant m < (k+1)^2 \quad (k \in \mathbf{N})$$

所以我们可以分下面四种情况讨论.

(1) 当 $m = k^2$ 时,不等式组有解

$$\begin{cases} x = k-1 \\ y = k+2 \end{cases}$$

(2) 当 $k^2 < m < k(k+1)$ 时,不等式组有解

$$\begin{cases} x = k \\ y = k+1 \end{cases}$$

(3) 当 $m = k(k+1)$ 时,不等式组有解

$$\begin{cases} x = k-1 \\ y = k+3 \end{cases}$$

(4) 当 $k(k+1) < m < (k+1)^2$ 时,不等式组有解

$$\begin{cases} x = k+1 \\ y = k+1 \end{cases}$$

7.14 利用二项式定理求解

例 1 (2009 年克罗地亚参加中欧数学奥林匹克选拔测试)求所有有序的三元正整数(a,b,c),使得$|2^a - b^c| = 1$.

解 若 $c = 1$,则 $2^a - b = \pm 1$. 故 $b = 2^a \pm 1$. 此时,$(a,b,c) = (k, 2^k \pm 1, 1)$,其中,$k$ 是任意的正整数. 若 $c > 1$,则对 $b^c = 2^a \pm 1$ 分类讨论.

(1)若 $b^c = 2^a + 1$,则 b 是奇数. 设 $b = 2^k u + 1(2 \nmid u$,且 $k \in \mathbf{N}_+)$,则 $(2^k u + 1)^c = 2^a + 1$. 显然,$k < a$,即 $a \geq k + 1$.

结合二项式定理得 $2^k uc \equiv 2^a \equiv 0 \pmod{2^{k+1}}$. 故 $2 \mid c$.

设 $c = 2c_1$. 则 $(b^{c_1} + 1)(b^{c_1} - 1) = 2^a$. 故 $b^{c_1} + 1, b^{c_1} - 1$ 都是 2 的方幂. 而 $(b^{c_1} + 1) - (b^{c_1} - 1) = 2$,故

$$b^{c_1} + 1 = 4 \Rightarrow b = 3, c_1 = 1 \Rightarrow c = 2, a = 3 \Rightarrow (a,b,c) = (3,3,2)$$

(2)若 $b^c = 2^a - 1$,则当 $b = 1$ 时,$a = 1$. 此时 $(a,b,c) = (1,1,k)$,其中,k 是任意的正整数. 当 $b > 1$ 时,有 $a > 1$. 设 $b = 2^k u + 1(2 \nmid u$ 且 $k \in \mathbf{N}_+)$,则 $(2^k u + 1)^c = 2^a - 1$. 显然,$k < a$,则 $1 \equiv -1 \pmod{2^k}$,即 $2^k \mid 2$. 故 $k = 1$. 因此,$(2u + 1)^c = 2^a - 1$.

而 $a > 1$,结合二项式定理得

$$2uc + 1 \equiv -1 \pmod 4$$

即 $4 \mid 2(uc + 1)$. 因此,$2 \nmid c$.

设 $c = 2c_1 + 1$. 则 $b^{2c_1 + 1} + 1 = 2^a$. 由因式定理得 $(b + 1) \mid (b^{2c_1 + 1} + 1)$. 可设 $b + 1 = 2^v$,则 $v < a$,即 $a \geq v + 1$,且 $(2^v - 1)^{2c_1 + 1} + 1 = 2^a$.

结合二项式定理,得

$$(2c_1 + 1)2^v \equiv 2^a \equiv 0 \pmod{2^{v+1}}$$

但这是不可能的.

综上所述,满足要求的 $(a,b,c) = (3,3,2),(1,1,k),(k, 2^k \pm 1, 1)$,其中 $k \in \mathbf{N}_+$.

例 2 (1990 年第 16 届全俄数学奥林匹克)试求方程 $7^x - 3 \cdot 2^y = 1$ 的所有自然数解.

解 已知方程可化为

$$\frac{7^x - 1}{7 - 1} = 2^{y-1}$$

亦即

$$7^{x-1} + 7^{x-2} + \cdots + 1 = 2^{y-1} \qquad \qquad ①$$

如果 $y = 1$,那么 $x = 1$,从而得到方程的第一组自然数解 $(x, y) = (1, 1)$.

设 $y>1$，此时，方程①的右边为偶数，左边是 x 个奇数之和，因而 x 是偶数. 于是方程①可化为

$$7^{x-2}(7+1)+7^{x-4}(7+1)+\cdots+(7+1)=2^{y-1}$$
$$(7+1)(7^{x-2}+7^{x-4}+\cdots+1)=2^{y-1}$$
$$7^{x-2}+7^{x-4}+\cdots+1=2^{y-4} \qquad ②$$

由此可知，应有 $y\geqslant4$.

如果 $y=4$，那么 $x=2$，从而得到方程的第二组自然数解 $(x,y)=(2,4)$.

如果 $y>4$，那么方程②的右边是偶数，而左边是 $\frac{x}{2}$ 个奇数之和，因此，x 应是 4 的倍数. 于是方程②可化为

$$7^{x-4}(7^2+1)+7^{x-8}(7^2+1)+\cdots+(7^2+1)=2^{y-4}$$
$$(7^2+1)(7^{x-4}+7^{x-8}+\cdots+1)=2^{y-4} \qquad ③$$

由③可得 2^{y-4} 能被 $7^2+1=50$ 整除，这是不可能的.

因此，$y>4$ 时，方程无自然数解.

由以上，方程只有两组自然数解

$$(x,y)=(1,1),(2,4)$$

例 3 （1955 年第 15 届美国普特南数学竞赛）方程 $x^n+(2+x)^n+(2-x)^n=0$ 有有理数解，关于正整数 n 的充分必要条件是什么？

解 充分必要条件是 $n=1$.

当 $n=1$ 时，方程

$$x^n+(2+x)^n+(2-x)^n=0 \qquad ①$$

显然有有理数解 $x=-4$.

下面证明 $n=1$ 也是必要的.

首先，因为 $x,2+x,2-x$ 不能同时为 0，故 n 不能是偶数.

当 n 是奇数时，设 $x=\dfrac{p}{q}$ 是方程①的一个解，其中 p,q 是互素的整数，则由方程①得

$$p^n+(2q+p)^n+(2q-p)^n=0$$
$$p^n+2[(2q)^n+C_n^2(2q)^{n-2}p^2+\cdots+C_n^{n-1}(2q)p^{n-1}]=0$$

因为上式除第一项外，每一项都能被 $2q$ 整除，所以 p^n 也能被 $2q$ 整除，因为 p 和 q 互素，则 $q=\pm1$.

不妨设 $q=1$，否则同时改变 p,q 的符号，x 的值不变. 由 p^n 能被 $2q=2$ 整除，可知 p 是偶数，令 $p=2r$，代入方程①，得

$$(2r)^n+(2+2r)^n+(2-2r)^n=0$$
$$r^n+(1+r)^n+(1-r)^n=0 \qquad ②$$

当 $n \geqslant 3$ 时,有

$$r^n + 2(1 + C_n^2 r^2 + C_n^4 r^4 + \cdots) = 0$$
$$2 = -r^n - 2(C_n^2 r^2 + C_n^4 r^4 + \cdots)$$

所以 2 能被 r^2 整除,从而 $r = \pm 1$. 但 $r = \pm 1$ 时,不满足式②,因而 $n \geqslant 3$ 不可能.

所以 n 只可能取值 1.

例 4 (1976 年第 37 届美国普特南数学竞赛)求方程

$$|p^r - q^s| = 1 \qquad\qquad ①$$

的整数解. 其中 p, q 为素数,r, s 是大于 1 的正整数,并证明你所得到的解是全部解.

解 由 p, q, r, s 的对称性,不妨设 $p^r > q^s$,即不妨只考虑方程

$$p^r - q^s = 1 \qquad\qquad ②$$

的整数解.

显然,p 和 q 不能全为奇素数,否则 $p^r - q^s$ 是偶数,不满足方程②. 于是 p 和 q 中必有一个等于 2.

(1)$p = 2$ 时.

如果 $s = 2s'$ 是偶数,设奇数 $q = 2q' + 1$,则

$$q^s + 1 = (2q' + 1)^{2s'} + 1 \equiv 2 \pmod 4$$

不能被 4 整除,而

$$q^s + 1 = p^r = 2^r$$

当 $r > 1$ 时,$2^r \equiv 0 \pmod 4$,所以 s 不能是偶数,即 s 只能是奇数.

由 $s > 1$ 可得 $s \geqslant 3$,则

$$p^r = 2^r = q^s + 1$$
$$= (q + 1)(q^{s-1} - q^{s-2} + \cdots - q + 1)$$

所以 $q + 1$ 只含素因子 2. 设 $q + 1 = 2^t (t \geqslant 2)$,则

$$2^r = q^s + 1 = (2^t - 1)^s + 1$$
$$= -1 + 2^t s - C_s^2 (2^t)^2 + \cdots + 1$$
$$= 2^t (s - C_s^2 2^t + \cdots)$$

由于 $s - C_s^2 2^t + \cdots$ 与 s 有相同的奇偶性,且由 s 是奇数,可知 $s - C_s^2 2^t + \cdots$ 是奇数,故只能为 1,于是 $t = r$.

从而方程化为

$$2^r = (2^r - 1)^s + 1$$

于是 $s = 1$,与 $s > 1$ 矛盾.

所以 $p = 2$ 时,方程②无解.

(2)$q = 2$ 时,则由方程②得

$$2^s = p^r - 1 = (p - 1)(p^{r-1} + p^{r-2} + \cdots + 1)$$

若 $r > 1$ 是奇数,则

$$p^{r-1} + p^{r-2} + \cdots + 1 > 1$$

是 r 个奇数的和,故是奇数,这是不可能的. 所以 r 是偶数.

设 $r = 2r_1$,则

$$2^s = p^r - 1 = p^{2r_1} - 1 = (p^{r_1} - 1)(p^{r_1} + 1)$$

此时,$p^{r_1} - 1$ 和 $p^{r_1} + 1$ 是两个相邻的偶数,它们都是 2 的正整数次幂,则必有

$$\begin{cases} p^{r_1} - 1 = 2 \\ p^{r_1} + 1 = 4 \end{cases}$$

因此 $p = 3, r_1 = 1$. 此时 $r = 2, s = 3$.

于是得到解

$$p = 3, q = 2, r = 2, s = 3$$

考虑到对称性,方程①有两组解

$$p = 3, q = 2, r = 2, s = 3$$

和

$$p = 2, q = 3, r = 3, s = 2$$

例 5 (2003 年第 11 届土耳其数学奥林匹克)求方程 $x^m = 2^{2n+1} + 2^n + 1$ 的三元正整数解 (x, m, n).

解 显然,x 为奇数. 记 t 中 2 的幂次为 $v_2(t)$.

若 m 为奇数,设 $y = x - 1$. 则

$$x^m - 1 = (y+1)^m - 1 = y^m + C_m^1 y^{m-1} + C_m^2 y^{m-2} + \cdots + C_m^{m-1} y$$

其中,$C_m^{m-1} y$ 项中 2 的幂次为 y 中 2 的幂次,其余项均满足

$$v_2(C_m^i y^i) = v_2(y) + (i-1)v_2(y) + v_2(C_m^i) > v_2(y)$$

故

$$v_2(x^m - 1) = v_2(y) = v_2(x - 1)$$

又 $v_2(x^m - 1) = v_2(2^{2n+1} + 2^n) = n$,有 $v_2(x-1) = n$. 则 $2^n \mid (x-1)$. 所以,$x - 1 \geqslant 2^n, x \geqslant 2^n + 1$.

而 $x^3 \geqslant (2^n + 1)^3 = 2^{3n} + 3 \cdot 2^{2n} + 3 \cdot 2^n + 1 > 2^{2n+1} + 2^n + 1 = x^m$,于是,$m < 3$.

故 $m = 1$. 此时,$x = 2^{2n+1} + 2^n + 1$.

若 m 为偶数,设 $m = 2m_0$. 则

$$(x^{m_0})^2 = 7 \cdot 2^{2n-2} + (2^{n-1} + 1)^2$$

即

$$(x^{m_0} - 2^{n-1} - 1)(x^{m_0} + 2^{n-1} + 1) = 7 \cdot 2^{2n-2}$$

若 $n = 1$,则 $x^m = 2^3 + 2^1 + 1 = 8 + 2 + 1 = 11$ 不为平方数,这是不可能的. 因此,$n \geqslant 2$. 所以,$x^{m_0} - 2^{n-1} - 1 \not\equiv x^{m_0} + 2^{n-1} + 1 \pmod{4}$.

又因为它们均为偶数，所以，它们之一中 2 的幂次为 1. 只有下面四种情形

$$\begin{cases} x^{m_0} - 2^{n-1} - 1 = 14 \\ x^{m_0} + 2^{n-1} + 1 = 2^{2n-3} \end{cases} \quad ①$$

$$\begin{cases} x^{m_0} - 2^{n-1} - 1 = 2^{2n-3} \\ x^{m_0} + 2^{n-1} + 1 = 14 \end{cases} \quad ②$$

$$\begin{cases} x^{m_0} - 2^{n-1} - 1 = 7 \cdot 2^{2n-3} \\ x^{m_0} + 2^{n-1} + 1 = 2 \end{cases} \quad ③$$

$$\begin{cases} x^{m_0} - 2^{n-1} - 1 = 2 \\ x^{m_0} + 2^{n-1} + 1 = 7 \cdot 2^{2n-3} \end{cases} \quad ④$$

由方程组①有

$$2^{n-1} + 1 = 2^{2n-4} - 7$$

即 $2^{n-4} + 1 = 2^{2n-7}$. 解得 $n = 4$，$x^{m_0} = 23$. 故 $x = 23$，$m_0 = 1$.

由方程组②有

$$2^{n-1} + 1 = 7 - 2^{2n-4}$$

即 $2^{n-1} + 2^{2n-4} = 6$. 因为 $6 = 4 + 2$，所以，无解.

由方程组③有 $2^{n-1} + 1 = 1 - 7 \cdot 2^{2n-4}$，这是不可能的.

由方程组④有 $2^{n-1} + 1 = 7 \cdot 2^{2n-4} - 1$，即 $2^{n-2} + 1 = 7 \cdot 2^{2n-5}$.

考虑二进制表示中 1 的个数，故也不可能.

所以，$(x, m, n) = (2^{2n+1} + 2^n + 1, 1, n)$，即 $(23, 2, 4)$.

例 6 （1991 年第六届中国数学奥林匹克）求满足下述方程 $x^{2n+1} - y^{2n+1} = xyz + 2^{2n+1}$ 的所有正整数解组 (x, y, z, n)，这里 $n \geq 2$ 且 $y \leq 5 \cdot 2^n$.

解 首先，容易看出满足方程的 x, y 必须奇偶性相同，而且因右边是正数可知 $x > y$，因而 $x - y \geq 2$.

设 $y = 1$，则 $x \geq 3$，由于 $(2x) \geq 6$ 及 $z \leq 5 \cdot 2^n$，则如果存在正整数组 $(x, 1, z, n)$ 满足所给方程，则应有

$$\begin{aligned} 1 &= x^{2n+1} - 2^{2n+1} - xz \\ &= (x-2)(x^{2n} + x^{2n-1} \cdot 2 + \cdots + x^n \cdot 2^n + \cdots + x \cdot 2^{2n-1} + 2^{2n}) - xz \\ &\geq (2n+1) \cdot (2x)^n - xz \\ &\geq (2n+1) \cdot 6^{n-1} \cdot 2x - x \cdot 5 \cdot 2^{2n} \\ &= 2^{2n} x \left(\left(\frac{3}{2} \right)^{n-1} \left(n + \frac{1}{2} \right) - 5 \right) \end{aligned}$$

但 $n \geq 2$，欲此式成立，必须 $\left(\frac{3}{2} \right)^{n-1} \left(n + \frac{1}{2} \right) < 5$，这只在 $n = 2$ 时才成为可能. 将 $n = 2$，$y = 1$ 代入原方程得出

$$x^5 - 1 = xz + 2^5$$

即

$$x(x^4 - z) = 33$$

由于 $z \leq 5 \cdot 2^{2n} = 80, x, z$ 均为正整数,故只能取 $x = 3$,从而 $z = 70$. 因此得一组解 $(x, y, z, n) = (3, 1, 70, 2)$.

设 $y = 2$,则 $x \geq 4, xy \geq 8$,如果存在正整数组 $(x, 2, z, n)$ 满足所给方程,则应有

$$
\begin{aligned}
2^{2n+1} &= x^{2n+1} - 2^{2n+1} - 2xz \\
&\geq 2 \cdot (2n+1) \cdot (2x)^n - 2xz \\
&> 2 \cdot (2n+1) \cdot 8^{n-1} \cdot (x - x \cdot 5 \cdot 2^n) \\
&= 3^{3n-1}(2n+1) \cdot x - 5 \cdot 2^{2n+1} \cdot x \\
&= 2^{2n+1} \cdot x((2n+1) \cdot 2^{n-2} - 5)
\end{aligned}
$$

欲此式成立,必须 $(2n+1) \cdot 2^{n-2} - 5 \leq 0$,这只有 $n = 2$ 时才可能(这时 $(2n+1) \cdot 2^{n-2} = 5$). 但 $n = 2$ 时原方程变为

$$x^5 - 2^5 = 2xz + 2^5$$

或

$$x(x^4 - 2z) = 64$$

注意到 $x \geq 4, z \leq 80$,与 $2z \geq x^4 - 16 \geq 240$ 矛盾,故 $y = 2$ 时所给方程无解.

设 $y \geq 3$,则 $x \geq 5, xy \geq 15$. 如果这时所给方程有正整数组解,则应有

$$
\begin{aligned}
0 &= x^{2n+1} - y^{2n+1} - xyz - 2^{2n+1} \\
&= (x - y)(x^{2n} + x^{2n-1}y + \cdots + x^n y^n + \cdots + xy^{2n-1} + y^{2n}) - xyz - 2^{2n+1} \\
&\geq 2(2n+1)(xy)^n - xyz - 2^{2n+1} \\
&\geq 2(2n+1)(15)^{n-1} \cdot xy - xy \cdot 5 \cdot 2^{2n} - 2^{2n+1} \\
&= 2^{2n} xy\left(\left(n + \frac{1}{2}\right)\left(\frac{3}{2}\right)^{n-1}\left(\frac{5}{2}\right)^{n-1} - 5\right) - 2^{2n+1} \\
&= 2^{2n+1}\left(\frac{1}{2}xy\left(\left(n + \frac{1}{2}\right)\left(\frac{3}{2}\right)^{n-1}\left(\frac{5}{2}\right)^{n-1} - 5\right) - 1\right)
\end{aligned}
$$

由于 $n \geq 2$, $\left(\frac{3}{2}\right)^{n-1}\left(\frac{5}{2}\right)^{n-1} > 3$, $xy \geq 15$,此式不可能成立. 故 $y \geq 3$ 时所给方程无解.

故满足所给方程的正整数解组只有一个,即 $(x, y, z, n) = (3, 1, 70, 2)$.

例 7 (2004 年中国国家集训队选拔考试)设 u 为任一给定的正整数,证明:方程

$$n! = u^a - u^b$$

至多有有限多个正整数解 (n, a, b).

解 先证明一个引理.

引理 设 p 是一个给定的奇质数,$p \nmid u$,d 是 u 对模 p 的阶,并设 $u^d - 1 =$

$p^v k$,这里 $v \geq 1, p \nmid k.$ 又 m 是正整数, $p \nmid m$, 对任意整数 $t(t \geq 0)$, 有

$$u^{dmp^t} = 1 + p^{t+v} k_t$$

其中 $p \nmid k_t.$

引理的证明 对 t 进行归纳.

当 $t = 0$ 时, 由

$$u^d = 1 + p^v k \quad (p \nmid k)$$

及二项式定理,可得

$$u^{md} = (1 + p^v k)^m = 1 + p^v km + C_m^2 p^{2v} k^2 + \cdots$$
$$= 1 + p^v (km + C_m^2 p^v k^2 + \cdots) = 1 + p^v k_1$$

其中 $p \nmid k_1$, 结论成立.

假设结论对 t 已成立, 则由二项式定理, 可知

$$u^{dmp^{t+1}} = (1 + p^{t+v} k_t)^p$$
$$= 1 + p^{t+v+1} (k_t + C_p^2 p^{v+t-1} k_t^2 + \cdots)$$
$$= 1 + p^{t+v+1} k_{t+1}$$

其中 $p \nmid k_{t+1}$

从而对 $t+1$ 结论成立, 引理得证.

下面证明原题.

首先, 方程可化为

$$n! = u^r (u^s - 1) \quad (r, s \text{ 为正整数}) \tag{①}$$

由引理中取定的奇质数中, 可设 $n > p$ (否则结论已成立).

设 $p^\alpha \parallel n!$, 则 $\alpha \geq 1, p \nmid u$ 及式①知

$$p^\alpha \parallel (u^s - 1)$$

特别地

$$p \mid (u^s - 1)$$

由于 d 是 u 对模 p 的阶, 所以 $d \mid s.$

设 $s = dmp^t$, 其中 $t \geq 0, p \nmid m.$

由 $u^s - 1 = p^\alpha m, p \nmid m$ 及引理知 $\alpha = t + v$, 即 $t = \alpha - v$, 所以有

$$u^s - 1 = u^{dmp^{\alpha-v}} - 1 \tag{②}$$

因为

$$\alpha = \sum_{i=1}^{\infty} \left[\frac{n}{p^i} \right] \geq \left[\frac{n}{p} \right] > an \tag{③}$$

其中 a 是一个仅与 p 有关的正数.

记 $b = u^{dp^{-v}}$, 由于 d, p, u, v 是正整数, 则 b 是大于 1 的正常数. 于是由式②得

$$u^s - 1 \geq u^{dp^{\alpha-v}} - 1 > b^{p^{an}} - 1 \tag{④}$$

但当 n 充分大时, 易知

$$b^{p^{an}} - 1 > n^n - 1 \qquad\qquad ⑤$$

(即 $p^{an} > n\log_b n$ 时, $b^{p^{an}} \geq n^n$).

因此, 由②③④⑤可知, 当 n 充分大时, 有 $u^s - 1 > n!$, 更有 $u^r(a^s - 1) > n!$. 所以 n 充分大时, 方程①无解, 即原方程至多有有限多组正整数解.

例 8 (2009 年哥伦比亚数学竞赛) 求所有满足 $a^b = 1 + b + \cdots + b^n$ 的三元正整数组 (a, b, n).

解 对于任意的质数 p 和正整数 u, 设 $\operatorname{ord}_p(u)$ 为最小的正整数, 使得

$$a^{\operatorname{ord}_p(u)} \equiv 1 (\bmod p)$$

设 $V_p(a)$ 是 a 的质因数分解中 p 的次数. 而 $p^\alpha \| a$ 则表示 $V_p(a) = \alpha$.

先来证明一个引理.

引理 设 p 是一个给定的奇质数, 整数 $a > 1$, 且 $p \nmid a$. 设 $\operatorname{ord}_p(a) = d$, 且 $p^\alpha \| (a^d - 1)$. 则对任意与 p 互质的正整数 m 及任意整数 $\beta(\beta \geq 0)$, 有

$$p^{\alpha + \beta} \| (a^{dmp^\beta} - 1)$$

引理的证明 对 β 进行归纳.

当 $\beta = 0$ 时, 由 α 的定义知

$$a^d = 1 + p^\alpha k \qquad (p \nmid k)$$

故由二项式定理, 得

$$
\begin{aligned}
a^{md} &= (1 + p^\alpha k)^m \\
&= 1 + p^\alpha km + p^{2\alpha} k^2 C_m^2 + \cdots \\
&= 1 + p^\alpha (km + p^\alpha k^2 C_m^2 + \cdots) \qquad ①
\end{aligned}
$$

由于 $p \nmid km$ 及 $\alpha \geq 1$, 故式①最后一个等式可表示为 $1 + p^\alpha k_1$ 的形式, 其中, $(p, k_1) = 1$.

从而, 引理在 $t = 0$ 时成立.

假设引理对 β 已成立, 即设

$$a^{dmp^\beta} = 1 + p^{\alpha + \beta} k_\beta \qquad (p \nmid k_\beta)$$

由二项式定理, 知

$$
\begin{aligned}
a^{dmp^{\beta+1}} &= (1 + p^{\alpha+\beta} k_\beta)^p \\
&= 1 + p^{\alpha+\beta+1}(k_\beta + C_p^2 p^{\alpha+\beta-1} k_\beta^2 + \cdots) \\
&= 1 + p^{\alpha+\beta+1} k_{\beta+1} \qquad (p \nmid k_{\beta+1})
\end{aligned}
$$

因此, 引理对 $\beta + 1$ 成立.

回到原题.

假设 $b > 1$. 则

$$原式 \Longleftrightarrow a^b - 1 = b(1 + b + \cdots + b^{n-1})$$

故 $b \mid (a^b - 1)$.

设 p 是 b 的最小质因子. 则

$$p \mid (a^b - 1)$$

因而,$\mathrm{ord}_p(a) \mid b.$

又 $\mathrm{ord}_p(a) \leqslant p-1 < p$,于是,由 p 的最小性,知

$$\mathrm{ord}_p(a) = 1$$

若 p 为奇数,设 $p^\alpha \parallel (a-1),p^\beta \parallel b.$

由引理知

$$p^{\alpha+\beta} \parallel (a^b - 1)$$

即

$$p^{\alpha+\beta} \parallel b(1 + b + \cdots + b^{n-1})$$

又 $(b, 1 + b + \cdots + b^{n-1}) = 1$,故

$$p^\beta \parallel b(1 + b + \cdots + b^{n-1})$$

这也就意味着 $\beta = \alpha + \beta$,即 $\alpha = 0$,与 $p \mid (a-1)$ 的事实矛盾. 所以,p 不是奇数.

若 $p = 2$,设 $2^\alpha \parallel \dfrac{a^2-1}{2}, 2^\beta \parallel b.$ 因为 b 是偶数,所以 a 是奇数. 故 $\alpha > 0$.

又 $\dfrac{a^2-1}{2} = \dfrac{1}{2}(a+1)(a-1)$,且 $a+1, a-1$ 均为偶数,但有一个不是 4 的倍数,于是,另一个含质因子 2 的个数为 α. 因此,$a-1$ 或 $a+1$ 可表示为 $2^\alpha m(2 \nmid m)$.

设 $b = 2^\beta k(2 \nmid k)$. 则

$$
\begin{aligned}
a^b - 1 &= (2^\alpha m \pm 1)^{2^\beta k} - 1 \\
&= (2^{2\alpha} m^2 \pm 2^{\alpha+1} m + 1)^{2^{\beta-1}k} - 1 \\
&= (2^{\alpha+1} m_1 + 1)^{2^{\beta-1}k} - 1 \quad (2 \nmid m_1) \\
&= \cdots \\
&= (2^{\alpha+\beta} m_\beta + 1)^k - 1 \quad (2 \nmid m_\beta) \\
&= 2^{(\alpha+\beta)k} m_\beta^k + C_k^1 2^{(\alpha+\beta)(k-1)} m_\beta^{k-1} + \cdots + C_k^{k-1} 2^{\alpha+\beta} m_\beta
\end{aligned}
$$

因为 $2 \nmid C_k^{k-1} = k(2 \nmid m_\beta)$,所以

$$2^{\alpha+\beta} \parallel (a^b - 1)$$

而 $1 + b + \cdots + b^n$ 是奇数,于是

$$2^\beta \parallel b(1 + b + \cdots + b^n)$$

这又导致 $\alpha = 0$,与前面 $\alpha > 0$ 矛盾.

上述过程表明 b 没有质因子,即 $b = 1$.

故所有的解为 $(a, 1, a-1)(a > 1)$.

例 9 (2008 年蒙古国家队选拔考试)证明:对给定的正整数 $m, n(m, n > 1)$,方程

$$\sum_{i=1}^{m} (x+i)^n = \sum_{i=1}^{m} (y+i)^{2n}$$

仅有有限个正整数解.

证明 首先注意到,多项式函数的一个基本性质:若 $f(x) \in \mathbf{R}[x]$,且 $f(x)$ 的首项系数为正数,则存在有限个正整数 x,使得 $f(x) \leqslant 0$.

由幂均值不等式得

$$\left[\frac{1}{m} \sum_{i=1}^{m} (y+i)^{2n} \right]^{\frac{1}{n}} > \frac{1}{m} \sum_{i=1}^{m} (y+i)^2$$

$$= y^2 + (m+1)y + \frac{(m+1)(2m+1)}{6}$$

记 $A = \dfrac{(m+1)(2m+1)}{6}$. 则由上述不等式有

$$x + m > y^2 + (m+1)y + A$$

其中,x,y 为满足题设条件的正整数解.

其次证明:对 $B = \dfrac{(n+1)(m^2-1)}{6} + 1$,满足

$$x > y^2 + (m+1)y + B$$

的原方程的解有有限个.

若 (x,y) 为原方程的解,且满足

$$x > y^2 + (m+1)y + B$$

则

$$\sum_{i=1}^{m} (y+i)^{2n} > \sum_{i=1}^{m} \left[y^2 + (m+1)y + B + i \right]^n \qquad ①$$

式①左边多项式展开后的前三项为

$$my^{2n} + C_{2n}^1 \frac{m(m+1)}{2} y^{2n-1} + C_{2n}^2 \frac{m(m+1)(2m+1)}{6} y^{2n-2}$$

而式①右边多项式展开后的前三项为

$$my^{2n} + C_n^1 m(m+1) y^{2n-1} + \left\{ C_n^1 \left[mB + \frac{m(m+1)}{2} \right] + C_n^2 m(m+1)^2 \right\} y^{2n-2}$$

左右两边消去含 y^{2n} 和 y^{2n-1} 的项后,由于假设 $B > \dfrac{(n+1)(m^2-1)}{6}$,故式①右边

的 y^{2n-2} 的系数要大于左边的系数.

因此,由最初提到的那个多项式的性质,满足题意的正整数 y 仅有有限个,而对于上述的每一个 y,至多存在 n 个 x 满足题意.

最后还需说明,既满足

$$x + m > y^2 + (m+1)y + A$$

又满足

$$x \leqslant y^2 + (m+1)y + B$$

的原方程的解仅有有限多个.

将 $x = y^2 + (m+1)y + C$ 代入原方程,则对于每个满足 $A - m \leqslant C \leqslant B$ 的 C,原方程左右两边消去含 y^{2n} 及 y^{2n-1} 的项后,至多有 $2n - 2$ 个解,并有相应的至多 $2n - 2$ 个 x 值. 由于 C 的取值是有限的,故满足

$$x + m > y^2 + (m+1)y + A$$

及

$$x \leqslant y^2 + (m+1)y + B$$

的原方程的解仅有有限个.

综上,满足题意的正整数解仅有有限个.

习 题 7.14

1.(1958 年第 21 届莫斯科数学奥林匹克)求方程 $x^{2y} + (x+1)^{2y} = (x+2)^{2y}$ 的正整数解.

解 当 $y=1$ 时,已知方程化为

$$x^2 + (x+1)^2 = (x+2)^2$$

即

$$x^2 - 2x - 3 = 0$$

解得 $x=3, x=-1$(舍去).

于是 $x=3, y=1$ 是已知方程的一组正整数解.

当 $y>1$ 时,由于 x 与 $x+2$ 的奇偶性相同,则 $x+1$ 是偶数,设 $x+1=2k, k$ 为正整数. 从而可得

$$(2k-1)^{2y} + (2k)^{2y} = (2k+1)^{2y} \qquad \qquad ①$$

按牛顿二项式展开,得

$$(2k)^{2y} = 2\left[C_{2y}^1 (2k)^{2y-1} + C_{2y}^3 (2k)^{2y-3} + \cdots + C_{2y}^{2y-1}(2k) \right]$$

由此不难看出 y 是 k 的倍数.

另一方面,在式①的两边同时除以 $(2k)^{2y}$,可得

$$2 > (1 - \frac{1}{2k})^{2y} + 1 = (1 + \frac{1}{2k})^{2y} > 1 + \frac{2y}{2k}$$

于是 $\frac{2y}{2k} < 1, y < k.$ 由此又得 y 不能被 k 整除. 出现矛盾.

所以,$y>1$ 时,没有整数解.

于是,已知方程有唯一正整数解 $x=3, y=1$.

2.(2007 年第 57 届白俄罗斯数学奥林匹克决赛 A 类)求所有的正整数 n,m 满足 $n^5 + n^4 = 7^m - 1$.

解 原方程等价于

$$(n^3 - n + 1)(n^2 + n + 1) = 7^m$$

显然,$n \neq 1$.

当 $n=2$ 时,$m=2$.

当 $n \geq 3$ 时,$n^3 - n + 1 = n(n^2-1) + 1 > 1, n^2 + n + 1 > 1.$

设 $n^3 - n + 1 = 7^a, n^2 + n + 1 = 7^b (a, b$ 为正整数$).$ 于是

$$(n-1)(7^b - 1) = 7^a - 1 \Rightarrow (7^b - 1) \mid (7^a - 1)$$

设 $a = bp + r,$ 且 q 为正整数,$r(0 \leq r < b)$ 为非负整数. 若 $r \neq 0$,则

$$7^a - 1 = 7^{bq+r} - 1 = 7^r (7^{bq} - 1) + 7^r - 1$$

因为 $7^{bq} - 1 = (7^b - 1)[7^{b(q-1)} + 7^{b(q-2)} + \cdots + 7^b + 1]$,所以,$(7^b - 1) \mid (7^r - 1)$,矛盾. 因此,$r = 0$.

设 $a = bk(k \in \mathbf{Z}_+)$. 则
$$n^3 - n + 1 = 7^a = 7^{bk} = (n^2 + n + 1)^k$$

当 $k = 1$ 时,有 $(n^3 - n + 1) - (n^2 + n + 1) = n[n(n-1) - 2] > 0$,矛盾.

当 $k \geqslant 2$ 时,有
$$(n^3 - n + 1) - (n^2 + n + 1)^k \leqslant (n^3 - n + 1) - (n^2 + n + 1)^2$$
$$= -n^4 - n^3 - 3n^2 - 3n < 0$$

矛盾.

综上,$n = 2, m = 2$ 为原方程的唯一一组解.

3. (2011 年保加利亚数学奥林匹克)是否存在正整数 $n, k(1 \leqslant k \leqslant n - 2)$,使得
$$(\mathrm{C}_n^k)^2 + (\mathrm{C}_n^{k+1})^2 = (\mathrm{C}_n^{k+2})^4$$

解 假设满足条件的正整数 n, k 存在.

由 $\mathrm{C}_a^b = \dfrac{a!}{b!(a-b)!}$,得
$$1 + \frac{(n-k)^2}{(k+1)^2} = \frac{(n-k)^2 (n-k-1)^2}{(k+1)^2 (k+2)^2} (\mathrm{C}_n^{k+2})^2$$

故
$$(k+2)^2 [(k+1)^2 + (n-k)^2] = (n-k)^2 (n-k-1)^2 (\mathrm{C}_n^{k+2})^2$$

这表明,$(k+1)^2 + (n-k)^2$ 为完全平方数.

设 $(k+1)^2 + (n-k)^2 = t^2 (t \in \mathbf{Z}_+)$. 则
$$(k+2)t = (n-k)(n-k-1)\mathrm{C}_n^{k+2} \geqslant 2\mathrm{C}_n^{k+2}$$

因为 $k + 2 \leqslant n, t = \sqrt{(k+1)^2 + (n-k)^2} < n + 1$,即 $t \leqslant n$,所以
$$(k+2)t \leqslant n^2$$

若 $3 \leqslant k + 2 \leqslant n - 3$,则 $n \geqslant 6$,且 $2\mathrm{C}_n^{k+2} \geqslant 2\mathrm{C}_n^3 = \dfrac{n(n-1)(n-2)}{3} > n^2$,矛盾.

若 $k + 2 = n - 2$,由 $t^2 = (n-3)^2 + 4^2$,得 $t = 5, n = 6, k = 2$.

经验证,$n = 6, k = 2$ 不满足原等式.

若 $k + 2 = n - 1$,由 $t^2 = (n-2)^2 + 3^2$,得 $t = 5, n = 6, k = 3$.

经验证,$n = 6, k = 3$ 不满足原等式.

若 $k + 2 = n$,则等式右边为 1,左边大于 1.

综上,不存在满足条件的正整数 n, k.

4. (2012 年日本数学奥林匹克)设 p 是一个素数,求满足条件的正整数 n,

使得对于所有整数 x,若 $p|(x^n-1)$,则 $p^2|(x^n-1)$.

解 下面证明:满足题目条件的正整数

$$n=kp \quad (k \in \mathbf{Z}_+)$$

首先证明:若 n 满足题意,则 $p|n$.

取 $x=p+1$,则

$$x^n-1=(p+1)^n-1 \equiv 1-1 \equiv 0 (\bmod p)$$

由题意知

$$x^n-1 \equiv 0 (\bmod p^2)$$

由牛顿二项式定理,得

$$x^n=(p+1)^n \equiv np+1 (\bmod p^2)$$

所以

$$x^n-1 \equiv np (\bmod p^2)$$

又 $p^2|(x^n-1)$,则 $np \equiv 0 (\bmod p^2)$. 故 $n \equiv 0 (\bmod p)$,即 $p|n$.

其次证明:当 $n=kp(k \in \mathbf{Z}_+)$ 时,满足条件.

任取整数 x,由费马小定理,得

$$x^n=x^{kp}=(x^k)^p \equiv x^k (\bmod p)$$

故若 $p|(x^n-1)$,则 $p|(x^k-1)$. 而

$$\frac{x^n-1}{x^k-1}=\frac{x^{pk}-1}{x^k-1}=\underbrace{1+x^k+x^{2k}+\cdots+x^{(p-1)k}}_{p \uparrow} \equiv p \equiv 0 (\bmod p)$$

故 $p^2|(x^n-1)$.

综上,满足条件的正整数 $n=kp(k \in \mathbf{Z}_+)$.

5. (2010 年第一届陈省身杯高中数学奥林匹克)求方程 $3^p+4^p=n^k$ 的正整数解 (p,n,k),其中,p 为质数,$k>1$.

解 显然,$3^2+4^2=5^2$,即 $p=2,n=5,k=2$ 是方程的一组解.

以下不妨设 p 为奇质数,$p=2l+1$,则

$$n^k=3^{2l+1}+4^{2l+1}$$

$$=(3+4)(3^{2l}-3^{2l-1} \cdot 4+3^{2l-2} \cdot 4^2-\cdots+4^{2l})$$

于是,$7|n^k$,$7|n$.

由 $k>1$,得 $49|n^k$,即

$$3^{2l+1}+4^{2l+1} \equiv 0 (\bmod 49)$$

由二项式定理,得

$$3^{2l+1}=3 \cdot 9^l=3(7+2)^l$$

$$\equiv 3(l \cdot 7 \cdot 2^{l-1}+2^l)$$

$$\equiv (21l+6)2^{l-1} (\bmod 49)$$

$$4^{2l+1}=4(14+2)^l$$

$$\equiv 4(l \cdot 14 \cdot 2^{l-1} + 2^l)$$
$$\equiv (56l + 8)2^{l-1} (\bmod 49)$$

故

$$3^{2l+1} + 4^{2l+1} \equiv (77l + 14)2^{l-1} (\bmod 49)$$

由 $49 \mid (3^{2l+1} + 4^{2l+1})$,得

$$49 \mid (77l + 14) \Leftrightarrow 7 \mid (11l + 2) \Leftrightarrow 7 \mid (4l + 2)$$

即

$$4l + 2 \equiv 0 (\bmod 7)$$

此同余式的解为 $l \equiv 3 (\bmod 7)$.

故 $p = 2l + 1 \equiv 0 (\bmod 7)$. 又 p 为质数,因此,p 只能为 7.

注意到

$$3^7 + 4^7 = 2\ 187 + 16\ 384$$
$$= 18\ 571 = 49 \times 379$$

但 379 为质数,故上式不可能写成 $n^k (k \geqslant 2)$ 的形式,即当 p 为奇质数时无解.

综上,方程只有一组正整数解

$$(p, n, k) = (2, 5, 2)$$

6. (1993 年第 10 届巴尔干数学奥林匹克)令 p 是质数,m 是正整数,求证:当且仅当 $m = p$ 时,方程

$$\frac{x^p + y^p}{2} = \left(\frac{x+y}{2}\right)^m$$

有正整数解 $(x, y) \neq (1, 1)$.

解 如果 $m = p$,那么方程是

$$\frac{x^p + y^p}{2} = \left(\frac{x+y}{2}\right)^p$$

且有无限多个解 (x, y),其中 x 是任一正整数.

反之,没 $(x, y) \neq (1, 1)$ 是一个解. 如果 $x = y$,那么 $m = p$,我们就解答完毕. 设 $x < y$,且 $d = $ 最大公因数(x, y),则对于一些正整数 a 与 b,有 $x = ad, y = bd$,其中最大公因数$(a, b) = 1$. 方程变为

$$d^p \frac{a^p + b^p}{2} = d^m \left(\frac{a+b}{2}\right)^m \qquad ①$$

把琴生(Jensen)不等式应用于凸函数 $f: (0, +\infty) \rightarrow \mathbf{R}, f(x) = x^p$,给出

$$\frac{a^p + b^p}{2} > \left(\frac{a+b}{2}\right)^p$$

结果是

$$d^m \left(\frac{a+b}{2}\right)^m > d^p \left(\frac{a+b}{2}\right)^p$$

给出 $m > p$,从而式①可以写出

$$2^{m-1}(a^p + b^p) = d^{m-p}(a+b)^m \qquad ②$$

我们推出 $a+b$ 是偶数,否则 $(a+b)^m$ 整除 $a^p + b^p$,这是不可能的,因为 $m > p$. 于是可以设 $a = c - t, b = c + t$,其中 c 与 t 是正整数,且最大公因数 $(c,t) = 1$. 代入式②,给出

$$2^{m-1}\left(c^p + \binom{p}{2}c^{p-2}t^2 + \binom{p}{p-1}ct^{p-1}\right) = d^{m-p}2^m c^m$$

或

$$c^{p-1} + \binom{p}{2}c^{p-3}t^2 + \cdots + \binom{p}{p-1}t^{p-1} = 2d^{m-p}c^{m-1}$$

由此得出 c 整除 pt^{p-1},因为最大公因数 $(c,t) = 1$,所以 c 整除 p. 这只有当 $c = p$ 时才可能,但是此时以上等式蕴含 p 整除 t,矛盾(注意,如果 p 是质数,那么对于所有的 k, $1 \leqslant k \leqslant p-1$ 时,p 整除 $\binom{p}{k}$).

7. (2013 年荷兰国家队选拔考试)求正整数 $n \geqslant 2$,使得对 i, j $(0 \leqslant i \leqslant j \leqslant n)$,均有

$$i + j \equiv C_n^i + C_n^j (\bmod 2)$$

解 先证明:n 满足要求的充分必要条件为

$$C_n^i \equiv i + 1 (\bmod 2) \quad (0 \leqslant i \leqslant n)$$

假设 $C_n^i \equiv i + 1 (\bmod 2)$,则

$$C_n^i + C_n^j \equiv i + 1 + j + 1 = i + j (\bmod 2)$$

从而,n 满足要求.

反之,假设 n 满足要求. 由 $C_n^0 = 1$,得

$$i \equiv 1 + C_n^i (\bmod 2)$$

$$\Rightarrow C_n^i \equiv i - 1 \equiv i + 1 (\bmod 2)$$

设 $n = 2^k + m$ $(0 \leqslant m < 2^k)$. 由于 $n \geqslant 2$,则 $k \geqslant 1$,考虑

$$C_n^{2^k-2} = C_{2^k+m}^{2^k-2} = \frac{(2^k + m)(2^k + m - 1)\cdots(m + 4)(m + 3)}{(2^k - 2)(2^k - 3)\cdots 2 \cdot 1}$$

上式右边分母中有 $\left[\dfrac{2^k-2}{2}\right]$ 个因子可被 2 整除,$\left[\dfrac{2^k-2}{4}\right]$ 个因子可被 4 整除,$\cdots$,$\left[\dfrac{2^k-2}{2^{k-1}}\right]$ 个因子可被 2^{k-1} 整除. 无可被 2^k 整除的因子. 而分子中,有 $2^k - 2$ 个连续因子,则至少有 $\left[\dfrac{2^k-2}{2}\right]$ 个因子可被 2 整除,至少有 $\left[\dfrac{2^k-2}{4}\right]$ 个因子可被 4 整除,$\cdots$,至少有 $\left[\dfrac{2^k-2}{2^{k-1}}\right]$ 个因子可被 2^{k-1} 整除. 因此,分子中因子 2 的个数

至少是分母中因子 2 的个数.

当 2^k 作为分子中的因式出现时,则分子中因子 2 的个数多于分母中因子 2 的个数. 此时

$$m+3 \leqslant 2^k \Rightarrow m \leqslant 2^k - 3$$

于是,若 $m \leqslant 2^k - 3$,则 $C_n^{2^k-2}$ 为偶数,而 $2^k - 2$ 为偶数.

因此,$n = 2^k + m$ 不满足条件.

从而,存在 $k(k \geqslant 2)$,使得

$$2^k - 2 \leqslant n \leqslant 2^k - 1$$

若 n 为奇数,则

$$C_n^0 + C_n^1 = 1 + n \equiv 0 (\bmod 2)$$

故 n 不满足条件.

由此,知若 n 形如 $2^k - 2(k \geqslant 2)$,则 n 满足条件.

假设 $n = 2^k - 2$. 只需证明 n 满足条件.

注意到

$$C_{2^k-2}^c = \frac{(2^k-2)(2^k-3)\cdots(2^k-c)(2^k-c-1)}{c(c-1)\cdot\cdots\cdot2\cdot1}$$

又在 $2^k - i(1 \leqslant i \leqslant 2^k - 1)$ 中,因子 2 的个数等于在 i 中因子 2 的个数,于是,分子中因子 2 的个数等于乘积式 $(c+1)c(c-1)\cdots2$ 中因子 2 的个数,即为分母中因子 2 的个数加上 $c+1$ 中含因子 2 的个数.

所以,$C_{2^k-2}^c$ 为偶数当且仅当 c 为奇数. 从而,$n = 2^k - 2$ 满足条件.

综上,n 满足条件当且仅当 n 可表示为 $2^k - 2(k \geqslant 2)$ 的形式.

7.15 利用费马小定理求解

费马小定理是数论中的一个重要定理,也是解一些特殊的不定方程的重要工具之一.下面仅举几例加以说明.

费马小定理 设 p 是素数,若 $(a,p)=1$,那么 $a^{p-1}\equiv1(\bmod\ p)$.

例1 (2009 年马其顿数学奥林匹克) 在整数集内,求 $x^{2\,010}-2\,005$ $4y^{2\,009}+4y^{2\,008}+2\,007y$ 的解.

解 首先证明一个引理.

引理 若 $x\in\mathbf{Z}$,则 x^2+1 的每个奇素因子为 $4k+1$ 的形式.

引理的证明 若 $p\mid(x^2+1)$,显然,$(x,p)=1$.故 $x^2+1\equiv0(\bmod\ p)$,$x^2\equiv-1(\bmod\ p)$.因此

$$(x^2)^{\frac{p-1}{2}}\equiv(-1)^{\frac{p-1}{2}}(\bmod\ p)$$

从而

$$x^{p-1}\equiv(-1)^{\frac{p-1}{2}}(\bmod\ p)$$

由费马小定理,得

$$x^{p-1}\equiv1(\bmod\ p)$$

所以,存在 $k\in\mathbf{Z}_+$,使得 $\dfrac{p-1}{2}=2k$.从而,$p=4k+1$.

回到原题.

原式等价于

$$x^{2\,010}+1=4y^{2\,009}+4y^{2\,008}+2\,007y+2\,007$$

从而

$$x^{2\,010}+1=(4y^{2\,008}+2\,007)(y+1)$$

但是,$4y^{2\,008}+2\,007\equiv3(\bmod\ 4)$,故 $4y^{2\,008}+2\,007$ 必有 $4k+3$ 型素因子.

因此,$(x^{1\,005})^2+1$ 必有 $4k+3$ 型素因子,与引理矛盾.故原方程无解.

例2 (1979 年保加利亚数学奥林匹克) 证明:方程 $x^2+5=y^3$ 没有整数解.

证明 假设方程有整数解 (x,y).

(1)当 x 为奇数时

$$x^2+5\equiv2(\bmod\ 4)$$

于是,$y^3\equiv2(\bmod\ 4)$.因此,y 是偶数,即 $y\equiv0(\bmod\ 2)$.因而,$y^3\equiv0(\bmod\ 4)$,矛盾.

(2)当 x 为偶数时,设 $x=2n$.由 $y^3=x^2+5\equiv1(\bmod\ 4)$,则 $y\equiv1(\bmod\ 4)$,可

设 $y = 4m + 1$. 原方程化为

$$x^2 + 4 = y^3 - 1$$

则

$$4(n^2 + 1) = x^2 + 4 = y^3 - 1 = (y-1)(y^2 + y + 1)$$
$$= 4m(16m^2 + 12m + 3)$$

从而, $n^2 + 1 = md$, 其中

$$d = 16m^2 + 12m + 3 \equiv -1 \pmod 4$$

所以, d 至少有一个素数因子是 $4k - 1$ 型 (可由例 1 知, $n^2 + 1$ 不可能有 $4k - 1$ 型的素因数, 因此, 无整数解).

设 $p = 4l - 1$ 是 d 的一个素因数. 则

$$n^2 + 1 \equiv md \equiv 0 \pmod p$$

即

$$n^2 \equiv -1 \pmod p$$

故

$$n^{p-1} = n^{4l-2} = (n^2)^{2l-1} \equiv -1 \pmod p \qquad ①$$

另一方面, 由费马小定理知

$$n^{p-1} \equiv 1 \pmod p \qquad ②$$

显然, 式①与式②矛盾.

此时, 也无整数解. 所以, 原方程没有整数解.

例 2 中的方程 $x^2 + 5 = y^3$ 称为莫德尔 (Mordell) 方程, 其基本形式是 $y^2 = x^3 + k$. 对于莫德尔方程已有:

(1) 费马已经证明了 $y^2 = x^3 - 2 (y > 0)$ 只有 $(3,5)$ 一组整数解;

(2) 费马给出了 $y^2 = x^3 - 4 (y > 0)$ 只有两组整数解 $(2,2)$, $(5,11)$, 但没有给出证明;

(3) 欧拉 (Euler) 证明了 $y^2 = x^3 + 1 (y > 0)$ 只有 $(2,3)$ 一组解, 但他的证明不完善.

例 3 (2013 年第 53 届乌克兰数学奥林匹克) 求满足 $3p^q - 2q^{p-1} = 19$ 的所有素数对 (p,q).

解 显然, $p \geq 3$. 若 $p = q$, 则

$$(3p^{p-2} - 2p^{p-3})p^2 = 19$$

当素数 $p \geq 3$ 时, 上式不成立. 于是 $p \neq q$.

由费马小定理, 得

$$q^{p-1} - 1 \equiv 0 \pmod p, \quad p^{q-1} - 1 \equiv 0 \pmod q$$

将已知等式改写为

$$3p^q - 2(q^{p-1} - 1) = 21$$

由于上式左边能被 p 整除,故 $p=3$ 或 7.

再将已知等式改写为

$$3p(p^{q-1}-1)-2q^{p-1}=19-3p$$

得 $19-3p$ 能够被 q 整除.

当 $p=3$ 时,经检验 $q=2$;当 $p=7$ 时,经检验 $q=2$.

从而,满足条件的 $(p,q)=(3,2),(7,2)$.

例4 (2009 年中国数学奥林匹克)求所有的素数 (p,q),使得

$$pq\mid(5^p+5^q)$$

解 (1)若 $\min\{p,q\}=2$,不妨设 $p=2$,则要使 $2q\mid(5^2+5^q)=25+5^q$,需使 $q\mid(25+5^q)$.

因为 $5^q+25=5^q-5+30$,所以,由费马小定理,得 $q\mid(5^q-5)$,则 $q\mid30$. 此时,$q=2,3,5$.

当 $q=2$ 时,$pq=2\times2=4\nmid(5^2+5^2)$,不合要求;

当 $q=3$ 时,$pq=2\times3=6\mid(5^2+5^3)$,知 $(p,q)=(2,3)$ 为一解;

当 $q=5$ 时,$pq=2\times5=10\mid(5^2+5^5)$,知 $(p,q)=(2,5)$ 为一解.

(2)若 $\min\{p,q\}=5$,不妨设 $p=5$,则要使 $5q\mid(5^5+5^q)$,需使 $q\mid(5^{q-1}+625)$.

当 $q=5$ 时,$pq=5\times5=25\mid(5^5+5^5)$,知 $(p,q)=(5,5)$ 为一解.

当 $q\ne5$ 时,$q\mid(5^{q-1}+625)$,又由费马小定理有 $q\mid(5^{q-1}-1)$,则 $q\mid626$,故 $q=313$.

下面验证 $(p,q)=(5,313)$ 符合要求.

注意到

$$pq=5\times313\mid(5^5+5^{313})$$
$$5^5+5^{313}=5(5^4+5^{312})=5(5^{312}-1+626)$$

因为 $313\mid(5^{312}-1+626)$,所以,$pq=5\times313\mid(5^5+5^{313})$,知 $(p,q)=(5,313)$ 为一解.

(3)若 $\min\{p,q\}>5$,则要使 $pq\mid(5^p+5^q)=5(5^{p-1}+5^{q-1})$,从而

$$pq\mid(5^{p-1}+5^{q-1}) \qquad\qquad ①$$

由费马小定理,有

$$5^{p-1}\equiv1(\bmod\ p) \qquad\qquad ②$$

由式①②得

$$5^{q-1}\equiv-1(\bmod\ p) \qquad\qquad ③$$

设 $p-1=2^k(2r-1),q-1=2^l(2s-1)(k,l,r,s\in\mathbf{N}_+)$. 若 $k\le l$,则由式②③得

$$1\equiv1^{2^{l-k}(2s-1)}=(5^{p-1})^{2^{l-k}(2s-1)}\equiv5^{2^k(2r-1)\cdot2^{l-k}(2s-1)}\equiv5^{2^l(2s-1)(2r-1)}$$

$$\equiv (5^{q-1})^{2r-1} \equiv (-1)^{2r-1} \equiv -1 (\mathrm{mod}\, p)$$

即 $2 \equiv 0 (\mathrm{mod}\, p)$. 这与 $p \neq 2$ 矛盾.

同理,当 $k \geqslant l$ 时,矛盾. 此时,不存在符合要求的素数对 (p,q).

综上及 p,q 的对称性得满足题目要求的素数对 $(p,q) = (2,3),(3,2),$ $(2,5),(5,2),(5,5),(5,313),(313,5)$,共七组解.

例 5 (2004 年巴尔干数学奥林匹克) x,y 是质数,解方程 $x^y - y^x = xy^2 - 19$.

分析 我们要充分利用 x,y 是质数的条件.

解 若 $x = y$,则 $xy^2 = 19$ 无整数解.

若 $x \neq y$,则 $y^x - x^y + xy^2 = 19$. 由于 x,y 是质数,由费马小定理

$$x^y \equiv x (\mathrm{mod}\, y)$$

所以

$$y^x - x^y + xy^2 \equiv -x (\mathrm{mod}\, y)$$

即 $-x \equiv 19 (\mathrm{mod}\, y)$,所以

$$y \mid 19 + x \qquad\qquad ①$$

再由费马小定理

$$y^x \equiv y (\mathrm{mod}\, x)$$

所以

$$y^x - x^y + xy^2 \equiv y (\mathrm{mod}\, x)$$

即

$$y \equiv 19 (\mathrm{mod}\, x)$$

(ⅰ)若 $y > 19$,则

$$x \mid (y - 19) \qquad\qquad ②$$

(ⅱ)由①知 $y \leqslant 19 + x$;由②知 $x \leqslant y - 19$,即 $y \geqslant x + 19$,所以 $y = x + 19$.

又 y 为质数. 而 x 为奇质数时,y 为偶数;当 $x = 2$ 时,$y = 21$;均与 y 为质数矛盾. 所以此时无解.

(ⅲ)若 $y = 19$,由 $y \mid (19 + x)$ 知 $y \mid x$,所以 $y = x$,无解.

(ⅳ)若 $y < 19$,则当 $y = 17$ 时

$$17^x - x^{17} + x \cdot 17^2 = 19$$

易知:当 $x \geqslant 17$ 时,$17^x - x^{17} \geqslant 0$,无解,所以 $x \leqslant 13$.

当 $x = 13,11,7,5,3$ 时,两边模 4,知无解;$x = 2$ 时,左边小于 0,无解.

当 $y = 13$ 时,两边模 4,$x = 11,7,5,3$ 无解;$x = 2$ 时,左边小于 0.

当 $y = 11$ 时,同理 $x = 7,5,3$ 无解;$x = 2$ 时,左边小于 0.

当 $y = 7$ 时,$x = 5,3$ 无解;$x = 2$ 时,满足条件.

所以 $x = 2,y = 7$ 为一组解.

当 $y=5$ 时,$x=3$ 无解;$5^x-x^5+x\cdot 5^2=19$.$x=2$ 时,无整数解.

当 $y=3$ 时,$x=2$,有 $3\times 3^2-2^3=19$,所以 $x=2$,$y=3$ 为一组解.

综上,$x=2$,$y=7$;$x=2$,$y=3$ 为解.

评注 在处理有关质数的幂的问题中,费马小定理常发挥重要作用.

例 6 (2013 年第 30 届巴尔干地区数学奥林匹克)试求所有满足 $x^5+4^y=2\,013^z$ 的正整数 x,y,z.

解 首先证明:$5\mid y$.

由费马小定理,知

$$x^{\text{}}\equiv -1,0,1\,(\bmod 11)$$

由 $2\,013\equiv 0\,(\bmod 11)$,结合原方程知

$$4^y\equiv -1,0,1\,(\bmod 11)$$

计算 4 的方幂被 11 除的余数,知其周期为 5. 从而,$5\mid y$.

于是,原方程的左边可分解为

$$x^5+4^{5k}=(x+4^k)(x^4-4^kx^3+4^{2k}x^2-4^{3k}x+4^{4k}) \qquad ①$$

又

$$x^4-4^kx^3+4^{2k}x^2-4^{3k}x+4^{4k}$$
$$=(x+4^k)(x^3-2\cdot 4^kx^2+3\cdot 4^{2k}x-4\cdot 4^{3k})+5\cdot 4^{4k}$$

因此,式①等号右边两个因数的最大公约数整除 $5\cdot 4^{4k}$.

而 $(2\,013,5\cdot 4^{4k})=1$,因此,式①右边两个因数互素.

由二项式展开及均值不等式,知

$$(x+4^k)^5\geqslant x^5+4^{5k}\geqslant \frac{(x+4^k)^5}{16}$$

假设 $x+4^k=3^z$. 则

$$(x+4^k)^5=3^{5z}\geqslant x^5+4^{5k}=2\,013^z\Rightarrow 243^z>2\,013^z$$

矛盾. 于是,$x+4^k\geqslant 11^z$,而此时有

$$\frac{11^{5z}}{16}\leqslant \frac{(x+4^k)^5}{16}\leqslant x^5+4^{5k}=2\,013^z\Rightarrow 11^{5z}\leqslant 16\cdot 2\,013^z$$

亦导出矛盾.

因此,原方程没有正整数解.

例 7 (2012 年第 53 届 IMO 预选题)求所有的三元正整数组 (x,y,z),使得 $x\leqslant y\leqslant z$,且

$$x^3(y^3+z^3)=2\,012(xyz+2)$$

解 由原方程知

$$x\mid(2\,012\times 12)\Rightarrow x\mid(2^3\times 503)$$

若 $503\mid x$,则 $503^3\mid 2\,012(xyz+2)$. 于是,$503^2\mid(xyz+2)$,这与 $503\mid x$ 矛盾.

因此，$x = 2^m (m \in \{0,1,2,3\})$.

若 $m \geq 2$，则 $2^6 | 2\,012(xyz+2)$. 但 $2^2 \parallel 2\,012, 2 \parallel (xyz+2)$，矛盾.

从而 $x = 1$ 或 2，且得到两个方程

$$y^3 + z^3 = 2\,012(yz+2) \qquad\qquad ①$$

和

$$y^3 + z^3 = 503(yz+1) \qquad\qquad ②$$

两种情形均有素数

$$503 = (3 \times 167 + 2) | (y^3 + z^3)$$

接下来证明：$503 | (y+z)$.

若 $503 | y$，则 $503 | z$. 于是，$503 | (y+z)$.

若 $503 \nmid y$，则 $503 \nmid z$. 由费马小定理，知

$$y^{502} \equiv z^{502} \pmod{503}$$

另一方面，由 $y^3 \equiv -z^3 \pmod{503}$，知

$$y^{3 \times 167} \equiv -z^{3 \times 167} \pmod{503}$$

即

$$y^{501} \equiv -z^{501} \pmod{503}$$

这表明，$y \equiv -z \pmod{503}$，即 $503 | (y+z)$.

设 $y + z = 503k (k \in \mathbf{Z}_+)$. 由

$$y^3 + z^3 = (y+z)\left[(y-z)^2 + yz\right]$$

知方程①②可化为

$$k(y-z)^2 + (k-4)yz = 8 \qquad\qquad ③$$
$$k(y-z)^2 + (k-1)yz = 1 \qquad\qquad ④$$

在方程③中，有 $(k-4)yz \leq 8$. 故 $k \leq 4$. 事实上，若 $k > 4$，则 $1 \leq (k-4)yz \leq 8$.
于是，$y \leq 8, z \leq 8$. 这与 $y + z = 503k \geq 503$，矛盾.

由方程式①知，$y^3 + z^3$ 为偶数，则 $y + z = 503k$ 也为偶数. 从而，k 为偶数，即 $k = 2$ 或 4.

若 $k = 4$，则方程③化为 $(y-z)^2 = 2$，此时，无整数解.

若 $k = 2$，则方程③化为 $(y+z)^2 - 5yz = 4$. 由于 $y + z = 503 \times 2$，从而 $5yz = 503^2 \times 2^2 - 4$，但 $5 \nmid (503^2 \times 2^2 - 4)$，因此，无整数解.

在方程④中，有 $0 \leq (k-1)yz \leq 1$. 故 $k = 1$ 或 2.

若 $k = 2$，由 $0 \leq k(y-z)^2 \leq 1$，知 $y = z$. 则 $y = z = 1$，与 $y + z \geq 503$，矛盾.

若 $k = 1$，则方程④化为 $(y-z)^2 = 1$. 于是 $z - y = |y-z| = 1$.

综上，满足条件的三元正整数数组 $(2, 251, 252)$ 是唯一的解.

例 8 (2010 年克罗地亚国家队选拔考试) 已知 $n \in \mathbf{N}_+, n > 1$. 证明：不定
方程

$$(x+1)^n - x^n = ny$$

解 在正整数集合中无解.

取 n 最小的质因数(设为 p)进行讨论. 易知, $p \mid x$ 与 $p \mid (x+1)$ 不可能同时成立. 故当 $p \mid x$ 或 $p \mid (x+1)$ 时, 原式两边模 p 即知矛盾.

当 $p \nmid x$ 且 $p \nmid (x+1)$ 时, 原式可化为

$$(x+1)^n \equiv x^n \pmod{n}$$

进一步有

$$(x+1)^n \equiv x^n \pmod{p}$$

因为 $(x, p) = 1$, 所以, $x, 2x, \cdots, px$ 为模 p 的一个完全剩余系. 于是, $1, 2, \cdots, p$ 中必存在某数 a, 使得

$$ax \equiv 1 \pmod{p}$$

故

$$(x+1)^n a^n \equiv (ax)^n \pmod{p}$$
$$\Rightarrow (x+1)^n a^n \equiv 1 \pmod{p}$$
$$\Rightarrow [a(x+1)]^n \equiv 1 \pmod{p}$$

又 p 为 n 的最小质因数, 则

$$(p-1, n) = 1$$

由费马小定理, 得

$$[a(x+1)]^{p-1} \equiv 1 \pmod{p}$$

该式左右两边同乘以 $[a(x+1)]^{n-p+1}$, 得

$$[a(x+1)]^n \equiv [a(x+1)]^{n-p+1} \pmod{p}$$
$$\Rightarrow [a(x+1)]^{p-1} \equiv [a(x+1)]^{n-p+1} \pmod{p}$$

利用辗转相除法, 得

$$1 \equiv [a(x+1)]^n \equiv [a(x+1)]^{(n,p-1)}$$
$$\equiv a(x+1) \pmod{p}$$

即

$$a(x+1) \equiv 1 \pmod{p}$$

左右两边同乘以 x, 得

$$ax(x+1) \equiv x \pmod{p}$$
$$\Rightarrow x+1 \equiv x \pmod{p}$$

因此, $1 \equiv 0 \pmod{p}$, $p \mid 1$, 显然矛盾.

综上, 原不定方程无正整数解.

习 题 7.15

1. (2011 年第 20 届中国女子数学奥林匹克)是否存在正整数 m,n,使得 $m^{20}+11^{n}$ 为完全平方数,请证明你的结论.

解 假设存在正整数 m,n,使得 $m^{20}+11^{n}=k^{2}$,其中 $k\in\mathbf{N}_{+}$,则

$$11^{n}=k^{2}-m^{20}=(k-m^{10})(k+m^{10})$$

故存在整数 $\alpha,\beta\geqslant 0$,使得

$$\begin{cases} k-m^{10}=11^{\alpha} & ① \\ k+m^{10}=11^{\beta} & ② \end{cases}$$

比较式①②,得 $\alpha<\beta$. ② $-$ ①,得

$$2m^{10}=11^{\alpha}(11^{\beta-\alpha}-1)$$

设 $m=11^{\gamma}m_{1}$,其中 $\gamma,m_{1}\in\mathbf{N}_{+}$,$11\nmid m_{1}$,则

$$11^{10\gamma}\cdot 2m_{1}^{10}=11^{\alpha}(11^{\beta-\alpha}-1)$$

因为 $11\nmid 2m_{1}^{10}$,$11\nmid(11^{\beta-\alpha}-1)$,故 $10\gamma=\alpha$,从而

$$2m_{1}^{10}=11^{\beta-\alpha-1}$$

由费马小定理,得

$$m_{1}^{10}\equiv 1(\bmod\ 11)$$

故 $2m_{1}^{10}\equiv 2(\bmod\ 11)$,但 $11^{\beta-\alpha}-1\equiv 10(\bmod\ 11)$,矛盾.

故不存在正整数 m,n,使得 $m^{20}+11^{n}$ 为完全平方数.

2. 证明:不定方程 $x^{2}=y^{5}-4$ 没有整数解.

证明 两边模 11,由费马小定理知,当 $11\nmid y$ 时,有

$$y^{10}\equiv 1(\bmod\ 11)$$

故此时

$$y^{5}\equiv\pm 1(\bmod\ 11)$$

所以总有

$$y^{5}\equiv -1,0,1(\bmod\ 11)$$

即

$$y^{5}-4\equiv 6,7,8(\bmod\ 11)$$

另一方面,对 x^{2} 而言,由于

$$x\equiv 0,\pm 1,\pm 2,\pm 3,\pm 4,\pm 5(\bmod\ 11)$$

故

$$x^{2}\equiv 0,1,4,9,5,3(\bmod\ 11)$$

所以,$x^{2}=y^{5}-4$ 没有整数解.

3. 证明:不存在正整数 m,n,使得 $19^{19}=m^3+n^4$.

证明 两边模 13 去处理. 由费马小定理知,当 $13 \nmid m$ 时,有 $m^{12} \equiv 1(\bmod 13)$,得 $m^6 \equiv 1$ 或 $25(\bmod 13)$,所以,$m^3 \equiv \pm 1$ 或 $\pm 5(\bmod 13)$,即总有
$$m^3 \equiv 0,1,5,8,12(\bmod 13)$$

与上题类似,可知
$$n^2 \equiv 0,1,4,9,3,12(\bmod 13)$$

于是,$n^4 \equiv 0,1,3$ 或 $9(\bmod 13)$.

利用上述结论,可知,对正整数 m,n,总有
$$m^3+n^4 \equiv 0,1,2,3,4,5,6,8,9,10,11,12(\bmod 13)$$

即 $m^3+n^4 \not\equiv 7(\bmod 13)$.

然而,$19^{19} \equiv 6^{19} \equiv 6^7 \equiv -6 \equiv 7(\bmod 13)$(这里用到费马小定理及 $6^6 \equiv -1(\bmod 13)$).

所以,不存在使 $19^{19}=m^3+n^4$ 成立的正整数 m,n.

4.(2013 年爱沙尼亚数学奥林匹克)求最小的正整数 n,使得存在正整数 $a_1,a_2,\cdots,a_n$(不全相同),满足
$$a_1^4+a_2^4+\cdots+a_n^4=2\,013$$

解 首先,当 $k \in \mathbf{Z}_+$ 时
$$(2k)^4 \equiv 0(\bmod 16)$$
$$(2k+1)^4 \equiv 1(\bmod 16)$$

而 $2\,013 \equiv 13(\bmod 16)$,则 $a_1,a_2,\cdots,a_n$ 中至少有 13 个奇数. 故 $n \geqslant 13$.

若 $n=13$,则 $a_1,a_2,\cdots,a_{13}$ 是 13 个奇数.

注意到
$$7^4=2\,401>2\,013,1^4=1,3^4=81,5^4=625$$

且 $4 \times 5^4>2\,013$. 所以,$a_1,a_2,\cdots,a_{13} \in \{1,3,5\}$,且 $a_1,a_2,\cdots,a_{13}$ 中等于 5 的数不超过三个,不被 5 整除的数至少十个.

若 $5 \mid k$,则 $k^4 \equiv 0(\bmod 5)$.

若 $5 \nmid k$,则 $(5,k)=1$.

由费马小定理,得
$$k^4 \equiv 1(\bmod 5)$$

但 $2\,013 \equiv 3(\bmod 5)$,因此,$a_1,a_2,\cdots,a_{13}$ 中不被 5 整除的数至少 13 个,但此时
$$a_1^4+a_2^4+\cdots+a_{13}^4 \leqslant 13 \times 81=1\,053<2\,013$$

矛盾. 故 $n \geqslant 14$.

另一方面
$$6^4+5^4+3^4+11 \times 1^4=2\,013$$

故所求的最小值为 14.

总 习 题

1. (2015 年上海市初中数学竞赛)不定方程 $x^2 + y^2 = xy + 2x + 2y$ 的整数解 (x,y) 共有_____组.

解 将已知方程写成

$$x^2 - x(2+y) + y^2 - 2y = 0$$

则判别式

$$\begin{aligned} \Delta &= (2+y)^2 - 4(y^2 - 2y) \\ &= -3y^2 + 12y + 4 \\ &= -3(y-2)^2 + 16 \geqslant 0 \end{aligned}$$

即

$$|y-2| \leqslant \frac{4}{\sqrt{3}} < 3$$

因为 y 为整数,所以,$y = 0,1,2,3,4$.

经计算,只有 $y = 0,2,4$ 时,x 才为整数,且求得 $(x,y) = (0,0),(2,0),(0,2),(4,2),(2,4),(4,4)$,共六组.

2. (2015 年北京市高一数学竞赛)已知 $p_1,p_2,\cdots,p_{2\,015}$ 为从小到大排列的前 2 015 个素数,记 $m = p_1 p_2 \cdots p_{2\,015}$. 则关于 x,y,z 的不定方程

$$(2x - y - z)(2y - z - x)(2z - x - y) = m$$

的正整数解集为_____.

解 $\varnothing$.

由 $2x - y - z, 2y - z - x, 2z - x - y$ 两两之差为 3 的倍数,知

$$2x - y - z \equiv 2y - z - x \equiv 2z - x - y \pmod 3 \qquad ①$$

由已知得 m 为 3 的倍数,再根据式①,若题中不定方程成立,则 $2x - y - z, 2y - z - x, 2z - x - y$ 均为 3 的倍数,即原方程左边有因子 3^3,但 m 不被 3^3 整除,矛盾. 从而,原方程的正整数解集为 $\varnothing$.

3. (2007 年上海市初中数学竞赛)使得 $\dfrac{p(p+1)+2}{2}$ 是完全平方数的所有质数 p 为_____.

解 设 $\dfrac{p(p+1)+2}{2} = k^2, k \in \mathbf{Z}_+$,则

$$p(p+1) = 2k^2 - 2 = 2(k+1)(k-1)$$

当 $p = 2$ 时,$3 = k^2 - 1, k = 2$.

当 $p \neq 2$ 时,$p \mid (k+1)$ 或 $p \mid (k-1)$.

若 $p|(k+1)$,则 $p+1 \geqslant 2(k-1)$,从而
$$k+2 \geqslant p+1 \geqslant 2(k-1) \Rightarrow k \leqslant 4$$

当 $k=3$ 时,$p(p+1)=16$,无质数解.

当 $k=4$ 时,$p(p+1)=30$,$p=5$.

若 $p|(k-1)$,则 $k \geqslant p+1 \geqslant 2(k+1)$,这是不可能的.

综上,$p=2$ 或 5.

4. (2007 年天津市初中数学竞赛)设 n 为正整数,且 $n^2+1\,085$ 是 3 的正整数次幂,则 n 的值为__.

解 一般地,n^2(n 是正整数)的个位数字只能是 0,1,4,5,6,9,则 $n^2+1\,085$ 的个位数字只能是 5,6,9,0,1,4. 而 3^m(m 为正整数)的个位数字只能是 1,3,9,7. 由已知,设 $n^2+1\,085=3^m$(n,m 均为正整数),可得 3^m 的个位数字只能是 1 或 9,m 是偶数.

设 $m=2k$(k 为正整数),则有
$$n^2+1\,085=3^{2k}$$

变形得
$$(3^k-n)(3^k+n)=1 \times 5 \times 7 \times 31$$

可得
$$\begin{cases} 3^k-n=1 \\ 3^k+n=1\,085 \end{cases}, \begin{cases} 3^k-n=5 \\ 3^k+n=217 \end{cases}, \begin{cases} 3^k-n=7 \\ 3^k+n=155 \end{cases}, \begin{cases} 3^k-n=31 \\ 3^k+n=35 \end{cases}$$

但是,只有方程组 $\begin{cases} 3^k-n=7 \\ 3^k+n=155 \end{cases}$,有满足条件的解
$$\begin{cases} k=4 \\ n=74 \end{cases}$$

5. 设 x,y 为正整数,且 $y>3$,$x^2+y^4=2((x-6)^2+(y+1)^2)$. 证明
$$x^2+y^4=1\,994$$

解 移项展开,得
$$y^4-2y^2-4y-2=x^2-24x+72$$

即
$$(x-12)^2=y^4-2y^2-4y+70$$

注意到
$$(y^2-2)^2=y^4-4y^2+4$$
$$<y^4-2y^2-4y+70$$
$$<(y^2+1)^2$$

在 $y>3$ 时成立,而 $y^4-2y^2-4y+70$ 是一个完全平方数,故只能是
$$y^4-2y^2-4y+70=(y^2-1)^2$$

或
$$y^4 - 2y^2 - 4y + 70 = (y^2)^2$$

前者没有正整数解,后者有唯一的正整数解 $y=5$,此时要求 $(x-12)^2 = 5^4$,正整数 $x=37$. 所以, $x^2 + y^4 = 37^2 + 5^4 = 1\ 994$.

6. (2008 年四川省初中数学联赛)已知正整数 a,b,c 满足 $a < b < c$,且 $ab + bc + ca = abc$. 求所有符合条件的 a,b,c.

解 由 $1 \leqslant a < b < c$,知
$$abc = ab + bc + ca < 3bc$$
所以, $a < 3$. 故 $a=1$ 或 $a=2$.

(1)当 $a=1$ 时,有 $b + bc + c = bc$,即 $b + c = 0$,这与 b,c 为正整数矛盾.

(2)当 $a=2$ 时,有 $2b + bc + 2c = 2bc$,即 $bc - 2b - 2c = 0$. 所以, $(b-c) \cdot (c-2) = 4$.

又 $2 < b < c$,则 $0 < b - 2 < c - 2$. 于是, $b - 2 = 1, c - 2 = 4$. 从而 $b = 3, c = 6$.

所以,符合条件的正整数仅有一组
$$a = 2, b = 3, c = 6$$

7. (2001 年俄罗斯数学奥林匹克)试求所有满足等式 $p + q = (p - q)^3$ 的质数 p 与 q.

解
$$q = (p-q)^3 - p = p^3 - p - 3p^2q + 3pq^2 - q^3$$
$$= (p-1)p(p+1) - 3pq(p-q) - q^3 \equiv 0 \pmod 3$$

因为 q 是质数,则 $q=3$. 此时方程化为
$$p + 3 = (p-3)^3$$
$$p^3 - 9p^2 + 26p - 30 = 0$$
$$(p-5)(p^2 - 4p + 6) = 0$$

由于 $p^2 - 4p + 6 = (p-2)^2 + 2 \neq 0$,则 $p = 5$.

于是所求质数 $p = 5, q = 3$.

8. 正整数 x, y, z 满足
$$\begin{cases} 7x^2 - 3y^2 + 4z^2 = 8 \\ 16x^2 - 7y^2 + 9z^2 = -3 \end{cases}$$

求 $x^2 + y^2 + z^2$ 的值.

解 设 x, y, z 满足
$$\begin{cases} 7x^2 - 3y^2 + 4z^2 = 8 & \qquad ① \\ 16x^2 - 7y^2 + 9z^2 = -3 & \qquad ② \end{cases}$$

将①×7 - ②×3,得
$$x^2 + z^2 = 65$$

再代回①,得

$$3x^2 - 3y^2 = 8 - 260$$

即

$$y^2 - x^2 = 84$$

$$(y-x)(y+x) = 2^2 \times 3 \times 7$$

利用 $y-x$ 与 $y+x$ 同奇偶,知

$$(y-x, y+x) = (2,42), (6,14)$$

解得

$$(x,y) = (20,22), (4,10)$$

但 $x^2 + z^2 = 65$,故只能是 $(x,y) = (4,10)$,此时 $z = 7$,所以

$$x^2 + y^2 + z^2 = 165$$

9.(2010 年希腊国家队选拔考试)试确定素数 p,q,满足 $p^4 + p^3 + p^2 + p = q^2 + q$.

解 注意到

$$p^4 + p^3 + p^2 + p = q^2 + q$$

$$\Leftrightarrow p(p+1)(p^2+1) = q(q+1) \qquad\qquad ①$$

$$\Leftrightarrow p(p^2-1)(p^2+1) = q(q+1)(p-1) \qquad\qquad ②$$

当 $q \le p$ 时,式① 不成立,则 $q > p$. 因此,由式② 得

$$q \mid (p^2-1)(p^2+1) \qquad\qquad ③$$

讨论以下两种情形.

(1)若 $q \le p^2$,则 $q^2 \le p^4$,且 $q^2 + q \le p^4 + p^2 < p^4 + p^3 + p^2 + p$. 此时,方程无解.

(2)若 $q > p^2$,则 $q \ge p^2 + 1$. 又由式③ 及 q 为素数知 $q = p^2 + 1$. 则由式① 得

$$p(p+1) = q + 1 \Leftrightarrow p^2 + p = p^2 + 2 \Leftrightarrow p = 2$$

因此,由 $q = p^2 + 1 = 5$,得方程的解为 $(p,q) = (2,5)$.

10.(2003 年新加坡数学奥林匹克)方程 $\sqrt{x} + \sqrt{y} = \sqrt{200\ 300}$ 有多少对整数解 (x,y)?

解 由已知,得

$$\sqrt{x} = \sqrt{200\ 300} - \sqrt{y}$$

故

$$x = 200\ 300 + y - 20\sqrt{2\ 003y}$$

因为 2 003 是质数,故可设 $y = 2\ 003a^2 (0 \le a \le 10)$. 则 $x = 2\ 003(10-a)^2$. 因此,共有 11 对整数解.

11.(2004 年第 48 届斯洛文尼亚数学奥林匹克)求方程 $\sqrt{x} + \sqrt{y} = \sqrt{2\ 004}$ 的全部整数解.

解 将方程$\sqrt{x}=\sqrt{2\,004}-\sqrt{y}$两边平方,整理得

$$2\sqrt{2\,004y}=2\,004+y-x$$

由此可知$2\sqrt{2\,004y}=4\sqrt{501y}$是个整数,于是$y=501k^2$,其中$k$是非负整数(由于$501=3\times167$,因此,设$y=501k^2$是合理的).

将y的表达式代入原方程,可得

$$\sqrt{x}=(2-k)\sqrt{501}$$

由此可得$k=0,1,2$.

所以,所有可能的数对(x,y)为$(2\,004,0)$,$(501,501)$,$(0,2\,004)$.

12.(2004年第53届捷克和斯洛伐克数学奥林匹克)求正整数n,使得$\frac{n}{1!}+\frac{n}{2!}+\cdots+\frac{n}{n!}$是一个整数.

解 当$n=1,2,3$时,和式分别为$1,3,5$,是整数.

当$n>3$时

$$和式=\frac{n}{1!}+\frac{n}{2!}+\cdots+\frac{n}{(n-2)!}+\frac{n}{(n-1)!}+\frac{n}{n!}$$

$$=\frac{n(n-1)(n-2)\cdots2+n(n-1)\cdots3+n(n-1)+n+1}{(n-1)!}$$

要使其为整数,分子一定能被$n-1$整除.于是$n+1$能被$n-1$整除,即2能被$n-1$整除.故$n-1\in\{1,2\}$,这是不可能的.

故题中的和式为整数当且仅当$n\in\{1,2,3\}$.

13.A,B共猎获鸟10只,两人所用弹数的平方和为2 880,所用弹数的积为其所获鸟数之积的48倍.若两人所发弹数互异,则B较A多得5只鸟,求各得鸟若干?

解 设x,y分别表示A,B两人所用的弹数.又令A用u颗弹射中1只鸟,B用v颗弹射中1只鸟.则$\frac{x}{u}$和$\frac{y}{v}$表示所获鸟数.于是有

$$x^2+y^2=2\,880$$

$$xy=\frac{48xy}{uv}$$

即$uv=48$.

据题意

$$\frac{x}{u}+\frac{y}{v}=10,\frac{x}{v}-\frac{y}{u}=5$$

由这两方程得

$$\frac{x^2 + y^2}{u} = 10x - 5y$$

即

$$u(2x - y) = 576$$

$$\frac{x^2 + y^2}{v} = 10y + 5x$$

即

$$v(2y + x) = 576$$

所以

$$uv(2x - y)(2y + x) = 576 \times 576$$

故

$$(2x - y)(2y + x) = 12 \times 576$$

两边用 $x^2 + y^2 = 2\,880$ 去除,得

$$\frac{(2x - y)(2y + x)}{x^2 + y^2} = \frac{12 \times 576}{2\,880} = \frac{12}{5}$$

即

$$2x^2 - 15xy + 22y^2 = 0$$

因式分解,可得

$$(x - 2y)(2x - 11y) = 0$$

因 $2x - 11y = 0$ 求不出 x, y 的整数解,故略去.

从 $x - 2y = 0$ 得 $x = 2y$,代入 $x^2 + y^2 = 2\,880$,求出 $y = 24$. 所以,$x = 48, u = \frac{576}{2 \times 48 - 24} = 8$.

于是 A 获鸟 6 只,B 获鸟 4 只.

14. (2012 年欧洲女子数学奥林匹克) 设 p, q 是质数,n 是正整数,满足

$$\frac{p}{p+1} + \frac{q+1}{q} = \frac{2n}{n+2}$$

求 $p - q$ 的所有可能值.

解 等式两边同时减去 2,得

$$\frac{1}{p+1} - \frac{1}{q} = \frac{4}{n+2} \qquad \text{①}$$

由于 n 是正整数,故等式左边大于 0. 因此,$q > p + 1$.

又由于 q 是质数,则 $(q, p+1) = 1$.

对式①通分,得

$$\frac{q - p - 1}{q(p+1)} = \frac{4}{n+2}$$

易知

$$(q,q-p-1)=(q,p+1)=1$$
$$(p+1,q-p+1)=(p+1,q)=1$$

因此,等式左边是最简分数. 所以,$q-p-1$ 是 4 的约数.

故 $q-p-1=1,2,4$,即 $q-p=2,3,5$.

经检验,以上情形分别在 $(p,q,n)=(3,5,78),(2,5,28),(2,7,19)$ 时取得.

15. 四个正整数的平方和为 2 008,其中两个数的个位数字是 2,另两个数的个位数字是 0. 求这四个数.

解 由题意,可设这四个数依次为 $10x,10y,10a+2,10b+2$,且 $0<x\leq y$, $0\leq a\leq b(x,y,a,b\in\mathbf{N}_+)$.

由已知可得
$$100x^2+100y^2+(10a+2)^2+(10b+2)^2=2\,008$$
整理得
$$5(x^2+y^2+a^2+b^2)+2(a+b)=100 \qquad ①$$
由式①可断定
$$x^2+y^2+a^2+b^2\leq20$$
于是
$$0<x\leq y\leq4,0\leq a\leq b\leq4 \qquad ②$$
由式①易知 $5\mid(a+b)$,即 $a+b=5k$.

由式②知,k 只能取 $0,1$.

(1)当 $k=0$ 时,$a+b=0$,即 $a=b=0$. 此时,由式①可得
$$5(x^2+y^2)=100$$
于是,$x=2,y=4$.

故所求的四个数为 $20,40,2,2$.

(2)当 $k=1$ 时,$a+b=5$,由式②知,只能是 $a=2,b=3$ 或 $a=1,b=4$.

(ⅰ)$a=2,b=3$,代入式①,得
$$5(x^2+y^2)+5\times13+2\times5=100$$
即
$$x^2+y^2=5$$
解得 $x=1,y=2$.

故所求的四个数为 $10,20,22,32$.

(ⅱ)$a=1,b=4$,代入式①,得
$$5(x^2+y^2)+5\times17+2\times5=100$$
即
$$x^2+y^2=1$$

由式②可知无解.

综上所述,所求的四个数是 $20,40,2,2$ 或 $10,20,22,32$.

16.(2006 年泰国数学奥林匹克)求所有的整数 n,使得 $n^2+59n+881$ 为完全平方数.

解 设 $n^2+59n+881=m^2$(m 为整数).则

$$4m^2=(2n+59)^2+43$$

即

$$(2m+2n+59)(2m-2n-59)=43$$

因为 43 为素数,所以

$$\begin{cases} 2m+2n+59=43,\ -43,1,\ -1 \\ 2m-2n-59=1,\ -1,43,\ -43 \end{cases}$$

解得 $n=-40$ 或 -19.

17.求不定方程 $(x^2-y^2)^2=1+16y$ 的整数解.

解 由方程知 $y\geqslant 0$,且 $x\neq y$,不妨设 $x\geqslant 0$.

若 $x>y$,则

$$\begin{aligned} 1+16y=(x^2-y^2)^2 &\geqslant \left[(y+1)^2-y^2\right]^2 \\ &=(2y+1)^2 \\ &=4y^2+4y+1 \end{aligned}$$

得 $0\leqslant y\leqslant 3$.

由 $y=0,1,2,3$,分别求得原方程的整数解为

$$(x,y)=(1,0),(4,3)$$

若 $x<y$,则

$$\begin{aligned} 1+16y=(y^2-x^2)^2 &\geqslant \left[y^2-(y-1)^2\right]^2 \\ &=(2y-1)^2 \\ &=4y^2-4y+1 \end{aligned}$$

得 $0\leqslant y\leqslant 5$.

由 $y=0,1,2,3,4,5$,分别求得原方程的整数解为

$$(x,y)=(4,5)$$

当 $x\leqslant 0$ 时,可得

$$(x,y)=(-1,0),(-4,3),(-4,5)$$

综上,方程的解为 $(x,y)=(\pm 1,0),(\pm 4,3),(\pm 4,5)$.

18.(2005 年四川省初中数学竞赛)设 $x=a+b-c,y=a+c-b,z=b+c-a$,其中 a,b,c 是待定的质数.如果 $x^2=y,\sqrt{z}-\sqrt{y}=2$.试求 abc 的所有可能的值.

解 由题中所给三个方程联立,解得

$$(a,b,c) = \left(\frac{1}{2}(x+y), \frac{1}{2}(x+z), \frac{1}{2}(y+z)\right)$$

又因 $y = x^2$,于是,有

$$a = \frac{1}{2}(x+x^2) \qquad ①$$

$$b = \frac{1}{2}(x+z) \qquad ②$$

$$c = \frac{1}{2}(x^2+z) \qquad ③$$

由式①解得

$$x = \frac{-1 \pm \sqrt{1+8a}}{2} \qquad ④$$

因 x 是整数,得 $1+8a = T^2$,其中 T 是正奇数. 于是

$$2a = \frac{T-1}{2} \cdot \frac{T+1}{2}$$

又 a 是质数,故有

$$\frac{T+1}{2} = a, \frac{T-1}{2} = 2$$

所以,$T = 5, a = 3$.

将 $a = 3$ 代入式④,得 $x = 2, x = -3$.

当 $x = 2$ 时,$y = x^2 = 4$,因而 $\sqrt{z} - 2 = 2, z = 16$. 将其代入式②③,得 $b = 9, c = 10$,与 b, c 是质数矛盾,应舍去.

当 $x = -3$ 时,$y = 9$,因而 $\sqrt{z} - 3 = 2, z = 25$. 将其代入式②③,得 $b = 11, c = 17$.

故 $abc = 3 \times 11 \times 17 = 561$.

19. 求所有的整数对 (x, y),使得 $x^2 + 3y^2 = 1\,998x$.

解 设 (x, y) 为满足方程的整数对,可知 $3 \mid x^2$,故 $3 \mid x$.

设 $x = 3x_1$,则

$$3x_1^2 + y^2 = 1\,998x_1$$

于是 $3 \mid y^2$,故 $3 \mid y$.

再设 $y = 3y_1$,则

$$x_1^2 + 3y_1^2 = 666x_1$$

依此类推,可设 $x = 27m, y = 27n$,得

$$m^2 + 3n^2 = 74m$$

移项配方,得

$$(m-37)^2+3n^2=37^2$$

对此方程两边进行奇偶分析,可知 m,n 都为偶数,于是

$$3n^2=37^2-(m-37)^2\equiv 0(\mathrm{mod}\ 8)$$

故 $4\mid n$.

设 $n=4r$,则 $48r^2\leqslant 37^2$,从而 $r^2\leqslant 28$,故 $|r|\leqslant 5$.

分别就 $|r|=0,1,\cdots,5$ 计算 37^2-48r^2 的值,可知仅当 $|r|=0,5$ 时,37^2-48r^2 为完全平方数,所以

$$(x,y)=(0,0),(1\ 998,0),(1\ 350,\pm 540),(648,\pm 540)$$

20. 求不定方程 $7^x-3\cdot 2^y=1$ 的所有正整数解.

解 当 $x=1$ 时,可知 $y=1$. 现考虑 $x\geqslant 2$ 的情形,此时 $y\geqslant 4$,两边模 8,应有

$$(-1)^x\equiv 1(\mathrm{mod}\ 8)$$

故 x 为偶数,设 $x=2m$,则

$$(7^m-1)(7^m+1)=3\cdot 2^y$$

由于 7^m-1 与 7^m+1 只相差 2,故其中恰有一个数为 3 的倍数,有两种情形:

(Ⅰ) $\begin{cases}7^m-1=3\cdot 2^u \\ 7^m+1=2^v\end{cases}$;

(Ⅱ) $\begin{cases}7^m-1=2^v \\ 7^m+1=3\cdot 2^u\end{cases}$.

对(Ⅱ)中 $7^m+1=3\cdot 2^u$ 两边模 3,可得矛盾.

对(Ⅰ)中 $7^m+1=2^v$ 讨论,可知 $v\geqslant 3$,两边模 8,知 m 为奇数.

若 $m=1$,则 $v=3$,进而由

$$7^m-1=3\cdot 2^u$$

得 $u=1$,故

$$y=u+v=4$$

若 $m>1$,则

$$7^m+1=8(7^{m-1}-7^{m-2}+\cdots-7+1)$$

其中 $7^{m-1}-7^{m-2}+\cdots-7+1$ 是奇数个奇数之和,与 $7^m+1=2^v$ 矛盾.

综上,满足条件的 $(x,y)=(1,1),(2,4)$.

21. (2010 年第 10 届中国西部地区数学奥林匹克)求所有的整数 k,使得存在正整数 a 和 b,满足 $\dfrac{b+1}{a}+\dfrac{a+1}{b}=k$.

解 对于固定的 k,在满足 $\dfrac{b+1}{a}+\dfrac{a+1}{b}=k$ 的 a,b 中,取一组 a,b 使得 b 最小,则

$$x^2+(1-kb)x+b^2+b=0$$

的一个根为 $x=a$.

设另一个根为 $x=a'$,则由 $a+a'=kb-1$ 知 $a'\in\mathbf{Z}$,且
$$a\cdot a'=b\cdot(b+1)$$
因此 $a'>0$.

又 $\dfrac{b+1}{a'}+\dfrac{a'+1}{b}=k$,由 b 的假定知 $a\geqslant b,a'\geqslant b$,因此 a,a' 中必有一个为 b.
不妨设 $a=b$,这样就有 $k=2+\dfrac{2}{b}$.

所以 $b=1,2$,从而 $k=3,4$. 取 $a=b=1$ 知 $k=4$ 可取到,取 $a=b=2$ 知 $k=3$ 可取到. 因此 $k=3,4$.

22. 设 x,y 为大于 1 的实数,数 $a=\sqrt{x-1}+\sqrt{y-1}$,$b=\sqrt{x+1}+\sqrt{y+1}$,且 a,b 是两个不相邻的正整数. 求 x,y 的值.

解 由条件,知
$$
\begin{aligned}
b-a &=(\sqrt{x+1}-\sqrt{x-1})+(\sqrt{y+1}-\sqrt{y-1})\\
&=\frac{2}{\sqrt{x+1}+\sqrt{x-1}}+\frac{2}{\sqrt{y+1}+\sqrt{y-1}}\\
&<\frac{2}{\sqrt{2}}+\frac{2}{\sqrt{2}}=2\sqrt{2}
\end{aligned}
$$

又 b 与 a 是不相邻的整数,故 $b-a=2$. 现在有
$$
\begin{aligned}
\frac{2}{\sqrt{x+1}+\sqrt{x-1}}&=2-\frac{2}{\sqrt{y+1}+\sqrt{y-1}}\\
&>2-\frac{2}{\sqrt{2}}=2-\sqrt{2}
\end{aligned}
$$

故
$$\sqrt{x+1}+\sqrt{x-1}<\frac{2}{2-\sqrt{2}}=2+\sqrt{2}$$

同理
$$\sqrt{y+1}+\sqrt{y-1}<2+\sqrt{2}$$

这表明
$$a+b=(\sqrt{x+1}+\sqrt{x-1})+(\sqrt{y+1}+\sqrt{y-1})<4+2\sqrt{2}$$
从而 $a+b\leqslant6$.

结合 $b-a=2$ 及 $b-a$ 与 $b+a$ 同奇偶,知
$$(b-a,b+a)=(2,4),(2,6)$$
故 $(a,b)=(1,3),(2,4)$.

分别求解,可知仅当 $(a,b)=(1,3)$ 有解,解为 $x=y=\dfrac{5}{4}$.

23. (1988 年北京市高中一年级数学竞赛) 满足 $n^2 + (n+1)^2 = m^4 + (m+1)^4$ 的整数对 (m,n) 共有多少组?

解 原式可化为

$$n^2 + (n+1)^2 - 2n(n+1) + 2n(n+1)$$
$$= m^4 + (m+1)^4 - 2m^2(m+1)^2 + 2m^2(m+1)^2$$

即

$$1 + 2n(n+1) = [m^2 - (m+1)^2]^2 + 2m^2(m+1)^2$$
$$1 + 2n(n+1) = (2m+1)^2 + 2m^2(m+1)^2$$
$$1 + 2n(n+1) = 4m^2 + 4m + 1 + 2m^2(m+1)^2$$
$$n(n+1) = m(m+1)[m(m+1) + 2]$$

令 $m(m+1) = k$,则原式化为

$$n(n+1) = k(k+2)$$

上式只有在左、右两边同时为 0 时才成立,即 $n=0$ 或 $n=-1$, $k=0$ 或 $k=-2$,进而求得 $m=0$ 或 $m=-1$.

所以符合方程的整数对只有四组

$$(m,n) = (0,0), (0,-1), (-1,0), (-1,-1)$$

24. 求所有的勾股数组 (x,y,z),使得 $x < y < z$,且 x, y, z 成等差数列.

解 由条件,知 $x^2 + y^2 = z^2$ 且 $x+z = 2y$,则

$$y^2 = (z-x)(z+x) = 2y(z-x)$$

即

$$y = 2(z-x)$$

于是 y 为偶数. 设 $y = 2m$,则

$$x + z = 4m, z - x = m$$

解得

$$x = \frac{3m}{2}, z = \frac{5m}{2}$$

故 m 为偶数. 因此

$$(x,y,z) = (3n, 4n, 5n)$$

这里 $n = \frac{m}{2}$ 为正整数.

25. (1946 年基辅数学奥林匹克) 将两个整数的和、差、积及商相加得 450,求这两个数.

解 设这两个整数分别为 x 和 y. 则

$$x + y + (x-y) + xy + \frac{x}{y} = 450 \qquad ①$$

由于 x 和 y 是整数,则 $x+y$,$x-y$,xy 都是整数,从而由①知,$\dfrac{x}{y}$ 是整数.

式①可化为

$$\frac{x}{y}+2x+xy=450$$

即

$$\frac{x}{y}(1+2y+y^2)=450$$

$$\frac{x}{y}(1+y)^2=450 \qquad ②$$

由于 $450=1\times2\times3^2\times5^2$.则 $\dfrac{x}{y}$ 只能为 $2,18,50,450$.

于是可由②求得 x 和 y 的值为 $(x,y)=(28,14),(-32,-16),(72,4),(-108,-6),(100,2),(-200,-4),(-900,-2)$. 因此本题共有七组解.

26. 证明:在两个相邻的完全平方数之间,不存在四个正整数 $a<b<c<d$,使得 $ad=bc$.

证明 若存在 $n^2\leqslant a<b<c<d\leqslant(n+1)^2$,使得 $ad=bc$,这里 n,a,b,c,d 为正整数.

设 $b=a+x,c=a+y,d=a+z$,则

$$1\leqslant x<y<z$$

并且由 $ad=bc$,知

$$z=x+y+\frac{xy}{a}$$

故 $a\mid xy$,即 $xy\geqslant a$.

又 $x+y>2\sqrt{xy}$(这里不取等号是因为 $x<y$),故

$$x+y>2\sqrt{a}$$

进而

$$z>2\sqrt{a}+\frac{xy}{a}\geqslant2\sqrt{a}+1$$

注意到,$a\geqslant n^2$,故

$$d=a+z>a+2\sqrt{a}+1$$
$$\geqslant n^2+2n+1=(n+1)^2$$

矛盾. 所以,命题成立.

27. (1988 年第 22 届全苏数学奥林匹克)设有理数 x,y 满足方程 $x^5+y^5=2x^2y^2$.证明:$1-xy$ 是有理数的平方.

证明 $x=0,y=0$ 显然是已知方程的解.

此时,$1-xy=1$ 是有理数的平方.

若 $xy\neq0$,将已知方程两边平方,得

$$x^{10}+2x^5y^5+y^{10}=4x^4y^4$$

即

$$x^{10}-2x^5y^5+y^{10}=4x^4y^4(1-xy)$$

于是

$$1-xy=\frac{x^{10}-2x^5y^5+y^{10}}{4x^4y^4}$$

$$1-xy=\left(\frac{x^5-y^5}{2x^2y^2}\right)^2$$

因此 $1-xy$ 是有理数的平方.

28.(1988 年第 14 届全俄数学奥林匹克)试找出如下方程 $x^2-51y^2=1$ 的一组正整数解.

解 已知方程可化为

$$x^2=51y^2+1$$
$$=49y^2+14y+1+2y^2-14y$$
$$=(7y+1)^2+2y(y-7)$$

于是 $y-7=0$,即 $y=7$ 时,上式右边为平方数,此时,$x=50$.

因此 $x=50$,$y=7$ 是已知方程的一组正整数解.

29.(1991 年澳大利亚数学通讯竞赛)求满足以下条件的正整数对 (x,y):

$(1)x\leqslant y$;

$(2)\sqrt{x}+\sqrt{y}=\sqrt{1\,992}$.

解 因为 $\sqrt{1\,992}=2\sqrt{498}$,所以 $(x,y)=(498,498)$ 显然是方程的一组正整数解.

若 (x,y) 是方程的一组正整数解,则由条件 $x\leqslant y$,有 $x\leqslant498$.

但由 $\sqrt{x}+\sqrt{y}=\sqrt{1\,992}$,有

$$y=1\,992+x-2\sqrt{1\,992x}$$

可知 $2\sqrt{1\,992x}=4\sqrt{498x}$ 是整数,因为 $498=2\times3\times83$ 无平方因子,所以 $x\geqslant498$.

于是只能有 $x=498$,即方程只有唯一一组正整数解 $(498,498)$.

30. 对正整数 x,y,设 m_a,m_b 分别为 x,y 的算术平均和几何平均.

(1) 若 $m_a+m_b=y-x$,求 $\dfrac{x}{y}$;

(2) 证明:存在唯一的正整数对 $(x,y)(x<y)$,使得 $m_a+m_b=40$.

解 (1) 由题设,有

$$\frac{x+y}{2}+\sqrt{xy}=y-x$$

则得

$$\sqrt{xy}=\frac{y-3x}{2}$$

由此得

$$9x^2-10xy+y^2=0$$

即

$$(9x-y)(x-y)=0$$

解得$\frac{x}{y}=\frac{1}{9}$或1(舍去).

(2)证明:由题设有

$$\frac{x+y}{2}+\sqrt{xy}=40$$

则得

$$(\sqrt{x}+\sqrt{y})^2=80$$

所以

$$\sqrt{x}+\sqrt{y}=4\sqrt{5}$$

即

$$\sqrt{5x}+\sqrt{5y}=20$$

从而

$$\sqrt{5y}=\frac{400+5y-5x}{40}$$

由$\frac{400+5y-5x}{40}\in \mathbf{Q}$,知$\sqrt{5y}$是整数. 所以

$$y=5m^2,x=5n^2 \quad (m,n\in \mathbf{N})$$

由此推出$m+n=4$,且当$n<m$时,$n=1,m=3$. 因此,$x=5,y=45$.

故存在唯一正整数对(x,y)满足$m_a+m_b=40$.

31. 求方程

$$\frac{x_1x_2\cdots x_{2\,010}}{x_{2\,011}}+\frac{x_1x_2\cdots x_{2\,009}x_{2\,011}}{x_{2\,010}}+\cdots+\frac{x_2x_3\cdots x_{2\,011}}{x_1}=2\,011$$

的不同有序整数解$(x_1,x_2,\cdots,x_{2\,011})$的个数.

解 $2^{2\,010}$.

方程变形为

$$x_1x_2\cdots x_{2\,011}\left(\frac{1}{x_{2\,011}^2}+\frac{1}{x_{2\,010}^2}+\cdots+\frac{1}{x_1^2}\right)=2\,011$$

由此可知 $x_1 x_2 \cdots x_{2\,011} > 0$.

又

$$\frac{2\,011}{x_1 x_2 \cdots x_{2\,011}} = \frac{1}{x_{2\,011}^2} + \frac{1}{x_{2\,010}^2} + \cdots + \frac{1}{x_1^2} \geqslant 2\,011 \sqrt[2\,011]{\frac{1}{(x_1 x_2 \cdots x_{2\,011})^2}}$$

变形得

$$(x_1 x_2, \cdots x_{2\,011})^{2\,009} \leqslant 1$$

所以

$$|x_1 x_2 \cdots x_{2\,011}| = 1$$

由 $x_1, x_2, \cdots, x_{2\,011}$ 为整数,且 $x_1 x_2 \cdots x_{2\,011} > 0$,得 $x_1 x_2 \cdots x_{2\,011} = 1$.

故 $x_i = \pm 1$,且 x_i 中恰有偶数个为 -1.

当 $x_1, x_2, \cdots, x_{2\,011}$ 中有 $2k(k = 0, 1, \cdots, 1\,005)$ 个为 -1 时,方程解的个数为 $C_{2\,011}^{2k}$.

所以,方程解的个数为

$$C_{2\,011}^0 + C_{2\,011}^2 + C_{2\,011}^4 + \cdots + C_{2\,011}^{2\,010} = 2^{2\,010}$$

32. 求所有边长为整数且周长等于面积的两倍(数值上)的直角三角形的三边长.

解 等价于求满足条件

$$x + y + z = xy \qquad\qquad ①$$

的勾股数组 (x, y, z).

注意到 $z = \sqrt{x^2 + y^2}$,于是①变为

$$x^2 + y^2 = (xy - x - y)^2$$

即

$$x^2 + y^2 = x^2 y^2 - 2xy(x + y) + x^2 + 2xy + y^2$$

故

$$x^2 y^2 - 2xy(x + y) + 2xy = 0$$

从而

$$xy - 2(x + y) + 2 = 0$$

即

$$(x - 2)(y - 2) = 2$$

得 $(x, y) = (3, 4), (4, 3)$.

综上,所求直角三角形的三边长为 $3, 4, 5$.

33. 证明:存在一个正整数 n,它恰好在 2 012 组勾股数中出现.

证明 只需考虑素数的幂的形式的数 n. 为此,取素数 p,使 $p \equiv 3 \pmod{4}$(例如 $7, 11, 19, \cdots$),考虑数 $p^{2\,012}$.

可知数 $p^{2\,012}$ 不会是勾股三角形的斜边长. 下证:不定方程 $x^2 + p^{4\,024} = z^2$ 恰

有 2 012 组解. 事实上,因为
$$(z-x)(z+x)=p^{4\,024}$$
故
$$(z-x,z+x)=(1,p^{4\,024}),(p,p^{4\,023}),\cdots,(p^{2\,011},p^{2\,013})$$
结合 p 为奇数,可知求出的每一组 (x,z) 都是正整数,故 $p^{2\,012}$ 恰在 2 012 组勾股数中出现.

说明 此题的构造方法是基于因式分解,且由此方法可证:对任意正整数 k,都有无穷多个正整数 n,数 n 恰好在 k 组勾股数中出现.

34. (1989 年第 1 届浙江省数学夏令营)证明:对于每个实数 R_0,方程 $x_1^2+x_2^2+x_3^2=x_1x_2x_3$ 必有一组解 x_1,x_2,x_3,它们都是大于 R_0 的整数.

证明 显然 $x_1=x_2=x_3=3$ 是方程
$$x_1^2+x_2^2+x_3^2=x_1x_2x_3 \qquad ①$$
的一组解.

把①看成关于 x_3 的二次方程
$$x_3^2-(x_1x_2)x_3+x_1^2+x_2^2=0 \qquad ②$$

设②的解为 $x_3,x_3^{(1)}$,则由韦达定理,得
$$x_3+x_3^{(1)}=x_1x_2$$
即
$$x_3^{(1)}=x_1x_2-x_3$$
因为 $x_3=3$ 是方程②的一个解,则
$$x_3^{(1)}=x_1x_2-x_3=3\times3-3=6>x_3$$
也是方程②的解,且 $x_3^{(1)}$ 是整数,$x_3^{(1)}>x_3$.

同理可证,x_1,x_2 的另一解 $x_1^{(1)},x_2^{(1)}$ 都满足
$$x_1^{(1)}>x_1$$
$$x_2^{(1)}>x_2$$
于是我们有
$$x_1^{(1)2}+x_2^{(1)2}+x_3^{(1)2}=x_1^{(1)}x_2^{(1)}x_3^{(1)} \qquad ③$$

从①到③可以看作一次递推,于是经过有限次递推必能得到一组解 $(x_1^{(n)},x_2^{(n)},x_3^{(n)})$,它们都是整数,且每一个都大于预先指定的实数 R_0.

35. (1992 年第 18 届全俄数学奥林匹克)求方程 $2^{x+1}+y^2=z^2$ 的素数解.

解 由已知方程得
$$2^{x+1}=(z-y)(z+y)$$
即
$$\begin{cases} z-y=2^k \\ z+y=2^{x-k+1} \end{cases}$$

341

其中 $k \in \mathbf{Z}$，且 $0 \leqslant k < x - k + 1$.

上面两式相加得

$$z = 2^{k-1} + 2^{x-k}$$

两式相减得

$$y = 2^{x-k} - 2^{k-1}$$

若 $k - 1 \geqslant 1$，则 y 与 z 不可能同时是素数.

若 $k = 1$，则

$$y = 2^{x-1} - 1$$
$$z = 2^{x-1} + 1$$

由于 $y = 2^{x-1} - 1$，2^{x-1} 与 $z = 2^{x-1} + 1$ 是三个相邻的自然数，因而其中的一个能被 3 整除. 又因为 2^{x-1} 不能被 3 整除，则或者 z，或者 y 能被 3 整除.

若 z 能被 3 整除，则 $z = 3$，此时 $y = 1$，y 不是素数.

若 y 能被 3 整除，则 $y = 3$，此时 $z = 5$，$x = 3$.

因此，方程的素数解为

$$x = 3, y = 3, z = 5$$

36. 设 n 为给定的正整数. 求所有的正整数 m，使得存在正整数 $x_1 < x_2 < \cdots < x_n$，满足 $\dfrac{1}{x_1} + \dfrac{2}{x_2} + \cdots + \dfrac{n}{x_n} = m$.

解 设 m 是一个符合要求的正整数，即存在正整数 $x_1 < x_2 < \cdots < x_n$，满足

$$\frac{1}{x_1} + \frac{2}{x_2} + \cdots + \frac{n}{x_n} = m \qquad \qquad ①$$

那么 $x_i \geqslant i (1 \leqslant i \leqslant n)$，故 $\dfrac{i}{x_i} \leqslant 1 (1 \leqslant i \leqslant n)$，从而 $m \leqslant n$.

下证：对任意正整数 m，若 $1 \leqslant m \leqslant n$，则存在满足①的 $x_1, x_2, \cdots, x_n$.

当 $m = n$ 时，取 $x_i = i$ 即可.

当 $m = 1$ 时，取 $x_i = ni$ 即可.

当 $1 < m < n$ 时，取 $x_1 = 1, x_2 = 2, \cdots, x_{m-1} = m - 1, x_m = (n - m + 1)m$，$x_{m+1} = (n - m + 1)(m + 1), \cdots, x_n = (n - m + 1)n$ 即可.

所以，满足条件的 $m = 1, 2, \cdots, n$.

37. (1991 年第 33 届加拿大数学奥林匹克训练题) 确定满足 $x(y + 1) = y(z + 1) + z(x + 1)$ 的所有实数 x, y, z.

解 假如 x, y, z 中任一个为 0，则它们都是 0. 假如 x, y, z 中任一个是 -1，则它们都是 -1. 假如 x, y, z 中任意两个相等，则它们都相等.

下面，假定 x, y, z 是相异的，因此它们中没有一个是 0 或 -1. 用 $x = y(z + 1 - x)$ 乘 $y(z + 1) = z(x + 1)$，有

$$y(z - x)(zx + x + 1) = 0$$

因 $y \neq 0$ 和 $z \neq x$,则有 $z = \dfrac{-1}{x+1}$. 因 $x \neq -1$,所以这个表达式有意义. 同样地,由

$x \neq 0$,所以 $y = \dfrac{-1}{x+1} = \dfrac{-(x+1)}{x}$ 也有意义. 易证

$$(x,y,z) = (u,u,u) \text{ 或} \left(v, \frac{-(v+1)}{v}, \frac{-1}{v+1}\right) \quad (v \neq 0 \text{ 或} -1)$$

为所求的解.

38. 正整数 a,b,c 满足: $[a,b] = 1\,000$,$[b,c] = 2\,000$,$[c,a] = 2\,000$. 求这样的有序正整数组 (a,b,c) 的组数.

解 由条件,可设
$$a = 2^{\alpha_1} \cdot 5^{\beta_1}, b = 2^{\alpha_2} \cdot 5^{\beta_2}, c = 2^{\alpha_3} \cdot 5^{\beta_3}$$

则
$$\max\{\alpha_1, \alpha_2\} = 3, \max\{\alpha_2, \alpha_3\} = 4, \max\{\alpha_3, \alpha_1\} = 4$$
$$\max\{\beta_1, \beta_2\} = \max\{\beta_2, \beta_3\} = \max\{\beta_3, \beta_1\} = 3$$

注意到,当且仅当非负整数组 $(\alpha_1, \alpha_2, \alpha_3)$ 与 $(\beta_1, \beta_2, \beta_3)$ 都确定后,数组 (a,b,c) 被确定. 由前面的条件可知 $\alpha_3 = 4$,而 α_1, α_2 中至少有一个为 3,这表明 $(\alpha_1, \alpha_2, \alpha_3)$ 有 7 种取法;$\beta_1, \beta_2, \beta_3$ 中至少有两个等于 3,故 $(\beta_1, \beta_2, \beta_3)$ 共有 10 种取法.

综上可知,满足条件的有序数组 (a,b,c) 共有 $7 \times 10 = 70$(组).

39. (1978 年第 39 届美国普特南数学竞赛)证明:对于每个实数 N,方程
$$x_1^2 + x_2^2 + x_3^2 + x_4^2 = x_1 x_2 x_3 + x_1 x_2 x_4 + x_1 x_3 x_4 + x_2 x_3 x_4$$

有一解 x_1, x_2, x_3, x_4 都是大于 N 的整数.

证明 显然,$(x_1, x_2, x_3, x_4) = (1,1,1,1)$ 是方程的一组解.

固定 x_1, x_2, x_3,则原式化为
$$x_4^2 - (x_1 x_2 + x_1 x_3 + x_2 x_3) x_4 + x_1^2 + x_2^2 + x_3^2 - x_1 x_2 x_3 = 0$$

这是一个关于 x_4 的二次方程.

若 x_4 是方程的一个解,则由韦达定理
$$x'_4 = x_1 x_2 + x_1 x_3 + x_2 x_3 - x_4$$

在 $x'_4 \neq x_4$ 时,x'_4 是方程的另一个解.

于是当 $(x_1, x_2, x_3, x_4) = (1,1,1,1)$ 时
$$x'_4 = 1 + 1 + 1 - 1 = 2$$

即 $(1,1,1,2)$ 是方程的一组解.

由对称性 $(1,1,2,1)$ 也是方程的解.

进而 $(1,1,2,1 \times 1 + 1 \times 2 + 1 \times 2 - 1) = (1,1,2,4)$ 是方程的解.

于是 $(1,1,4,2)$ 是方程的解,下一个解是 $(1,1,4,7)$,再由对称性得到解 $(1,1,7,4)$,如此下去,即可得到符合题目要求的解.

40. 证明:对任意正整数 $n \geqslant 3$,都存在一个完全立方数,它可以表示为 n 个不同的正整数的立方和.

证明 采用递推构造的方式,它基于下面的两个等式

$$6^3 = 3^3 + 4^3 + 5^3 \qquad \text{①}$$

$$13^3 = 5^3 + 7^3 + 9^3 + 10^3 \qquad \text{②}$$

一般地,设存在正整数 $x_1 < x_2 < \cdots < x_n (n \geqslant 3)$ 及正整数 y,使得

$$y^3 = x_1^3 + x_2^3 + \cdots + x_n^3$$

则

$$(6y)^3 = (6x_1)^3 + (6x_2)^3 + \cdots + (6x_n)^3$$

$$= (3x_1)^3 + (4x_1)^3 + (5x_1)^3 + (6x_2)^3 + \cdots + (6x_n)^3$$

这表明命题对 $n + 2$ 成立.

结合①与②(即命题对 $n = 3, 4$ 成立),可知命题对一切 $n \geqslant 3$ 成立.

41. 试确定所有满足 $x + y^2 + z^3 = xyz$ 的正整数 x, y,这里 z 为 x, y 的最大公因数.

解 由条件,可设 $x = za$, $y = zb$,这里 a, b 为正整数,且 $(a, b) = 1$. 代入方程,得

$$a + zb^2 + z^2 = z^2 ab$$

所以,$z \mid a$. 设 $a = zm$,则上式变为

$$m + b^2 + z = z^2 mb \qquad \text{①}$$

于是,$b \mid (m + z)$. 设 $m + z = bk$,则

$$b^2 + bk = z^2 mb$$

故 $b + k = z^2 m$.

注意到

$$bk - (b + k) + 1 = (b - 1)(k - 1) \geqslant 0$$

故 $b + k \leqslant bk + 1$,于是

$$z^2 m = b + k \leqslant bk + 1 = z + m + 1$$

从而

$$m(z^2 - 1) \leqslant z + 1$$

即 $m(z - 1) \leqslant 1$,故 $z \leqslant 2$.

若 $z = 1$,则由①知

$$m + b^2 + 1 = mb$$

即

$$b^2 - mb + (m + 1) = 0$$

这要求 $\Delta = m^2 - 4(m + 1)$ 是一个完全平方数. 设 $m^2 - 4(m + 1) = n^2$,这里 n 为非负整数,则

$$(m-n-2)(m+n-2)=8$$

解得$(m,n)=(5,1)$,进而$b=2,3$,所以

$$(x,y,z)=(5,2,1),(5,3,1)$$

若$z=2$,则由

$$m(z-1)\leqslant 1$$

得$m=1$.

进而由①得

$$b^2-4b+3=0$$

即$b=1,3$,所以

$$(x,y,z)=(4,2,2),(4,6,2)$$

综上可知,满足条件的$(x,y)=(5,2),(5,3),(4,2),(4,6)$.

42. 是否存在非负整数a,b,使得$|3^a-2^b|=41$成立?

解 有两种情形,即

$$3^a-2^b=41 \text{ 或 } 2^b-3^a=41$$

对后者可知$b>3$,两边模8,要求

$$3^a\equiv 7(\bmod 8)$$

但对任意非负整数a,有

$$3^a\equiv 1 \text{ 或 } 3(\bmod 8)$$

矛盾.

现在只需讨论$3^a-2^b=41$的情形.

此时,对等式两边模3,知

$$2^b\equiv 1(\bmod 3)$$

故b为偶数. 又显然$b\neq 0$,可设$b=2n,n$为正整数.

对等式两边模4,得

$$3^a\equiv 1(\bmod 4)$$

故a为偶数. 设$a=2m$,则有

$$(3^m-2^n)(3^m+2^n)=41$$

故$(3^m-2^n,3^m+2^n)=(1,41)$,这导致$2\cdot 3^m=42$,即$3^m=21$,矛盾.

所以,不存在符合要求的非负整数a,b.

43. 设k,m都是正整数. 求$|36^k-5^m|$的最小可能值.

解 注意到

$$36^k-5^m\equiv 1(\bmod 6)$$

又

$$36^k-5^m\equiv 1(\bmod 5)$$

故36^k-5^m可能取到的正整数从小到大依次为$1,11,\cdots$.

现在若 $36^k - 5^m = 1$,则 $k > 1$,故两边模 8,要求

$$5^m \equiv -1 \pmod 8$$

但 $5^m \equiv 1$ 或 $5 \pmod 8$,矛盾.

另外,当 $k = 1, m = 2$ 时,$36^k - 5^m = 11$. 所以,$36^k - 5^m$ 所能取到的最小正整数为 11.

现在考虑 $5^m - 36^k$ 所能取到的最小正整数,由

$$5^m - 36^k \equiv 4 \pmod 5$$

$$5^m - 36^k \equiv +1 \pmod 6$$

可知 $5^m - 36^k \geq 19$.

综上可知,$|36^k - 5^m|$ 的最小可能值为 11.

44. (2012 年美国国家队选拔考试)是否存在整数 $a, b, c > 2\,010$,满足方程

$$a^3 + 2b^3 + 4c^3 = 6abc + 1$$

解 存在这样的整数 a, b, c.

显然,$(a_1, b_1, c_1) = (1, 1, 1)$ 满足原方程.

对于 $n \geq 1$,定义

$$(a_{n+1}, b_{n+1}, c_{n+1}) = (a_n + 2c_n + 2b_n, b_n + a_n + 2c_n, c_n + b_n + a_n)$$

则

$$a_{n+1}^3 + 2b_{n+1}^3 + 4c_{n+1}^3 - 6a_{n+1}b_{n+1}c_{n+1}$$

$$= a_n^3 + 2b_n^3 + 4c_n^3 - 6a_nb_nc_n$$

于是,对所有的正整数 n,若 (a_n, b_n, c_n) 满足原方程,则 $(a_{n+1}, b_{n+1}, c_{n+1})$ 也满足原方程,且

$$a_{n+1} > a_n, b_{n+1} > b_n, c_{n+1} > c_n$$

因此,对于足够大的 n 有 $a_n, b_n, c_n > 2\,010$.

45. 求所有的正整数 n, k,使得

$$1! + 2! + \cdots + n! = k^3$$

解 当 $n = 1$ 时,$k = 1$.

当 $n \geq 2$ 时

$$1! + 2! + \cdots + n! \equiv 1! + 2! \equiv 0 \pmod 3$$

故 $3 \mid k$,进而要求 $3^3 \mid A$,这里

$$A = 1! + 2! + \cdots + n!$$

注意到,当 $n \geq 8$ 时,有

$$A \equiv 1! + 2! + \cdots + 8!$$

$$\equiv 1 + 2 + 6 + (-3) + 12 + (-9) + (-9) + 9$$

$$\equiv 9 \pmod{27}$$

故 $n \geq 8$ 时,$A \not\equiv 0 \pmod{27}$,直接验算,可知当 $n = 2, 3, \cdots, 7$ 时,均有

$A \not\equiv 0 (\bmod 27)$.

综上可知,满足条件的$(n,k) = (1,1)$.

46. 求所有三元整数组(a,b,c),使得
$$a^3 + b^3 + c^3 - 3abc = 2\ 011$$
其中$a \geqslant b \geqslant c$.

解 注意到
$$(a + b + c)[(a-b)^2 + (b-c)^2 + (c-a)^2] = 2 \times 2\ 011$$
因为$(a-b)^2 + (b-c)^2 + (c-a)^2$总为偶数,所以
$$\begin{cases} a + b + c = 1 \\ (a-b)^2 + (b-c)^2 + (c-a)^2 = 4\ 022 \end{cases}$$

或
$$\begin{cases} a + b + c = 2\ 011 \\ (a-b)^2 + (b-c)^2 + (c-a)^2 = 2 \end{cases}$$

对于第一个方程组,设$x = a - b, y = b - c$. 则
$$x^2 + y^2 + (x+y)^2 = 4\ 022$$
$$\Rightarrow x^2 + y^2 + xy = 2\ 011$$
$$\Rightarrow (2x + y)^2 = 8\ 044 - 3y^2$$

又$y^2 \leqslant 2\ 011$,得$0 \leqslant y \leqslant 44$.

经检验,只有$y = 10,39$时,$8\ 044 - 3y^2$为完全平方数. 故$(x,y) = (10,39)$, $(39,10)$.

从而,$(a,b,c) = (20,10,-29)$.

对于第二个方程组,$a - b, b - c, a - c$中有两个1,一个0.

当$a = b = c + 1$时
$$2(c+1) + c = 2\ 011$$
无解;

当$a - 1 = b = c$时
$$a + 2(a-1) = 2\ 011 \Rightarrow a = 671$$
进而,$b = 670, c = 670$.

因此,满足条件的三元整数组为$(20,10,-29),(671,670,670)$.

47. 试确定所有的正整数组(x,y,z),使得
$$x^3 - y^3 = z^2$$
其中y是质数,$y \nmid z, 3 \nmid z$.

解 由题意,得
$$(x - y)[(x-y)^2 + 3xy] = z^2 \qquad ①$$
因y是质数,且$y \nmid z, 3 \nmid z$,结合式①,知

$$(x,y)=1,(x-y,3)=1$$

则

$$(x^2+xy+y^2,x-y)=(3xy,x-y)=1 \qquad ②$$

由式①②,得

$$x-y=m^2, x^2+xy+y^2=n^2, z=mn \quad (m,n\in\mathbf{N}_+)$$

故

$$3y^2=4n^2-(2x+y)^2$$

$$(2n+2x+y)(2n-2x-y)$$

又 y 为质数,且 $2n-2x-y<2n+2x+y$,因此,有下列三种情形.

(i)$2n-2x-y=y, 2n+2x+y=3y$. 得 $x=0$,舍去.

(ii)$2n-2x-y=3, 2n+2x+y=y^2$. 于是

$$y^2-3=4x+2y=4(m^2+y)+2y=4m^2+6y$$

即

$$(y-3)^2-4m^2=12$$

解得 $y=7, m=1$.

所以,$x=8, y=7, z=13$.

(iii)$2n-2x-y=1, 2n+2x+y=3y^2$. 于是

$$3y^2-1=4x+2y=4(m^2+y)+2y$$
$$=2(2m^2+3y)$$

即

$$3y^2-6y-3m^2=m^2+1$$

所以,$m^2+1\equiv0(\bmod 3)$. 但这与 $m^2\equiv0,1(\bmod 3)$ 矛盾.

综上所述,满足条件的正整数组是唯一的,即 $(8,7,13)$.

48.已知 $f(x)=x^3+mx^2+nx+5, m,n\in\mathbf{Z}$. 求:

(1)使 $f(x)=0$ 有三个整数根(包括重根)的所有数组 (m,n);

(2)使 $f(x)=0$ 至少有一个整数根,且 $0\leqslant m\leqslant5, 0\leqslant n\leqslant5$ 的所有的数组 (m,n).

解 (1)若 α 为 $f(x)=0$ 的整数根,则由 $m,n\in\mathbf{Z}$ 及 $\alpha(\alpha^2+m\alpha+n)=-5$ 知 $\alpha|5$.

设 α,β,γ 是 $f(x)=0$ 的三个整数根,则 $\alpha\beta\gamma=-5$. 由于 5 为质数,α,β,γ 若不计次序,只能是 $-1,-1,-5$ 或 $1,1,-5$ 或 $1,-1,5$.

第一种情形:$f(x)=(x+1)^2(x+5)=x^3+7x^2+11x+5, (m,n)=(7,11)$;

第二种情形:$f(x)=(x-1)^2(x+5)=x^3+3x^2-9x+5, (m,n)=(3,-9)$;

第三种情形:$f(x)=(x+1)(x-1)(x-5)=x^3-5x^2-x+5, (m,n)=(-5,-1)$.

(2)因为 $m \geqslant 0, n \geqslant 0$,所以 $f(x) = 0$ 无正数根.

$f(x) = 0$ 至少有一个整数根,这个整数根只能是 -1 或 -5.

将 $x = -1$ 代入方程得

$$m - n = -4$$

这个方程满足 $0 \leqslant m \leqslant 5, 0 \leqslant n \leqslant 5$ 的整数解只有两个:$(m,n) = (1,5), (0,4)$.

将 $x = -5$ 代入方程得

$$5m - n = 24$$

这个方程满足 $0 \leqslant m \leqslant 5, 0 \leqslant n \leqslant 5$ 的整数解只有一个:$(m,n) = (5,1)$.

49.（1993 年第 34 届 IMO 预选题）设 a, b, c 都是整数,且 $a > 0, ac - b^2 = p = p_1 \cdots p_n$,其中 $p_1, \cdots, p_n$ 是互异的素数. 设 $M(n)$ 表示满足方程

$$ax^2 + 2bxy + cy^2 = n$$

的整数解组 (x, y) 的组数. 求证 $M(n)$ 为有限数且对每个非负整数 k 都有 $M(p^k n) = M(n)$.

解 设整数对 (x, y) 满足方程

$$ax^2 + 2bxy + cy^2 = p^k n \qquad ①_k$$

将式①乘以 a,并注意 $ac - b^2 = p$,得到

$$(ax + by)^2 + py^2 = ap^k n \qquad ②$$

类似地,将式①乘以 c,又可得到

$$(bx + cy)^2 + px^2 = cp^4 n \qquad ③$$

由式②和③知 $M(n)$ 为有限数,且 $(ax + by)^2$ 与 $(bx + cy)^2$ 都能被 p 整除. 因为 $p = p_1 \cdots p_n$,故 $ax + by$ 和 $bx + cy$ 都能被 p 整除,即存在整数 X 和 Y,使得

$$ax + by = -pY, \quad bx + cy = pX \qquad ④$$

反之,因为 $ac - b^2 = p \neq 0$,故对任意给定的 Y, X,方程组④有唯一解

$$x = -bX - cY, y = aX + bY \qquad ⑤$$

将⑤代入 $①_k$,化简后得到

$$aX^2 + 2bXY + cY^2 = p^{k-1} n$$

这表明当整数对 (x, y) 是 $①_k$ 的解时,由④给出的整数对 (X, Y) 是 $①_{k-1}$ 的解. 反之亦然. 于是,我们就在 $①_k$ 与 $①_{k-1}$ 的整数解组之间建立了一个双射. 所以,二者的整数解组的组数相等,即有

$$M(p^k n) = M(p^{k-1} n)$$

依此类推便得所欲证.

50. 试证:对任何正整数 n,存在唯一的正奇数对 (x, y),使得 $2^{n+2} = x^2 + 7y^2$.

证明 存在性.

当 $n = 1$ 时,取 $x_1 = y_1 = 1$,则

$$2^{n+2} = x_1^2 + 7y_1^2$$

假定对 $n(n \in \mathbf{N}_+)$ 知, 存在正奇数对 (x_n, y_n), 使得 $2^{n+2} = x_n^2 + 7y_n^2$.

令 $x_{n+1} = \dfrac{x_n - 7y_n}{2}, y_{n+1} = \dfrac{x_n + y_n}{2}$, 则

$$\begin{aligned}
x_{n+1}^2 + 7y_{n+1}^2 &= \left(\frac{x_n - 7y_n}{2}\right)^2 + 7\left(\frac{x_n + y_n}{2}\right)^2 \\
&= 2(x_n^2 + 7y_n^2) \\
&= 2 \cdot 2^{n+2} = 2^{n+3}
\end{aligned}$$

且

$$x_{n+2} = x_{n+1} - 2x_n, y_{n+2} = y_{n+1} - 2y_n$$

由 $x_1 = y_1 = 1, x_2 = -3, y_2 = 1$ 均为奇数, 可知对一切正整数 n, 有 x_n, y_n 都是奇数.

唯一性.

假设对某个正整数 n, 存在两个不同的奇数对 $(x, y) \neq (z, w)$, 使

$$2^{n+2} = x^2 + 7y^2 = z^2 + 7w^2 \qquad \text{①}$$

则

$$x^2 = 2^{n+2} - 7y^2, 7w^2 = 2^{n+2} - z^2$$

两式相乘得

$$7x^2 w^2 = (2^{n+2})^2 - 2^{n+2}(7y^2 + z^2) + 7y^2 z^2$$

故

$$\begin{aligned}
7(xw + yz)(xw - yz) &= 2^{n+2}(2^{n+2} - 7y^2 - z^2) \\
&= 2^{n+2}(x^2 - z^2)
\end{aligned}$$

因为 x, z 为奇数, $2 \mid (x^2 - z^2)$, 所以

$$2^{n+3} \mid 2^{n+2}(x^2 - z^2)$$

从而, $2^{n+3} \mid 7(xw + yz)(xw - yz)$.

注意到

$$(xw + yz) + (xw - yz) = 2xw \equiv 2 \pmod 4$$

从而, $xw + yz, xw - yz$ 不都被 4 整除.

故 $xw + yz, xw - yz$ 中有一个被 2^{n+2} 整除.

不妨设 $2^{n+2} \mid (xw - yz)$. 由式①得

$$2^{n+2} = x^2 + 7y^2, 2^{n+2} = z^2 + 7w^2$$

两式相乘得

$$\begin{aligned}
(2^{n+2})^2 &= (x^2 + 7y^2)(z^2 + 7w^2) \\
&= (xz + 7yw)^2 + 7(xw - yz)^2
\end{aligned}$$

若 $xw - yz \neq 0$, 则

$$(xw - yz)^2 \geq (2^{n+2})^2$$

矛盾. 所以, $xw - yz = 0$.

令 $x = ky, z = kw$. 代入式①得

$$k^2y^2 + 7y^2 = k^2w^2 + 7w^2$$

即

$$(k^2 + 7)y^2 = (k^2 + 7)w^2$$

于是 $y = w$, 从而 $x = z$, 矛盾.

51. 设 (a,b) 和 $[a,b]$ 分别表示整数 a,b 的最大公约数和最小公倍数. 求满足 $(a,b) + [a,b] + 9(a + b) = 7ab$ 的所有正整数解.

解 设 $(a,b) = k$, 即 $a = kx, b = ky$, 其中 $x, y \in \mathbf{N}$, 且 $(x,y) = 1$, 则 $[a,b] = kxy$. 代入原方程, 得

$$1 + 9xy + 9(x + y) = 7kxy \qquad ①$$

解不定方程①, 先确定参数 k 的取值范围.

由①得

$$7k = \frac{1}{xy} + 9\left(\frac{1}{x} + \frac{1}{y}\right) + 9$$

因为

$$\frac{1}{xy} + 9\left(\frac{1}{x} + \frac{1}{y}\right) + 9 = \left(\frac{1}{x} + 9\right)\left(\frac{1}{y} + 9\right) - 72$$
$$\leq (1 + 9)(1 + 9) - 72 = 28$$

所以 $7k \leq 28$, 即 $k \leq 4$.

为了叙述方便, 不妨设 $x \leq y$.

(1) 当 $k = 1$ 时, 方程①为

$$1 + 2xy + 9(x + y) = 0$$

此方程无正整数解.

(2) 当 $k = 2$ 时, 方程①为

$$5xy - 9(x + y) = 1$$

上式两边同乘以 5 并分解因式, 得

$$(5x - 9)(5y - 9) = 86 = 2 \times 43 = 1 \times 86$$

所以

$$\begin{cases} 5x - 9 = 2 \\ 5y - 9 = 43 \end{cases}, \begin{cases} 5x - 9 = 1 \\ 5y - 9 = 86 \end{cases}$$

易知前者无正整数解, 后者的解为 $x = 2, y = 19$.

(3) 当 $k = 3$ 时, 方程①为

$$12xy - 9(x + y) = 1$$

因为左边 $\equiv 0 \pmod 3$, 右边 $\equiv 1 \pmod 3$, 所以方程①无正整数解.

（4）当 $k=4$ 时，方程①为

$$19xy = 9(x+y) + 1$$

因为 $1 \leqslant x \leqslant y$，所以

$$19xy = 9(x+y) + 1 \leqslant 9(y+y) + y = 19y$$

所以 $x \leqslant 1$，故只有 $x = 1$.

同理可得 $y = 1$.

所以方程①的解为 $x = y = 1$.

综上，且由 x,y 的对称性知，方程①的解为

$$\begin{cases} x=2 \\ y=19 \end{cases}, \begin{cases} x=19 \\ y=2 \end{cases}, \begin{cases} x=1 \\ y=1 \end{cases}$$

从而原方程的解为

$$\begin{cases} a=4 \\ b=38 \end{cases}, \begin{cases} a=38 \\ b=4 \end{cases}, \begin{cases} a=4 \\ b=4 \end{cases}$$

52.（1998 年第 39 届 IMO）(a) 设 n 是一个正整数. 证明：存在不同的正整数 x,y,z，使得 $x^{n-1} + y^n = z^{n+1}$.

(b) 设 a,b,c 是正整数，且 a 与 b 互素，c 或与 a 或与 b 互素. 证明：存在无限多个不同正整数 x,y,z 的三元数组，使得 $x^a + y^b = z^c$.

证明 (a) 例如

$$x = 2^{n^2} \cdot 3^{n+1}, y = 2^{(n-1)n} \cdot 3^n$$
$$z = 2^{n^2 - 2n + 2} \cdot 3^{n-1}$$

这个解的想法很简单：$1 + 3 = 2^2$.

(b) 设 $P(P \geqslant 3)$ 是正整数，则 $Q = P^c - 1 > 1$. 我们寻求如下形式的解.

$$x = Q^m, y = Q^n, z = PQ^k$$

因为

$$x^a + y^b = Q^{ma} + Q^{nb}$$
$$z^c = P^c Q^{kc} = Q^{kc+1} + Q^{kc}$$

则当下面两方程组中的一组有解时，可求得 $x^a + y^b = z^c$ 的一组解

$$\begin{cases} ma = kc + 1 \\ nb = kc \end{cases}, \begin{cases} nb = kc + 1 \\ ma = kc \end{cases}$$

条件意味着，或者 $\gcd(a, bc) = 1$ 或者 $\gcd(b, ac) = 1$.

假设 $\gcd(a, bc) = 1$. 我们证明第一个方程组有解. 令 $k = bt, n = ct$ 满足第二个方程，将其第一式代入该方程组的第一个方程，得 $ma = tbc + 1$. 因 $\gcd(a, bc) = 1$，则正整数 m 和 t 可求得，这意味着该方程组有解. 因 $\gcd(kc, kc+1) = 1$，显然 $m \neq n$. 因此，$x \neq y$. 数 z 与 x 和 y 不同，因为它与它们互素.

因为 P 可以是任意的，所以我们得到无限多组解.

注:这个问题用下面的形式提供.

设 a,b,c,n 是正整数, n 是奇数, ac 与 $2b$ 互素. 证明:存在不同的正整数 x, y,z,使得:

(ⅰ) $x^a + y^b = z^c$;

(ⅱ) xyz 与 n 互素.

为了得到一个解使得 $\gcd(xyz,n)=1$,取数 P 为 $n-1$. 然后证明 $Q = P^c - 1$ 与 n 互素,但需 c 为奇数. 条件 $(ac,2b)=1$ 就是这样出现的. 作为表达的一种变化,还推荐研究方程式

$$x^{1\,996} + y^{1\,997} = z^{1\,998}$$

53. (1998 年第 39 届 IMO)试确定使 $ab^2 + b + 7$ 整除 $a^2b + a + b$ 的全部正整数对 (a,b).

解 若正整数对 (a,b) 满足 $(ab^2 + b + 7) \mid (a^2b + a + b)$,则

$$(ab^2 + b + 7) \mid [a(ab^2 + b + 7) - b(a^2b + a + b)] = 7a - b^2$$

①当 $7a - b^2 = 0$ 时 $7 \mid b$. 设 $b = 7k(k \in \mathbf{N})$. 代入得 $a = 7k^2$. 此时有

$$a^2b + a + b = k(ab^2 + b + 7)$$

故 $(7k^2, 7k)$ 是解.

②当 $7a - b^2 < 0$ 时,有 $b^2 - 7a > 0 \Rightarrow b^2 - 7a \geqslant ab^2 + b + 7$. 但这是不可能的.

③当 $7a - b^2 > 0$ 时,有 $7a - b^2 \geqslant ab^2 + b + 7 \Rightarrow 7a > ab^2 \Rightarrow b = 1$ 或 2.

若 $b = 1$. 则 $(a + 8) \mid (a^2 + a + 1)$. 而

$$a^2 + a + 1 \equiv (-8)^2 + (-8) + 1 (\mathrm{mod}(a + 8))$$
$$\equiv 57 (\mathrm{mod}(a + 8))$$

故 $a + 8 = 19$ 或 57,即 $a = 11$ 或 49.

此时又得两组解

$$\begin{cases} a = 11 \\ b = 1 \end{cases}, \begin{cases} a = 49 \\ b = 1 \end{cases}$$

若 $b = 2$,则

$$(ab^2 + b + 7) \mid (7a - b^2) \Rightarrow (4a + 9) \mid (7a - 4)$$

由于 $2(4a + 9) > 7a - 4$,故只能 $4a + 9 = 7a - 4$. 但这也是不可能的.

综合①②③知,所有解为 $(11,1)$,$(49,1)$,$(7k^2, 7k)$ $(k \in \mathbf{N})$.

54. (陕西省高中数学竞赛预赛)设集合 $x = \{(a,b,c) \mid a,b,c \in \mathbf{Z}\}$,$f$ 是从 x 到 x 的映射,且满足

$$f(a,b,c) = (a + b + c, ab + bc + ca, abc)$$

试求所有的三元数组 (a,b,c),使得 $f(f(a,b,c)) = (a,b,c)$.

解 因为 $f(a,b,c) = (a + b + c, ab + bc + ca, abc)$,所以

$$f(f(a,b,c)) = f(a + b + c, ab + bc + ca, abc)$$

由 $f(f(a,b,c)) = (a,b,c)$ 得
$$(a+b+c) + (ab+bc+ca) + abc = a$$
即
$$(1+a)(1+b)(1+c) = 1+a$$
故 $1+a = 0$ 或 $(1+b)(1+c) = 1$.

(1)若 $1+a = 0$,即 $a = -1$,则
$$f(f(-1,b,c)) = f(b+c-1, bc-(b+c), -bc)$$
由 $f(f(-1,b,c)) = (-1,b,c)$,得
$$(b+c-1)[bc-(b+c)](-bc) = c$$
故 $c = 0$ 或
$$b(b+c-1)[bc-(b+c)] = -1$$

当 $c = 0$ 时
$$f(f(-1,b,0)) = f(b-1, -b, 0)$$
$$= (-1, -b(b-1), 0)$$
由 $f(f(-1,b,0)) = (-1,b,0)$,得
$$-b(b-1) = b$$
即 $b = 0$. 这时,$f(f(-1,0,0)) = f(-1,0,0) = (-1,0,0)$,满足要求.

当 $b(b+c-1)[bc-(b+c)] = -1$ 时,由 b,c 均为整数,知 $b = \pm 1$.

若 $b = 1$,则 $c = 1$. 这时
$$f(f(-1,1,1)) = f(1,-1,-1) = (-1,-1,1) \neq (-1,1,1)$$
不满足要求.

若 $b = -1$,则 $c = 1$. 这时
$$f(f(-1,-1,1)) = f(-1,-1,1) = (-1,-1,1)$$
满足要求.

因此,$(-1,0,0)$ 和 $(-1,-1,1)$ 为满足要求的两个解.

(2)若 $(1+b)(1+c) = 1$,则由 b,c 均为整数,得
$$\begin{cases} 1+b=1 \\ 1+c=1 \end{cases} 或 \begin{cases} 1+b=-1 \\ 1+c=-1 \end{cases}$$
即 $b = c = 0$ 或 $b = c = -2$.

当 $b = c = 0$ 时
$$f(f(a,0,0)) = f(a,0,0) = (a,0,0)$$
满足要求.

当 $b = c = -2$ 时
$$f(f(a,-2,-2)) = f(a-4, 4-4a, 4a)$$
由 $f(f(a,-2,-2)) = (a,-2,-2)$,得

$$(a-4)(4-4a) + 4a(4-4a) + 4a(a-4) = -2$$

即

$$2[(a-4)(1-a) + a(4-4a) + a(a-4)] = -1$$

上式左边为偶数,而右边为奇数,故无整数解.

综合(1)(2)知,所求三元数组为(-1,-1,1)和(a,0,0)(a∈**Z**).

刘培杰数学工作室
已出版（即将出版）图书目录——初等数学

书　　名	出版时间	定　价	编号
新编中学数学解题方法全书(高中版)上卷(第2版)	2018—08	58.00	951
新编中学数学解题方法全书(高中版)中卷(第2版)	2018—08	68.00	952
新编中学数学解题方法全书(高中版)下卷(一)(第2版)	2018—08	58.00	953
新编中学数学解题方法全书(高中版)下卷(二)(第2版)	2018—08	58.00	954
新编中学数学解题方法全书(高中版)下卷(三)(第2版)	2018—08	68.00	955
新编中学数学解题方法全书(初中版)上卷	2008—01	28.00	29
新编中学数学解题方法全书(初中版)中卷	2010—07	38.00	75
新编中学数学解题方法全书(高考复习卷)	2010—01	48.00	67
新编中学数学解题方法全书(高考真题卷)	2010—01	38.00	62
新编中学数学解题方法全书(高考精华卷)	2011—03	68.00	118
新编平面解析几何解题方法全书(专题讲座卷)	2010—01	18.00	61
新编中学数学解题方法全书(自主招生卷)	2013—08	88.00	261
数学奥林匹克与数学文化(第一辑)	2006—05	48.00	4
数学奥林匹克与数学文化(第二辑)(竞赛卷)	2008—01	48.00	19
数学奥林匹克与数学文化(第二辑)(文化卷)	2008—07	58.00	36′
数学奥林匹克与数学文化(第三辑)(竞赛卷)	2010—01	48.00	59
数学奥林匹克与数学文化(第四辑)(竞赛卷)	2011—08	58.00	87
数学奥林匹克与数学文化(第五辑)	2015—06	98.00	370
世界著名平面几何经典著作钩沉——几何作图专题卷(上)	2009—06	48.00	49
世界著名平面几何经典著作钩沉——几何作图专题卷(下)	2011—01	88.00	80
世界著名平面几何经典著作钩沉(民国平面几何老课本)	2011—03	38.00	113
世界著名平面几何经典著作钩沉(建国初期平面三角老课本)	2015—08	38.00	507
世界著名解析几何经典著作钩沉——平面解析几何卷	2014—01	38.00	264
世界著名数论经典著作钩沉(算术卷)	2012—01	28.00	125
世界著名数学经典著作钩沉——立体几何卷	2011—02	28.00	88
世界著名三角学经典著作钩沉(平面三角卷Ⅰ)	2010—06	28.00	69
世界著名三角学经典著作钩沉(平面三角卷Ⅱ)	2011—01	38.00	78
世界著名初等数论经典著作钩沉(理论和实用算术卷)	2011—07	38.00	126
发展你的空间想象力	2017—06	38.00	785
走向国际数学奥林匹克的平面几何试题诠释(上、下)(第1版)	2007—01	68.00	11,12
走向国际数学奥林匹克的平面几何试题诠释(上、下)(第2版)	2010—02	98.00	63,64
平面几何证明方法全书	2007—08	35.00	1
平面几何证明方法全书习题解答(第1版)	2005—10	18.00	2
平面几何证明方法全书习题解答(第2版)	2006—12	18.00	10
平面几何天天练上卷·基础篇(直线型)	2013—01	58.00	208
平面几何天天练中卷·基础篇(涉及圆)	2013—01	28.00	234
平面几何天天练下卷·提高篇	2013—01	58.00	237
平面几何专题研究	2013—07	98.00	258

刘培杰数学工作室
已出版(即将出版)图书目录——初等数学

书　名	出版时间	定　价	编号
最新世界各国数学奥林匹克中的平面几何试题	2007—09	38.00	14
数学竞赛平面几何典型题及新颖解	2010—07	48.00	74
初等数学复习及研究(平面几何)	2008—09	58.00	38
初等数学复习及研究(立体几何)	2010—06	38.00	71
初等数学复习及研究(平面几何)习题解答	2009—01	48.00	42
几何学教程(平面几何卷)	2011—03	68.00	90
几何学教程(立体几何卷)	2011—07	68.00	130
几何变换与几何证题	2010—06	88.00	70
计算方法与几何证题	2011—06	28.00	129
立体几何技巧与方法	2014—04	88.00	293
几何瑰宝——平面几何500名题暨1000条定理(上、下)	2010—07	138.00	76,77
三角形的解法与应用	2012—07	18.00	183
近代的三角形几何学	2012—07	48.00	184
一般折线几何学	2015—08	48.00	503
三角形的五心	2009—06	28.00	51
三角形的六心及其应用	2015—10	68.00	542
三角形趣谈	2012—08	28.00	212
解三角形	2014—01	28.00	265
三角学专门教程	2014—09	28.00	387
图天下几何新题试卷.初中(第2版)	2017—11	58.00	855
圆锥曲线习题集(上册)	2013—06	68.00	255
圆锥曲线习题集(中册)	2015—01	78.00	434
圆锥曲线习题集(下册·第1卷)	2016—10	78.00	683
圆锥曲线习题集(下册·第2卷)	2018—01	98.00	853
论九点圆	2015—05	88.00	645
近代欧氏几何学	2012—03	48.00	162
罗巴切夫斯基几何学及几何基础概要	2012—07	28.00	188
罗巴切夫斯基几何学初步	2015—06	28.00	474
用三角、解析几何、复数、向量计算解数学竞赛几何题	2015—03	48.00	455
美国中学几何教程	2015—04	88.00	458
三线坐标与三角形特征点	2015—04	98.00	460
平面解析几何方法与研究(第1卷)	2015—05	18.00	471
平面解析几何方法与研究(第2卷)	2015—06	18.00	472
平面解析几何方法与研究(第3卷)	2015—07	18.00	473
解析几何研究	2015—01	38.00	425
解析几何学教程.上	2016—01	38.00	574
解析几何学教程.下	2016—01	38.00	575
几何学基础	2016—01	58.00	581
初等几何研究	2015—02	58.00	444
十九和二十世纪欧氏几何学中的片段	2017—01	58.00	696
平面几何中考.高考.奥数一本通	2017—07	28.00	820
几何学简史	2017—08	28.00	833
四面体	2018—01	48.00	880
平面几何图形特性新析.上篇	即将出版		911
平面几何图形特性新析.下篇	2018—06	88.00	912
平面几何范例多解探究.上篇	2018—04	48.00	913
平面几何范例多解探究.下篇	即将出版		914
从分析解题过程学解题:竞赛中的几何问题研究	2018—07	68.00	946

刘培杰数学工作室

已出版(即将出版)图书目录——初等数学

书　名	出版时间	定　价	编号
俄罗斯平面几何问题集	2009—08	88.00	55
俄罗斯立体几何问题集	2014—03	58.00	283
俄罗斯几何大师——沙雷金论数学及其他	2014—01	48.00	271
来自俄罗斯的 5000 道几何习题及解答	2011—03	58.00	89
俄罗斯初等数学问题集	2012—05	38.00	177
俄罗斯函数问题集	2011—03	38.00	103
俄罗斯组合分析问题集	2011—01	48.00	79
俄罗斯初等数学万题选——三角卷	2012—11	38.00	222
俄罗斯初等数学万题选——代数卷	2013—08	68.00	225
俄罗斯初等数学万题选——几何卷	2014—01	68.00	226
俄罗斯《量子》杂志数学征解问题 100 题选	2018—08	48.00	969
俄罗斯《量子》杂志数学征解问题又 100 题选	2018—08	48.00	970
463 个俄罗斯几何老问题	2012—01	28.00	152
《量子》数学短文精粹	2018—09	38.00	972
谈谈素数	2011—03	18.00	91
平方和	2011—03	18.00	92
整数论	2011—05	38.00	120
从整数谈起	2015—10	28.00	538
数与多项式	2016—01	38.00	558
谈谈不定方程	2011—05	28.00	119
解析不等式新论	2009—06	68.00	48
建立不等式的方法	2011—03	98.00	104
数学奥林匹克不等式研究	2009—08	68.00	56
不等式研究(第二辑)	2012—02	68.00	153
不等式的秘密(第一卷)	2012—02	28.00	154
不等式的秘密(第一卷)(第 2 版)	2014—02	38.00	286
不等式的秘密(第二卷)	2014—01	38.00	268
初等不等式的证明方法	2010—06	38.00	123
初等不等式的证明方法(第二版)	2014—11	38.00	407
不等式·理论·方法(基础卷)	2015—07	38.00	496
不等式·理论·方法(经典不等式卷)	2015—07	38.00	497
不等式·理论·方法(特殊类型不等式卷)	2015—07	48.00	498
不等式探究	2016—03	38.00	582
不等式探秘	2017—01	88.00	689
四面体不等式	2017—01	68.00	715
数学奥林匹克中常见重要不等式	2017—09	38.00	845
三正弦不等式	2018—09	98.00	974
同余理论	2012—05	38.00	163
[x]与{x}	2015—04	48.00	476
极值与最值. 上卷	2015—06	28.00	486
极值与最值. 中卷	2015—06	38.00	487
极值与最值. 下卷	2015—06	28.00	488
整数的性质	2012—11	38.00	192
完全平方数及其应用	2015—08	78.00	506
多项式理论	2015—10	88.00	541
奇数、偶数、奇偶分析法	2018—01	98.00	876

书　名	出版时间	定　价	编号
历届美国中学生数学竞赛试题及解答(第一卷)1950—1954	2014—07	18.00	277
历届美国中学生数学竞赛试题及解答(第二卷)1955—1959	2014—04	18.00	278
历届美国中学生数学竞赛试题及解答(第三卷)1960—1964	2014—06	18.00	279
历届美国中学生数学竞赛试题及解答(第四卷)1965—1969	2014—04	28.00	280
历届美国中学生数学竞赛试题及解答(第五卷)1970—1972	2014—06	18.00	281
历届美国中学生数学竞赛试题及解答(第六卷)1973—1980	2017—07	18.00	768
历届美国中学生数学竞赛试题及解答(第七卷)1981—1986	2015—01	18.00	424
历届美国中学生数学竞赛试题及解答(第八卷)1987—1990	2017—05	18.00	769
历届 IMO 试题集(1959—2005)	2006—05	58.00	5
历届 CMO 试题集	2008—09	28.00	40
历届中国数学奥林匹克试题集(第 2 版)	2017—03	38.00	757
历届加拿大数学奥林匹克试题集	2012—08	38.00	215
历届美国数学奥林匹克试题集:多解推广加强	2012—08	38.00	209
历届美国数学奥林匹克试题集:多解推广加强(第 2 版)	2016—03	48.00	592
历届波兰数学竞赛试题集.第 1 卷,1949~1963	2015—03	18.00	453
历届波兰数学竞赛试题集.第 2 卷,1964~1976	2015—03	18.00	454
历届巴尔干数学奥林匹克试题集	2015—05	38.00	466
保加利亚数学奥林匹克	2014—10	38.00	393
圣彼得堡数学奥林匹克试题集	2015—01	38.00	429
匈牙利奥林匹克数学竞赛题解.第 1 卷	2016—05	28.00	593
匈牙利奥林匹克数学竞赛题解.第 2 卷	2016—05	28.00	594
历届美国数学邀请赛试题集(第 2 版)	2017—10	78.00	851
全国高中数学竞赛试题及解答.第 1 卷	2014—07	38.00	331
普林斯顿大学数学竞赛	2016—06	38.00	669
亚太地区数学奥林匹克竞赛题	2015—07	18.00	492
日本历届(初级)广中杯数学竞赛试题及解答.第 1 卷 (2000~2007)	2016—05	28.00	641
日本历届(初级)广中杯数学竞赛试题及解答.第 2 卷 (2008~2015)	2016—05	38.00	642
360 个数学竞赛问题	2016—08	58.00	677
奥数最佳实战题.上卷	2017—06	38.00	760
奥数最佳实战题.下卷	2017—05	58.00	761
哈尔滨市早期中学数学竞赛试题汇编	2016—07	28.00	672
全国高中数学联赛试题及解答:1981—2017(第 2 版)	2018—05	98.00	920
20 世纪 50 年代全国部分城市数学竞赛试题汇编	2017—07	28.00	797
高中数学竞赛培训教程:平面几何问题的求解方法与策略.上	2018—05	68.00	906
高中数学竞赛培训教程:平面几何问题的求解方法与策略.下	2018—06	78.00	907
高中数学竞赛培训教程:整除与同余以及不定方程	2018—01	88.00	908
高中数学竞赛培训教程:组合计数与组合极值	2018—04	48.00	909
国内外数学竞赛题及精解:2016~2017	2018—07	45.00	922
许康华竞赛优学精选集.第一辑	2018—08	68.00	949
高考数学临门一脚(含密押三套卷)(理科版)	2017—01	45.00	743
高考数学临门一脚(含密押三套卷)(文科版)	2017—01	45.00	744
新课标高考数学题型全归纳(文科版)	2015—05	72.00	467
新课标高考数学题型全归纳(理科版)	2015—05	82.00	468
洞穿高考数学解答题核心考点(理科版)	2015—11	49.80	550
洞穿高考数学解答题核心考点(文科版)	2015—11	46.80	551

刘培杰数学工作室
已出版(即将出版)图书目录——初等数学

书　名	出版时间	定　价	编号
高考数学题型全归纳:文科版.上	2016—05	53.00	663
高考数学题型全归纳:文科版.下	2016—05	53.00	664
高考数学题型全归纳:理科版.上	2016—05	58.00	665
高考数学题型全归纳:理科版.下	2016—05	58.00	666
王连笑教你怎样学数学:高考选择题解题策略与客观题实用训练	2014—01	48.00	262
王连笑教你怎样学数学:高考数学高层次讲座	2015—02	48.00	432
高考数学的理论与实践	2009—08	38.00	53
高考数学核心题型解题方法与技巧	2010—01	28.00	86
高考思维新平台	2014—03	38.00	259
30分钟拿下高考数学选择题、填空题(理科版)	2016—10	39.80	720
30分钟拿下高考数学选择题、填空题(文科版)	2016—10	39.80	721
高考数学压轴题解题诀窍(上)(第2版)	2018—01	58.00	874
高考数学压轴题解题诀窍(下)(第2版)	2018—01	48.00	875
北京市五区文科数学三年高考模拟题详解:2013~2015	2015—08	48.00	500
北京市五区理科数学三年高考模拟题详解:2013~2015	2015—09	68.00	505
向量法巧解数学高考题	2009—08	28.00	54
高考数学万能解题法(第2版)	即将出版	38.00	691
高考物理万能解题法(第2版)	即将出版	38.00	692
高考化学万能解题法(第2版)	即将出版	28.00	693
高考生物万能解题法(第2版)	即将出版	28.00	694
高考数学解题金典(第2版)	2017—01	78.00	716
高考物理解题金典(第2版)	即将出版	68.00	717
高考化学解题金典(第2版)	即将出版	58.00	718
我一定要赚分:高中物理	2016—01	38.00	580
数学高考参考	2016—01	78.00	589
2011~2015年全国及各省市高考数学文科精品试题审题要津与解法研究	2015—10	68.00	539
2011~2015年全国及各省市高考数学理科精品试题审题要津与解法研究	2015—10	88.00	540
最新全国及各省市高考数学试卷解法研究及点拨评析	2009—02	38.00	41
2011年全国及各省市高考数学试题审题要津与解法研究	2011—10	48.00	139
2013年全国及各省市高考数学试题解析与点评	2014—01	48.00	282
全国及各省市高考数学试题审题要津与解法研究	2015—02	48.00	450
新课标高考数学——五年试题分章详解(2007~2011)(上、下)	2011—10	78.00	140,141
全国中考数学压轴题审题要津与解法研究	2013—04	78.00	248
新编全国及各省市中考数学压轴题审题要津与解法研究	2014—05	58.00	342
全国及各省市5年中考数学压轴题审题要津与解法研究(2015版)	2015—04	58.00	462
中考数学专题总复习	2007—04	28.00	6
中考数学较难题、难题常考题型解题方法与技巧.上	2016—01	48.00	584
中考数学较难题、难题常考题型解题方法与技巧.下	2016—01	58.00	585
中考数学较难题常考题型解题方法与技巧	2016—09	48.00	681
中考数学难题常考题型解题方法与技巧	2016—09	48.00	682
中考数学中档题常考题型解题方法与技巧	2017—08	68.00	835
中考数学选择填空压轴好题妙解365	2017—05	38.00	759

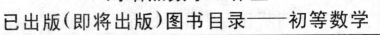

书　名	出版时间	定　价	编号
中考数学小压轴汇编初讲	2017—07	48.00	788
中考数学大压轴专题微言	2017—09	48.00	846
北京中考数学压轴题解题力法实践(第9版)	2017—11	48.00	854
助你高考成功的数学解题智慧:知识是智慧的基础	2016—01	58.00	596
助你高考成功的数学解题智慧:错误是智慧的试金石	2016—04	58.00	643
助你高考成功的数学解题智慧:方法是智慧的推手	2016—04	68.00	657
高考数学奇思妙解	2016—04	38.00	610
高考数学解题策略	2016—05	48.00	670
数学解题泄天机(第2版)	2017—10	48.00	850
高考物理压轴题全解	2017—04	48.00	746
高中物理经典问题25讲	2017—05	28.00	764
高中物理教学讲义	2018—01	48.00	871
2016年高考文科数学真题研究	2017—04	58.00	754
2016年高考理科数学真题研究	2017—04	78.00	755
初中数学、高中数学脱节知识补缺教材	2017—06	48.00	766
高考数学小题抢分必练	2017—10	48.00	834
高考数学核心素养解读	2017—09	38.00	839
高考数学客观题解题方法和技巧	2017—10	38.00	847
十年高考数学精品试题审题要津与解法研究.上卷	2018—01	68.00	872
十年高考数学精品试题审题要津与解法研究.下卷	2018—01	58.00	873
中国历届高考数学试题及解答.1949—1979	2018—01	38.00	877
历届中国高考数学试题及解答.第二卷,1980—1989	2018—10	28.00	975
历届中国高考数学试题及解答.第三卷,1990—1999	2018—10	48.00	976
数学文化与高考研究	2018—03	48.00	882
跟我学解高中数学题	2018—07	58.00	926
中学数学研究的方法及案例	2018—05	58.00	869
高考数学抢分技能	2018—07	68.00	934
高一新生常用数学方法和重要数学思想提升教材	2018—06	38.00	921
新编640个世界著名数学智力趣题	2014—01	88.00	242
500个最新世界著名数学智力趣题	2008—06	48.00	3
400个最新世界著名数学最值问题	2008—09	48.00	36
500个世界著名数学征解问题	2009—06	48.00	52
400个中国最佳初等数学征解老问题	2010—01	48.00	60
500个俄罗斯数学经典老题	2011—01	28.00	81
1000个国外中学物理好题	2012—04	48.00	174
300个日本高考数学题	2012—05	38.00	142
700个早期日本高考数学试题	2017—02	88.00	752
500个前苏联早期高考数学试题及解答	2012—05	28.00	185
546个早期俄罗斯大学生数学竞赛题	2014—03	38.00	285
548个来自美苏的数学好问题	2014—11	28.00	396
20所苏联著名大学早期入学试题	2015—02	18.00	452
161道德国工科大学生必做的微分方程习题	2015—05	28.00	469
500个德国工科大学生必做的高数习题	2015—06	28.00	478
360个数学竞赛问题	2016—08	58.00	677
200个趣味数学故事	2018—02	48.00	857
470个数学奥林匹克中的最值问题	2018—10	88.00	985
德国讲义日本考题.微积分卷	2015—04	48.00	456
德国讲义日本考题.微分方程卷	2015—04	38.00	457
二十世纪中叶中、英、美、日、法、俄高考数学试题精选	2017—06	38.00	783

刘培杰数学工作室
已出版（即将出版）图书目录——初等数学

书　名	出版时间	定　价	编号
中国初等数学研究　2009 卷（第 1 辑）	2009—05	20.00	45
中国初等数学研究　2010 卷（第 2 辑）	2010—05	30.00	68
中国初等数学研究　2011 卷（第 3 辑）	2011—07	60.00	127
中国初等数学研究　2012 卷（第 4 辑）	2012—07	48.00	190
中国初等数学研究　2014 卷（第 5 辑）	2014—02	48.00	288
中国初等数学研究　2015 卷（第 6 辑）	2015—06	68.00	493
中国初等数学研究　2016 卷（第 7 辑）	2016—04	68.00	609
中国初等数学研究　2017 卷（第 8 辑）	2017—01	98.00	712
几何变换（Ⅰ）	2014—07	28.00	353
几何变换（Ⅱ）	2015—06	28.00	354
几何变换（Ⅲ）	2015—01	38.00	355
几何变换（Ⅳ）	2015—12	38.00	356
初等数论难题集（第一卷）	2009—05	68.00	44
初等数论难题集（第二卷）（上、下）	2011—02	128.00	82,83
数论概貌	2011—03	18.00	93
代数数论（第二版）	2013—08	58.00	94
代数多项式	2014—06	38.00	289
初等数论的知识与问题	2011—02	28.00	95
超越数论基础	2011—03	28.00	96
数论初等教程	2011—03	28.00	97
数论基础	2011—03	18.00	98
数论基础与维诺格拉多夫	2014—03	18.00	292
解析数论基础	2012—08	28.00	216
解析数论基础（第二版）	2014—01	48.00	287
解析数论问题集（第二版）（原版引进）	2014—05	88.00	343
解析数论问题集（第二版）（中译本）	2016—04	88.00	607
解析数论基础（潘承洞，潘承彪著）	2016—07	98.00	673
解析数论导引	2016—07	58.00	674
数论入门	2011—03	38.00	99
代数数论入门	2015—03	38.00	448
数论开篇	2012—07	28.00	194
解析数论引论	2011—03	48.00	100
Barban Davenport Halberstam 均值和	2009—01	40.00	33
基础数论	2011—03	28.00	101
初等数论 100 例	2011—05	18.00	122
初等数论经典例题	2012—07	18.00	204
最新世界各国数学奥林匹克中的初等数论试题（上、下）	2012—01	138.00	144,145
初等数论（Ⅰ）	2012—01	18.00	156
初等数论（Ⅱ）	2012—01	18.00	157
初等数论（Ⅲ）	2012—01	28.00	158

刘培杰数学工作室
已出版(即将出版)图书目录——初等数学

书　名	出版时间	定　价	编号
平面几何与数论中未解决的新老问题	2013—01	68.00	229
代数数论简史	2014—11	28.00	408
代数数论			
代数、数论及分析习题集	2016—11	98.00	695
数论导引提要及习题解答	2016—01	48.00	559
素数定理的初等证明．第2版	2016—09	48.00	686
数论中的模函数与狄利克雷级数(第二版)	2017—11	78.00	837
数论:数学导引	2018—01	68.00	849
数学眼光透视(第2版)	2017—06	78.00	732
数学思想领悟(第2版)	2018—01	68.00	733
数学方法溯源(第2版)	2018—08	68.00	734
数学解题引论	2017—05	58.00	735
数学史话览胜(第2版)	2017—01	48.00	736
数学应用展观(第2版)	2017—08	68.00	737
数学建模尝试	2018—04	48.00	738
数学竞赛采风	2018—01	68.00	739
数学技能操握	2018—03	48.00	741
数学欣赏拾趣	2018—02	48.00	742
从毕达哥拉斯到怀尔斯	2007—10	48.00	9
从迪利克雷到维斯卡尔迪	2008—01	48.00	21
从哥德巴赫到陈景润	2008—05	98.00	35
从庞加莱到佩雷尔曼	2011—08	138.00	136
博弈论精粹	2008—03	58.00	30
博弈论精粹．第二版(精装)	2015—01	88.00	461
数学 我爱你	2008—01	28.00	20
精神的圣徒　别样的人生——60位中国数学家成长的历程	2008—09	48.00	39
数学史概论	2009—06	78.00	50
数学史概论(精装)	2013—03	158.00	272
数学史选讲	2016—01	48.00	544
斐波那契数列	2010—02	28.00	65
数学拼盘和斐波那契魔方	2010—07	38.00	72
斐波那契数列欣赏(第2版)	2018—08	58.00	948
Fibonacci 数列中的明珠	2018—06	58.00	928
数学的创造	2011—02	48.00	85
数学美与创造力	2016—01	48.00	595
数海拾贝	2016—01	48.00	590
数学中的美	2011—02	38.00	84
数论中的美学	2014—12	38.00	351

刘培杰数学工作室
已出版（即将出版）图书目录——初等数学

书 名	出版时间	定价	编号
数学王者　科学巨人——高斯	2015—01	28.00	428
振兴祖国数学的圆梦之旅：中国初等数学研究史话	2015—06	98.00	490
二十世纪中国数学史料研究	2015—10	48.00	536
数字谜、数阵图与棋盘覆盖	2016—01	58.00	298
时间的形状	2016—01	38.00	556
数学发现的艺术：数学探索中的合情推理	2016—07	58.00	671
活跃在数学中的参数	2016—07	48.00	675
数学解题——靠数学思想给力（上）	2011—07	38.00	131
数学解题——靠数学思想给力（中）	2011—07	48.00	132
数学解题——靠数学思想给力（下）	2011—07	38.00	133
我怎样解题	2013—01	48.00	227
数学解题中的物理方法	2011—06	28.00	114
数学解题的特殊方法	2011—06	48.00	115
中学数学计算技巧	2012—01	48.00	116
中学数学证明方法	2012—01	58.00	117
数学趣题巧解	2012—03	28.00	128
高中数学教学通鉴	2015—05	58.00	479
和高中生漫谈：数学与哲学的故事	2014—08	28.00	369
算术问题集	2017—03	38.00	789
张教授讲数学	2018—07	38.00	933
自主招生考试中的参数方程问题	2015—01	28.00	435
自主招生考试中的极坐标问题	2015—04	28.00	463
近年全国重点大学自主招生数学试题全解及研究. 华约卷	2015—02	38.00	441
近年全国重点大学自主招生数学试题全解及研究. 北约卷	2016—05	38.00	619
自主招生数学解证宝典	2015—09	48.00	535
格点和面积	2012—07	18.00	191
射影几何趣谈	2012—04	28.00	175
斯潘纳尔引理——从一道加拿大数学奥林匹克试题谈起	2014—01	28.00	228
李普希兹条件——从几道近年高考数学试题谈起	2012—10	18.00	221
拉格朗日中值定理——从一道北京高考试题的解法谈起	2015—10	18.00	197
闵科夫斯基定理——从一道清华大学自主招生试题谈起	2014—01	28.00	198
哈尔测度——从一道冬令营试题的背景谈起	2012—08	28.00	202
切比雪夫逼近问题——从一道中国台北数学奥林匹克试题谈起	2013—04	38.00	238
伯恩斯坦多项式与贝齐尔曲面——从一道全国高中数学联赛试题谈起	2013—03	38.00	236
卡塔兰猜想——从一道普特南竞赛试题谈起	2013—06	18.00	256
麦卡锡函数和阿克曼函数——从一道前南斯拉夫数学奥林匹克试题谈起	2012—08	18.00	201
贝蒂定理与拉姆贝克莫斯尔定理——从一个拣石子游戏谈起	2012—08	18.00	217
皮亚诺曲线和豪斯道夫分球定理——从无限集谈起	2012—08	18.00	211
平面凸图形与凸多面体	2012—10	28.00	218
斯坦因豪斯问题——从一道二十五省市自治区中学数学竞赛试题谈起	2012—07	18.00	196

书　名	出版时间	定　价	编号
纽结理论中的亚历山大多项式与琼斯多项式——从一道北京市高一数学竞赛试题谈起	2012-07	28.00	195
恰则与讲纲——从道判式"解题方"谈构	2013-04	38.00	244
转化与化归——从二大尺规作图不能问题谈起	2012-08	28.00	214
代数几何中的贝祖定理（第一版）——从一道 IMO 试题的解法谈起	2013-08	18.00	193
成功连贯理论与约当块理论——从一道比利时数学竞赛试题谈起	2012-04	18.00	180
素数判定与大数分解	2014-08	18.00	199
置换多项式及其应用	2012-10	18.00	220
椭圆函数与模函数——从一道美国加州大学洛杉矶分校（UCLA）博士资格考题谈起	2012-10	28.00	219
差分方程的拉格朗日方法——从一道 2011 年全国高考理科试题的解法谈起	2012-08	28.00	200
力学在几何中的一些应用	2013-01	38.00	240
高斯散度定理、斯托克斯定理和平面格林定理——从一道国际大学生数学竞赛试题谈起	即将出版		
康托洛维奇不等式——从一道全国高中联赛试题谈起	2013-03	28.00	337
西格尔引理——从一道第 18 届 IMO 试题的解法谈起	即将出版		
罗斯定理——从一道前苏联数学竞赛试题谈起	即将出版		
拉克斯定理和阿廷定理——从一道 IMO 试题的解法谈起	2014-01	58.00	246
毕卡大定理——从一道美国大学数学竞赛试题谈起	2014-07	18.00	350
贝齐尔曲线——从一道全国高中联赛试题谈起	即将出版		
拉格朗日乘子定理——从一道 2005 年全国高中联赛试题的高等数学解法谈起	2015-05	28.00	480
雅可比定理——从一道日本数学奥林匹克试题谈起	2013-04	48.00	249
李天岩—约克定理——从一道波兰数学竞赛试题谈起	2014-06	28.00	349
整系数多项式因式分解的一般方法——从克朗耐克算法谈起	即将出版		
布劳维不动点定理——从一道前苏联数学奥林匹克试题谈起	2014-01	38.00	273
伯恩赛德定理——从一道英国数学奥林匹克试题谈起	即将出版		
布查特—莫斯特定理——从一道上海市初中竞赛试题谈起	即将出版		
数论中的同余数问题——从一道普特南竞赛试题谈起	即将出版		
范·德蒙行列式——从一道美国数学奥林匹克试题谈起	即将出版		
中国剩余定理:总数法构建中国历史年表	2015-01	28.00	430
牛顿程序与方程求根——从一道全国高考试题解法谈起	即将出版		
库默尔定理——从一道 IMO 预选试题谈起	即将出版		
卢丁定理——从一道冬令营试题的解法谈起	即将出版		
沃斯滕霍姆定理——从一道 IMO 预选试题谈起	即将出版		
卡尔松不等式——从一道莫斯科数学奥林匹克试题谈起	即将出版		
信息论中的香农熵——从一道近年高考压轴题谈起	即将出版		
约当不等式——从一道希望杯竞赛试题谈起	即将出版		
拉比诺维奇定理	即将出版		
刘维尔定理——从一道《美国数学月刊》征解问题的解法谈起	即将出版		
卡塔兰恒等式与级数求和——从一道 IMO 试题的解法谈起	即将出版		
勒让德猜想与素数分布——从一道爱尔兰竞赛试题谈起	即将出版		
天平称重与信息论——从一道基辅市数学奥林匹克试题谈起	即将出版		
哈密尔顿—凯莱定理:从一道高中数学联赛试题的解法谈起	2014-09	18.00	376
艾思特曼定理——从一道 CMO 试题的解法谈起	即将出版		

刘培杰数学工作室
已出版(即将出版)图书目录——初等数学

书　名	出版时间	定　价	编号
阿贝尔恒等式与经典不等式及应用	2018—06	98.00	923
迪利克雷除数问题	2018—07	48.00	930
贝克码与编码理论——从一道全国高中联赛试题谈起	即将出版		
帕斯卡三角形	2014—03	18.00	294
蒲丰投针问题——从2009年清华大学的一道自主招生试题谈起	2014—01	38.00	295
斯图姆定理——从一道"华约"自主招生试题的解法谈起	2014—01	18.00	296
许瓦兹引理——从一道加利福尼亚大学伯克利分校数学系博士生试题谈起	2014—08	18.00	297
拉姆塞定理——从王诗宬院士的一个问题谈起	2016—04	48.00	299
坐标法	2013—12	28.00	332
数论三角形	2014—04	38.00	341
毕克定理	2014—07	18.00	352
数林掠影	2014—09	48.00	389
我们周围的概率	2014—10	38.00	390
凸函数最值定理:从一道华约自主招生题的解法谈起	2014—10	28.00	391
易学与数学奥林匹克	2014—10	38.00	392
生物数学趣谈	2015—01	18.00	409
反演	2015—01	28.00	420
因式分解与圆锥曲线	2015—01	18.00	426
轨迹	2015—01	28.00	427
面积原理:从常庚哲命的一道CMO试题的积分解法谈起	2015—01	48.00	431
形形色色的不动点定理:从一道28届IMO试题谈起	2015—01	38.00	439
柯西函数方程:从一道上海交大自主招生的试题谈起	2015—02	28.00	440
三角恒等式	2015—02	28.00	442
无理性判定:从一道2014年"北约"自主招生试题谈起	2015—01	38.00	443
数学归纳法	2015—03	18.00	451
极端原理与解题	2015—04	28.00	464
法雷级数	2014—08	18.00	367
摆线族	2015—01	38.00	438
函数方程及其解法	2015—05	38.00	470
含参数的方程和不等式	2012—09	28.00	213
希尔伯特第十问题	2016—01	38.00	543
无穷小量的求和	2016—01	28.00	545
切比雪夫多项式:从一道清华大学金秋营试题谈起	2016—01	38.00	583
泽肯多夫定理	2016—03	38.00	599
代数等式证题法	2016—01	28.00	600
三角等式证题法	2016—01	28.00	601
吴大任教授藏书中的一个因式分解公式:从一道美国数学邀请赛试题的解法谈起	2016—06	28.00	656
易卦——类万物的数学模型	2017—08	68.00	838
"不可思议"的数与数系可持续发展	2018—01	38.00	878
最短线	2018—01	38.00	879
幻方和魔方(第一卷)	2012—05	68.00	173
尘封的经典——初等数学经典文献选读(第一卷)	2012—07	48.00	205
尘封的经典——初等数学经典文献选读(第二卷)	2012—07	38.00	206
初级方程式论	2011—03	28.00	106
初等数学研究(Ⅰ)	2008—09	68.00	37
初等数学研究(Ⅱ)(上、下)	2009—05	118.00	46,47

书　名	出版时间	定　价	编号
趣味初等方程妙题集锦	2014—09	48.00	388
趣味初等数论选美与欣赏	2015—02	48.00	445
耕读笔记(上卷):一位农民数学爱好者的初数探索	2015—04	28.00	459
耕读笔记(中卷):一位农民数学爱好者的初数探索	2015—06	28.00	483
耕读笔记(下卷):一位农民数学爱好者的初数探索	2015—05	28.00	484
几何不等式研究与欣赏.上卷	2016—01	88.00	547
几何不等式研究与欣赏.下卷	2016—01	48.00	552
初等数列研究与欣赏·上	2016—01	48.00	570
初等数列研究与欣赏·下	2016—01	48.00	571
趣味初等函数研究与欣赏.上	2016—09	48.00	684
趣味初等函数研究与欣赏.下	2018—09	48.00	685
火柴游戏	2016—05	38.00	612
智力解谜.第1卷	2017—07	38.00	613
智力解谜.第2卷	2017—07	38.00	614
故事智力	2016—07	48.00	615
名人们喜欢的智力问题	即将出版		616
数学大师的发现、创造与失误	2018—01	48.00	617
异曲同工	2018—09	48.00	618
数学的味道	2018—01	58.00	798
数学千字文	2018—10	68.00	977
数贝偶拾——高考数学题研究	2014—04	28.00	274
数贝偶拾——初等数学研究	2014—04	38.00	275
数贝偶拾——奥数题研究	2014—04	48.00	276
钱昌本教你快乐学数学(上)	2011—12	48.00	155
钱昌本教你快乐学数学(下)	2012—03	58.00	171
集合、函数与方程	2014—01	28.00	300
数列与不等式	2014—01	38.00	301
三角与平面向量	2014—01	28.00	302
平面解析几何	2014—01	38.00	303
立体几何与组合	2014—01	28.00	304
极限与导数、数学归纳法	2014—01	38.00	305
趣味数学	2014—03	28.00	306
教材教法	2014—04	68.00	307
自主招生	2014—05	58.00	308
高考压轴题(上)	2015—01	48.00	309
高考压轴题(下)	2014—10	68.00	310
从费马到怀尔斯——费马大定理的历史	2013—10	198.00	I
从庞加莱到佩雷尔曼——庞加莱猜想的历史	2013—10	298.00	II
从切比雪夫到爱尔特希(上)——素数定理的初等证明	2013—07	48.00	III
从切比雪夫到爱尔特希(下)——素数定理100年	2012—12	98.00	III
从高斯到盖尔方特——二次域的高斯猜想	2013—10	198.00	IV
从库默尔到朗兰兹——朗兰兹猜想的历史	2014—01	98.00	V
从比勃巴赫到德布朗斯——比勃巴赫猜想的历史	2014—02	298.00	VI
从麦比乌斯到陈省身——麦比乌斯变换与麦比乌斯带	2014—02	298.00	VII
从布尔到豪斯道夫——布尔方程与格论漫谈	2013—10	198.00	VIII
从开普勒到阿诺德——三体问题的历史	2014—05	298.00	IX
从华林到华罗庚——华林问题的历史	2013—10	298.00	X

刘培杰数学工作室
已出版（即将出版）图书目录——初等数学

书 名	出版时间	定 价	编号
美国高中数学竞赛五十讲.第1卷(英文)	2014—08	28.00	357
美国高中数学竞赛五十讲.第2卷(英文)	2014—08	28.00	358
美国高中数学竞赛五十讲.第3卷(英文)	2014—09	28.00	359
美国高中数学竞赛五十讲.第4卷(英文)	2014—09	28.00	360
美国高中数学竞赛五十讲.第5卷(英文)	2014—10	28.00	361
美国高中数学竞赛五十讲.第6卷(英文)	2014—11	28.00	362
美国高中数学竞赛五十讲.第7卷(英文)	2014—12	28.00	363
美国高中数学竞赛五十讲.第8卷(英文)	2015—01	28.00	364
美国高中数学竞赛五十讲.第9卷(英文)	2015—01	28.00	365
美国高中数学竞赛五十讲.第10卷(英文)	2015—02	38.00	366
三角函数(第2版)	2017—04	38.00	626
不等式	2014—01	38.00	312
数列	2014—01	38.00	313
方程(第2版)	2017—04	38.00	624
排列和组合	2014—01	28.00	315
极限与导数(第2版)	2016—04	38.00	635
向量(第2版)	2018—08	58.00	627
复数及其应用	2014—08	28.00	318
函数	2014—01	38.00	319
集合	即将出版		320
直线与平面	2014—01	28.00	321
立体几何(第2版)	2016—04	38.00	629
解三角形	即将出版		323
直线与圆(第2版)	2016—11	38.00	631
圆锥曲线(第2版)	2016—09	48.00	632
解题通法(一)	2014—07	38.00	326
解题通法(二)	2014—07	38.00	327
解题通法(三)	2014—05	38.00	328
概率与统计	2014—01	28.00	329
信息迁移与算法	即将出版		330
IMO 50 年.第1卷(1959—1963)	2014—11	28.00	377
IMO 50 年.第2卷(1964—1968)	2014—11	28.00	378
IMO 50 年.第3卷(1969—1973)	2014—09	28.00	379
IMO 50 年.第4卷(1974—1978)	2016—04	38.00	380
IMO 50 年.第5卷(1979—1984)	2015—04	38.00	381
IMO 50 年.第6卷(1985—1989)	2015—04	58.00	382
IMO 50 年.第7卷(1990—1994)	2016—01	48.00	383
IMO 50 年.第8卷(1995—1999)	2016—06	38.00	384
IMO 50 年.第9卷(2000—2004)	2015—04	58.00	385
IMO 50 年.第10卷(2005—2009)	2016—01	48.00	386
IMO 50 年.第11卷(2010—2015)	2017—03	48.00	646

刘培杰数学工作室
已出版（即将出版）图书目录——初等数学

书　名	出版时间	定　价	编号
数学反思（2007—2008）	即将出版		915
数学反思（2008—2009）	即将出版		916
数学反思（2010—2011）	2018—05	58.00	917
数学反思（2012—2013）	即将出版		918
数学反思（2014—2015）	即将出版		919
历届美国大学生数学竞赛试题集.第一卷（1938—1949）	2015—01	28.00	397
历届美国大学生数学竞赛试题集.第二卷（1950—1959）	2015—01	28.00	398
历届美国大学生数学竞赛试题集.第三卷（1960—1969）	2015—01	28.00	399
历届美国大学生数学竞赛试题集.第四卷（1970—1979）	2015—01	18.00	400
历届美国大学生数学竞赛试题集.第五卷（1980—1989）	2015—01	28.00	401
历届美国大学生数学竞赛试题集.第六卷（1990—1999）	2015—01	28.00	402
历届美国大学生数学竞赛试题集.第七卷（2000—2009）	2015—08	18.00	403
历届美国大学生数学竞赛试题集.第八卷（2010—2012）	2015—01	18.00	404
新课标高考数学创新题解题诀窍:总论	2014—09	28.00	372
新课标高考数学创新题解题诀窍:必修1～5分册	2014—08	38.00	373
新课标高考数学创新题解题诀窍:选修2－1,2－2,1－1,1－2分册	2014—09	38.00	374
新课标高考数学创新题解题诀窍:选修2－3,4－4,4－5分册	2014—09	18.00	375
全国重点大学自主招生英文数学试题全攻略:词汇卷	2015—07	48.00	410
全国重点大学自主招生英文数学试题全攻略:概念卷	2015—01	28.00	411
全国重点大学自主招生英文数学试题全攻略:文章选读卷（上）	2016—09	38.00	412
全国重点大学自主招生英文数学试题全攻略:文章选读卷（下）	2017—01	58.00	413
全国重点大学自主招生英文数学试题全攻略:试题卷	2015—07	38.00	414
全国重点大学自主招生英文数学试题全攻略:名著欣赏卷	2017—03	48.00	415
劳埃德数学趣题大全.题目卷.1:英文	2016—01	18.00	516
劳埃德数学趣题大全.题目卷.2:英文	2016—01	18.00	517
劳埃德数学趣题大全.题目卷.3:英文	2016—01	18.00	518
劳埃德数学趣题大全.题目卷.4:英文	2016—01	18.00	519
劳埃德数学趣题大全.题目卷.5:英文	2016—01	18.00	520
劳埃德数学趣题大全.答案卷:英文	2016—01	18.00	521
李成章教练奥数笔记.第1卷	2016—01	48.00	522
李成章教练奥数笔记.第2卷	2016—01	48.00	523
李成章教练奥数笔记.第3卷	2016—01	38.00	524
李成章教练奥数笔记.第4卷	2016—01	38.00	525
李成章教练奥数笔记.第5卷	2016—01	38.00	526
李成章教练奥数笔记.第6卷	2016—01	38.00	527
李成章教练奥数笔记.第7卷	2016—01	38.00	528
李成章教练奥数笔记.第8卷	2016—01	48.00	529
李成章教练奥数笔记.第9卷	2016—01	28.00	530

刘培杰数学工作室

已出版(即将出版)图书目录——初等数学

书　名	出版时间	定　价	编号
第19～23届"希望杯"全国数学邀请赛试题审题要津详细评注(初一版)	2014—03	28.00	333
第19～23届"希望杯"全国数学邀请赛试题审题要津详细评注(初二、初三版)	2014—03	38.00	334
第19～23届"希望杯"全国数学邀请赛试题审题要津详细评注(高一版)	2014—03	28.00	335
第19～23届"希望杯"全国数学邀请赛试题审题要津详细评注(高二版)	2014—03	38.00	336
第19～25届"希望杯"全国数学邀请赛试题审题要津详细评注(初一版)	2015—01	38.00	416
第19～25届"希望杯"全国数学邀请赛试题审题要津详细评注(初二、初三版)	2015—01	58.00	417
第19～25届"希望杯"全国数学邀请赛试题审题要津详细评注(高一版)	2015—01	48.00	418
第19～25届"希望杯"全国数学邀请赛试题审题要津详细评注(高二版)	2015—01	48.00	419
物理奥林匹克竞赛大题典——力学卷	2014—11	48.00	405
物理奥林匹克竞赛大题典——热学卷	2014—04	28.00	339
物理奥林匹克竞赛大题典——电磁学卷	2015—07	48.00	406
物理奥林匹克竞赛大题典——光学与近代物理卷	2014—06	28.00	345
历届中国东南地区数学奥林匹克试题集(2004～2012)	2014—06	18.00	346
历届中国西部地区数学奥林匹克试题集(2001～2012)	2014—07	18.00	347
历届中国女子数学奥林匹克试题集(2002～2012)	2014—08	18.00	348
数学奥林匹克在中国	2014—06	98.00	344
数学奥林匹克问题集	2014—01	38.00	267
数学奥林匹克不等式散论	2010—06	38.00	124
数学奥林匹克不等式欣赏	2011—09	38.00	138
数学奥林匹克超级题库(初中卷上)	2010—01	58.00	66
数学奥林匹克不等式证明方法和技巧(上、下)	2011—08	158.00	134,135
他们学什么:原民主德国中学数学课本	2016—09	38.00	658
他们学什么:英国中学数学课本	2016—09	38.00	659
他们学什么:法国中学数学课本.1	2016—09	38.00	660
他们学什么:法国中学数学课本.2	2016—09	28.00	661
他们学什么:法国中学数学课本.3	2016—09	38.00	662
他们学什么:苏联中学数学课本	2016—09	28.00	679
高中数学题典——集合与简易逻辑·函数	2016—07	48.00	647
高中数学题典——导数	2016—07	48.00	648
高中数学题典——三角函数·平面向量	2016—07	48.00	649
高中数学题典——数列	2016—07	58.00	650
高中数学题典——不等式·推理与证明	2016—07	38.00	651
高中数学题典——立体几何	2016—07	48.00	652
高中数学题典——平面解析几何	2016—07	78.00	653
高中数学题典——计数原理·统计·概率·复数	2016—07	48.00	654
高中数学题典——算法·平面几何·初等数论·组合数学·其他	2016—07	68.00	655

刘培杰数学工作室
已出版(即将出版)图书目录——初等数学

书　名	出版时间	定　价	编号
台湾地区奥林匹克数学竞赛试题.小学一年级	2017—03	38.00	722
台湾地区奥林匹克数学竞赛试题.小学二年级	2017—03	38.00	723
台湾地区奥林匹克数学竞赛试题.小学三年级	2017—03	38.00	724
台湾地区奥林匹克数学竞赛试题.小学四年级	2017—03	38.00	725
台湾地区奥林匹克数学竞赛试题.小学五年级	2017—03	38.00	726
台湾地区奥林匹克数学竞赛试题.小学六年级	2017—03	38.00	727
台湾地区奥林匹克数学竞赛试题.初中一年级	2017—03	38.00	728
台湾地区奥林匹克数学竞赛试题.初中二年级	2017—03	38.00	729
台湾地区奥林匹克数学竞赛试题.初中三年级	2017—03	28.00	730
不等式证题法	2017—04	28.00	747
平面几何培优教程	即将出版		748
奥数鼎级培优教程.高一分册	2018—09	88.00	749
奥数鼎级培优教程.高二分册.上	2018—04	68.00	750
奥数鼎级培优教程.高二分册.下	2018—04	68.00	751
高中数学竞赛冲刺宝典	即将出版		883
初中尖子生数学超级题典.实数	2017—07	58.00	792
初中尖子生数学超级题典.式、方程与不等式	2017—08	58.00	793
初中尖子生数学超级题典.圆、面积	2017—08	38.00	794
初中尖子生数学超级题典.函数、逻辑推理	2017—08	48.00	795
初中尖子生数学超级题典.角、线段、三角形与多边形	2017—07	58.00	796
数学王子——高斯	2018—01	48.00	858
坎坷奇星——阿贝尔	2018—01	48.00	859
闪烁奇星——伽罗瓦	2018—01	58.00	860
无穷统帅——康托尔	2018—01	48.00	861
科学公主——柯瓦列夫斯卡娅	2018—01	48.00	862
抽象代数之母——埃米·诺特	2018—01	48.00	863
电脑先驱——图灵	2018—01	58.00	864
昔日神童——维纳	2018—01	48.00	865
数坛怪侠——爱尔特希	2018—01	68.00	866
当代世界中的数学.数学思想与数学基础	2019—01	38.00	892
当代世界中的数学.数学问题	2019—01	38.00	893
当代世界中的数学.应用数学与数学应用	即将出版		894
当代世界中的数学.数学王国的新疆域(一)	2019—01	38.00	895
当代世界中的数学.数学王国的新疆域(二)	2019—01	38.00	896
当代世界中的数学.数林撷英(一)	即将出版		897
当代世界中的数学.数林撷英(二)	即将出版		898
当代世界中的数学.数学之路	即将出版		899

刘培杰数学工作室
已出版(即将出版)图书目录——初等数学

书　　名	出版时间	定　价	编号
105 个代数问题:来自 AwesomeMath 夏季课程	即将出版		956
106 个几何问题:来自 AwesomeMath 夏季课程	即将出版		957
107 个几何问题:来自 AwesomeMath 全年课程	即将出版		958
108 个代数问题:来自 AwesomeMath 全年课程	2018—09	68.00	959
109 个不等式:来自 AwesomeMath 夏季课程	即将出版		960
数学奥林匹克中的 110 个几何问题	即将出版		961
111 个代数和数论问题	即将出版		962
112 个组合问题:来自 AwesomeMath 夏季课程	即将出版		963
113 个几何不等式:来自 AwesomeMath 夏季课程	即将出版		964
114 个指数和对数问题:来自 AwesomeMath 夏季课程	即将出版		965
115 个三角问题:来自 AwesomeMath 夏季课程	即将出版		966
116 个代数不等式:来自 AwesomeMath 全年课程	即将出版		967

联系地址:哈尔滨市南岗区复华四道街 10 号　哈尔滨工业大学出版社刘培杰数学工作室
网　　　址:http://lpj.hit.edu.cn/
邮　　　编:150006
联系电话:0451—86281378　　13904613167
E-mail:lpj1378@163.com